国家科技重大专项
大型油气田及煤层气开发成果丛书
(2008—2020)

卷 14

高含硫天然气净化技术与应用

张庆生 王 飞 尹琦岭 于艳秋 杜 莉 等编著

石油工业出版社

内容提要

本书依据普光气田特大型高含硫天然气净化工程在"十一五"至"十三五"期间的核心科技成果，系统介绍了高含硫天然气净化技术及其在生产实践中的应用，包括高含硫天然气脱硫脱碳、硫黄回收与尾气处理、硫黄储运与成型、设备与防腐、工艺控制与安全仪表、化验分析、清洁生产技术、安全管控技术等内容。

本书可供高含硫天然气净化技术领域的科研、设计、生产和管理人员参考使用。

图书在版编目（CIP）数据

高含硫天然气净化技术与应用/张庆生等编著．—北京：石油工业出版社，2023.1

（国家科技重大专项·大型油气田及煤层气开发成果丛书：2008—2020）

ISBN 978-7-5183-5437-5

Ⅰ.①高… Ⅱ.①张… Ⅲ.①含硫气体—天然气净化 Ⅳ.①TE665.3

中国版本图书馆 CIP 数据核字（2022）第 102294 号

责任编辑：常泽军
责任校对：郭京平
装帧设计：李 欣 周 彦

出版发行：石油工业出版社
（北京安定门外安华里 2 区 1 号 100011）
网　　址：www.petropub.com
编辑部：（010）64523825　图书营销中心：（010）64523633
经　销：全国新华书店
印　刷：北京中石油彩色印刷有限责任公司

2023 年 1 月第 1 版　2023 年 1 月第 1 次印刷
787×1092 毫米　开本：1/16　印张：17.25
字数：420 千字

定价：180.00 元

ISBN 978-7-5183-5437-5

（如出现印装质量问题，我社图书营销中心负责调换）

版权所有，翻印必究

《国家科技重大专项·大型油气田及煤层气开发成果丛书（2008—2020）》编委会

主　任：贾承造

副主任：（按姓氏拼音排序）

常　旭　陈　伟　胡广杰　焦方正　匡立春　李　阳
马永生　孙龙德　王铁冠　吴建光　谢在库　袁士义
周建良

委　员：（按姓氏拼音排序）

蔡希源　邓运华　高德利　龚再升　郭旭升　郝　芳
何治亮　胡素云　胡文瑞　胡永乐　金之钧　康玉柱
雷　群　黎茂稳　李　宁　李根生　刘　合　刘可禹
刘书杰　路保平　罗平亚　马新华　米立军　彭平安
秦　勇　宋　岩　宋新民　苏义脑　孙焕泉　孙金声
汤天知　王香增　王志刚　谢玉洪　袁　亮　张　玮
张君峰　张卫国　赵文智　郑和荣　钟太贤　周守为
朱日祥　朱伟林　邹才能

《高含硫天然气净化技术与应用》

编写组

组　　长：张庆生

副 组 长：王　飞　尹琦岭　于艳秋　杜　莉

成　　员：（按姓氏拼音排序）

蔡　盼　陈　刚　陈　龙　陈平文　段卫锋　古小红
古兴磊　胡景梅　胡良培　焦玉清　李永生　刘爱华
刘剑利　刘晓敏　刘增让　裴爱霞　彭传波　商　良
王利波　伍丹丹　武麒麟　夏　莉　解更存　徐翠翠
徐剑明　杨玉麟　张　诚　张文斌　赵贵林　周　政
朱德华

丛书·序

能源安全关系国计民生和国家安全。面对世界百年未有之大变局和全球科技革命的新形势，我国石油工业肩负着坚持初心、为国找油、科技创新、再创辉煌的历史使命。国家科技重大专项是立足国家战略需求，通过核心技术突破和资源集成，在一定时限内完成的重大战略产品、关键共性技术或重大工程，是国家科技发展的重中之重。大型油气田及煤层气开发专项，是贯彻落实习近平总书记关于大力提升油气勘探开发力度、能源的饭碗必须端在自己手里等重要指示批示精神的重大实践，是实施我国"深化东部、发展西部、加快海上、拓展海外"油气战略的重大举措，引领了我国油气勘探开发事业跨入向深层、深水和非常规油气进军的新时代，推动了我国油气科技发展从以"跟随"为主向"并跑、领跑"的重大转变。在"十二五"和"十三五"国家科技创新成就展上，习近平总书记两次视察专项展台，充分肯定了油气科技发展取得的重大成就。

大型油气田及煤层气开发专项作为《国家中长期科学和技术发展规划纲要（2006—2020年）》确定的10个民口科技重大专项中唯一由企业牵头组织实施的项目，以国家重大需求为导向，积极探索和实践依托行业骨干企业组织实施的科技创新新型举国体制，集中优势力量，调动中国石油、中国石化、中国海油等百余家油气能源企业和70多所高等院校、20多家科研院所及30多家民营企业协同攻关，参与研究的科技人员和推广试验人员超过3万人。围绕专项实施，形成了国家主导、企业主体、市场调节、产学研用一体化的协同创新机制，聚智协力突破关键核心技术，实现了重大关键技术与装备的快速跨越；弘扬伟大建党精神、传承石油精神和大庆精神铁人精神，以及石油会战等优良传统，充分体现了新型举国体制在科技创新领域的巨大优势。

经过十三年的持续攻关，全面完成了油气重大专项既定战略目标，攻克了一批制约油气勘探开发的瓶颈技术，解决了一批"卡脖子"问题。在陆上油气勘探、陆上油气开发、工程技术、海洋油气勘探开发、海外油气勘探开发、非常规油气勘探开发领域，形成了6大技术系列、26项重大技术；自主研发20项重大工程技术装备；建成35项示范工程、26个国家级重点实验室和研究中心。我国油气科技自主创新能力大幅提升，油气能源企业被卓越赋能，形成产量、储量增长高峰期发展新态势，为落实习近平总书记"四个革命、一个合作"能源安全新战略奠定了坚实的资源基础和技术保障。

《国家科技重大专项·大型油气田及煤层气开发成果丛书（2008—2020）》（62卷）是专项攻关以来在科学理论和技术创新方面取得的重大进展和标志性成果的系统总结，凝结了数万科研工作者的智慧和心血。他们以"功成不必在我，功成必定有我"的担当，高质量完成了这些重大科技成果的凝练提升与编写工作，为推动科技创新成果转化为现实生产力贡献了力量，给广大石油干部员工奉献了一场科技成果的饕餮盛宴。这套丛书的正式出版，对于加快推进专项理论技术成果的全面推广，提升石油工业上游整体自主创新能力和科技水平，支撑油气勘探开发快速发展，在更大范围内提升国家能源保障能力将发挥重要作用，同时也一定会在中国石油工业科技出版史上留下一座书香四溢的里程碑。

在世界能源行业加快绿色低碳转型的关键时期，广大石油科技工作者要进一步认清面临形势，保持战略定力、志存高远、志创一流，毫不放松加强油气等传统能源科技攻关，大力提升油气勘探开发力度，增强保障国家能源安全能力，努力建设国家战略科技力量和世界能源创新高地；面对资源短缺、环境保护的双重约束，充分发挥自身优势，以技术创新为突破口，加快布局发展新能源新事业，大力推进油气与新能源协调融合发展，加大节能减排降碳力度，努力增加清洁能源供应，在绿色低碳科技革命和能源科技创新上出更多更好的成果，为把我国建设成为世界能源强国、科技强国，实现中华民族伟大复兴的中国梦续写新的华章。

中国石油董事长、党组书记
中国工程院院士

丛书·前言

石油天然气是当今人类社会发展最重要的能源。2020年全球一次能源消费量为 $134.0 \times 10^8 t$ 油当量，其中石油和天然气占比分别为 30.6% 和 24.2%。展望未来，油气在相当长时间内仍是一次能源消费的主体，全球油气生产将呈长期稳定趋势，天然气产量将保持较高的增长率。

习近平总书记高度重视能源工作，明确指示"要加大油气勘探开发力度，保障我国能源安全"。石油工业的发展是由资源、技术、市场和社会政治经济环境四方面要素决定的，其中油气资源是基础，技术进步是最活跃、最关键的因素，石油工业发展高度依赖科学技术进步。近年来，全球石油工业上游在资源领域和理论技术研发均发生重大变化，非常规油气、海洋深水油气和深层—超深层油气勘探开发获得重大突破，推动石油地质理论与勘探开发技术装备取得革命性进步，引领石油工业上游业务进入新阶段。

中国共有500余个沉积盆地，已发现松辽盆地、渤海湾盆地、准噶尔盆地、塔里木盆地、鄂尔多斯盆地、四川盆地、柴达木盆地和南海盆地等大型含油气大盆地，油气资源十分丰富。中国含油气盆地类型多样、油气地质条件复杂，已发现的油气资源以陆相为主，构成独具特色的大油气分布区。历经半个多世纪的艰苦创业，到20世纪末，中国已建立完整独立的石油工业体系，基本满足了国家发展对能源的需求，保障了油气供给安全。2000年以来，随着国内经济高速发展，油气需求快速增长，油气对外依存度逐年攀升。我国石油工业担负着保障国家油气供应安全，壮大国际竞争力的历史使命，然而我国石油工业面临着油气勘探开发对象日趋复杂、难度日益增大、勘探开发理论技术不相适应及先进装备依赖进口的巨大压力，因此急需发展自主科技创新能力，发展新一代油气勘探开发理论技术与先进装备，以大幅提升油气产量，保障国家油气能源安全。一直以来，国家高度重视油气科技进步，支持石油工业建设专业齐全、先进开放和国际化的上游科技研发体系，在中国石油、中国石化和中国海油建立了比较先进和完备的科技队伍和研发平台，在此基础上于 2008 年启动实施国家科技重大专项技术攻关。

国家科技重大专项"大型油气田及煤层气开发"（简称"国家油气重大专项"）是《国家中长期科学和技术发展规划纲要（2006—2020 年）》确定的 16 个重大专项之一，目标是大幅提升石油工业上游整体科技创新能力和科技水平，支撑油气勘探开发快速发展。国家油气重大专项实施周期为 2008—2020 年，按照"十一五""十二五""十三五"3 个阶段实施，是民口科技重大专项中唯一由企业牵头组织实施的专项，由中国石油牵头组织实施。专项立足保障国家能源安全重大战略需求，围绕"6212"科技攻关目标，共部署实施 201 个项目和示范工程。在党中央、国务院的坚强领导下，专项攻关团队积极探索和实践依托行业骨干企业组织实施的科技攻关新型举国体制，加快推进专项实施，攻克一批制约油气勘探开发的瓶颈技术，形成了陆上油气勘探、陆上油气开发、工程技术、海洋油气勘探开发、海外油气勘探开发、非常规油气勘探开发 6 大领域技术系列及 26 项重大技术，自主研发 20 项重大工程技术装备，完成 35 项示范工程建设。近 10 年我国石油年产量稳定在 2×10^8t 左右，天然气产量取得快速增长，2020 年天然气产量达 1925×10^8m³，专项全面完成既定战略目标。

通过专项科技攻关，中国油气勘探开发技术整体已经达到国际先进水平，其中陆上油气勘探开发水平位居国际前列，海洋石油勘探开发与装备研发取得巨大进步，非常规油气开发获得重大突破，石油工程服务业的技术装备实现自主化，常规技术装备已全面国产化，并具备部分高端技术装备的研发和生产能力。总体来看，我国石油工业上游科技取得以下七个方面的重大进展：

（1）我国天然气勘探开发理论技术取得重大进展，发现和建成一批大气田，支撑天然气工业实现跨越式发展。围绕我国海相与深层天然气勘探开发技术难题，形成了海相碳酸盐岩、前陆冲断带和低渗—致密等领域天然气成藏理论和勘探开发重大技术，保障了我国天然气产量快速增长。自 2007 年至 2020 年，我国天然气年产量从 677×10^8m³ 增长到 1925×10^8m³，探明储量从 6.1×10^{12}m³ 增长到 14.41×10^{12}m³，天然气在一次能源消费结构中的比例从 2.75% 提升到 8.18% 以上，实现了三个翻番，我国已成为全球第四大天然气生产国。

（2）创新发展了石油地质理论与先进勘探技术，陆相油气勘探理论与技术继续保持国际领先水平。创新发展形成了包括岩性地层油气成藏理论与勘探配套技术等新一代石油地质理论与勘探技术，发现了鄂尔多斯湖盆中心岩性地层大油区，支撑了国内长期年新增探明 10×10^8t 以上的石油地质储量。

（3）形成国际领先的高含水油田提高采收率技术，聚合物驱油技术已发展到三元复合驱，并研发先进的低渗透和稠油油田开采技术，支撑我国原油产量长期稳定。

（4）我国石油工业上游工程技术装备（物探、测井、钻井和压裂）基本实现自主化，具备一批高端装备技术研发制造能力。石油企业技术服务保障能力和国际竞争力大幅提升，促进了石油装备产业和工程技术服务产业发展。

（5）我国海洋深水工程技术装备取得重大突破，初步实现自主发展，支持了海洋深水油气勘探开发进展，近海油气勘探与开发能力整体达到国际先进水平，海上稠油开发处于国际领先水平。

（6）形成海外大型油气田勘探开发特色技术，助力"一带一路"国家油气资源开发和利用。形成全球油气资源评价能力，实现了国内成熟勘探开发技术到全球的集成与应用，我国海外权益油气产量大幅度提升。

（7）页岩气、致密气、煤层气与致密油、页岩油勘探开发技术取得重大突破，引领非常规油气开发新兴产业发展。形成页岩气水平井钻完井与储层改造作业技术系列，推动页岩气产业快速发展；页岩油勘探开发理论技术取得重大突破；煤层气开发新兴产业初见成效，形成煤层气与煤炭协调开发技术体系，全国煤炭安全生产形势实现根本性好转。

这些科技成果的取得，是国家实施建设创新型国家战略的成果，是百万石油员工和科技人员发扬艰苦奋斗、为国找油的大庆精神铁人精神的实践结果，是我国科技界以举国之力团结奋斗联合攻关的硕果。国家油气重大专项在实施中立足传统石油工业，探索实践新型举国体制，创建"产学研用"创新团队，创新人才队伍建设，创新科技研发平台基地建设，使我国石油工业科技创新能力得到大幅度提升。

为了系统总结和反映国家油气重大专项在科学理论和技术创新方面取得的重大进展和成果，加快推进专项理论技术成果的推广和提升，专项实施管理办公室与技术总体组规划组织编写了《国家科技重大专项·大型油气田及煤层气开发成果丛书（2008—2020）》。丛书共62卷，第1卷为专项理论技术成果总论，第2～9卷为陆上油气勘探理论技术成果，第10～14卷为陆上油气开发理论技术成果，第15～22卷为工程技术装备成果，第23～26卷为海洋油气理论技术装备成果，第27～30卷为海外油气理论技术成果，第31～43卷为非常规油气理论技术成果，第 44~62 卷为油气开发示范工程技术集成与实施成果（包括常规油气开发 7 卷，煤层气开发 5 卷，页岩气开发 4 卷，致密油、页岩油开发 3 卷）。

各卷均以专项攻关组织实施的项目与示范工程为单元，作者是项目与示范工程的项目长和技术骨干，内容是项目与示范工程在 2008—2020 年期间的重大科学理论研究、先进勘探开发技术和装备研发成果，代表了当今我国石油工业上游的最新成就和最高水平。丛书内容翔实，资料丰富，是科学研究与现场试验的真实记录，也是科研成果的总结和提升，具有重大的科学意义和资料价值，必将成为石油工业上游科技发展的珍贵记录和未来科技研发的基石和参考资料。衷心希望丛书的出版为中国石油工业的发展发挥重要作用。

国家科技重大专项"大型油气田及煤层气开发"是一项巨大的历史性科技工程，前后历时十三年，跨越三个五年规划，共有数万名科技人员参加，是我国石油工业史上一项壮举。专项的顺利实施和圆满完成是参与专项的全体科技人员奋力攻关、辛勤工作的结果，是我国石油工业界和石油科技教育界通力合作的典范。我有幸作为国家油气重大专项技术总师，全程参加了专项的科研和组织，倍感荣幸和自豪。同时，特别感谢国家科技部、财政部和发改委的规划、组织和支持，感谢中国石油、中国石化、中国海油及中联公司长期对石油科技和油气重大专项的直接领导和经费投入。此次专项成果丛书的编辑出版，还得到了石油工业出版社大力支持，在此一并表示感谢！

中国科学院院士 贾承造

《国家科技重大专项·大型油气田及煤层气开发成果丛书（2008—2020）》

分卷目录

序号	分卷名称
卷1	总论：中国石油天然气工业勘探开发重大理论与技术进展
卷2	岩性地层大油气区地质理论与评价技术
卷3	中国中西部盆地致密油气藏"甜点"分布规律与勘探实践
卷4	前陆盆地及复杂构造区油气地质理论、关键技术与勘探实践
卷5	中国陆上古老海相碳酸盐岩油气地质理论与勘探
卷6	海相深层油气成藏理论与勘探技术
卷7	渤海湾盆地（陆上）油气精细勘探关键技术
卷8	中国陆上沉积盆地大气田地质理论与勘探实践
卷9	深层—超深层油气形成与富集：理论、技术与实践
卷10	胜利油田特高含水期提高采收率技术
卷11	低渗—超低渗油藏有效开发关键技术
卷12	缝洞型碳酸盐岩油藏提高采收率理论与关键技术
卷13	二氧化碳驱油与埋存技术及实践
卷14	高含硫天然气净化技术与应用
卷15	陆上宽方位宽频高密度地震勘探理论与实践
卷16	陆上复杂区近地表建模与静校正技术
卷17	复杂储层测井解释理论方法及 CIFLog 处理软件
卷18	成像测井仪关键技术及 CPLog 成套装备
卷19	深井超深井钻完井关键技术与装备
卷20	低渗透油气藏高效开发钻完井技术
卷21	沁水盆地南部高煤阶煤层气 L 型水平井开发技术创新与实践
卷22	储层改造关键技术及装备
卷23	中国近海大中型油气田勘探理论与特色技术
卷24	海上稠油高效开发新技术
卷25	南海深水区油气地质理论与勘探关键技术
卷26	我国深海油气开发工程技术及装备的起步与发展
卷27	全球油气资源分布与战略选区
卷28	丝绸之路经济带大型碳酸盐岩油气藏开发关键技术

序号	分卷名称
卷 29	超重油与油砂有效开发理论与技术
卷 30	伊拉克典型复杂碳酸盐岩油藏储层描述
卷 31	中国主要页岩气富集成藏特点与资源潜力
卷 32	四川盆地及周缘页岩气形成富集条件、选区评价技术与应用
卷 33	南方海相页岩气区带目标评价与勘探技术
卷 34	页岩气气藏工程及采气工艺技术进展
卷 35	超高压大功率成套压裂装备技术与应用
卷 36	非常规油气开发环境检测与保护关键技术
卷 37	煤层气勘探地质理论及关键技术
卷 38	煤层气高效增产及排采关键技术
卷 39	新疆准噶尔盆地南缘煤层气资源与勘查开发技术
卷 40	煤矿区煤层气抽采利用关键技术与装备
卷 41	中国陆相致密油勘探开发理论与技术
卷 42	鄂尔多斯盆缘过渡带复杂类型气藏精细描述与开发
卷 43	中国典型盆地陆相页岩油勘探开发选区与目标评价
卷 44	鄂尔多斯盆地大型低渗透岩性地层油气藏勘探开发技术与实践
卷 45	塔里木盆地克拉苏气田超深超高压气藏开发实践
卷 46	安岳特大型深层碳酸盐岩气田高效开发关键技术
卷 47	缝洞型油藏提高采收率工程技术创新与实践
卷 48	大庆长垣油田特高含水期提高采收率技术与示范应用
卷 49	辽河及新疆稠油超稠油高效开发关键技术研究与实践
卷 50	长庆油田低渗透砂岩油藏 CO_2 驱油技术与实践
卷 51	沁水盆地南部高煤阶煤层气开发关键技术
卷 52	涪陵海相页岩气高效开发关键技术
卷 53	渝东南常压页岩气勘探开发关键技术
卷 54	长宁—威远页岩气高效开发理论与技术
卷 55	昭通山地页岩气勘探开发关键技术与实践
卷 56	沁水盆地煤层气水平井开采技术及实践
卷 57	鄂尔多斯盆地东缘煤系非常规气勘探开发技术与实践
卷 58	煤矿区煤层气地面超前预抽理论与技术
卷 59	两淮矿区煤层气开发新技术
卷 60	鄂尔多斯盆地致密油与页岩油规模开发技术
卷 61	准噶尔盆地砂砾岩致密油藏开发理论技术与实践
卷 62	渤海湾盆地济阳坳陷致密油藏开发技术与实践

本卷·前言

含硫气田是指产出的天然气中含有无机物硫化氢,以及硫醇、硫醚等有机物的气田。中国把硫化氢含量大于2%的气田称为高含硫气田。截至2020年,世界上已经发现400多个具有商业价值的含硫气田,主要分布在加拿大、法国、德国、俄罗斯、中国等国家以及北美和中东等地区。中国含硫气田主要分布在四川盆地川东北地区和渤海盆地,天然气产量占全国的60%。

2000年以来,随着龙岗、罗家寨、普光、元坝等气田的开发,中国迎来了高含硫天然气开发高峰,在借鉴国外先进经验的基础上,攻克了高含硫气田开发的一系列难题,建立了较为完整的开发净化成套技术,实现了高含硫气田的安全开采。

普光天然气净化厂是国内首座自主设计、建设的百亿立方米级高含硫天然气净化厂,原料天然气硫化氢、二氧化碳与有机硫含量高。中原油田普光分公司作为该净化厂的直接管理者和操作者,在高含硫天然气开发、净化和HSE管理等方面逐步积累了较为成熟的经验。为全面总结高含硫天然气净化技术、管理与操作经验,固化、传承、推广好的做法,夯实自身培训管理基础,同时也为高含硫天然气净化的设计、生产技术管理和操作人员提供借鉴,我们组织专业技术人员,参考普光高含硫天然气净化工程设计资料,根据12年来的运行经验,以及"十一五""十二五""十三五"期间研究成果,编写了本书。本书涵盖高含硫天然气脱硫脱碳、硫黄回收与尾气处理、硫黄储运与成型、设备与防腐、工艺控制与安全仪表、化验分析、清洁生产技术、安全管控技术等方面内容,突出了高含硫装置的工艺技术特点,实用性较强。

全书共九章,其中第一章由杜莉、徐剑明编写,第二章由彭传波、于艳秋、陈平文、周政、刘剑利编写,第三章由胡良培、刘增让、徐翠翠、段卫峰编写,第四章由裴爱霞、武麒麟、古小红、刘爱华编写,第五章由商良、尹琦岭、陈龙、张诚、伍丹丹编写,第六章由张文斌、焦玉清、古兴磊、杨玉麟、解更存

第五章　设备与防腐 … 142

第一节　主要设备 … 142
第二节　腐蚀与防护 … 150
第三节　关键设备国产化研发 … 165

第六章　工艺控制与安全仪表 … 190

第一节　集散控制系统 … 190
第二节　安全仪表系统 … 196

第七章　化验分析 … 203

第一节　原料气/产品气分析 … 203
第二节　脱硫/脱水溶液分析 … 206
第三节　硫黄分析 … 212
第四节　在线分析仪表 … 217

第八章　清洁生产技术 … 222

第一节　能源消耗规律与评价指标 … 222
第二节　能效提升技术 … 228
第三节　节水技术 … 234

第九章　安全管控技术 … 236

第一节　安全风险评估 … 236
第二节　安全风险管控 … 238
第三节　安全管理预警指挥集成技术 … 251

参考文献 … 256

第一章 绪 论

高含硫化氢和二氧化碳天然气大多贮存于海相碳酸盐岩储层，"十五"期间，中国规模最大、丰度最高的特大型海相整装气田——普光气田得以发现，并于"十一五"期间建成了国家重点示范工程——普光气田特大型高含硫天然气净化工程，填补了中国高含硫天然气开发领域多项空白，形成了一系列核心技术，整体技术达到国际先进水平，部分关键指标处于国际领先水平。本章概述了天然气工业的重要性和发展趋势，介绍了国内外天然气田开发现状、高含硫气田特点和开发进展及高含硫天然气净化技术。

第一节 天然气工业的重要性和发展趋势

天然气是优质高效、绿色清洁的低碳能源。随着中国宏观经济结构调整，生态文明建设持续推进，能源革命战略全面部署，天然气在能源与化工原料领域扮演着越来越重要的角色。根据国家发展和改革委员会（简称国家发改委）印发的三批 24 个重点行业企业温室气体核算方法与报告指南（试行）中的相关数据，常见化石燃料的单位热值含碳量见表 1-1-1。从表中可以看出，天然气的热效率高于燃油，且远远高于燃煤；天然气的燃烧产物为二氧化碳和水，同等发热量情况下，天然气的二氧化碳排放量远远低于燃煤和燃油，而且没有烟尘和二氧化硫排放。因此，天然气被公认为是优质高效、绿色清洁的低碳能源。

表 1-1-1 常见化石燃料的单位热值和含碳量

能源品种	低位热值/（GJ/t）	单位热值含碳量/（10^{-3}t/GJ）	碳氧化率/%
无烟煤	20.304	27.49	94
烟煤	19.570	26.18	93
柴油	43.330	20.20	98
汽油	44.800	18.90	98
液化石油气	47.310	17.20	98
能源品种	低位热值/（GJ/10^4m^3）	单位热值含碳量/（10^{-3}t/GJ）	碳氧化率/%
天然气	389.31	15.30	99

一、天然气的利用

天然气的发现可以追溯到公元前 6000 年到公元前 2000 年的伊朗，渗出地表的天然气最初是用于照明的，古代波斯崇拜火的地区因而有了"永不熄灭的火炬"的说法。目在200多年的工业化进程中，普遍存在着追求经济增长、忽视乃至牺牲保护生态环境目标、忽视宏观调控和全球协调的倾向。纵观人类近现代工业文明和世界能源发展历程，可以看出发达国家都曾遭受过生态失衡、能源过耗、环境污染和物种灭绝等生态问题。全球气候变化、酸雨污染、臭氧层耗损、空气污染、有毒有害化学品污染等带来的生态环境恶化已经成为全球普遍关注的焦点。

面对化石能源的不可再生、全球能源安全、生态环境恶化和人类可持续发展，全世界逐渐认识到能源供应方面必须走可持续发展的道路，改变能源消费结构，加快能源转型。以美国为例，美国总统奥巴马就任后签署的《2009年美国清洁能源与安全法》，首次系统提出清洁能源和节能减排发展目标，初步确立了美国能源转型的目标体系，在实现"能源独立"的前提下推动能源系统清洁化，以增加清洁能源应用比例为主要手段（高慧等，2020）。而中国2007年12月发布的《中国的能源状况与政策》白皮书，详细介绍了中国能源发展现状、能源发展战略和目标，被视为中国能源转型的开始。2014年6月13日，习近平总书记在中央财经领导小组第六次会议上发表重要讲话，强调"推动能源消费革命，抑制不合理能源消费；推动能源供给革命，建立多元供应体系；推动能源技术革命，带动产业升级；推动能源体制革命，打通能源发展快车道；全方位加强国际合作，实现开放条件下能源安全"（简称"四个革命、一个合作"）。"四个革命、一个合作"能源安全新战略成为中国能源改革发展的根本方向。中国经济切换至新常态发展模式，并推动了全国能源系统清洁低碳化。

天然气作为优质高效、绿色清洁的低碳能源，是中国推进能源生产和消费革命，构建清洁低碳、安全高效的现代能源体系的重要路径。在2014年11月国务院发布的《能源发展战略行动计划（2014—2020年）》中，明确提出2020年的能源战略目标包括控制全国一次能源消费总量和提高天然气在一次能源消费中的比重。与此同时，随着中国经济社会持续快速发展，天然气需求大幅增长，自2017年冬季中国遭遇严重气荒后，2018年国务院印发《关于促进天然气协调稳定发展的若干意见》，从探勘开发、海外供应、储备体系、基础设施建设等方面进一步做出规划，天然气发展进入快车道。从2017年到2020年，中国天然气已经连续4年增产超过$100×10^8m^3$，增速均远高于当年原油产量增速。《世界能源发展报告（2020）》中指出，"十四五"期间，中国天然气消费量将依旧保持快速增长。2025年天然气消费量预计为$4827×10^8m^3$，是2019年的1.59倍，中国石油工业进入稳定发展、天然气工业进入跨越式发展新阶段（黄晓勇等，2020）。

第二节　国内外天然气田开发现状

天然气田分为常规天然气田和非常规天然气田。常规天然气田的天然气在单一圈闭中聚集，圈闭是天然气聚集的基本单元，具有统一的压力系统和气水界面，又可按成因细分为煤成气田和油型气田。非常规天然气田的天然气连续分布，无明确圈闭与盖层界限，流体分异差，无统一气水界面。该类天然气有页岩气、致密砂岩气、煤层气、天然气水合物及水溶气等。全球28个特大型气田中，除俄罗斯麦德维热气田为致密砂岩气，其他皆为常规天然气,暂未发现其他特大非常规天然气田。

从储层岩性来说,大气田储集岩类型集中分布在砂岩和碳酸盐岩,其中砂岩气藏的个数和可采储量均占整个大型气田的一半以上,是大型气藏储层类型的主体。但是,碳酸盐岩气藏储量规模明显高于砂岩气藏,碳酸盐岩气藏个数仅占总个数的26%,而其可采储量却占46%;砂岩气田个数占总个数的71%,而其可采储量占总储量的54%(罗伯特·格雷斯,2012)。表1-2-1和表1-2-2分别为世界典型特大型气田表和世界特大型气田按储集岩类型统计表。

表1-2-1 世界典型特大型气田表

序号	气田名称	国家	盆地	最终可采储量/$10^{12}ft^3$	发现年份	圈闭类型	岩性	深度/m
1	北方(North Field)	卡塔尔	波斯湾	272816	1971	构造	白云岩	2765
2	南帕斯(Pars South)	伊朗	波斯湾	131479	1991	构造	白云岩	2849
3	乌连戈伊(Urengoy)	俄罗斯	西西伯利亚	99512	1966	构造	砂岩	2286
4	杨堡(Yamburg)	俄罗斯	西西伯利亚	44448	1969	构造	砂岩	1098
5	扎波利亚尔(Zapolyarnoyel)	俄罗斯	西西伯利亚	35984	1965	构造	砂岩	1119
6	哈西鲁迈勒(Hassi R Mel)	阿尔及利亚	古达米斯	35176	1957	构造	砂岩	2125
7	阿斯特拉罕(Astrankhan)	俄罗斯	滨里海	33329	1976	礁	有孔虫灰岩	3850
8	西北穹隆(Northwest Dome)	卡塔尔	波斯湾	22639	1976	构造	碳酸盐岩	—
9	卡拉恰加纳克(Karachaganak)	哈萨克斯坦	滨里海	22412	1979	礁	珊瑚灰岩	4480
10	拉格萨费德(Rag-E-Safid)	伊朗	扎格罗斯	22190	1964	构造	碳酸盐岩	1341

注:(1)根据美国石油地质学家协会(AAPG)资料整理而成,北方气田和南帕斯气田在构造上属于同一个气田,但在统计时往作为两个气田来处理。
(2)1ft=0.3084m。

一、国外天然气田开发情况

从全球天然气发展来看,世界天然气产量稳步增加,液化能力快速提升,2019年世界新增天然气可采储量$2.1×10^{12}m^3$,约71.0%分布在海域。截至2019年底,世界天然气剩余可采储量为$198.8×10^{12}m^3$,储采比为49.8,天然气产量为$3.99×10^{12}m^3$,同比增长

3.4%。其中，北美地区天然气产量为 $11280\times10^8m^3$，同比增长 7.4%；中东地区天然气产量为 $6953\times10^8m^3$，同比增长 2.1%；俄罗斯－中亚地区天然气产量为 $8465\times10^8m^3$，同比增长 1.9%。2019 年世界天然气消费量为 $3.93\times10^{12}m^3$，同比增长 2.0%。2019 年世界天然气贸易量为 $1.29\times10^{12}m^3$，同比增长 4.1%，贸易量占世界天然气消费量的 32.7%。

表 1-2-2 世界特大型气田按储集岩类型统计表

储集岩类型	数量/个	可采储量/10^8m^3	所占百分比/% 数量	所占百分比/% 可采储量
砂岩	262	873856	70.81	53.68
碳酸盐岩	98	742079	26.49	45.59
浊积岩	3	4624	0.81	0.28
其他类型	7	7256	1.89	0.45

全球 28 个特大型气田（俄罗斯 11 个，莫桑比克 1 个，荷兰 1 个，土库曼斯坦 3 个，哈萨克斯坦 1 个，伊朗 4 个，沙特阿拉伯 2 个，阿尔及利亚 1 个，卡塔尔 1 个，挪威 1 个，印度尼西亚 1 个，伊拉克 1 个）中，有 21 个纯气田，以产气为主，伴有少量的凝析油和原油；有 4 个气顶气田，以产油为主，伴生天然气；有 3 个凝析气田。纯气田、凝析气田根据烃源岩类型又可划分为煤成气和油型气。在西西伯利亚盆地、阿姆河盆地和伏尔加—乌拉尔盆地等地区富含分散状腐殖质泥页岩及煤层，在热解和裂解成气期，可提供充足的凝析气和干气，以煤成气为主。位于波斯湾盆地的北方气田、南帕斯气田和三叠盆地的哈西鲁迈勒气田等富含分散状腐泥质沉积岩，在高过成熟阶段，其烃源岩和早期生成的油都可提供大量的干气和凝析气，以油型气为主。气顶气田主要位于波斯湾盆地，其本身就是大油田，如马伦油田、加瓦尔油田、鲁迈拉油田等，其中加瓦尔油田还是世界上最大的油田，其烃源岩在主要成油期可提供大量的伴生气，在差异聚集和重力分异过程中，可形成气顶气田，以油型气为主。

28 个特大型气田储层岩性主要为砂岩和碳酸盐岩，砂岩储层的特大型气田数量占总数的 53.57%，储量占特大型气田总储量的 38.87%；碳酸盐岩储层的特大型气田数量占总数的 46.43%，储量占总储量的 61.13%。

世界原始可采储量大于 $1\times10^{12}m^3$ 煤成气超大型气田统计情况见表 1-2-3。

二、国内天然气田开发情况

中国天然气工业的快速发展得益于大气田的发现和开发，中国的大气田通常是指天然气可采储量超过 $250\times10^8m^3$ 的气田。由于探明天然气地质储量在中国使用更为广泛，同时不同储量品质的气田，即使储量规模相同，但可建成产能规模却可能差异很大，因此为了更好地指导气田开发，综合采用探明地质储量与建成产能规模两个参数来定义和划分大气田。将大气田定义为天然气探明地质储量超过 $300\times10^8m^3$、天然气峰值年产量在 $10\times10^8m^3$ 以上且具有一定稳产期的气田。

表 1-2-3　世界原始可采储量大于 $1\times10^{12}m^3$ 煤成气超大型气田统计表

国家	气田名称	盆地	发现年份	原始可采储量/10^8m^3	投产年份	累计产气量/10^8m^3	截至年份
俄罗斯	乌连戈伊	西西伯利亚	1966	107526.6141	1987	63043.9612	2015
	亚姆堡		1969	60738.8467	1984	37735.58851	2015
	波瓦尼柯夫		1971	38355.4145	2012	13936.7255	2015
	扎波里杨尔		1965	31374.8799	2001	12738.4062	2015
	麦德维热		1967	21618.7379	1971	18523.5873	2015
	哈拉萨威		1974	12454.9998			
	克鲁津什坚诺夫		1976	11768.5267			
土库曼斯坦	道列塔巴特	阿姆河	1973	14217.2408	1983	4983.5301	2004
	尤勒坦		2004	123105			
	亚什拉尔		1979	18678			
荷兰	格罗宁根	德国西北	1959	29516.9	1963	23090.06917	2017
莫桑比克	曼巴	鲁伍马	2011	14150			
中国	苏里格	鄂尔多斯	2001	16448	2005	1564	2017

按照 GB/T 26979—2011《天然气藏分类》标准，中国天然气田的分类有按圈闭类型分类、按储层类型分类和按天然气组分分类等 8 种分类方法。以下主要介绍按储层类型分类和按天然气组分分类两种分类方法。

（1）按储层类型进行划分，天然气藏分为碎屑岩气藏、碳酸盐岩气藏、泥质岩气藏、火成岩气藏、变质岩气藏和煤层气气藏 6 类。中国大气田主要分布在鄂尔多斯、四川、塔里木等盆地，在今后相当长的一段时间内，仍将保持上述三大天然气生产基地的格局。中国大气田的主要岩性为碎屑岩、碳酸盐岩和页岩。中国碎屑岩气藏储量最高，大气田共探明储量为 $6.44\times10^{12}m^3$，占总探明储量的 59%；碳酸盐岩气藏储量居次席，大气田探明储量为 $3.12\times10^{12}m^3$，占比为 28%，普光气田属于碳酸盐岩气藏（朱光有等，2004）。按盆地区域位置分布，鄂尔多斯、四川、塔里木等盆地大气田探明储量较高，分别达 $4.14\times10^{12}m^3$、$3.76\times10^{12}m^3$ 和 $1.63\times10^{12}m^3$，三者合计占全国总探明储量的 87%；琼东南、松辽、柴达木、东海、准噶尔等盆地大气田探明储量较少，上述 5 个盆地大气田累计探明储量不到 $1.5\times10^{12}m^3$（表 1-2-4）。此外，从图 1-2-1 可以看出，中国石油和中国石化大气田探明储量占比高，上产与稳产基础扎实，在保障国家天然气供给过程中发挥着主导作用。

表 1-2-4 中国已发现的主要大气田基础数据表（截至 2018 年底）

气田（气藏）名称	所在盆地	圈闭（油气藏）类型	储层岩性	气藏中位埋深 /m	探明储量 /10^8m^3	产量规模 /10^8m^3	发现年份
涩北	柴达木	构造	碎屑岩	2260	1817	35	1975
崖城 13-1	琼东南	构造	碎屑岩	3810	731	34	1983
台南	柴达木	构造	碎屑岩	1290	1061	25	1987
塔中 1 号	塔里木	构造	碳酸盐岩	3900	3680	18	1989
靖边	鄂尔多斯	构造	碳酸盐岩	3500	6910	55	1989
子州—米脂	鄂尔多斯	构造	碎屑岩	2700	358	20	1990
新场	四川	构造	碎屑岩	4900	2453	22	1990
东方 1-1	琼东南	构造—岩性	碎屑岩	1240	852	24	1991
大天池	四川	构造	碳酸盐岩	4690	1103	15	1994
榆林	鄂尔多斯	岩性	碎屑岩	1700	1807	60	1996
克拉 2	塔里木	构造	碎屑岩	2250	2840	80	1998
大北	塔里木	构造	碎屑岩	4000	1093	15	1999
大牛地	鄂尔多斯	岩性	碎屑岩	2700	4545	40	1999
苏里格	鄂尔多斯	岩性	碎屑岩	2170	16447	230	2000
迪那 2	塔里木	构造	碎屑岩	4900	1752	45	2001
神木	鄂尔多斯	岩性	碎屑岩	2760	3333	20	2003
荔湾 3-1	琼东南	构造	碎屑岩	3100	1000	50～120	2006
普光	四川	构造	碳酸盐岩	5200	5200	90	2005
徐深	松辽	构造—岩性	火山岩	3800	2719	20	2007
长岭 1 号	松辽	构造—岩性	火山岩	3000	706	15	2007
克拉美丽	准噶尔	构造—岩性	火山岩	3650	759	15	2008
克拉苏	塔里木	构造	碎屑岩	4800	4778	60	2008
东坪	柴达木	岩性	碎屑岩	800	564	15	2011
元坝	四川	构造	碳酸盐岩	6673	2198	30	2011
磨溪龙王庙[①]	四川	构造	碳酸盐岩	4600	4403	90～100	2013

续表

气田（气藏）名称	所在盆地	圈闭（油气藏）类型	储层岩性	气藏中位埋深/m	探明储量/$10^8 m^3$	产量规模/$10^8 m^3$	发现年份
涪陵	四川	连续型	页岩	2885	6008	80~100	2013
陵水 17-2	琼东南	构造	碎屑岩	4100	1020	34	2014
安岳震旦系①	四川	构造	碳酸盐岩	5100	5960	40~60	2015
长宁①	四川	连续型	页岩	3450	4446	50	2015
威远①	四川	连续型	页岩	3450	4276	40	2015
合计					94819		

① 气田的统计数据截至 2019 年底。

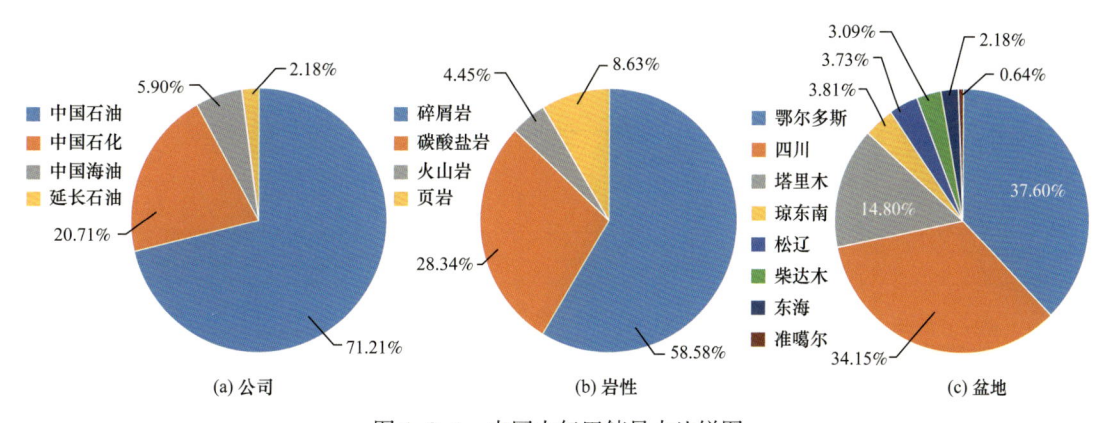

图 1-2-1 中国大气田储量占比饼图

（2）按天然气组分进行划分，把含硫气田划分为微含硫气田、低含硫气田、中含硫气田、高含硫气田、特高含硫气田 5 类，当 H_2S 含量超过 770g/m³ 时，称为 H_2S 气田（表 1-2-5）。

表 1-2-5 含硫气田的分类表

项目	微含硫气田	低含硫气田	中含硫气田	高含硫气田	特高含硫气田	H_2S 气田
H_2S 含量/g/m³	<0.02	0.02~<5.0	5.0~<30.0	30.0~<150.0	150.0~<770.0	≥770.0
H_2S 体积分数/%	<0.0013	0.0013~<0.3	0.3~<2.0	2.0~<10.0	10.0~<50.0	≥50.0

2000 年以来，在四川盆地发现并投入开发的含硫气田主要有普光气田、元坝气田、罗家寨气田和龙岗气田等（表 1-2-6）。

表 1-2-6　四川盆地含硫气田表

气田	储层	井号	H_2S 体积分数 /%
普光气田	飞仙关组	普光 2	15.8
	长兴组	普光 8	14.2
元坝	飞仙关组	元 27	2.42
	飞仙关组	元 204	1.24
中坝	雷口坡组	中 7	13.3
卧龙河	嘉陵江组嘉五$^{1-2}$	卧 9	17.98
	嘉陵江组嘉四^3	卧 63	31.95
	嘉陵江组嘉二^3	卧 24	6.99
渡口河	飞仙关组	渡 1	16.21
	飞仙关组	渡 2	16.24
	飞仙关组	渡 3	17.06
铁山坡	飞仙关组	坡 1	14.19
	飞仙关组	坡 2	14.51
	飞仙关组	坡 4	16.05
龙门	飞仙关组	天东 55	17.41
	飞仙关组	天东 56	8.52
龙岗	飞仙关组	龙岗 26	2.78
	长兴组	龙岗 001-23	5.66
高峰场	嘉陵江组	峰 4	7.07
罗家寨	飞仙关组	罗家 1	8.77
	飞仙关组	罗家 2	10.49
	飞仙关组	罗家 4	7.13
	飞仙关组	罗家 5	16.62
	飞仙关组	罗家 6	7.55
	飞仙关组	罗家 7	13.7
	飞仙关组	罗家 9	12.93

进入 21 世纪，人类社会日益重视发展低碳经济，天然气作为清洁能源的地位日益突出，一次能源消费结构中天然气占比逐年升高。根据国家统计局和国家能源局数据显示，2019 年世界天然气消费量为 $3.93\times10^{12}m^3$，同比增长 2.0%，增速下降 3.3%，在一次能

源消费中占比为 24.2%。2020 年中国天然气消费量约为 $3200 \times 10^8 m^3$，比 2019 年增加约 $130 \times 10^8 m^3$。2020 年中国天然气（含非常规气）新增探明地质储量约为 $8000 \times 10^8 m^3$，产气量为 $1888 \times 10^8 m^3$，比上年增长 9.8%，连续 4 年增产超过 $100 \times 10^8 m^3$。2020 年，中国进口天然气 $1.02 \times 10^8 t$，比上年增长 5.3%，中国天然气自给率只有 59%。

中国幅员辽阔，天然气资源丰富，勘探开发潜力巨大，天然气工业发展前景广阔。据统计，世界天然气资源约 60% 含硫、10% 为高含硫，主要位于海相地层。中国高含硫天然气资源十分丰富，目前发现的规模储量主要分布在四川盆地。中国已探明高含硫碳酸盐岩气藏天然气地质储量约为 $1 \times 10^{12} m^3$，主要分布在普光、元坝、罗家寨、渡口河、铁山坡和龙岗等地区。开发利用好高含硫气田可有效提高中国天然气在一次能源消费结构中占比，对中国能源结构优化调整和绿色发展具有重要意义。

第三节　高含硫气田特点和开发进展

一、国外高含硫气田特点和开发进展

国外高含硫气田开发已经有几十年的历史。法国、加拿大、美国、俄罗斯、沙特阿拉伯、阿联酋、伊朗等高含硫气资源较丰富的国家，很早就开始进行高含硫气田的开发。在高含硫气田勘探开发过程中，遇到了诸多困难和难题。20 世纪 50 年代以来，国外许多石油公司和研究机构投入了大量人力、物力调查研究高含硫气田勘探开发情况，组织进行酸性气体工况条件下的防护、选材、防腐等方面的研究工作，取得了一系列有价值的研究成果。

法国道达尔公司 1957 年就开始开发拉克气田，1966 年开发 Meillon 含硫气田。在加拿大，仅艾伯塔省就有 6000 多口含硫气井，240 个酸气处理厂，包括 52 个大型的脱硫处理厂，以及 12500km 酸气集输管线，含硫天然气产量占该省天然气总产量的 30% 以上；7 个气田 H_2S 含量在 20% 以上，气体中 H_2S 含量最高在 90% 以上（Bearberry 气田），最深井深 5137m（Tay River 气田）。美国也有着悠久的高含硫气田开发历史，Whitney Canyon、Mississippi South Jackson、Johns Field、Madison 等高含硫气田先后成功投入开发。此外，在俄罗斯，以及中东地区的伊朗、阿联酋等国也有大量的高含硫气田已投入开发生产，如伊朗的 M.I.S. 气田（H_2S 含量为 25%~30%，CO_2 含量为 9%）、阿联酋的 Zakum 高含硫海上气田（H_2S 含量为 33%，CO_2 含量为 10%）。国外在高含硫气田开发过程中，形成了系统的开发技术，积累了丰富的开发经验。

1. 高含硫气田的分类标准

中国规定把天然气中 H_2S 含量≥2%（即 $30.0g/m^3$）的气藏定为高含 H_2S 气藏；国际上含硫天然气划分标准与国内有所不同，把天然气中 H_2S 含量≥5%（即 $77g/m^3$）的气藏定为高含 H_2S 气藏。

国外 H_2S 含量大于 5% 的天然气气藏见表 1-3-1。

表 1-3-1　国外 H_2S 含量大于 5% 的天然气气藏

地区	储层年代	岩性	埋深 /m	H_2S 含量 /%
法国拉克	晚侏罗世及早白垩世	白云岩及页岩	3051~4430	15
法国邦德斯美隆	晚侏罗世	白云岩及页岩	4226~4920	6
西德韦斯—安姆斯	三叠纪	白云岩	3740	10
伊朗阿斯马拉	侏罗纪	石灰岩	3543~4725	25
俄罗斯乌拉尔—伏尔加	早石炭世	石灰岩	1476~1968	6
俄罗斯伊尔库斯克	早寒武世	白云岩	2500	42
加拿大艾伯塔	密西西北纪	石灰岩	3444	13
	泥盆纪	石灰岩	3740	81
美国南得克萨斯	早白垩世	石灰岩	3302	8
	晚侏罗世	石灰岩	5709~6003	98
美国东得克萨斯	晚侏罗世	石灰岩	3625~3701	14
美国密西西比	晚侏罗世	石灰岩	5700~6003	78
美国怀俄明	三叠纪	石灰岩	3000	42

2. 高含硫碳酸盐岩气田地质与开发特点

高含硫气田开发从 20 世纪中叶开始至今已有半个多世纪，在这半个多世纪的生产实践中，一些国家成功开发了大批高含硫酸性气田，建立了一整套较为完整的生产体系，取得了较为丰富的成功经验。法国的拉克气田、俄罗斯奥伦堡气田和美国的 Whitney Canyon/Carter Creek 气田等都属于高含硫碳酸盐岩酸性气藏。

1）法国拉克气田

拉克气田位于阿奎坦盆地的南部。阿奎坦盆地是一个古生界—新生界沉积中心，气田北部紧靠阿莫里克地块，气田东北部边缘紧靠海西基底，南靠比利牛斯山脉，西靠 Biscay 湾。盆地被一中生代折褶分开。这个折褶的地区南部分成了西部的帕朗提次盆地和一系列次一级的盆地。帕朗提次盆地是上侏罗统—下白垩统沉积物的一个厚层序。这些盆地沿着比利牛斯山脉的逆冲断层带的北部边缘延伸。逆冲断层带包括了叠合的上白垩统—始新统沉积物的一个厚层序。三叠系—第四系沉积物特点是多裂缝和地壳变薄，由此也最终使 Iberia 从欧洲地块和 Biscay 湾出口处分离出来。在始新统晚期出现了地壳弯曲。

拉克气田的生产可分为以下阶段：

（1）第一阶段，1952—1957 年为试采阶段。对 3 口气井进行试采，检验了井底和井口设备的防腐性能。其中，还对 104 井进行了连续试采，累计生产天然气 $8000×10^4m^3$，气层压力没有明显下降。试采过程中证实了裂缝存在。当气井一开井,产量很快就能稳定,气井关井后压力在 2~3min 内就能恢复,处在不同构造部位的气井,在同一时间测得的地层压力是一致的,地层导压性能非常好。试采初期,压差一般只有 0.49MPa 左右,根据测试所获得的地层渗透率比岩块的渗透率大 100 倍,指数方程式的 n 值为 0.5,说明地下渗流呈紊流状态。

(2)第二阶段,1957—1964 年为开采阶段。整个开采工作迅速进行,气田日产量由 1957 年的 $100 \times 10^4 m^3$ 增加到 1959 年的 $1000 \times 10^4 m^3$,然后又增加到 1961 年的 $(2000～2100) \times 10^4 m^3$。这个阶段,气层压力下降明显,而且全气田各部分的压降都是一致的。

(3)第三阶段,1965—1982 年为稳产阶段。

(4)第四阶段,1983 年后,气藏进入递减期,至 2002 年底气藏累计产气 $2492 \times 10^8 m^3$,气层压力由原始的 66.15MPa 降至 19MPa。递减期采取顶部打补充井的措施,钻至气层顶部,下 9in[1] 套管、7in 与 5in 复合油管。钻井采取大排量清水钻进,边漏边钻(水的流速为 10m/s)打开气层,裸眼完井方法。气藏共有 26 口生产井,6 口间歇井,4 口关闭井(位于边部)、1 口报废井(3 号井)和 1 口废水回注井。

拉克气田从 1961 年建成配套系统以后,1963 年采气达到设计水平[$(2200～2300) \times 10^4 m^3/d$],一直高产稳产。主要采取了以下措施:

(1)在顶部加密打 10 口生产井;
(2)不断改换大直径油管提高单井产量和井口压力;
(3)建起了压缩机站;
(4)建立了地下储气库,调节季度用气量。

2)俄罗斯奥伦堡气田

奥伦堡气田位于乌拉尔山前坳陷带南端的西侧,气田本身是受奥伦堡长垣构造控制的巨大背斜褶皱。长 130km,宽 25~30km,闭合高度 550~700m,东西走向(图 1-3-1)。气田背斜构造北翼倾角为 7°~8°,南翼较平缓,平均倾角为 2°30″。该气藏有两个含气层:(1)下二叠统亚丁斯克阶和中石炭统块状碳酸盐岩储层,称为主气藏。含气面积 $107 \times 22 km^2$,气藏中部含气层厚度为 525m,西部含气层厚度为 275m,产层有效厚度为 89.4~253.6m,孔隙度为 11.3%,渗透率为 0.098~30.6mD。气藏原始地层压力为 20.33MPa,天然气储量为 $16000 \times 10^8 m^3$。(2)二叠系孔谷阶的白云岩储层,称为菲利普气藏,含气范围 630~1190km²,含气层有效厚度为 9.9~15.5m,天然气储量为 $1600 \times 10^8 m^3$。该气藏的西部有一带状含油带,油层厚 70m,宽 0.7~5.5km,为底水气藏。

该气田当初是按统一开发系统考虑的,中部高产区钻井主要打开上石炭统高产层。边部打开二叠统或全部产层,裸眼采气。由于该气田的储层很厚,根据矿场地球物理测井分析表明,只有 35% 的高渗透—孔隙性夹层投入生产,因此低产井在投产前普遍进行了酸处理,清除井底钻井液污染,通过大量的实验和现场实践,采取甲醇盐酸酸化、泡沫盐酸酸化和甲醇泡沫盐酸酸化 3 种方法,获得较好的增产效果。

---

[1] 1in=25.4mm。

表 1-3-2　中国典型的高含硫气田（藏）统计表

气田	天然气储量 /$10^8 m^3$	H_2S 含量 /%（体积分数）	CO_2 含量 /%（体积分数）
普光	4157	15.2	8.6
元坝	1834	2.51～6.65	1.63～11.31
中坝	186	6.75～13.30	2.9～10
卧龙河	409	5～7.8	1.3～1.5
渡口河	359	9.79～17.1	6.4～8.3
铁山坡	374	14.37	—
罗家寨	797	6.7～16.65	5.8～9.1
龙岗	720	1.67～8.6	2.46～5.1
磨溪—高石梯	—	92	—

2. 高含硫气田开发难点

中国新发现的高含硫气藏埋藏更深，温度和压力更高，储层类型多样，气水关系复杂，开发难度更大，对钻井轨迹控制、提速、安全风险控制、完井材料与工艺、储层改造液体、工具和工艺等均提出了更高的要求。已开发的高含硫气藏面临普遍产水、硫沉积等问题，要求进一步加强对气藏精细描述以及完善排水、治水、控硫、解堵等配套技术。高含硫气藏开发技术的发展方向为加强对现有开发配套技术的跟踪评价与完善，降低开发成本，提高气田开发水平与开发效益。深化提高气藏采收率的理论和技术（包括高酸性气藏共存体系流体相态理论），深化储层元素硫沉积及伤害机理实验评价和动态分析技术、复杂强非均质性高含硫有水气藏整体治水优化技术（石兴春等，2014）。调研国外高含硫气田开发过程中遇到的难题和获得的经验，结合中国高含硫气田开发经验，得出高含硫气田都具有以下类似的开发难点：

（1）高含硫气井的产能评价技术须攻关；

（2）高含硫气藏流体相态安全测试与相态分析技术须攻关；

（3）硫沉积的预测技术及解堵技术须攻关；

（4）考虑硫沉积的数值模拟技术须攻关；

（5）气藏地层压力较高，富含 H_2S，对钻井井控安全构成严重威胁，对井下钻具、工具造成腐蚀；

（6）油气水活跃，固井难度大；

（7）气井油套管金属腐蚀严重，给安全生产造成严重威胁；

（8）防腐蚀研究基础工作和技术手段比较薄弱，检测装备和技术落后；

（9）对于 CO_2、H_2S 的腐蚀机理还缺乏定量认识和比较具体的防范措施；

（10）管道内外防腐蚀涂层技术比较落后，检验标准和手段未标准化，涂层质量还不能得到保证；

（11）集输管网的腐蚀监测、泄漏检测与安全自动控制技术还需进一步研究和提高。

3. 开发技术现状

在四川盆地多年开发中低含硫气田技术集成和经验的基础上，中国学习借鉴国外高含硫气藏开发技术，通过持续的技术攻关和不断的生产实践，形成了满足中国高含硫气藏开发的气藏工程、钻完井工程、采气工程、地面集输工艺与腐蚀控制、天然气净化、安全环保等开发配套技术系列（表1-3-3），为中国高含硫气藏成功开发提供了技术保障。

表1-3-3 中国已形成的高含硫气藏开发配套技术系列一览表

技术系列	关键技术
气藏工程	强非均质性高含硫储层精细描述技术
	强非均质性礁滩型气藏流体分布精细描述技术
	多压力系统复杂礁滩气藏描述地质建模技术
	高含硫气藏特殊渗流机理实验评价技术
	气井产能评价非稳态测试分析技术
	动态储量计算和可采储量评价技术
	强非均质性高含硫有水气藏水侵动态分析技术
	复杂高含硫气藏开发方式优化技术
钻完井工程	高含硫气井安全钻井和井控技术
	高含硫气井钻井液与防漏治漏技术
	大温差高含硫气井固井技术
	高含硫气井完井试油技术
	高含硫气井完井投产及完整性评价技术
	高含硫气井事故防范与应急救援技术
采气工程	高温高压高含硫气藏储层改造技术
	高含硫深井修井技术
	高含硫深井排水采气技术
	高含硫气井试井及动态测试技术
	高含硫气井井下节流技术
地面集输与腐蚀控制	气液混输与一体化橇装生产工艺
	材料选择评价和集输管线焊接性能评价技术
	高含硫气田整体腐蚀控制技术

续表

技术系列	关键技术
地面集输与腐蚀控制	元素硫腐蚀评价及控制技术
	腐蚀监/检测与内腐蚀直接评价技术
	集输天然气管道风险评价技术
天然气净化	大型净化装置集成优化设计技术
	溶剂法深度脱硫脱碳技术
	高效硫黄回收及尾气处理技术
	高含硫天然气分析检查技术
	脱硫装置胺液净化技术
安全环保	钻井废物无害化处理技术
	气田开发HSE风险的识别与量化评价技术
	气田开发应急保障配套技术
	三维扩散模拟定量风险评价技术
	H_2S、SO_2三维精确模拟及量化评估技术
	含硫气田水回注风险防控技术

中国在复杂强非均质性高含硫储层精细描述、复杂礁滩型气藏流体分布精细描述、强非均质性碳酸盐岩高含硫有水气藏水侵动态分析、高含硫斜度井井筒硫沉积规律预测等技术领域取得了突破，深化了高含硫气藏的认识。

（1）强非均质性高含硫储层精细描述。

针对此类储层，综合利用地震反射模式、数字岩心、成像测井等手段，形成了强非均质性储层精细描述技术，定量描述了裂缝、溶洞、孔隙的发育程度、搭配关系和空间结构特征等，为有利区优选、开发井位部署、开发方式调整提供了技术支撑。

（2）复杂礁滩型气藏流体分布精细描述。

针对纵向多期次礁滩体流体分布规律复杂、礁滩体内流体综合识别精度低、流体分布精细描述缺乏针对性的刻画方法等问题，在优化测井流体识别方法的基础上，分层系、分区块开展气水精细描述，掌握了礁滩气藏流体纵、横向分布规律；在此基础上，利用井震结合、动静结合，精细描述了各开发单元含气边界和气水关系，为优选潜力区、合理治水和开发技术对策的制定奠定了基础。

（3）强非均质性碳酸盐岩高含硫有水气藏水侵动态分析。

针对此类气藏水侵规律复杂等难题，基于储层精细描述和气水分布精细描述，动静结合，定性识别与定量计算相结合，形成了强非均质性碳酸盐岩高含硫有水气藏水侵动态分析技术，为强非均质性碳酸盐岩高含硫有水气藏合理治水、提高气藏采收率和开发效益提供重要支撑。

（4）高含硫斜度井井筒硫沉积规律预测。

高含硫气藏开发过程中，井筒内随着温度、压力的降低会出现单质硫的析出、运移、沉积现象，进而影响气井产量。针对高含硫气藏难以下入温度和压力测量仪表以及硫沉积预测困难的实际情况，基于力学理论和硫溶解度模型，考虑井斜角对高含硫气藏硫颗粒临界悬浮流速的影响，建立了斜度井硫颗粒临界悬浮流速模型，确定硫析出和沉积及传质的条件，得到硫沉积规律预测模型。预测结果可用于调整高含硫气井生产现场的开发方案，对高效生产、预防硫沉积具有指导意义。

4. 国内高含硫气田典型范例

1）普光气田

普光气田是中国发现并投入开发的最大规模海相整装高含硫气田，位于"宣汉—达县区块"，构造上处于川东断褶带的东北段与大巴山前缘推覆构造带的双重叠加构造区，整体呈NEE向延伸，北侧为大巴山弧形褶皱带，西侧以华蓥山断裂为界与川中平缓褶皱带相接，是中国目前已发现的最大的海相气田。普光气田主要特点如下：

（1）气藏埋藏深：4800～6000m。

（2）气藏压力高：53～59MPa，从陆相到海相存在多套压力系统。

（3）H_2S、CO_2含量高：H_2S含量为13%～18%，平均为15%；CO_2含量为8%～10%，平均为8.6%。

（4）气层厚度大，非均质性强，实钻垂直厚度110～410m。

（5）气藏发育边底水：飞仙关组气藏发育边水，长兴组气藏发育底水，存在多套气水系统。

（6）产能高：投产实测全井段无阻流量为（94～705）×10^4m^3/d。

为有效利用高含硫天然气资源，国务院2007年将以普光气田为主供气源的川气东送工程列入国家"十一五"重大工程。川气东送工程是中国首次自主进行的大规模气田开发、天然气净化、长输管道一体化实施的庞大系统工程，总投资超600亿元。普光高含硫气田规模开发，上、中、下游工程建设系统推进，国内外没有可供借鉴的成熟技术。尤其是普光气田作为川气东送的主要气源，平均埋藏深度为5940m，属超深气藏；H_2S平均含量为15%，而H_2S含量超过5%即可定性为高酸性气田；气藏平均压力为55MPa，H_2S分压为9.5MPa，属高压气藏。国内外专家认为，普光气田开发是世界性技术难题（何生厚，2008）。

实施了"高含硫气藏安全高效开发技术"和"大型高含硫气田开发示范工程"专项，推动普光高含硫气田高产高效开发技术、普光高含硫气田腐蚀防护技术、复杂山地高含硫气田安全控制技术、高含硫天然气特大规模深度净化技术、山地长输管道工程建设技术等一批关键技术取得重大突破。在工程建设现场实施气体钻井、旋转尾管固井、储层改造等63个先导试验项目，一批先进实用技术实现规模化应用。经过各方持续攻坚、锐意进取，普光高含硫气田仅用4年时间就实现成功开发，为同类高含硫气田开发起到了重要示范作用，对推动天然气工业发展做出了重要贡献，使中国成为世界上少数几个掌握开发特大型超深高含硫气田核心技术的国家。2012年，"特大型超深高含硫气田安全高效开发技术及工业化应用"荣获国家科学技术进步奖特等奖。

2009年10月普光气田投产，共建成 $100\times10^8m^3/a$ 天然气产能。截至2020年底，已经安全稳定生产了11年，累计产气 $905\times10^8m^3$，充分证实了高酸性气田开发技术的可靠性与先进性，形成的关键技术与管理经验也为元坝气田的成功开发提供了重要支撑，为推动中国天然气开发利用、保障国家能源安全做出了卓越贡献。

2）元坝气田

元坝气田位于四川盆地九龙山背斜与川中低缓构造带的结合部。该气田的上二叠统长兴组生物礁气藏属于台地边缘生物礁沉积，发育4个礁带、21个礁群、90个单礁体，单个生物礁规模小，纵向上多期发育、横向同期多个礁体叠置。与国内其他高含硫气田相比，元坝长兴组超深高含硫生物礁大气田具有气藏埋藏超深、高温高压高含硫、礁体与储层复杂、天然气组分复杂、气水关系复杂、压力系统复杂、地形地貌复杂等"一超三高五复杂"的特点：

（1）气藏埋藏超深：6500~7100m，气井平均完钻井深7650m。

（2）高温高压高含硫：气藏温度为145~160℃；气藏压力为66~72MPa，上覆飞仙关组地层压力为140MPa；H_2S含量为2%~13.37%，平均含量为5.32%。

（3）礁体与储层复杂：生物礁单体规模小，礁盖面积为 $0.12\sim3.62km^2$ 不等，平均为 $0.99km^2$，纵向多期叠置、平面组合方式不一、礁体类型多；优质储层薄，厚度为20~40m，物性差，孔隙度平均为4.6%，渗透率平均为0.34mD，非均质性强，渗透率变异系数为0.5~361.8，平均为48.6。

（4）天然气组分复杂：H_2S含量为5.32%（均值），CO_2含量为6.56%（均值），甲硫醇含量为 $172.27mg/m^3$，羰基硫含量为 $144.25mg/m^3$，总有机硫含量为 $582mg/m^3$。

（5）气水关系复杂：各礁滩体具有相对独立的气水系统，具有"一礁一滩一藏"的特点。

（6）纵向地层压力系统复杂，地压系数差超过0.2的高低压互层9套。

（7）地形地貌复杂：处于海拔为350~800m的群山之中，山势陡峭、沟壑纵横、地形起伏大。

从2007年发现元坝气田开始，到2016年全面建成投产，经过近10年的不懈努力和攻关，中国石化创新形成了"集团化决策、项目化管理、集成化创新、精神化传承"元坝管理模式，攻关形成了一系列超深高含硫生物礁气田高效开发配套技术，建成了全球首个埋深近7000m、年产 $40\times10^8m^3$ 混合气的超深层高含硫生物礁大气田和具有中国石化自主知识产权的净化厂，实现了元坝气田的安全生产和效益开发（石兴春等，2018）。

3）龙岗气田

龙岗气田位于四川盆地开江—梁平海槽西侧，华蓥山断裂带北西方向，为一个自南向北倾构造平缓的大断斜。该地区晚二叠世长兴期与早三叠世飞仙关期沉积连续，受开江—梁平海槽控制，在台地边缘带形成了大、中型生物礁和鲕粒滩叠合沉积体。2006年

10月发现龙岗礁滩气藏，包括飞仙关组鲕滩和长兴组生物礁两套储层，高产井产量超过 $100×10^4m^3/d$。飞仙关组和长兴组 H_2S 含量超过 $30g/m^3$，最高达到 $130.3g/m^3$。龙岗气田开发过程中的特点如下：

（1）国内超深（6000m）大型高硫气藏开发；
（2）碳酸盐岩强非均质性岩性气藏的储层和充体分布预测难度大；
（3）多产层高温深井产水工况下钻完井及采气工艺技术要求高；
（4）气田产水对集输和防腐提出了更高要求；
（5）山地人口稠密地区高含硫气田开发 HSE 保障技术要求高等。

针对上述开发特点，中国石油利用已经形成的高含硫气藏开发技术，如多压力系统复杂礁滩气藏描述地质建模技术、高含硫气藏特殊渗流机理实验评价技术、气井产能评价非稳态测试分析技术等，建成了 $20×10^8m^3/a$ 天然气产能。

4）罗家寨气田

罗家寨气田位于四川省宣汉县和重庆市开县境内，是四川盆地东北部五宝场坳陷南侧温泉井构造带北翼上一个狭长的潜伏构造圈闭，轴向 NEE，属于大巴山北西向褶皱带与川东地区北东向褶皱带的结合部。2000 年 5 月先后在罗家 1 井和罗家 2 井获得高产气量，从而发现了罗家寨气田，产气层为下三叠统飞仙关组，H_2S 含量为 6.72%～16.65%，CO_2 含量为 5.87%～9.13%，CH_4 含量为 76%～86%。2016 年建成日处理能力 $900×10^4m^3$、年生产能力 $30×10^8m^3$ 规模天然气产能。该气田的地质特点如下：

（1）背斜—断层复合构造圈闭面积大，幅度高，主高点海拔 −2570m，复合圈闭东西长 27.2km，南北宽 3.2km，圈闭面积 $69km^2$，闭合高 930m。

（2）发育的裂缝—孔隙型储层非均质性强。

（3）统一的压力系统，清晰的气水边界，折算同一海拔的地层压力为 42.9～43.3MPa，气水界面为 −3720m。

（4）储量大，产量高，探明储量 $581.08×10^8m^3$，罗家 1 井无阻流量高达 $563.94×10^4m^3/d$。

成功应用地震勘探储层预测技术是发现罗家寨气田的关键，罗家 1 井井位是基于有利圈闭部位的优质储层发育区而拟定的，罗家寨气田的探明也是多井约束的储层预测和多井测井评价的基础上查明储层及储层参数分布，结合评价井的钻井、试气成果，最终达到的结果（冉隆辉等，2005）。

第四节 高含硫天然气净化技术

矿藏出产的天然气是组成复杂的烃类混合物，且含有少量非烃类杂质，因此作为商品输送至用户前会经过分析测试和资源评价，以决定采用何种处理与加工工艺方法。其中，酸性天然气的净化包括天然气脱酸性组分（脱硫脱碳）、脱水、硫黄回收和尾气处理工艺，在国外也被称为天然气处理（Treatment）或者调质（Conditioning）。传统意义上的天然气中游领域包括天然气处理和天然气加工，国内书籍中有将天然气净化归类为天然气处理，也有将天然气净化归类为天然气加工。王遇冬（1999）认为天然气处理是指为使天然气符合商品质量或者管道输送要求所采用的工艺过程，如脱除酸性气体（H_2S、CO_2）和其他杂质（水、固体颗粒）以及热值调整、硫黄回收和尾气处理等过程。其中，脱酸性气体、脱水、硫黄回收和尾气处理合称为天然气净化。而天然气加工指的是从天然气中分离、回收某些组分，使之成为产品的工艺过程，如天然气凝液回收、天然气液化以及从天然气中提取氦气等稀有气体。诸林（2008）则将天然气净化、轻烃回收、天然气液化与提氦等归入天然气加工过程。

天然气处理与加工只是目的不同，随着天然气工业的飞速发展，相同的化工工艺单元，因其在具体工艺过程中目的不同会被划归为不同的范畴。本书主要论述高含硫天然气净化技术，其中高含硫天然气净化工艺包括脱酸性组分（脱硫脱碳）、脱水、硫黄回收和尾气处理，脱酸性组分和脱水是为了使天然气符合商品天然气质量指标和管道输送要求，硫黄回收和尾气处理是为了满足环保要求；而脱酸性组分之前的段塞流捕集、过滤分离、脱氯脱汞等则被划归为天然气预处理。

一、天然气脱硫脱碳工艺的发展

1930年R.R.Bottoms发明了醇胺法，有机醇胺作为脱硫脱碳溶剂的胺法工业化是天然气脱硫脱碳工艺的一大突破。最初首先使用的溶剂是三乙醇胺（TEA），此后一乙醇胺（MEA）、二乙醇胺（DEA）、二异丙醇胺（DIPA）、二甘醇胺（DGA）及甲基二乙醇胺（MDEA）先后获得工业应用。

中国现代化的天然气脱硫脱碳工艺研发始于1964年，并于20世纪60年代中期首先实现了MEA胺法的工业化（王开岳，2011），然后合成了环丁砜，实现了MEA–环丁砜（砜胺Ⅰ型）以及DIPA法的工业应用，并于20世纪70年代中期研发了DIPA–环丁砜（砜胺Ⅱ型）工艺。20世纪80年代，中国实现了MDEA的工业应用，在天然气中H_2S和CO_2同时存在的条件下可选择性脱除H_2S。

由于具有选择性吸收能力，以及优越的节能性质和相对较低的腐蚀性，MDEA体系和应用范围一再扩展。除了MDEA水溶液，还有MDEA配方溶液、活化MDEA溶液、MDEA混合胺溶液和MDEA–环丁砜溶液等，其应用范围几乎可以覆盖整个天然气脱硫脱碳领域（王开岳，2011）。据王开岳（2015）收集统计，截至2015年，中国天然气净化厂大型脱硫脱碳装置中使用MDEA法的占装置总数的3/4，加上使用MDEA配方及MDEA混合胺的装置，其处理能力超过总处理能力的95%。

二、硫黄回收及尾气处理工艺的发展

克劳斯工艺是以化学家Carl Friedrich Claus（卡尔·弗雷德里希·克劳斯，C.F.Claus）的名字命名的。19世纪的英国，许多制碱工厂都用Leblanc Process（吕布兰法，1791年专利）生产Na_2CO_3，原始的克劳斯法就是C.F.Claus为了从废料CaS中回收单质硫而发明的（Kohl et al.，1997），并于1883年取得英国专利。之后原始的克劳斯法几经改进，其中最重大的当属德国法本公司（I.G. Farbenindustrie A.G.）在1936年提出了最接近现在概念的改进。其要点是把 H_2S 的氧化分为两个阶段来完成：第一阶段是热反应阶段，有 1/3 体积的 H_2S 被氧化为 SO_2，同时大量的反应热以水蒸气形式回收；第二阶段为催化反应阶段，剩余 2/3 的 H_2S 在催化剂作用下与 SO_2 反应生成单质硫。这一改进被认为是奠定了现在硫黄回收工艺的基础，此后克劳斯法在工业上被广泛应用。直到今天，虽然克劳斯工艺几经改良，但都在基本工艺上与法本公司改进类似，只是工艺设计和设备布置等不同，已获得更高的硫黄回收效率。

现代改良克劳斯工艺大致可以分为三种基本形式——部分燃烧法、分流法和直接氧化法。无论哪种形式，都是由高温反应炉、冷凝器、再热炉和催化转化反应器等一系列容器所组成。这些工艺的区别是在一级催化转化反应器前产生 SO_2 的方法不同（赵日峰，2019）。三种不同进料工艺的选择主要考虑以下两点：一是根据酸性原料气中的 H_2S 含量，配以适量的空气；二是确定反应炉的温度，使炉内反应尽可能地保持热平衡。

1965 年，中国第一套克劳斯硫黄回收工业装置在四川东磨溪气田建成投产（赵日峰，2019），20 世纪 70 年代又从国外引进了 SCOT 硫黄尾气处理工艺，现在国内硫黄回收装置已经超过 300 套。

目前，国内拥有自主知识产权的硫黄回收及尾气处理技术包括中国石化洛阳工程有限公司与中国石化齐鲁分公司合作开发的 LQSR 节能型硫黄回收尾气处理技术、山东三维石化工程有限公司开发的 SSR 硫黄回收工艺、中国石化镇海石化工程有限责任公司开发的 ZHSR 硫黄回收工艺、中国石化齐鲁分公司研究院开发的 LS-DeGAS 降低硫黄装置二氧化硫排放成套技术等。

第二章　高含硫天然气脱硫脱碳

脱硫脱碳技术是天然气净化技术的核心，主要有化学吸收法、物理吸收法、氧化法、生物脱硫法、膜分离法、变压吸附法等。高含硫天然气净化行业中，占据主导地位的是醇胺法。醇胺法可按工艺特性分为常规胺法和选择性胺法。常规胺法是指使用一乙醇胺（MEA）、二乙醇胺（DEA）、二甘醇胺（DGA）等溶剂脱除天然气中 H_2S、CO_2 的工艺；选择性胺法主要是指使用甲基二乙醇胺（MDEA）等溶剂选择性脱除 H_2S 的工艺。高含硫天然气净化厂根据原料天然气组分特点通常选用常规胺法或选择性胺法。

本章从介绍天然气预处理开始，简要介绍天然气脱硫脱碳常规方法，重点介绍 MDEA 脱硫脱碳技术以及普光天然气净化厂在溶剂选择性吸收、UDS 溶剂工业化应用研究、COS 水解催化剂国产化应用、离子液脱硫技术工业应用研究取得的系列创新成果。

第一节　天然气预处理技术

高含硫气田一般采用湿气集输技术将天然气输送至净化厂，这些天然气中含有液体（游离水或地层水、凝析油）和固体物质（岩屑、腐蚀物以及酸化残留物）。输送时，天然气中硫粉沉积在管道中，降低管道的有效输送管径并腐蚀管道；同时，天然气中含有的水在输送中易形成段塞流，冲击管道，污染下游装置。为了高含硫气田集输系统的安全，必须对天然气进行预处理，脱除其中的液体、固体杂质和一些对装置有危害的微量元素杂质。

一、天然气分离与过滤技术

1. 常规分离与过滤技术

天然气中最常见的杂质是从地层中夹带的液体（水、液态烃等）和固体杂质。常用的物理分离技术有沉降、动量、过滤、聚结 4 种，并基于此开发出重力分离器、旋风分离器、过滤器、聚结分离器等设备。

1）重力分离器

重力分离器有各种各样的结构形式，但其主要分离作用都是利用生产介质和被分离物质的密度差（即重力场中的重度差）来实现的，因而称为重力分离器。重力分离器根据功能可分为两相分离（气液分离）和三相分离（油气水分离）两种；按形状又可分为立式分离器、卧式分离器及球形分离器。

天然气预处理中常用的重力分离器为立式分离器和卧式分离器。立式分离器结构简单，可由一个容器和一个除沫网构成。在立式分离器中，当气流进入，由于体积变大、气流速度突然降低，气流中夹带的成股状的液体或大的液滴因重力作用被分离出来直接沉降到积液段。气体在离开分离器之前经捕雾器除去液滴后从出气口流出，液体则从出液口流出。为了提高初级分离的效果，常在气液入口处增设入口挡板或采用切线入口方式。

卧式分离器作用原理与立式分离器相同，但其由于构造关系，处理能力相对较大，单位处理量成本较低，但也有占地面积大、液位控制较困难和不易排污等缺点。

立式分离器、卧式分离器均可分为两相分离器、三相分离器，两相分离器主要分离气体和液体；三相分离器则是在积液区设置溢流板，分离液体中的烃和水。

重力分离器一般可以分离直径为 10~30μm 及以上的固体或者液体颗粒，加装捕集器后对直径为 5~10μm 及以上的固体或液体颗粒也有较好的分离效果，分离率可达 99%。

2）旋风分离器

旋风分离器是一种用于气固体系或者液固体系分离的设备。工作原理为依靠气流切向引入造成的旋转运动，使具有较大惯性离心力的固体颗粒或液滴甩向外壁面分开。旋风分离器的主要特点是结构简单、操作弹性大、效率较高、管理维修方便、价格低廉，用于捕集直径 5~10μm 以上的粉尘，广泛应用于天然气工业。特别适合固体颗粒较粗、固体杂质浓度较高时作为预分离器使用。

旋风分离器采用立式圆筒结构，内部沿轴向分为集液区、旋风分离区、净化室区等。内装旋风子构件，按圆周方向均匀排布，也通过上、下管板固定；设备采用裙座支撑，封头采用耐高压椭圆形封头。旋风分离器用于天然气预处理时，通常采用下部进气，利用设备下部空间，预分离直径大于 300μm 或 500μm 的液滴，以减轻旋风部分的负荷。

3）过滤分离器

过滤是在推动力或者其他外力作用下，悬浮液（或含固体颗粒发热气体）中的液体（或气体）透过介质，固体颗粒及其他物质被过滤介质截留，从而使固体及其他物质与液体（或气体）分离的操作。而用于天然气预处理的过滤分离器将固体颗粒和液体截留后，通过重力作用，使液体和固体杂质积聚在分离器底部，到达一定液位后排出；过滤后的天然气则通过分离器上部或顶部送至下游装置。

过滤分离器主要由滤芯、壳体、快开盲板与其他部件组成，常用的滤芯材料有纤维材料、烧结金属丝网、缠绕的金属线毡、金属膜等。在天然气行业，使用纤维滤芯、金属丝网的过滤器最为常见，一般来说，纤维滤芯的过滤精度要高于烧结的金属丝网，可达 0.01μm。

4）气液聚结分离器

气液聚结分离器迫使气流沿着一个曲折的通道行进，气体中呈雾态的小液滴之间相互发生碰撞，或与聚结设备发生碰撞，由此形成较大的液滴，这些较大的液滴因重力作用与气流分离。

气液聚结分离器通常为立式结构，分为上、下两部分。下部为旋风分离器，可通过沉降分离出气体中大于 300μm 的大液滴。上部为聚结区，里面含有多个聚结滤芯。聚结滤芯为多层结构，最里层为不锈钢内骨架支撑层；中间层是多褶的玻璃纤维聚结层，聚结层由滤孔直径逐渐变大的多层玻璃纤维组成；外部是排液层，最外部通常还有外骨架，以满足聚结滤芯强度上的要求。

气液聚结滤芯具有更高的去除液滴效率，0.3μm 液滴累计去除效率在 99.8% 以上；1μm 液滴累计去除效率为 99.99%。直接拦截和惯性碰撞拦截不同，是利用微孔拦截气流中的液滴。因此，聚结分离器在气体流量减小时，分离效率会升高，而且其过滤精度高、分离效果最好、设备成本较低、占地面积小，是去除天然气中夹带液滴的较好选择（张昱威等，2015）。

2. 高含硫天然气分离与过滤技术

1）串级过滤分离技术

高含硫天然气一般采用湿气集输工艺将天然气送至净化装置，易形成段塞流、水击等，对管线造成损害。在天然气进入净化装置前，通常已使用旋风分离器、段塞流抑制装置对其中的大部分固态、液态杂质进行了处理，因此进入天然气净化装置的杂质粒径一般小于 10μm。

虽然杂质粒径小，但也会对天然气净化装置溶剂系统造成污染，因此通常在天然气净化装置前设置串级过滤分离器。串级过滤分离器由一个过滤分离器和一个聚结分离器顺序连接而成，而且由于此处过滤分离器的精度较高，聚结分离器可简化结构，仅使用聚结滤芯即可。例如，普光天然气净化厂的原料气过滤分离器精度为 1μm，聚结过滤器精度为 0.3μm。

高含硫天然气常采用串级过滤来处理原料天然气，原料天然气先通过机械过滤器去除大颗粒固体和液体杂质后，再将其送入聚结分离器去除大部分小液滴。

2）三相分离技术

高含硫天然气湿气输送过程中，单质硫在输送管道和仪表取样点处累积，影响集输系统安全。因此，气井采出的高含硫天然气除需要分离气井水、岩尘等杂质以外，还需要对气体中的硫粉进行过滤。

相对于普通的三相分离器，高含硫气田使用的三相分离器具有以下特点：

（1）"一级旋流分离 + 二级过滤分离"组合技术。

旋流分离技术处理量大、分离效率高、精度较高，可以将气体中大部分 10μm 以上的固体和液体分离。过滤分离技术分离效率高、精度高，可以将气体中剩余的 10μm 以上的固体和液体分离，以及大部分 10μm 以下的固体和液体分离。

（2）新型二级过滤分离结构。

针对粒径 10μm 以下硫颗粒与液滴的分离难题，使用了"过滤组件 + 叶片组件"组合的过滤分离装置，达到了 5μm 及以上级别硫颗粒和液滴脱除率 99%，8μm 及以上级别硫颗粒和液滴脱除率 100%。

高含硫天然气三相分离器整体达到分离效率技术指标：去除 100% 直径 8μm 及其以上尺寸的液滴与硫颗粒，去除 98.6% 直径 3μm 及其以上尺寸的液滴与硫颗粒，去除 98% 直径 1μm 及其以上尺寸的液滴与硫颗粒。现场应用效果见表 2-1-1。

表 2-1-1 过滤分离装置技术指标

硫颗粒分离指标			液滴分离指标		
类型	粒径范围 /μm	过滤效率 /%	类型	粒径范围 /μm	过滤效率 /%
微米级硫颗粒	≥1	99	微米级液滴	≥1	98
	≥3	99.5		≥3	98.6
	≥5	99.9		≥5	99
	≥8	100		≥8	100

注：过滤分离装置进出口压差小于 0.1MPa。

二、段塞流捕集技术

天然气从气田开采出来以后，通常经集输管道输送到集气总站，经净化厂处理后输送到用户。从气田开采出的天然气含有部分地层水，部分气田采用全湿气加热保温混输工艺，这些地层水由天然气携带入集输管道，此外，管道沿线温度的变化、线路高程的变化、运行工况的改变等因素会造成湿气中的饱和水析出，从而形成一定量的凝析液。管道里的凝析液、地层水逐渐在管线低洼处积聚，达到一定量时便会形成液段。该液段将会随着气体的流动而流动，从而形成天然气输送中的段塞流。

段塞流是多相管流最常遇见的一种流型，经常出现在许多操作条件（正常操作、启动、输量变化）下的混输管道中。段塞流的特点是气体和液体交替流动，充满整个管道流通面积的液塞被气团分割，气团下方沿管道底部流动的是分层液膜。管道内多相流体呈段塞流时，管道压力、管道出口气液瞬时流量有很大波动，并伴随有强烈的振动，对管道及与管道相连的设备有很大破坏，使管道下游的工艺装置很难正常运作。

1. 段塞流的形成机理

段塞流大致可以分为水动力段塞流、地形起伏诱发段塞流和强烈段塞流三类。

1）水动力段塞流

水动力段塞流是管道内气液折算速度正好处于流型图段塞流范围内所诱发的段塞流，其又可以分为普通稳态水力段塞流和气液流量变化诱发的瞬态段塞流。

当管道内气液流量较小时，流体呈现分层流型。当管道内液体流量较大、液位较高时，被气流吹起的液波可能高达管顶，阻塞整个管路流通面积形成液塞，流型由分层流转变为段塞流。这是由于在波浪顶峰处，一方面，在伯努利效应作用下，气体流速增大将使该处的压力降低，在波峰周围压力下，波浪有增大趋势；另一方面，液体所受的重力将使波浪减小。如前者的影响大于后者，则波浪增大直至管顶，形成段塞流。

2）地形起伏诱发段塞流

地形起伏诱发段塞流是由于液相在管道低洼处集聚堵塞气体通道而诱发的段塞流。低输量的湿天然气在下坡段中含液率仅百分之几，气液处于分层流。下坡段的液体到达管道底部，下游上坡段的部分液体倒流，使管道底部聚集液体，并阻碍气体流动。于是，管道底部气体流速增大，带液能力增强，使上坡段的含液率大幅增加，可达50%左右，在上坡段即形成段塞流。

3）强烈段塞流

该种类型段塞流通常在两个海洋平台间的连接管道上发生。其压力波动最大、管道出口气液瞬时流量变化最大、对管道和管道下游相应设备正常工作危害最大。强烈段塞流与地形起伏诱发段塞流相似，常在低气液流量下发生。

强烈段塞流的形成由4步组成，即液体堵塞和液塞变长、气体压力增大、液塞流出、管道气体排出。以上4步组成一个循环，循环往复。

（1）液体堵塞和液塞变长。在立管内较小气流速度下，管内的液体向下流动，积聚在立管底部。它堵塞了管道内介质流动，使液塞上游的管道压力增大，液塞变长。管道出口几乎没有液体流出，排出的气量也很少。

（2）气体压力增大。管道内压力增大，同时液体继续积聚，液塞增长，立管内的液位逐渐上升。当管道内的压力高于立管静压头时，才有液体从立管顶部流出。

（3）液塞流出。当管道内压力足以举升立管内的液柱时，液体开始由立管顶部排出。起初排液速度较低，当气体窜入立管后液体加速，在很短的时间内液体流量达到峰值流量（常为平均流量的几倍），如果分离器或捕集器没有控制系统，将淹没容器。

（4）管道气体排出。最后，液塞上游积聚的气体很快排出立管，进入平台的接收装置，使装置工作失常。此时，立管内气体流速减小，管道压力下降，又开始新一轮循环。

2. 段塞流的损害

由于段塞流是一种高速紊流状态，流体会对管壁产生强烈的机械冲刷和内腐蚀，导致管道内缓蚀剂失效及涂层的大块脱落。同时段塞流对天然气净化装置的分离系统、计量系统和溶剂系统造成很大的影响。

1）分离系统

段塞流夹带的固体杂质进入净化装置的天然气原料气过滤器，在高速下冲击过滤器中的滤芯，损坏过滤器；水塞进入原料气过滤器，导致天然气在过滤器的停留时间剧烈变化，影响分离质量；段塞流中的液体进入天然气原料气过滤器，导致在较短时间内天然气过滤器被液体充满，使天然气无法进入下一流程。

2）计量系统

段塞流进入天然气净化装置时，其夹带的杂质易进入原料天然气流量计中，堵塞流量计，导致天然气原料气流量计读数异常，影响装置的生产。段塞流经过天然气原料气流量计时，流量计示数在0到满量程之间剧烈波动，易导致天然气净化装置因流量联锁而停工。

3）溶剂系统

由于段塞流的冲击性，其极易通过分离设备进入天然气净化装置，其中含有的杂质就被带入溶剂系统，污染溶剂，提高溶剂的起泡性，严重时甚至引起冲塔。同时由于段塞流中的液体一般为酸性液体，进入溶剂后易与溶剂（胺液）反应，导致溶剂变质，对整个溶剂系统造成深远的影响。

3. 段塞流抑制措施

段塞流可根据其形成原理制定相应的抑制措施，通常的抑制手段如下：

（1）水动力和地形起伏诱发段塞流的抑制。

在多相流管道设计中，可以选择合适的管径使管道处于非段塞流工况下工作。由于水动力、地形起伏诱发的段塞流，常在分离器入口处安装消能器，吸收油气混合物的冲击能量。

（2）强烈段塞流的抑制。

抑制强烈段塞流的方法有很多，基本上从设计和增加附加设备两方面解决。例如，减小出油管径，增加气液流速；立管底部注气，减小立管内气液混合物的静压，使气体带液能力增强；采用海底气液分离器，如海下液塞捕集器；在海底或平台采用多相泵增压；采用最经济、实用的立管顶部节流法等。

4. 段塞流捕集技术应用实例

段塞流捕集装置由气液旋流分离器和卧式储液罐组成。气液旋流分离器的作用主要是消除段塞流，使气液两相分离；而卧式储液罐的作用是储存段塞流的液体量。二者相辅相成，共同作用，将批处理产生的段塞流消除。

普光气田集气总站段塞流捕集装置由 4 台气液旋流分离器、1 卧式储液罐组成，且每套设备单独成橇。段塞流捕集装置的气液旋流分离器和卧式储液罐分开，4 条干线（1#、2#、3#、4#）分别串联 1 套气液旋流分离器装置，与卧式储液罐装置串联使用。来自干线的原料天然气经气液旋流分离器的预处理，气相进入分离器进行二次分离，液相进入卧式储液罐，经卧式储液罐短时间缓冲，再经调压后进入已建污水缓冲罐，为汽提塔的稳定运行提供保障。同时，经气液旋流分离器分离的天然气进入原分离器进行处理。普光气田集气总站段塞流装置具体流程如图 2-1-1 所示。

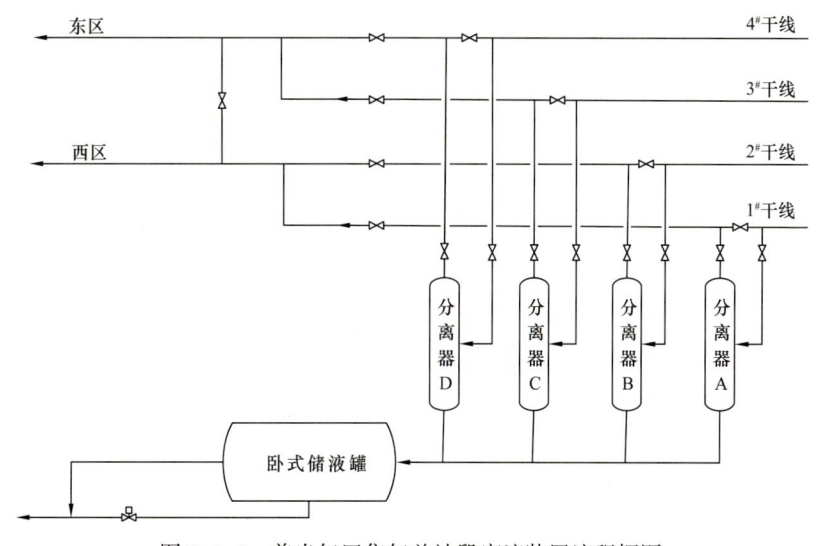

图 2-1-1　普光气田集气总站段塞流装置流程框图

段塞流捕集装置投运后，平均排液量 50m³/d，最大排液量 100m³/d，段塞流捕集率大于 99%，有效克服了集输管道在清管批处理过程中出现的积液段塞问题，集气总站整体气液分离能力显著增强，确保了集输系统工艺装置的平稳运行。

三、水洗脱氯技术

天然气中氯化物的来源主要是地下水流过含氯化物地层，导致食盐矿床和其他含氯沉积物溶解于水。由于地层压力作用，地底的天然气进入地面管网的速度较快，从而夹带大量地下水进入集输系统，氯化物也随之进入系统。随着天然气的大量开采及使用，发现部分气井天然气液体杂质中夹带有氯化物，经过预处理后，Cl^- 浓度仍高达 10000mg/L。

氯化物含量过高时，会腐蚀金属管道和构筑物、妨碍植物生长、影响土壤铜的活性、引起土壤盐碱化（特别是四川地区）、使人类及其他生物中毒。当水中阳离子为 Mg^{2+}、氯化物浓度为 100mg/L 时，即可使人致毒。Cl^- 能破坏碳钢、不锈钢和铝等金属或合金表面的钝化膜，增加其腐蚀反应的阳极过程速率，引起金属的局部腐蚀。若含有 Cl^- 的液体在管道内流速较低，经过孔蚀、缝隙处会发生富集，浓度甚至达到 20000mg/L 以上，导致管线开裂、装置停车。

1. 常用 Cl^- 去除方法

Cl^- 去除原理主要有两种：一是被其他阴离子替代；二是同其他阳离子一起去除。根据不同性质，大体归类为沉淀盐、分离拦截、离子交换、氧化还原 4 种方式（宋波等，2015）。

1）沉淀盐方式

采用 Ag^+ 或 Hg^+ 等与 Cl^- 生成沉淀，再将沉降过滤，从而去除 Cl^-。沉淀盐方式主要有化学沉淀法，关于该方法研究也很多。上海乐泽环境工程有限公司（2012）发明了处理一种氯碱行业高氯含汞废水的系统，由于此行业废水中 Cl^- 浓度高达 50000～60000mg/L，因配合作用，汞主要以 $HgCl_3^-$ 与 $HgCl_4^{2-}$ 的非汞离子形态存在，经过一系列处理后，出水汞浓度可降至 1.5mg/m³，Cl^- 也得到了一定的去除。

2）分离拦截方式

主要采用蒸发浓缩、电吸附、膜过滤、复合絮凝剂絮凝和溶剂萃取等方法将 Cl^- 分离去除。

（1）蒸发浓缩：对废水升温，由于无机盐类氯化物沸点高于水，最后被浓缩结晶；HCl 沸点相对较低，同水蒸气等易挥发物质一同被去除，从而实现了 Cl^- 与废水的分离。

（2）电吸附：电吸附技术结合了电化学理论和吸附分离技术，通过对水溶液施加静电场作用，在电极上加上直流电压，在两电极表面形成双电层，由于双电层具有电容的特性，因而能够进行充电和放电过程，且溶液中离子不发生化学反应。在充电过程中吸附并保存溶液中离子，在放电过程中释放能量和离子，使双电层再生。

（3）膜过滤：膜过滤处理含氯废水技术以 RO 反渗透膜和纳米膜为核心。由于废水中的有害组分会对膜组件造成不可逆的污染，需要首先采取过滤、氧化、絮凝、还原、浓缩等预脱除废水中的有害物，然后再用膜装置脱除水中盐分，回收水可返回装置用于生产。膜分离技术可去除水中的 Cl^-，但不适用于大多数 Cl^- 浓度高的废水。

（4）絮凝沉淀、溶剂萃取：絮凝沉淀主要利用絮凝剂如复合絮凝剂作用于 Cl^-，将其絮凝以至沉淀去除；溶剂萃取是利用萃取剂将含 Cl^- 的化合物萃取去除。

3）离子交换方式

采用离子交换剂与 Cl^- 进行交换替代 Cl^-，利用该方式的方法有离子交换树脂法、水滑石法等。值得说明的是，对于水滑石法，由于水滑石（LDHs）的结构特点，使其层间阴离子可与各种阴离子（包括无机离子、有机离子、同种离子、杂多酸离子以及配位化合物的阴离子）进行交换。

4）氧化还原方式

采用电解或电渗析、还原方式将 Cl^- 去除。应用方法有电渗析、电解、氧化剂法等。

（1）电渗析：电渗析以离子交换膜为渗析膜，以电能为动力。电渗析过程是电解和渗析扩散过程的组合。在外加直流电场作用下，阴、阳离子分别往阳极和阴极移动，由于阳离子膜理论上只允许阳离子通过，阴离子膜只允许阴离子通过，如果膜的固定电荷与离子电荷相反，则离子可以通过，反之则被排斥。由此来实现 Cl^- 的去除。

（2）电解、氧化剂法：电解是当污水通电后，电解槽的阴、阳极之间产生电位差，驱使污水中阴离子向阳极移动发生氧化反应，阳离子向阴极移动发生还原反应，从而使得废水中的污染物在阳极被氧化，在阴极被还原，或者与电极反应产物作用，转化为无害成分被分离除去；氧化剂法是通过氧化剂与 Cl^- 发生氧化还原反应将 Cl^- 去除。

2. 天然气净化行业 Cl^- 去除方法

据相关的公开文献资料，2018 年前未见国内天然气行业有工业化脱氯方法。

如要避免 Cl^- 对天然气管道和净化装置产生影响，最常用的两种方法如下：一是升级管道材质，即将管道材质更换为不与 Cl^- 反应的材质或是 Cl^- 腐蚀速率极低的材质，但由于高含硫天然气净化厂对于环境的极高要求，因此升级的材质将会大幅度提高生产成本；二是利用气藏开采时需要回注以保持地层压力的特点，将天然气中含 Cl^- 溶液捕集下来，直接回注，含 Cl^- 溶液又回到地下，不污染环境。

2018 年，普光气田借鉴了煤化工行业中应用的水洗脱氯技术，去除高含硫天然气中的 Cl^-，取得了显著效果。

天然气经过预处理（旋流分离、段塞流捕集）后携液量仍有 10～50mg/m³，液体中 Cl^- 浓度高达 7000～10000mg/L。因此，增设水洗脱氯装置。

水洗脱氯装置流程较为简单，使用单塔水洗脱氯。常温的除盐水和原料天然气在塔中逆流接触，含氯元素的杂质溶解于水中。由于原料天然气中有部分 H_2S、CH_4 溶解于水中，因此水洗塔底部水洗液需要依次进入低压闪蒸罐、汽提塔，再生后的水冷却后部分进入水洗脱氯塔循环使用，部分回注；闪蒸后和再生后的气体进入净化装置硫黄单元处理。普光气田水洗脱氯装置工艺流程如图 2-1-2 所示。

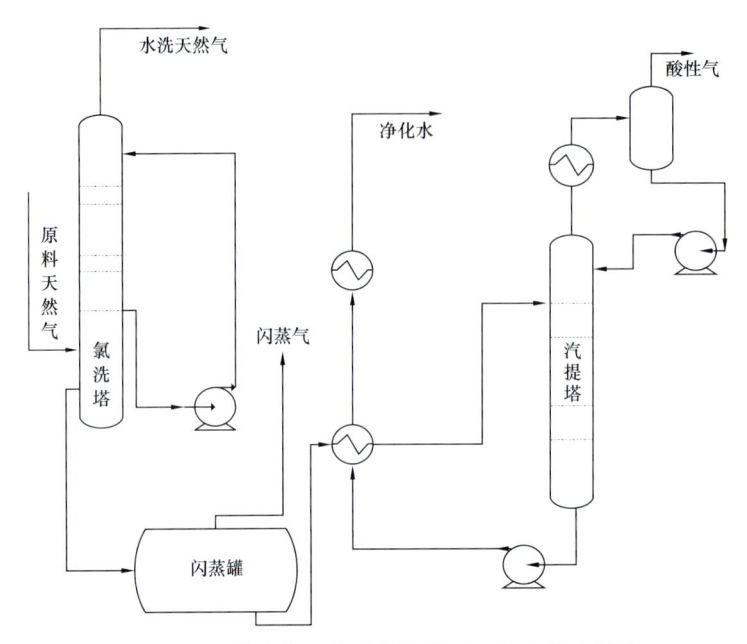

图 2-1-2　普光气田水洗脱氯装置工艺流程示意图

水洗脱氯装置投用后，在运行负荷为（1200～1800）×10^{4}m^3/d 时，天然气携液量小于 0.8m^3/h，Cl$^-$ 含量降至 40mg/L 以下。

四、天然气脱汞

由于天然气来自气藏，大地中含有各种微量元素，因此大部分天然气中含有微量元素。在这些元素中，汞具有高挥发性、强腐蚀性、高毒性、高隐蔽性，是天然气使用前必须处理的元素。大多数原料天然气中的汞含量在 1～200μg/m^3 之间，某些特殊区域汞含量甚至超过 2240μg/m^3（李剑等，2012）。此外，汞的密度为 13.546g/cm^3（20℃）时，能溶于多种金属，特别是易破坏铝制品。

如果未对汞的浓度进行严格控制，就会导致管道运输时汞析出，易造成对管道的腐蚀。因此，世界范围内多个国家均对天然气中汞含量进行了明确规定，荷兰与德国分别限定为 20μg/m^3 与 28μg/m^3（冯剑等，2015）。

按照脱除原理的不同，天然气脱汞方法可以分为化学吸附法、低温分离法、阴离子树脂法和膜分离法；按照脱汞剂是否可再生，天然气脱汞方法还可分为不可再生工艺与可再生工艺。

1. 化学吸附法

化学吸附法在经济性、脱汞效果和环保等方面都优于其他脱汞工艺，在天然气脱汞装置中应用最为广泛，其可将天然气中汞含量降至 0.01μg/m^3。

化学吸附法采用的脱汞吸附剂一般分为载体和反应物质两部分。具有孔隙性的载体作为反应物质的承载物质，增加了反应物质与天然气中汞的接触面积，载体一般是活性炭、氧化铝和分子筛，反应物质多数采用硫、银、碘等物质。化学吸附法脱汞的基本原理是活性炭中的反应物质与汞反应（齐化反应）生成汞齐，汞齐停留在活性炭载体中，达到天然气与其中的单质汞分离的目的，从而将天然气中的汞脱除，其化学反应式如下：

$$2Hg + S_2 \longrightarrow 2HgS$$

$$Hg + Ag \longrightarrow AgHg$$

载硫/银活性炭脱汞工艺流程一般分为预处理单元和脱汞单元两个部分。预处理单元是对原料天然气进行脱汞前的加工，主要分离游离水、油及固体杂质等，以防止这些物质破坏活性炭床层或降低脱汞效率；脱汞单元是将预处理后的天然气通入载硫/银活性炭床层，进行脱汞处理。

载硫活性炭不可再生，可将天然气中的汞含量降低到 $0.01\mu g/m^3$ 左右，适用于小流量、脱汞深度浅的情况。中国石化西北油田雅克拉集气处理站、中国石化东北油气分公司松南气田集输处理站均采用化学吸附法，但载银活性炭价格高，适用于天然气流量大、深度脱汞的情况。

在国内比较著名的林德脱汞工艺便是使用载银催化剂，其流程较为简单，天然气经过分离、过滤后进入汞吸附器，脱除天然气中的汞，然后进入后过滤器，防止天然气夹带活性炭进入下游装置。采用雅克比吸附剂或者预硫化的复合氧化物催化剂，使用瓷球对催化剂进行固定。

2. 低温分离法

天然气低温冷却脱汞是利用低温分离原理将天然气冷却至 $0℃$ 以下，使天然气中的汞形成液态，然后再将其收集脱除。采用低温分离后的汞将进入干气外输、富液再生系统、液烃、污水中，造成二次污染，汞含量超标，增加其后续处理难度（需要后处理方案）。采用后处理方案须建立较多的汞处理装置，流程改造比较复杂，投资成本较高。

天然气低温分离脱水脱烃流程如图 2-1-3 所示，原料天然气从上部进入原料气预冷器管程。乙二醇贫液通过雾化喷头注入原料气预冷器管程，和原料天然气充分混合接触后，与从干气过滤分离器来的冷干气进行换热，被冷却至 $-5℃$ 左右。原料天然气再经焦耳—汤姆逊节流膨胀阀进行等焓膨胀，气压降至 $6.4MPa$，温度降至 $-30℃$ 左右，再从中部进入低温分离器进行分离，分离出液态含醇液和凝析油，产出的干气进入干气过滤分离器进一步分离出夹带的少量含醇液和凝析油，再进入原料气预冷器壳程与原料天然气逆流换热，换热后的干气输送出站。

从低温分离器分离出的液态含醇液和凝析油，同从过滤分离器进一步分离的少量含醇液和凝析油，经醇烃加热器加热后进入三相分离器。产生的气相进入燃料气系统，产生的液相分别进入凝析油稳定系统和乙二醇再生单元。而原料天然气中的汞大部分进入乙二醇富液，乙二醇对汞有明显富集作用，此富液一般使用载银分子筛、载金属硫化物、载金属碘化物进行脱汞；在含汞天然气低温分离过程中，三相分离器闪蒸气、凝析油、乙二醇再生塔顶冷凝气及污水中的汞含量偏高，需要重点加强防护和净化处理。

中国石油塔里木油田克拉 2 气田采用了低温分离法脱汞，其原料天然气汞含量为 $85\mu g/m^3$ 左右，经低温分离后，外输干气中汞含量降为 $15\mu g/m^3$ 左右。

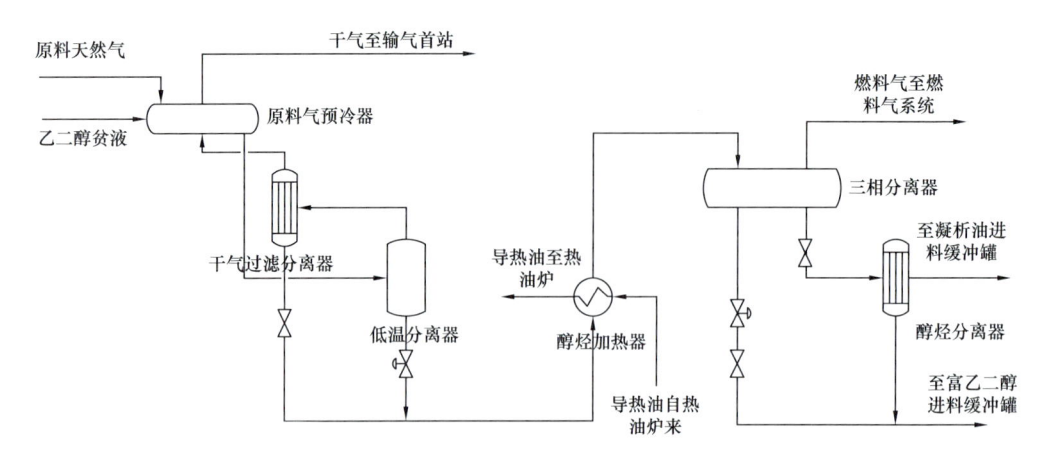

图 2-1-3　天然气低温分离脱水脱烃流程图

3. 阴离子树脂法

阴离子树脂法就是简单地将天然气与含有颗粒状或球状的特种树脂床层相接触，进而脱除汞，脱汞深度可以达到 $0.25\mu g/m^3$。该工艺方法还不成熟，对天然气的处理量有限，不能用于大规模的天然气脱汞处理，但是该工艺对温度没有太大限制，过程可以在常温下进行。

4. 膜分离法

膜分离法脱汞是利用吸附溶液氧化汞，造成薄膜两边的汞浓度差异而达到脱汞的目的。其脱汞深度可达 $1\mu g/m^3$。相对于其他脱汞方法，此方法脱汞深度不够，处理能力有限，且处理过程中不能含有液态物质。

五、天然气脱水

天然气工业中常见的几类脱水有井场处理原料天然气、净化厂处理脱硫脱碳后的净化气、天然气凝液回收等。天然气脱水的方法一般包括溶剂吸收法、固体吸附法、低温法、超音速分离法等。

1. 三甘醇法

溶液吸收法中，最早用于天然气脱水的甘醇是二甘醇（DEG）。由于三甘醇（TEG）脱水可获得更低的水露点，而且投资及操作费用低，热稳定性高，易再生，脱水后天然气水露点可降低至 $-30℃$，因此逐渐取代 DEG。

TEG 脱水装置主要由吸收系统和再生系统两部分构成，工艺过程的核心设备是吸收塔。天然气脱水过程在吸收塔内完成，再生塔完成 TEG 富液的再生操作，再生塔一般使用火管再生，但为了安全，部分企业也使用蒸汽加热再生，如普光天然气净化厂，其脱水装置工艺流程如图 2-1-4 所示。

普光天然气净化厂每套 TEG 脱水装置脱水处理能力为 $500\times10^4 m^3/d$，脱水后的天然气的水露点达 $-27℃$。国内压力等级最高（8.8MPa）的西气东输的主力气田——中国石油塔里木油田克拉 2 气田的 TEG 脱水装置单套处理能力和普光天然气净化厂一致。

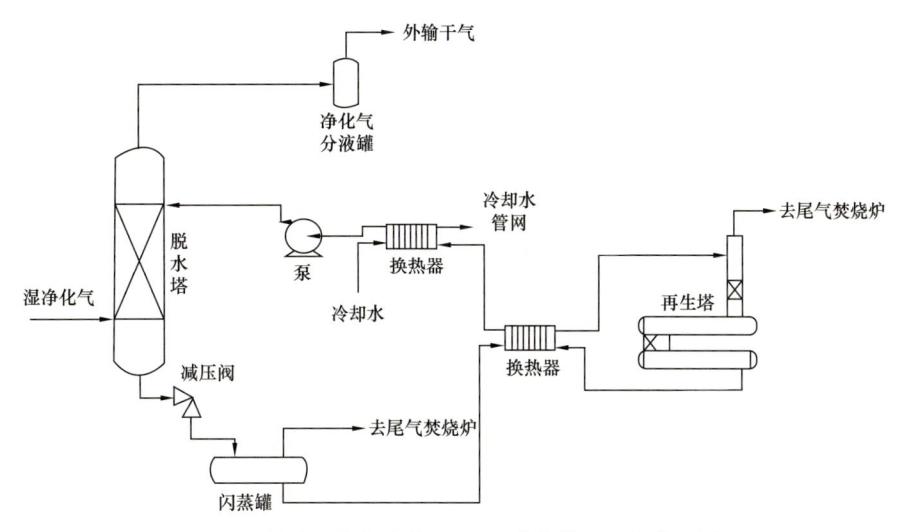

图 2-1-4 普光天然气净化厂 TEG 脱水装置工艺流程图

2. 固体吸附法

固体吸附法根据机理不同分为利用气体分子与吸附剂之间的分子间作用力不同的物理吸附和利用气体分子与吸附剂之间的化学键作用力差异的化学吸附两类。因此，物理吸附过程是可逆的，可通过改变温度和压力使吸附剂得到重复利用；而化学吸附的吸附剂一般不重复利用。固体吸附法脱水过程一般为物理过程。

1）固体吸附法工艺概述

固体吸附法常用的吸附剂有活性氧化铝、硅胶和分子筛等。要求吸附剂具备吸附容量大、选择性强、机械强度高等指标。吸附脱水系统一般包括两个及两个以上的吸附塔和一套加热生气系统，图 2-1-5 显示了两塔吸附脱水工艺流程。

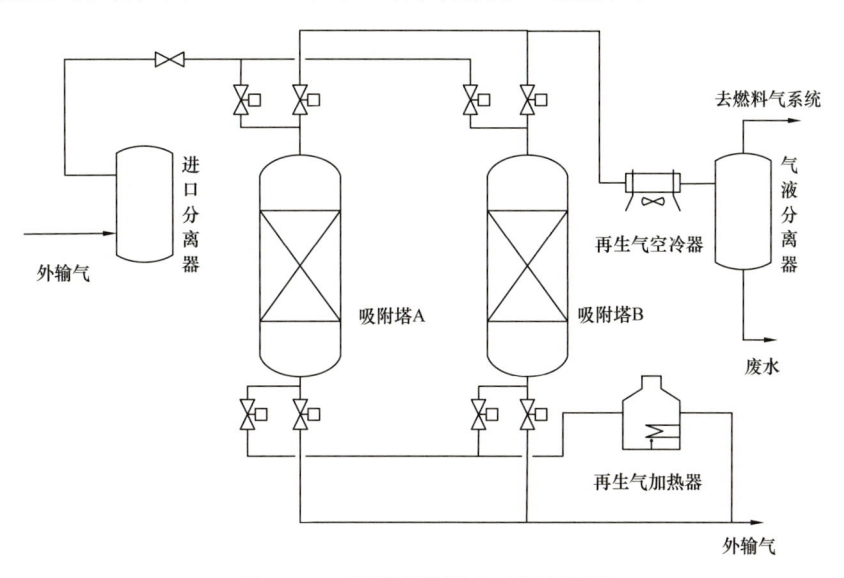

图 2-1-5 两塔吸附脱水工艺流程图

- 35 -

湿净化气从上部进入吸附塔 A，气体在经过吸附塔中吸附剂时，其中部分水及少量烃类被吸附剂吸附，直至吸附剂床层不能吸附多余的水，因此在此之前就要切换吸附塔 A，使湿净化气进入吸附塔 B 进行吸附，已完成脱水操作的吸附塔则进入再生阶段进行再生，以此达到连续操作的目的。

2）固体吸附法开发及应用现状

固体吸附法工艺以分子筛脱水工艺应用最为广泛，分子筛脱水类似 TEG 脱水，同属于物理方法，主要依靠其内部丰富的孔洞实现对天然气的脱水。该项脱水技术较为成熟，而且分子筛设备简单、操作方便，在国内外被广泛应用。分子筛吸附脱水主要是利用其内部孔道、空腔依靠分子引力和热扩散原理实现对天然气中水的吸附，进而除掉天然气气体混合物中的水蒸气。常用的分子筛有 3A 型、4A 型和 5A 型。按照再生压力对分子筛进行分类，可分为变温再生和变压再生两大类。传统分子筛的吸附表面积较大，具有高效的吸附容量、寿命较长、有较高的吸附能力、组分不易被破坏、再生能力强、所需原料价格低廉、货源充足等特性，得到了较广泛的应用。但分子筛脱水装置的能耗通常较高，特别是对于处理量较小的装置或者是干气水露点在 −40℃ 以上的脱水工艺。分子筛脱水是一种深度脱水技术，脱水后水露点可降到 −100℃ 以下。

分子筛脱水也存在一些缺点：(1) 设备投资和操作费用比较大，达到相同露点时，建设一座处理量相同的处理站，其投资比三甘醇法高出近 53%。(2) 能耗大，吸附剂难以实现再生，需要经常更换。(3) 分子筛的再生、回收困难。因此，分子筛脱水常用于低温冷凝分离技术，如用于天然气凝液回收及天然气液化脱水工序中，极少用于大规模天然气脱水。

中国川东北罗家寨天然气 H_2S 含量为 9.5%～11.5%，CO_2 含量为 5%～10%，在井场采用分子筛脱水。土库曼斯坦阿姆河天然气处理厂脱水单元吸附塔内使用分子筛技术，原料天然气处理量在 $460×10^4 m^3/d$ 时，其水露点达到 −31℃，硫醇含量达到 $11.69 mg/m^3$。此外，美国 Pine Creek（原料天然气处理量为 $141.5×10^4 m^3/d$，H_2S 含量为 25.65%，CO_2 含量为 4.73%）、加拿大 Brazion（原料天然气处理量为 $115×10^4 m^3/d$，H_2S 含量为 13%～20%，CO_2 含量为 9%～13%）等，含硫天然气均采用分子筛脱水。

3. 低温法

该技术主要是利用膨胀降温达到脱水目的，属于物理法脱水。传统的方法是使气体经绝热可逆膨胀使温度降低，使气态水冷凝液化后分离出来。低温法工艺流程包括热交换、气液分离、制冷和排液 4 部分。其典型流程如下：将湿天然气与乙二醇贫液混合，换热后送入节流阀，再送入低温分离器分离，分离后的干气经换热后送出装置。分离出的液体经换热后送入气液分离器，再次分离出的气体送入燃料气系统重复利用，液体经两次换热后进入再生塔，再生出的废水进入废气处理系统，再生出的乙二醇贫液经换热后循环利用。图 2-1-6 显示了低温法脱水典型流程。

天然气行业中比较常见的设备是 J-T 阀和膨胀机。对于高压天然气，低温法脱水是最经济合理的，并且已经在国内得到广泛应用。中国石油长庆油田分公司第二采气厂、中国石油塔里木油田克拉 2 气田等均采用低温法脱水，但是由于气体膨胀节流后，其温度往往会低于水合物形成温度，因此应用该方法进行节流脱水时，需注入乙二醇抑制剂来抑制水合物的形成。此外，低温分离法的能耗费用比三甘醇法高，设备复杂投资较大，这些都是制约其发展的主要因素。

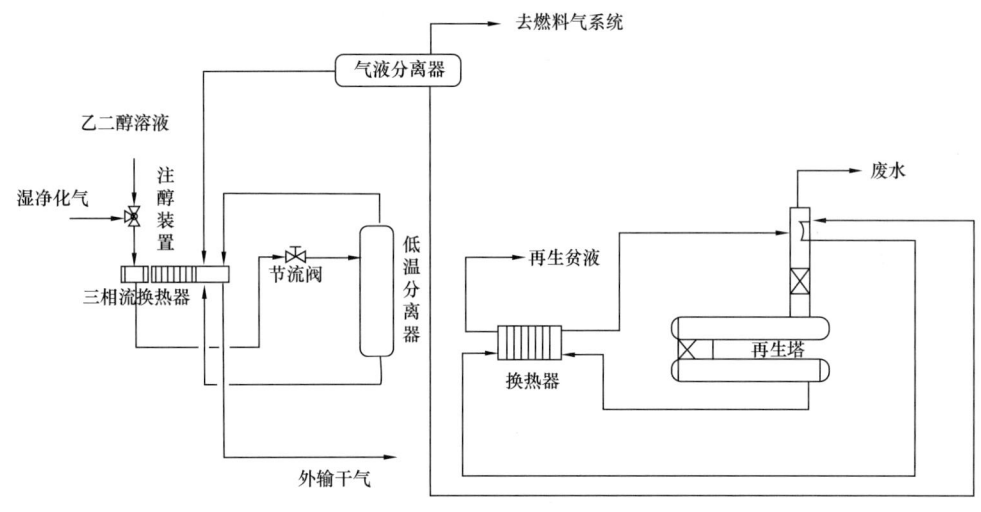

图 2-1-6　低温法脱水典型流程图

4. 超音速分离法

1997 年超音速脱水开始应用于天然气脱水，在装置中，原料天然气进入膨胀段通过特定结构产生旋流气体，之后进入拉瓦尔管，由于管道截面积急剧下降，原料天然气流速和离心力激增，之后进入旋流分离段，此处设有锥形增速段，原料天然气流速和离心力进一步增加，由于此时温度非常低，会产生尺寸非常小的液滴，之后通过分离叶片，将液滴甩向管道壁面，液体通过气液分离器分离，干气通过扩压器使压力恢复正常。超音速分离法在国外也被称为 3S 分离（Super Sonic Separation），图 2-1-7 为超音速脱水流程简图。

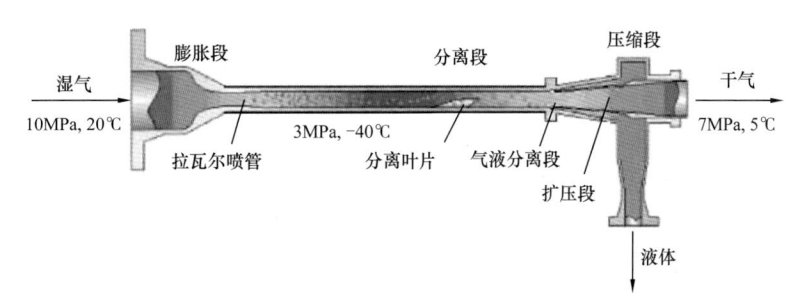

图 2-1-7　超音速脱水流程简图

相对于传统的天然气脱水技术，超音速分离法具有以下特点：
（1）体积小，无转动器件，对空间的要求小；
（2）无须任何化学药剂，环保安全；

（3）效率高，不仅能脱除水分，还能脱除烃类物质；
（4）投资和成本使用低，制造成本也不高；
（5）静压降较大，实际应用中为20%～30%；
（6）超音速装置中气体流速高，为防止冲击腐蚀，要求气体进入前必须去除固体颗粒。

2011年，塔里木油田牙哈凝析气田引进两台超音速分离器，每台设计处理量为$180×10^4 m^3/d$，最高工作压力为16MPa，实际压力为10.50MPa，温度为49℃，水露点降低至 −40.5℃。

第二节　天然气脱硫脱碳技术

天然气脱硫脱碳技术应用最广泛的有化学吸收法、化学—物理吸收法、直接氧化法、络合铁法和生物脱硫法等。

一、化学吸收法

化学吸收法是以碱性溶液吸收H_2S及CO_2等，再生时又将其解析出去的方法，包括使用无机碱的热碳酸盐法，使用有机胺的MEA法、DEA法、DGA法等。

1. 热碳酸盐法

热碳酸盐法脱硫也被称为碱法脱硫，其工艺流程是在吸收塔内注入Na_2CO_3溶液，与天然气中的H_2S反应生成NaHS和$NaHCO_3$，吸收酸性气后的富液在蒸汽作用下进行再生，再生出的H_2S送入其他装置进行处理；再生后的溶液送入吸收塔内再利用。由于这种工艺能量消耗较大，需要消耗掉大量冷却水和蒸汽，在操作过程中易产生"盐堵"，且危险性大，现在在各企业已鲜有应用。

2. 有机胺法

MEA法、DEA法、DGA法等有机胺法脱硫均使用醇胺法脱硫工艺，是当前天然气脱硫技术中的主流。其工艺流程是在吸收塔内注入有机胺溶液，利用有机胺本身的碱性吸收天然气中的酸性气体（H_2S、CO_2等），再经过闪蒸工艺闪蒸出溶液在吸收过程中夹带的天然气，闪蒸后的溶液经加热再生，释放出酸性气体，送入其他装置进行处理；再生完的溶液送入吸收塔循环利用。

1）MEA法

MEA又名2-氨基乙醇，是最早使用的胺法溶剂，也是与酸气反应最快的溶剂。MEA分子式为$HOCH_2CH_2NH_2$，分子量为61.09，相对密度为1.0179（20℃），凝固点为10.2℃，可与水完全互溶。

MEA溶剂净化气体是化学吸收过程，多用于脱除酸性天然气中的H_2S和CO_2。它与H_2S的反应速率要快于与CO_2的反应，但其无选择性脱除CO_2的能力。在早期的装置中，

MEA 是天然气脱硫应用最广泛的溶剂，但随着技术的进步，MEA 溶剂逐渐被其他更高效、更稳定的溶剂所取代。

MEA 法反应原理如下：

$$H_2S + HOCH_2CH_2NH_2 \rightleftharpoons NS^- + HOCH_2CH_2NH_3^+$$

$$CO_2 + HOCH_2CH_2NH_2 \rightleftharpoons HOCH_2CH_2NH_3^+ + HOCH_2CH_2NHCOO^-$$

MEA 法特点（陈赓良，2003）如下：

（1）高净化度。无论是 H_2S 还是 CO_2，MEA 法均可将其脱除达到很高的净化度。对于天然气管输，要达到 H_2S 含量低于 $20mg/m^3$ 或 $5mg/m^3$ 的指标是容易的。

国外有一套处理量为 $707.5 \times 10^4 m^3/d$ 的 MEA 净化装置，含 5 个吸收塔及 2 个再生塔，其数据见表 2-2-1。

表 2-2-1　MEA 净化装置数据表

项目	数据	项目	数据
吸收塔内径 /m	2.13	净化气中 H_2S 含量 /（mg/m^3）	0.46~6.87
吸收塔高度 /m	20.73	再生塔内径 /m	2.13
吸收塔塔板数 / 块	23	再生塔塔板数 / 块	20
吸收压力 /MPa	1.38	再生压力 /kPa	8.3
单塔处理量 /（$10^4 m^3/d$）	141.5	再生塔顶温度 /℃	115.3
原料天然气中 H_2S 含量 /（g/m^3）	3.7~4.1	再生塔入塔温度 /℃	93.3
CO_2 含量 /%	0.3~0.4	再生塔底温度 /℃	121.1
MEA 浓度 /%（质量分数）	17	最高蒸汽耗量 /（$kg/10^4 m^3$）	510
气液比 /（m^3/m^3）	2490~3740		

从表 2-2-1 中数据可以看出，此装置吸收压力较低，但产品质量（净化度）较高，其酸气负荷较低，能耗较高。

（2）与 COS 及 CS_2 发生不可逆降解，其主要反应如下：

$$COS + HOCH_2CH_2NH_2 \rightleftharpoons HOCH_2CH_2NHCOSH$$

$$HOCH_2CH_2NHCOSH \longrightarrow HOCH_2CH_2NH_2 + H_2S + CO_2$$

$$HOCH_2CH_2NHCOSH \longrightarrow \begin{matrix} H_2C - CH_2 \\ | \quad\quad | \\ O \quad\quad NH \\ \searrow \quad \swarrow \\ C \\ \| \\ O \end{matrix} + H_2S$$

从反应产物来看，MEA 与 COS 的产物可以水解，也可以进一步反应，反应产物还可以转化为其他降解产物。此外，王开岳（2011）经试验认为，约有 17.7% 的 MEA 会与 CO_2 反应。

因此，当天然气中含有 COS 或 CS_2 时，应避免使用 MEA 法。

（3）脱除一定量的酸气所需要循环的溶液较少。MEA 在普通胺中分子量最低，因此在单位质量或单位体积的基础上，其具有最大的酸气负荷。

（4）腐蚀限制了 MEA 溶液浓度及酸气负荷。为了使装置腐蚀控制在可以接受的范围内，通常 MEA 溶液浓度在 15%（质量分数）左右，酸气负荷一般也不会超过 0.35mol/mol，按体积计不超过 $20m^3/m^3$。为此，美国联合碳化物公司开发了一种胺保护剂，添加在胺液中可有效降低装置的腐蚀。

（5）MEA 装置通常配置溶液复活设施。MEA 与 CO_2 存在不可逆的降解反应，系统内除 H_2S 和 CO_2 之外的强酸性组分又会与 MEA 结合形成无法再生的热稳定盐。通常采取加碱措施，加碱只能使热稳定盐中的 MEA 析出，而无法使降解物复原成 MEA。

2）DEA 法

DEA 也是气体净化的常用溶剂，其分子式为 $(HOCH_2CH_2)_2NH$，DEA 的碱性比 MEA 弱，沸点为 247℃，在 28℃ 以下易凝固，密度为 $1.095g/cm^3$。常规 DEA 法不适用于高压天然气净化，但当法国阿基坦国家石油公司（Societe Natiouale Elf-Aquitaine）开发 SNPA-DEA 工艺成功后，它就在高压、酸性天然气净化装置中推广开来。

DEA 法特点如下：

（1）DEA 可吸收 COS 及 CS_2，其反应产物可分解再生，因此适用于处理含 COS、CS_2 的天然气，不会因其降解变质。

（2）DEA 法由于投资运营成本低，蒸气压较低，损失较 MEA 法少；对烃类溶解度小，DEA 再生后的酸气中烃类含量普遍小于 0.5%，其净化程度较高。

DEA 法脱除酸气的主反应如下：

$$2R_2NH + H_2S \rightleftharpoons (R_2NH_2)_2S （瞬间反应）$$

$$2R_2NH + H_2O + CO_2 \rightleftharpoons (R_2NH_2)_2CO_3$$

DEA 法脱除酸气的副反应如下：

$$(R_2NH_2)_2CO_3 + H_2O + CO_2 \rightleftharpoons 2R_2NH_2HCO_3$$

$$2R_2NH + CO_2 \rightleftharpoons R_2NCOONH_2R_2$$

$$(R_2NH_2)_2S + H_2S \rightleftharpoons 2R_2NH_2HS$$

MDEA 和 CO_2 的反应速率较慢，对 H_2S 有较好的选择吸收性，单一的 MDEA 溶液较难深度脱除天然气中的 CO_2，加入 DEA 可加快溶液与 CO_2 的反应速率，达到深度脱除 CO_2 的目的，使净化气中 CO_2 含量满足小于 3% 的要求。

3）DGA 法

DGA 又名二甘醇胺，分子式为 $H_2NCH_2CH_2OCH_2OH$，分子量为 105.14，与水完

全互溶。DGA 法装置使用的胺液浓度一般为 40%～75%（质量分数），酸气负荷为 0.35～0.45mol/mol，可脱除有机硫。

DGA 法特点如下：

（1）高 DGA 浓度。DGA 法使用的胺液浓度可达 65%（质量分数），在同等酸气浓度下循环量较低，节能效果显著。

1980 年，希兹母天然气净化厂的改良 DGA 法正式投入工业运行，其装置运行数据见表 2-2-2。

表 2-2-2 改良 DGA 装置数据

项目	数据	项目	数据
原料天然气中 H_2S 含量 /%	3～8	DGA 浓度 /%（质量分数）	50～65
原料天然气中 CO_2 含量 /%	8～14	DGA 进塔温度 /℃	60～65
原料天然气中 COS 含量 /（μL/L）	50	循环量 /（m³/h）	1200～1600
吸收压力 /MPa	0.78～1.08	净化气 H_2S 含量 /（μL/L）	1～2
单塔处理量 /（10⁴m³/d）	141.5	净化气 CO_2 含量 /（μL/L）	≤100
天然气进塔温度 /℃	38～52	净化气 COS 含量 /（μL/L）	≤5

（2）环境适应能力强。在环境温度高达 54℃时也可正常吸收 H_2S，且正常凝固点低于 -40℃。因此，DGA 法适合在沙漠、干旱、寒冷地区使用。

4）DIPA 法

二异丙醇胺（DIPA）是一种效果较好的脱硫剂，其分子式为 $NH[CH_2CH(CH_3)_2]_2$，分子量约为 131，凝固点为 42℃。DIPA 属于醇胺的一种，脱有机硫效果显著，特别适用于干气和液化气脱硫，具有氨气味的无色吸湿性黏稠液体，易溶解于水及醇中。DIPA 具有醇和胺的两种性质，可以生成多种工业上有用的衍生物。

DIPA 法特点如下：

（1）与 COS 反应生成的产物能够再生，因此适用于含 COS 较多的气体脱硫。

（2）凝固点较高，在使用前需要加热融化。

（3）容易再生。蒸汽耗量低，重沸器腐蚀轻微，溶剂变质少，相应减轻了整个系统的腐蚀，可为长周期运转创造有利条件。

（4）与酸气的反应速率较慢。尤其与 CO_2 反应更慢，CO_2 与 DIPA 能生成噁唑丙酮（在真空下复活），在单位时间内单位接触面积上 DIPA 对 CO_2 的吸收量约为一乙醇胺的 1/4。

（5）在常压下具有较强的选择吸收性，在一定压力下其选择吸收性反而变弱。

20 世纪 60 年代，壳牌公司将 DIPA 与环丁砜混合，应用于工业生产（Sulfinol-D 法）。卧龙河脱硫装置的原料天然气中 COS 含量为 100mL/m³，RSH 含量为 700mL/m³；使用 Sulfinol-D 法净化后，净化天然气中 COS 含量小于 50mL/m³，RSH 含量小于 150mL/m³。

5）空间位阻胺法

研究发现，在胺的分子中引入某些具有空间位阻效应的基团，可明显改善溶剂的脱硫脱碳效果。具体地说，凡具有叔碳原子或仲碳原子直接与氨基连接的胺类化合物，如叔丁胺基乙醇、2-氨基异丙醇、1,8-苦烷二胺、2-哌啶乙醇、N-环己基-1,3-丙二胺等，都具有不同程度的空间位阻特征，这些胺类化合物定名为空间位阻胺，简称位阻胺（王之德，1993）。

大量的研究成果表明，位阻胺吸收 H_2S 和 CO_2 的过程可用双膜理论解释。双膜理论是惠特曼于1923年提出的一个经典传质机理理论，能够较好地解释液体吸收剂对气体吸收的过程。该理论认为气液两相间有一稳定的相界面，在相界面的两侧分别存在稳定的气膜和液膜，膜内流体进行层流流动。双膜以外的区域为气相和液相主体，气相和液相主体内流体处于湍流状态。在气液两相的界面上，吸收质在两相间总是处于平衡状态，界面上无传质阻力。气液两相主体内因为湍流而使浓度分布均匀，而双膜内流体做层流流动，主要依靠分子扩散传递物质，浓度变化大，因此传质阻力主要集中在气液双膜内。

前人的研究结果表明，根据双膜理论，胺液吸收 H_2S 的过程是受气膜控制的，为瞬时反应，位阻胺与 CO_2 的反应则可用两性离子机理来解释。此时，位阻胺与 CO_2 生成的氨基甲酸盐中 =NCOO— 基团，因为氨基上所连接的基团具有强烈的空间位阻效应而使稳定性变差，易发生水解反应，减缓了位阻胺与 CO_2 的反应速率。位阻胺对两种酸性气体不同的吸收机理及吸收速率的差异使其具有很好的选择脱硫性能。

1983年，美国Exxon公司将FLexsorb SE、Flexsorb PS等位阻胺进行商用，取得良好的效果。Exxon曾用Flexsorb PS作为溶剂，净化 CO_2 含量为18.5%、H_2S 含量为0.1%的天然气。试验装置处理能力为 $48.1×10^6 m^3/d$，工作压力为5.3MPa，净化天然气中 CO_2 含量降至50μL/L，H_2S 含量降至4μL/L，与采用MDEA法相比，溶剂循环量减少24%。

由于位阻胺优点众多，因此被称为第三代脱硫剂。位阻胺很快成为天然气脱硫行业的研究热门领域，涌现了一大批研究成果和专利。其中，最著名的有David W.Savage拥有的TBE、TBP、TBB等专利；Eugene L.Stogryn拥有的BIS-TP、BIS-IP等专利。

经过大量的工业应用，发现位阻胺具有以下优点：

（1）可使用醇胺法工艺，若原有胺法脱硫装置使用新溶剂，可继续使用原来的设备，节省大量成本。

（2）酸气负荷高，吸收效率高、循环量少。

（3）选择吸收性强，能耗低，经济效益显著。

（4）溶剂稳定性高，基本不降解，易再生，无腐蚀性，不起泡。

（5）适应能力强，在各种工况下可保持其高的选择吸收性，因此无论被净化的天然中碳硫比高与否，净化度都能满足需求。

（6）不与烃反应，降低了闪蒸压力，保证了酸气品质。

在国内，对位阻胺的研究起步较晚，但也取得了一定成果。杨敬一（2002）开发的LY系列脱硫剂分子结构中连接了具有空间位阻效应的基团，研究发现其具有良好的选择脱硫能力。四川石油管理局天然气研究所实验室开发了TBEE（也称TBGA），周文

（2006）、陆建刚（2005）等研究了其和 DEA、MDEA 的复配胺液的性能，发现其选择吸收性能超过 MDEA。

6）MDEA 法

MDEA 又名 N- 甲基二乙醇胺，分子式为 $CH_3N(CH_2CH_2OH)_2$，分子量为 119，是应用最广泛的脱硫脱碳溶剂。MDEA 法在第二章第三节进行重点介绍。

二、化学—物理吸收法

1. Sulfinol 法

1964 年，壳牌公司成功开发出 Sulfinol 溶剂，是醇胺法脱硫工艺的重大突破。Sulfinol 溶剂含有 40%～45% 的环丁砜、15% 的水，其余为 DIPA。随着技术的发展，壳牌公司后又开发出 Sulfinol-D、Sulfinol-M。Sulfinol 法在国内又被称为砜胺法，工艺被称为砜胺 I 型、砜胺 II 型、砜胺 III 型。截至 2015 年，Sulfinol 法应用装置超过 200 套，所处理的气体中 H_2S 含量高达 45%，CO_2 含量高达 44%，有机硫含量高达 $4000mL/m^3$（王开岳，2015）。

Sulfinol 法特点如下：

（1）与单纯的化学吸收法相比，环丁砜溶液不但对 H_2S、CO_2 有很强的吸收能力，还能大量吸收有机硫，对天然气的净化能力强。

（2）砜胺法在较高的酸气分压下有较高的酸气负荷而可降低循环量，并有良好的脱有机硫的能力，消耗指标低，还可节能。

（3）对重烃的吸收能力强，使酸气中的烃含量高，影响硫黄回收装置的生产，不适用于重烃含量高的酸性天然气净化。

（4）环丁砜、DIPA 凝固点高，一般应设暖房储存。

（5）砜胺溶液价格较为昂贵，溶液变质产物复活困难。

1976 年，中国卧龙河天然气脱硫厂（后称中国石油重庆天然气净化总厂垫江分厂）将其使用的溶剂从砜胺 I 型变更为砜胺 II 型，其天然气脱硫装置处理量为 $125×10^4m^3/d$，原料天然气中 H_2S 含量为 6.35%，CO_2 含量为 0.75%，COS 含量为 $100mL/m^3$，RSH（硫醇）含量为 $700mL/m^3$。净化后的天然气中 H_2S 含量小于 $1mg/m^3$，总硫含量在 $200mg/m^3$ 左右。

2. Selexol 法

Selexol 法是在 20 世纪 60 年代由美国联合碳化物公司首先开发，商业名称为赛列克索（Selexol）。20 世纪 80 年代，杭州化工研究所和中国石化南京化工研究院有限公司也开发出 Selexol 法，命名为 NHD。Selexol 溶剂可吸收脱除天然气中的 CO_2、H_2S、COS、硫醇，还具有吸水性能。其分子式为 $CH_3O(CH_2O)_nCH_3$，其中 n 为 3～9，平均分子量为 239，密度为 $1.031kg/m^3$（25℃），冰点为 -22℃，燃点为 157℃。

Selexol 法特点如下：

（1）在 H_2S 及 CO_2 同时存在下可选择脱除 H_2S；

（2）对有机硫也有较好甚至更好的亲和力；

（3）Selexol 溶剂对水分有极好的亲和力，可同时脱硫脱水；

（4）较高碳数的烃类在 Selexol 溶剂中有较高的溶解度；

（5）建设投资和操作费用较低；

（6）在高酸气分压下，溶液的酸气负荷较高；

（7）无毒性，蒸气压低，溶剂损失小，腐蚀和发泡倾向小。

德国 NEAG 天然气净化厂使用 Selexol 法脱除有机硫，原料天然气中 H_2S 含量为 9%（摩尔分数），CO_2 含量为 9%（摩尔分数），COS 含量为 140μL/L，RSH 含量为 70μL/L，CH_4 含量为 82%（摩尔分数），其工艺流程如图 2-2-1 所示。

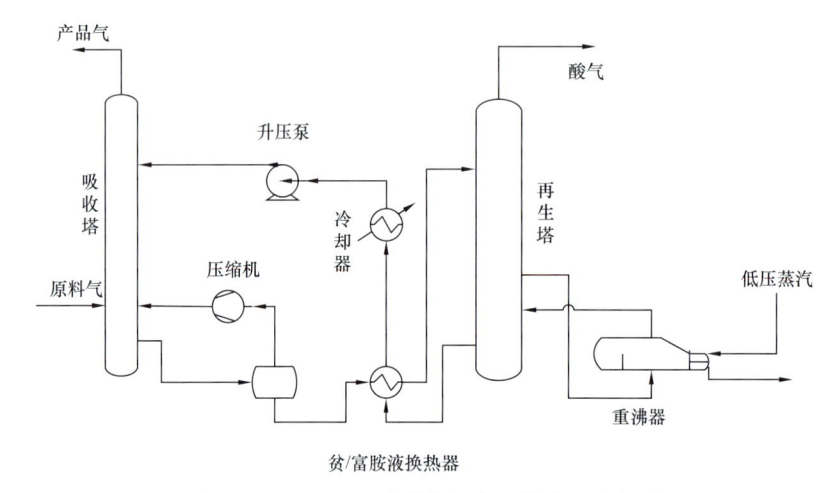

图 2-2-1　Selexol 法脱有机硫工艺流程示意图

含有机硫的气体经过吸收塔净化后，CO_2 含量变为 5%（摩尔分数），H_2S 含量降为 1μL/L，COS 含量降为 2μL/L，RSH 未检测出，CH_4 含量提升为 95%（摩尔分数）；再生塔顶的酸气中 CO_2 含量为 34%（摩尔分数），H_2S 含量为 65%（摩尔分数），COS 含量为 0.1%（摩尔分数），RSH 含量为 0.1%（摩尔分数），CH_4 含量为 0.8%（摩尔分数）。

从以上数据可知，Selexol 法用于天然气净化时，虽然可脱除 H_2S、CO_2、COS，但同样对烃也有一定的吸收能力；再生处理的酸气中 H_2S 含量高，可直接用于克劳斯硫黄回收装置。

三、直接氧化法

由于地质环境的不同，某些气井采出的天然气中含硫量并不高，不适合采取醇胺法工艺，而直接氧化法一次投资低、运行成本适中，因而得到了广泛应用。直接氧化法中最具代表性的是氧化铁工艺，已实现年处理含硫天然气 $6 \times 10^8 m^3$。此工艺采用氧化铁作为主要成分和其他催化剂制成的常温固体脱硫剂进行脱硫，反应式如下：

$$Fe_2O_3 \cdot H_2O + 3H_2S \longrightarrow Fe_2S_3 \cdot H_2O + 3H_2O$$

脱硫剂可使用空气再生，反应式如下：

$$2Fe_2S_3 \cdot H_2O + 3O_2 \longrightarrow 2Fe_2O_3 \cdot H_2O + 6S$$

直接氧化法工艺流程十分简单：含硫天然气经分离器分液后送入脱硫塔，脱除其中的 H_2S，再经净化气过滤分离器去除水和杂质，即可得到商品天然气。流程中设置两台脱硫塔，一台进行脱硫，一台在备用时使用空气对脱硫剂进行再生。工艺特点如下：

（1）只脱除 H_2S，不脱除 CO_2，可在 0.1～8MPa 压力下操作，净化度高，理论上可脱除 100% H_2S。

（2）装置处理气量弹性大，可达 60%～80%。

（3）装置和设备简单，操作方便，投资费用低，能耗低。

（4）有废渣处理问题，但废渣对环境不构成污染。

（5）当天然气潜硫量较低（小于 150kg/d）时，经济性高，适用于边远分散的单井脱硫。

四、络合铁法

20 世纪 70 年代末，美国 Wheelabrator 清洁空气系统公司在 ARI 公司的基础上，推出了 LO-CAT 工艺，并于 1979 年工业化。1991 年，第二代 LO-CAT 工业化，截至 2018 年底，世界上已有 160 余套 LO-CAT 装置。

LO-CAT 工艺采用由碳酸盐、络合铁和添加剂组成的水溶液进行脱硫，其基本原理是 H_2S 在碱性溶液中被 Fe^{3+} 的络合物氧化为单质硫，而 Fe^{3+} 的络合物本身被 H_2S 还原成 Fe^{2+} 的络合物，使用空气将其氧化再生后，可得 Fe^{3+} 的络合物溶液，其反应式如下：

$$H_2S + 2Fe^{3+}L_n \longrightarrow 2Fe^{2+}L_n + S + 2H^+$$

$$\frac{1}{2}O_2 + 2Fe^{2+}L_n + H_2O \longrightarrow 2Fe^{3+}L_n + 2HO^-$$

第二代 LO-CAT 工艺是利用溶液的密度差原理使其进行自动循环，完成 H_2S 吸收、析硫、催化剂的再生、硫浆分离的化工过程，脱硫和再生在一个塔中，因此也被称为单塔流程。该工艺流程是在含有 H_2S 的酸气进入吸收器的对流筒内鼓泡后，气相中 H_2S 被吸收的同时由于催化剂的作用析出单质硫。吸收液由于密度增大而沉降，沉降过程中硫浆落入锥底然后分离送往硫回收。对流筒外的溶液则因空气鼓泡、催化剂再生、密度下降，连续不断地抬升进入对流筒，这样来完成自动循环。第二代 LO-CAT 工艺流程示意如图 2-2-2 所示。

LO-CAT 脱硫工艺开发的宗旨主要是用于处理胺法脱硫的酸气，这是因为当脱硫装置出来的酸气中 H_2S 浓度小于 30% 时，克劳斯工艺已无能为力，而 LO-CAT 脱硫工艺正好填补这一工况的空白。LO-CAT 工艺硫回收率可达 99.97%，由于排出的尾气浓度很低，因此在天然气的净化工艺中占有一席之地。

LO-CAT 脱硫工艺特点如下：

（1）操作弹性大，对进料气没有特殊要求，进料气中 H_2S 含量在 0～100% 范围内均可以适应，而出料气中的 H_2S 含量则可以处理到 10μL/L 以下。

（2）H_2S 脱除率高。LO-CAT 反应效率能达到 99.99%。

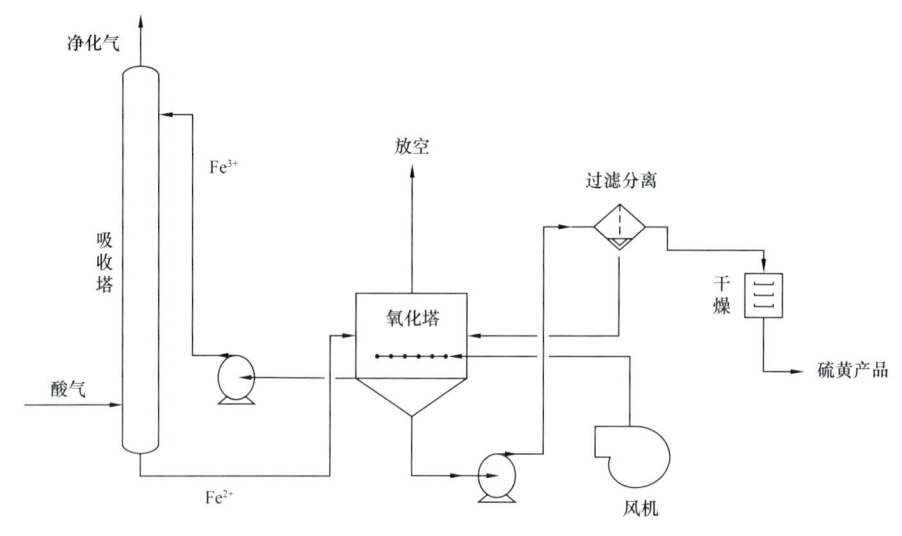

图 2-2-2　第二代 LO-CAT 工艺流程示意简图

（3）流程简单，操作简单易行。

（4）处理的原料天然气中总硫含量必须小于 500mg/m³，不适用于高含硫天然气的净化。

（5）在运行过程中有 Fe(OH)₃ 的产生，需要定时补充脱硫液。

中国石油蜀南气矿引进了一套第二代 LO-CAT 工艺装置，其设计处理量为 150m³/h，酸气中 H_2S 含量为 23%，净化气中 H_2S 含量小于 15mg/m³，硫黄产量约为 1.2t/d。

五、生物脱硫法

生物脱硫又称生物催化剂脱硫，是一种在常温常压下利用需氧菌、厌氧菌去除含硫化合物的新技术。选用不同的菌种可以分别实现对无机硫、有机硫和工业气体中硫化物的脱除。在国内外大力提倡低碳经济和环保排放要求日益严格的趋势下，生物脱硫作为一种新的天然气净化手段，其优势进一步凸显，因而成为天然气净化领域的研究热点，具有广阔的发展空间和良好的应用前景。

1984 年，日本钢管公司京滨制作所的两套用于处理尾气中 H_2S 的 Bio-SR 法生物脱硫装置投入运行，生物脱硫工艺才首次在气体净化工业中得到应用。Bio-SR 法工艺利用 T.F 菌（氧化亚铁硫杆菌）的氧化作用在吸收塔内将 H_2S 氧化为单质硫，分离回收硫后的脱硫溶液泵入生物反应塔再生，在 T.F 菌作用下将 Fe^{2+} 氧化为 Fe^{3+}。反应在常压、温度约为 30℃、pH 值为 2.0～2.5 的较强酸性条件下进行，因此脱硫溶液的硫容量很低，且对设备材质要求很高，因而此工艺目前在工业上很少应用。

1993 年，由荷兰 Paques 公司开发的气体生物脱硫工艺开始用于脱除以沼气为主的生物气体中的 H_2S，已在欧洲、美洲和亚洲的很多国家推广。1996 年，Paques 公司与壳牌公司合作，并在德国 Grossen Knetenr 的 BEB 天然气净化厂建立了处理规模为潜硫量 20kg/d 的中试装置，经长期验证试验后，将该工艺扩展运用到处理高压天然气，称为 Shell-Paques 工艺。截至 2013 年，以 Shell-Paques 工艺为代表的生物脱硫技术在世界范围内拥有 100 余套商业化装置，分布在炼油、化工、天然气、矿业、造纸和沼气等工业领域。此工艺使用脱氧硫杆菌，将含 H₂S 的气体送入含有细菌的碱性水溶液的吸收塔内，吸收后的液体进入生物反应器，其中的硫化物被细菌氧化为单质硫，硫黄通过分离、干燥后离开系统，剩余的液体送入吸收塔循环利用。Shell-Paques 工艺流程如图 2-2-3 所示。

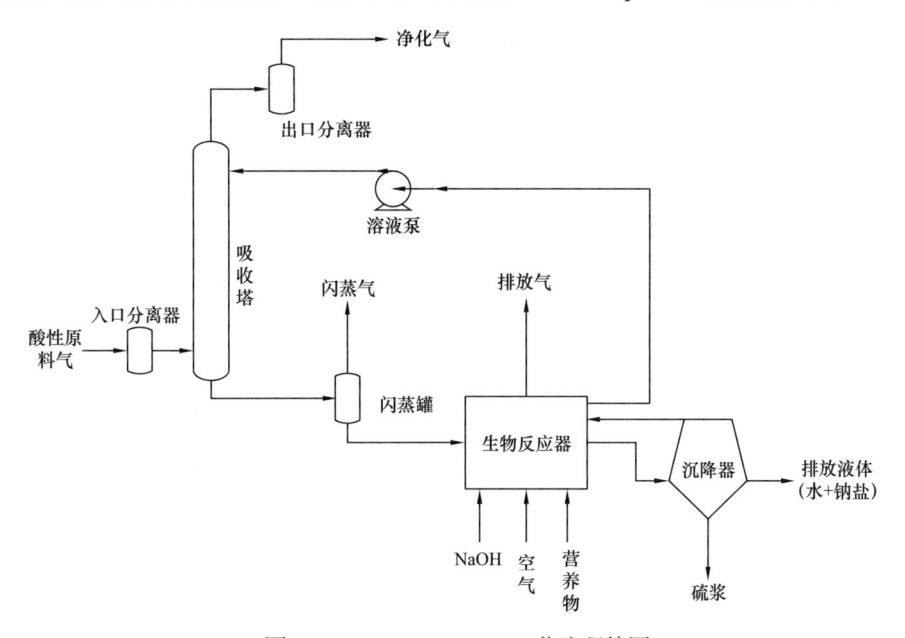

图 2-2-3　Shell-Paques 工艺流程简图

Shell-Paques 工艺特点如下：
（1）工艺流程简单，占地面积少，碱液内部循环，菌种自动再生，不会失活，能耗低，最少地使用化学溶剂，降低了操作成本。
（2）在吸收塔中 H₂S 100% 被吸收，工艺安全可靠。
（3）较少的操作人员（仅一人操作即可），维修费用低。
（4）形成亲水性硫黄产品，不会在工艺设备中产生堵塞，操作弹性大。
（5）可在高压下使用，气体脱硫后 H₂S 含量可降至 4μL/L 以下。
（6）原料天然气必须经过严格预处理，否则会造成溶液发泡等问题。
（7）原料天然气中的 H₂S 含量必须在 1000μL/L 以上。

2004 年，美国 Teague 天然气净化厂建成投产，采用 Shell-Paques 工艺，处理量为 $132×10^4 m^3/d$，压力为 8.2MPa，原料天然气中 H₂S 含量为 720μL/L，净化气中 H₂S 含量为 1μL/L，硫黄产量为 1.25t/d。

第三节　MDEA 法脱硫脱碳技术

世界上各个气田采出的高含硫天然气的组分不同，采用的脱硫脱碳技术也有差别，但自从 20 世纪 80 年代 MDEA 溶剂工业化应用以来，MDEA 及其配方溶液就以其优良的性能迅速占据了大量市场，醇胺法也成为高含硫天然气净化行业的主流工艺。中国也于1986年引进了MDEA，将其工业应用，国内高含硫天然气净化常使用的溶剂有MDEA、砜胺Ⅲ型、UDS等。

一、MDEA溶液脱硫脱碳技术

1. MDEA的性质

20世纪50年代，MDEA酸气选择性吸收性能已在实验室发现，但直到1981年美国联合输气公司才在Waveland工厂成功进行了首次工业应用试验。纯的MDEA为无色或微黄色黏稠液体，沸点不高，能与水、醇互溶，微溶于醚，分子式为$CH_3N(CH_2CH_2OH)_2$，分子量为119，凝固点为$-21℃$，具有以下特点：

（1）溶液具有一定的稳定性，不易氧化降解。
（2）溶液对于烃类、N_2等气体的溶解度低，用于净化天然气节能效果较好。
（3）容易再生。MDEA吸收的H_2S、CO_2的解吸速度快、蒸汽耗量低。
（4）碱性较弱，几乎不腐蚀碳钢；与H_2S的反应是瞬间反应，与CO_2的反应是接近物理吸收的慢反应。
（5）在常压和高压下均具有较强的选择吸收性。

2. MDEA脱硫脱碳的工艺原理

由于MDEA是叔醇胺，其与H_2S的反应为瞬时反应，与MEA、DEA和H_2S的反应原理一样。反应方程式如下：

$$CH_3N(CH_2CH_2OH)_2 + H_2S \rightleftharpoons HS^- + CH_3(CH_2CH_2OH)_2NH^+$$

而CO_2与MDEA的反应则需要CO_2先与水反应生成碳酸，再与MDEA发生酸碱中和反应。反应受限于CO_2溶于水的速度，因此其反应速率比MDEA与H_2S的反应速率慢很多。反应方程式如下：

$$CH_3N(CH_2CH_2OH)_2 + CO_2 + H_2O \rightleftharpoons CH_3(CH_2CH_2OH)_2NH^+ + HCO_3^-$$

以上反应式说明了MDEA法脱硫脱碳的一个特征，即其脱硫脱碳反应均为可逆反应，在高压低温下，反应向正方向进行，反之则向逆方向进行。

3. MDEA脱硫脱碳的工艺流程

MDEA脱硫脱碳的工艺流程基本与常规醇胺法一样，但通常会在吸收塔设置多个醇胺入口，以便于调节醇胺的吸收效率，用来控制产品质量。中国1986年开始将MDEA用于工业化，其效益显著，从此，MDEA在中国的脱硫脱碳行业就处于一枝独秀的地位（张昱威等，2015）。图2-3-1为脱硫脱碳吸收塔多点进料示意图。

2009年，普光天然气净化厂投产，采用MDEA脱硫脱碳工艺和COS固定床水解、合并再生、级间冷却等技术，原料天然气中有机硫含量为340.65mg/m³，其中，羰基硫含量为316.2mg/m³，硫醇含量为24.4mg/m³。脱硫脱碳后产品气中H_2S含量达到0.24mg/m³，总硫含量约为1.12mg/m³，远低于GB 17820—2018《天然气》中的一类气指标要求。其流程详情如下：MDEA在CO_2存在下对H_2S具有选择性吸收的能力，从而将原料天然气中的H_2S吸收，而对CO_2的吸收却很少；通常认为醇胺类化合物中的羟基可降低化合物的蒸气压，并增加化合物在水中的溶解度；而氨基则为水溶液提供必要的碱度，促进对酸性组分的吸收。此装置利用MDEA溶液在吸收塔内与天然气逆流接触进行脱硫。在压力为7.4～8.2MPa、温度为35～45℃的条件下，将天然气中的酸性组分、有机硫组分吸收，然后在压力为0.08～0.1MPa、温度为

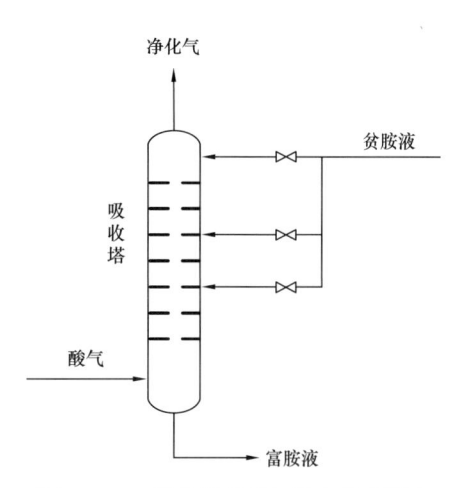

图2-3-1 脱硫脱碳吸收塔多点进料示意图

118～124℃的条件下，将吸收的组分释放出来，溶液循环再利用。

若原料天然气不含有机硫或有机硫含量低于20mg/m³，可以不使用COS固定床水解技术。普通的选择性脱硫脱碳十分简捷，一般只需要使用单塔吸收、单塔再生。若搭配SCOT尾气处理单元，则可使用尾气吸收塔吸收SCOT单元的尾气，并再利用半富液对原料天然气中的酸气进行吸收，或是尾气吸收塔出来的半富液直接进入再生塔进行再生。

4. MDEA选择性的影响因素

经过国内外多家企业的试验，发现装置定型后，其气液比、溶液浓度、吸收温度、吸收压力和原料天然气中碳硫比对吸收过程影响较大。

1）气液比

气液比为单位体积溶液处理的气体体积，单位为m³/m³，它是影响净化结果和过程经济性的首要因素，也是在操作过程中最容易调节的工艺参数。

图2-3-2显示了气液比对选择性的影响。从图中可看出，气液比越高，胺液的选择性吸收性能越好。但气液比不是一个单因素，而是气量与液量互动的因素，在不同处理量下即使气液比相同，其选择性也是有区别的。总体来说，在较高的处理量下运行可以取得更好的选择性，因为较高的处理量意味着较高的气速，气速越高，CO_2吸收效率越低。S_1为选择性因子，表示对H_2S及CO_2脱除程度的比值；S_2表示富液中H_2S与CO_2的比值，反映了可能获得的酸气的质量。

2）溶液浓度

溶液中MDEA浓度也是在生产中可以调节的参数，不同MDEA浓度对于选择吸收性影响不同，在相同的气液比下，选择性随MDEA浓度的上升而提高，而如果随着MDEA溶液浓度的提高而提高气液比时，其选择性提升更为显著（图2-3-3）。

MDEA浓度的重要影响，可能是通过黏度进而导致液膜阻力变化而影响CO_2在水中

的溶解速度来改善选择性的。但 MDEA 浓度超过 50%（质量分数）时，溶液就会因黏度过大而对传质过程产生不良影响。

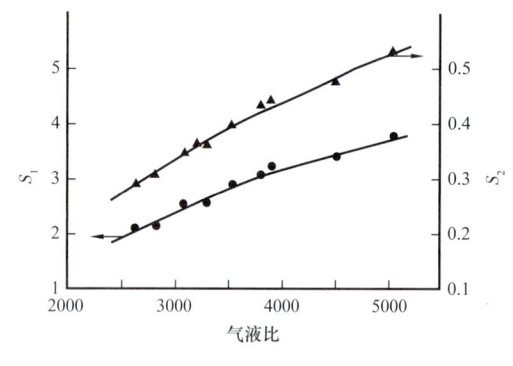

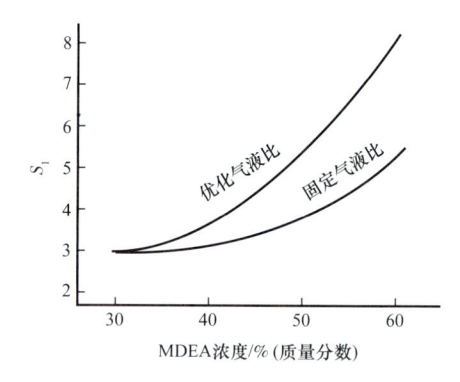

图 2-3-2　气液比对选择性的影响　　　图 2-3-3　MDEA 浓度对选择性的影响

限制 MDEA 浓度提高的因素主要有胺液对于装置的腐蚀性、机械损失等。高的 MDEA 浓度导致塔底富液温度较高而影响其 H_2S 负荷。

3) 吸收温度

在天然气净化中，通常原料天然气温度均较贫液低，塔内溶液温度曲线与原料天然气中酸气浓度有关。表 2-3-1 中列出了普光天然气净化厂一列装置的运行参数。

表 2-3-1　吸收温度对选择性的影响

环境温度 /℃	贫胺液温度 /℃	S_1	S_2
23	37	3.92	0.49
11	32	4.61	0.567

从表中可以看出，贫胺液温度降低 5℃，胺液选择性吸收性能明显改善。

温度影响吸收的途径有两个，首先是反应速率，MDEA 与 CO_2 反应是中速反应，其反应速率常数可表示如下：

$$K = 4.79 \times 10^9 \exp\left(-\frac{12300}{RT}\right) \quad (2\text{-}3\text{-}1)$$

式中　K——反应速率常数，L/(mol·s)；
　　　R——气体常数，8.314J/(mol·K)；
　　　T——温度，K。

从式（2-3-1）中可以看出，温度升高 10℃，K 值增加一倍、CO_2 吸收量增加，但温度对 H_2S 吸收的影响主要在平衡溶解度上，对反应速率影响不大。

温度影响吸收的另一个途径是溶液物化性质，如黏度变化，从而影响传质效率。可见，从选择性的角度而言，宜于使用较低的吸收温度，较低的温度还可以获得较高的气相负荷而提高气液比。

4）吸收压力

从气体溶解度来说，压力越高，溶解度越大，单位时间溶解速度越快，CO_2 与胺液反应速率越快，其选择吸收性越差。

因此，从选择吸收性方面来说，降低吸收压力可以提高选择吸收性能，某实验装置吸收压力对选择性的影响的相关数据见表 2-3-2。

表 2-3-2 吸收压力对选择性的影响

吸收压力 /MPa	S_1	富液 H_2S 负荷 / (mol/mol)
4.0	3.92	0.18
1.0	4.61	0.08

从表中可以看出，总压、相应的 CO_2 分压下降反而对 CO_2 的传质与反应产生了不利影响，因此改善了选择性。但吸收压力降低的同时也使溶液负荷降低，即需要在较低的气液比下运行，装置的处理能力也会下降。因此，未见各企业有通过降低吸收压力来改善选择吸收性能的行为。

5）原料天然气中碳硫比

原料天然气中碳硫比并非是影响选择性吸收的单因素，而是其中 H_2S 和 CO_2 浓度与溶剂共同作用的结果。由于溶剂在同种工况下酸气负荷是一定的，受溶解度影响，若 CO_2 浓度稳定，H_2S 浓度越高，在碳硫比大于 6 时，选择性吸收能力越弱。虽然 S_1 值不变，但 S_2 值却随碳硫比的上升而下降，反映出酸气质量变差（图 2-3-4）。

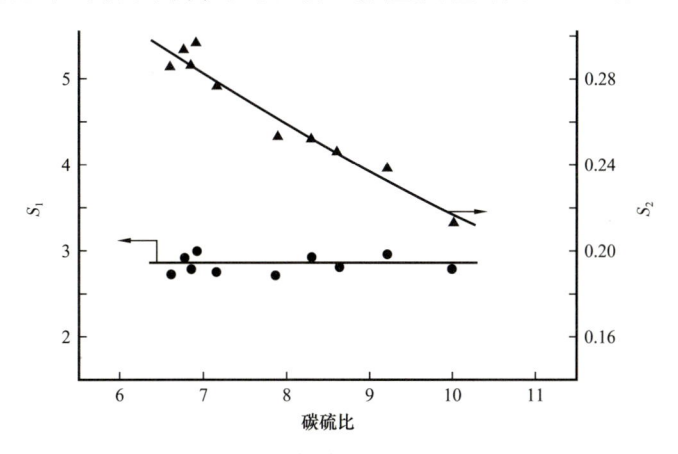

图 2-3-4 原料气碳硫比对选择性的影响

二、MDEA 配方溶液脱硫脱碳技术

MDEA 虽然因其优越的选择吸收性能在市场上占据了主要地位，但由于其与 CO_2 的反应速率问题，一些装置也使用以 MDEA 主剂，提升选择吸收性的助剂和抗氧化剂、缓蚀剂以及其他化学药剂的溶剂，这些溶剂统称 MDEA 配方溶液。国内比较著名的配方溶剂有 UDS（United-development Desulfur Solvent）、CT8-5、活化 MDEA、复合

MDEA 等。

1. UDS

为了克服天然气中有机硫含量超过限定值时造成的净化气质量较难达标的技术难题，中国石化和华东理工大学联合开发了具有针对性、高效脱除高酸性天然气中有机硫组分的 UDS 溶剂。

1）抗发泡性能

UDS 具有良好的抗发泡性能。表 2-3-3 中列出了 UDS 在不同气速下产生的泡沫高度，以及添加消泡剂（加注量为 50mg/kg）后的消泡时间。

表 2-3-3　UDS 复合脱硫剂的抗发泡性能

序号	N_2 气速 /（mL/min）	泡沫高度 /mm	消泡时间 /s
1	250	10	3.4
2	400	21	5.9
3	600	29	6.9

2）热稳定性、储存稳定性及腐蚀性

UDS 具有良好的热稳定性能，在避光且隔绝空气的条件下可储存 480 天，其组成和物性基本保持不变，化学性质稳定。使用扫描电镜检测发现，在温度为 40～120℃时，UDS 贫液对不锈钢的腐蚀速率低于 MDEA。

3）再生性能

UDS 适宜再生温度在 120℃左右，溶剂再生蒸汽耗量与质量分数为 50% 的 MDEA 溶液相当。

2. CT8-5

1998 年，中国石油长寿天然气净化分厂使用了国内的 MDEA 配方溶剂 CT8-5，原设计使用 MDEA 水溶液，使用软件计算 MDEA 水溶液和 CT8-5 使用结果，计算时溶液循环量统一采用 40m³/h，再生蒸汽消耗 5t/h。吸收塔实际操作压力为 4.8MPa，再生塔操作压力为 0.06MPa，再生塔底温度为 116～117℃，再生塔顶温度为 100～102℃，实际处理量为 400×10⁴m³/d，原料天然气 H_2S 含量为 0.165%、CO_2 含量为 1.7% 左右。贫液全部从第 8 层塔板进入吸收塔，CT8-5 实际操作数据与 MDEA 对比结果见表 2-3-4。由于装置直接使用 CT8-5，因此 MDEA 数据为使用软件在相同操作条件下的计算结果（付敬强，1999）。

从表中可以看出，CT8-5 较 MDEA 在选择性吸收性能方面有所改善，同时其蒸汽耗量有所降低。

3. 活化 MDEA

活化 MDEA 是指在 MDEA 中加入乙醇胺、哌嗪等活性物质的一种较为特殊的配方溶液，其能改善 MDEA 吸收 CO_2 的能力。

表 2-3-4 中国石油长寿天然气净化分厂装置采用 CT8-5 运行数据

项目		MDEA	CT8-5
胺液 /%（质量分数）		38.3	38.3
溶液循环量 /（t/h）		40	40
吸收塔板数 / 块		8	8
原料天然气流量 /（$10^4 m^3/h$）		16.69	16.69
再生塔蒸汽消耗 /（t/h）		4.92	4.4
原料天然气 /%（体积分数）	H_2S	0.2	0.2
	CO_2	1.52	1.52
净化气	H_2S/（mg/m^3）	6.1	5.8
	CO_2/%（体积分数）	1.08	1.21
酸气 /%（体积分数）	H_2S	30.48	39.04
	CO_2	68.27	59.72
富液 /（g/L）	H_2S	12.38	12.32
	CO_2	31.95	24.73
贫液 /（g/L）	H_2S	0.44	0.24
	CO_2	0.81	0.61

自 1971 年德国巴斯夫公司开发的活化 MDEA 工艺工业化以来，作为一种低能耗工艺，活化 MDEA 主要用于脱除天然气及合成气中的 CO_2，同时也可脱除气体中微量的 H_2S。法国 Total Fina Elf 公司也开发了类似的活化 MDEA 工艺。中国石化南京化学工业有限公司研究院也于 20 世纪 80 年代开发了类似的方法，并用于合成氨原料天然气的脱碳。

活化 MDEA 脱碳技术后来推广到天然气净化行业，主要用于脱除 CO_2 或含 H_2S、CO_2/H_2S 值（体积比）大于 1500 的装置。针对不同工况，巴斯夫公司还开发了 aMDEA01—06 系列专利产品。基于活化 MDEA 的溶剂在高 CO_2 分压下展现出物理吸收的实质，流程中均设有闪蒸装置，闪蒸出的 CO_2 占总量相当大的部分。

国内也有使用活化 MDEA 的装置，如罗家寨气田使用的 CT8-23，以及中海油湛江分公司使用的以哌嗪为活性剂的 MDEA 脱碳装置，此装置可在处理能力为 $8 \times 10^8 m^3/a$、压力为 4.0MPa、温度为 40℃的工况条件下，将原料天然气中 CO_2 含量从 30%（体积分数）净化至小于 1.5%（体积分数）（贾浩民等，2011）。

4. 混合 MDEA

采用 MDEA 与其他胺（如 MEA、DEA）混合溶液可以在维持低能耗的同时提高脱除 CO_2 的能力（类似于活化 MDEA 工艺），或提高低压工况下的净化度。由于混合胺工艺可以使用不同醇胺组合、不同配比，因此其应用工况较为广泛。混合胺溶液也是 MDEA 配方溶剂之一，大多数工业装置混合胺中 MEA 和 DEA 的含量在 5%～10% 之间（陈赓良，2003）。

20 世纪 90 年代，美国的气体研究院（GRI）和气体加工者协会（GPA）联合开展了一项将混合胺溶剂应用于气体净化工业的"酸气气体处理和硫黄回收研究计划"。该研究利用单一醇胺/酸气体系已取得的大量数据，以已建立的"拟平衡常数"模型为基础，对已有的数据进行修正，并通过拟合而使之与混合胺/酸气体系的实验室和工厂数据相一致，甚至建立了混合胺溶剂的配比和浓度、吸收塔板数、溶液循环量（酸气负荷）、贫液入塔温度等重要参数与酸性气体脱除率之间关系的数学模型。

美国 Bryan 气体净化厂最初使用质量分数为 35% 的 DEA 溶液对 CO_2 含量为 2.91%（体积分数）的天然气进行净化。但其运行一段时间后，天然气中 CO_2 含量上升至 3.5%（体积分数），导致净化气中 CO_2 超标，装置也因 CO_2 含量升高出现了腐蚀问题。此装置后来在溶液添加了部分 MDEA，解决了此问题，同时还降低了能耗。中国石油长庆油田第二净化厂和珠海的一套天然气净化装置也使用了混合胺，可将 H_2S 含量降至 $1.38mg/m^3$。

三、MDEA 脱硫脱碳体系在高含硫天然气净化厂的应用

1. 普光天然气净化厂

普光天然气净化厂使用的原料天然气中 H_2S 平均含量为 14%（体积分数），CO_2 平均含量为 8%（体积分数），羰基硫质量浓度不高于 $316.2mg/m^3$。该装置使用了醇胺法、有机硫水解、分流流程和合并再生工艺，以 50%（质量分数）的纯 MDEA 溶液为溶剂，共设置了 12 个系列脱硫单元，单系列脱硫单元处理能力为 $300×10^4m^3/d$，装置操作弹性为 50%～110%，其工艺流程如图 2-3-5 所示。

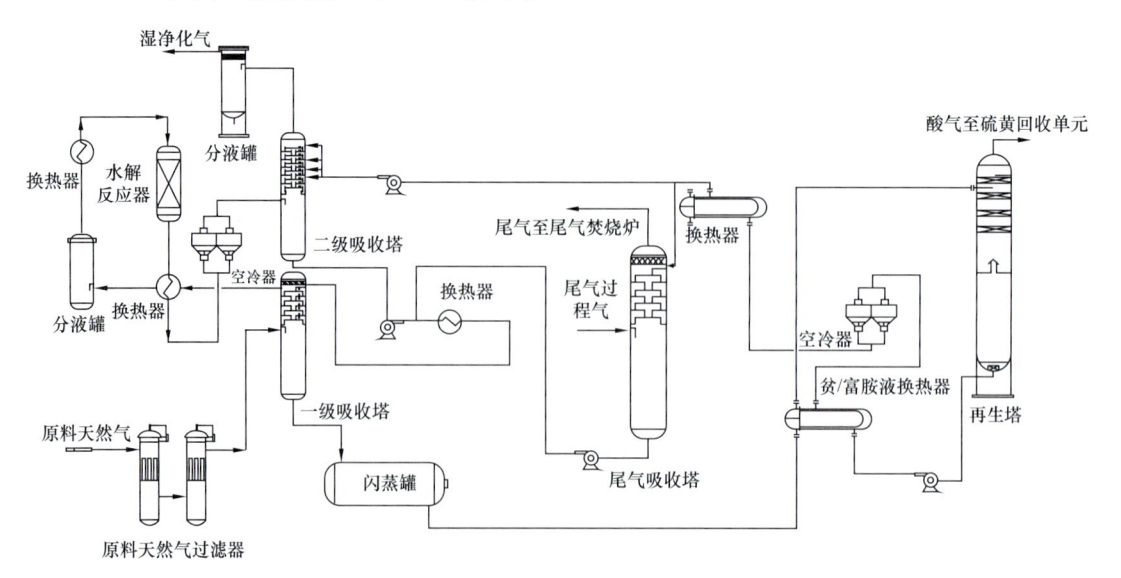

图 2-3-5　普光天然气净化厂脱硫脱碳工艺流程图

从图中可以看出，已经去除固体、液体杂质的原料天然气体进入一级吸收塔与溶剂混合，去除其中大部分的 H_2S 和 CO_2；再经过分液、加热进入水解反应器，在水解催化剂作用下，COS 和 H_2O 发生反应生成 H_2S 和 CO_2；水解后气体经冷却后进入二级吸收塔，气体中酸气被进一步吸收并达到产品规格要求。经过净化后的天然气，气体中 H_2S 含量在 $1.0mg/m^3$ 以下，CO_2 含量在 2% 以下（体积分数），总硫含量在 $7.8mg/m^3$ 以下。

2. 罗家寨天然气净化厂

中国石油罗家寨天然气净化厂原料天然气中 H_2S 含量为 10.08%（体积分数），CO_2 含量为 5.65%（体积分数），有机硫含量低于 $150mg/m^3$，该装置使用了醇胺法、分流流程和合并再生工艺，采用 Sulfinol-M 溶剂，溶液总浓度为 65%（质量分数），其中环丁砜浓度为 15%（质量分数）、MDEA 浓度为 50%（质量分数）。共设置 3 套装置，单系列脱硫单元处理能力为 $600×10^4m^3/d$，装置操作弹性为 25%～100%，其工艺流程如图 2-3-6 所示。

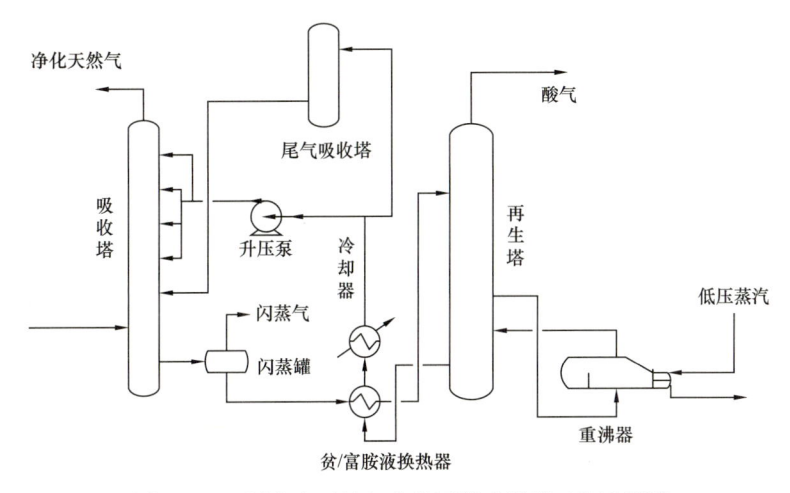

图 2-3-6 罗家寨天然气净化厂脱硫脱碳工艺流程图

从图中可以看出，已经去除固体、液体杂质的原料天然气体进入吸收塔先与来自尾气吸收塔的半贫液接触，去除其中小部分的 H_2S、CO_2 和 COS；再与贫液接触，气体中的 H_2S、CO_2 和 COS 被进一步吸收并达到产品规格要求。经过净化后的天然气，气体中 H_2S 含量在 $1.7mg/m^3$ 以下，CO_2 含量在 2.38%（体积分数）以下，总硫含量在 $200mg/m^3$ 以下。

第四节 高含硫天然气脱硫脱碳创新技术

2009 年投产以来，普光天然气净化厂在胺液选择性吸收控制、UDS 溶剂工业应用、COS 水解催化剂开发应用、离子液脱硫技术开发应用等方面取得了一系列创新成果。

一、普光天然气净化厂装置工艺流程概况

普光天然气净化厂建有 6 套天然气净化装置，分别为 111、112、121、122、131、132、141、142、151、152、161、162 共 12 列，每套包括两列脱硫、两列硫黄回收、两

列尾气处理单元，共用一列脱水、酸性水汽提单元。采用美国 Black & Veatch 公司工艺包，MDEA 法脱硫、TEG 法脱水、常规克劳斯两级转化法硫黄回收、加氢还原吸收尾气。单列装置设计原料天然气处理能力为 $300\times10^4 m^3/d$，年产硫黄 $20\times10^4 t$。

1. 天然气脱硫脱碳

酸性天然气自厂外管道进入天然气进料过滤分离器脱除携带的液体及固体颗粒，然后进入天然气聚结分离器脱除液滴。过滤之后的酸性天然气进入两级胺液吸收塔，即一级吸收塔和二级吸收塔，用 50%（质量分数）的 MDEA 溶液吸收气体中的 H_2S 和 CO_2。

从天然气进料过滤聚结分离器出来的酸性天然气进入一级吸收塔，一级吸收塔内设 7 层塔板，在塔中酸性天然气与胺液逆流接触。在二级吸收塔底部用泵抽出胺液，经过中间胺液冷却器，然后返回一级吸收塔顶部。二级吸收塔采用 Black&Veatch 公司的专利级间冷却技术，采用级间冷却技术可显著降低吸收塔的温度分布，降低吸收温度可抑制 CO_2 受动力学影响的吸收过程，同时加快 H_2S 受化学平衡影响的吸收过程。

来自尾气吸收塔的半富液先由泵升压至一级吸收塔气体压力，然后与中间胺液泵由二级吸收塔底部抽出的半富液混合，全部胺液进入中间胺液冷却器，冷却后送入一级吸收塔。利用尾气处理单元的半富液可显著减少送入胺液再生塔的胺液循环量。

经一级吸收塔部分脱硫后的天然气送入水解部分脱除 COS 以满足产品规格要求。气体首先通过水解反应器进出料换热器与水解反应器出口气体换热，可减少水解反应器预热器的蒸汽耗量及水解反应器出口空冷器的热负荷。

换热升温后的气体进入水解反应器入口分离器分离出携带的胺液，分出的胺液排入胺液回收罐。低压凝结水升压后在入口分离器前作为水解反应物注入天然气，可促进反应器中发生的 COS 水解反应。分离胺液后的天然气在水解反应器预热器由 110℃ 被加热至 141℃，预热器采用饱和高压蒸汽作为加热介质，气体被加热后可防止在水解反应器中产生凝液。

加热后的天然气进入水解反应器，COS 与 H_2O 反应生成 H_2S 和 CO_2，反应式如下：

$$COS + H_2O \rightleftharpoons H_2S + CO_2$$

该水解反应受化学平衡限制，同时低温可促进反应进行。离开水解反应器的气体经水解反应器进出料换热器降温后进入水解反应器出口空冷器，进一步冷却至 50℃ 后进入二级吸收塔。二级吸收塔内设 11 层塔板，在塔中天然气与胺液逆流接触，气体中所含的 H_2S 及 CO_2 被进一步吸收并达到产品规格的要求，即 H_2S 含量低于 $6mg/m^3$、CO_2 含量低于 3%（摩尔分数）、硫化物含量（以 S_1 计）低于 $200mg/m^3$。脱硫后的天然气经脱硫气体分液罐分离出携带的胺液后进入天然气脱水单元。

2. 溶剂再生

从一级吸收塔底部出来的富胺液进入富胺液汽轮机减压膨胀后进入富胺液闪蒸罐，在罐内闪蒸出所携带的轻烃，并用补充胺液吸收闪蒸气中可能携带的 H_2S。闪蒸气经机械脱水分离后并入装置自用燃料气管网。

闪蒸后的富胺液与来自胺液再生塔底的贫胺液在贫/富胺液换热器内进行换热，温度由59℃升至105℃，通过调节贫/富胺液换热器的富液出口流量来控制富胺液闪蒸罐内的液位。

在胺液再生塔内，富胺液含有的H_2S和CO_2被重沸器内产生的汽提气解吸出来并从塔顶流出，塔顶气经胺液再生塔顶空冷器冷却后进入胺液再生塔顶回流罐分液，分离出的酸性水回流至再生塔，过量的酸性水定期送入酸性水汽提塔。分液后的酸气为水饱和气，送入硫黄回收单元，其温度为50℃、压力为0.177MPa（绝）。

胺液从位于第一层塔板以下的集液箱进入胺液再生塔重沸器，在重沸器内胺液部分汽化产生汽提气，汽提气从重沸器顶部返回再生塔底部的气相空间，重沸器内未汽化的胺液从釜内溢流堰上部流出并返回再生塔底部。

胺液再生塔重沸器用低压蒸汽冷凝过程中释放的热量来汽化胺液，蒸汽采用流量控制。从重沸器流出的凝结水进入凝结水罐，经液位控制送入凝结水回收罐，然后经泵送出单元界区。

再生塔底的高温贫胺液经再生塔底贫胺液泵升压后进入贫/富胺液换热器与进入再生塔之前的富液换热，温度由28℃降至70℃，然后进入贫胺液空冷器，进一步冷却至55℃。冷却后的部分贫液（总流量的30%）进入胺液过滤器脱除携带的腐蚀产物及其他固体杂质，以尽量降低胺液在吸收塔或再生塔发泡的可能性，在需要更换过滤器时会有压差指示。在对过滤器的任何部件进行维修时都要注意尽量减少操作人员接触H_2S的机会。经胺液过滤器过滤的贫液需再依次经过胺液活性炭过滤器、胺液后过滤器以脱除携带的烃类物质及热稳定盐。

过滤后的贫液与其余未经过滤的胺液混合后进入贫胺液后冷器，贫胺液后冷器采用旁路温度控制来调节贫液的冷却量，将冷却后贫液的温度控制在39℃。冷却后的贫液一部分经贫胺液泵送入二级吸收塔，其余部分送入尾气吸收塔。

二、选择性吸收控制技术

普光天然气净化厂装置投产初期，按照设计胺液循环量为600t/h、胺液浓度为50%（质量分数）、胺液温度为39℃进行控制，装置收率低，能耗高，产品天然气质量过剩，胺液选择性吸收效果未充分发挥。组织开展胺液选择性吸收控制技术研究，建立HYSIS模拟流程，从气液比、胺液浓度、胺液温度等因素进行模拟分析，为现场优化调整提供理论依据，取得了良好的经济效益。

1. 气液比控制优化技术

1）HYSIS模拟研究

根据普光天然气净化厂天然气处理工艺流程进行脱硫单元HYSIS模拟流程搭建。模拟初始条件为正常运行工况设计条件（SOR工况），关键参数见表2-4-1。模拟计算设置值参照现场实际运行工况设定，分为110%、105%、100%、95%、90%、85%、80%、

75%、70%、65%、60% 共 11 种原料天然气处理负荷工况，所对应气液比分别为 246m³/m³、235m³/m³、224m³/m³、213m³/m³、202m³/m³、190m³/m³、179m³/m³、168m³/m³、157m³/m³、146m³/m³、134m³/m³。

表 2-4-1　HYSIS 模拟初始运行条件（SOR 设计工况）

序号	项目名称	参数	设置值
1	进料气	温度 /℃	35
2		压力 /MPa	8.395
3		流量 /10⁴m³	12.5
4	贫胺液至二级吸收塔	温度 /℃	40
5		流量 /（t/h）	217.82
6	半富胺液至一级吸收塔	温度 /℃	39
7		流量 /（t/h）	558.26
8	再生塔顶气	温度 /℃	99
9		压力 /MPa	0.190
10		流量 /（kg/h）	69839

2）气液比模拟结果

为比较方便，模拟过程中使用吸收塔出口气体组分中 CO_2 含量表征溶液选择性吸收能力，同时采用 H_2S 含量表征净化气中 H_2S 净化度。

不同气液比模拟工况下，一级吸收塔、二级吸收塔出口气体组分中 H_2S 和 CO_2 含量见表 2-4-2。从表中可以看出，随着气液比增加，吸收塔出口气体中 H_2S 含量、CO_2 含量逐渐增加，溶液对 CO_2 的选择性吸收能力逐渐增强，变化趋势如图 2-4-1 所示。

表 2-4-2　不同气液比工况下吸收塔出口气体组分变化

序号	原料天然气处理负荷 /%	气液比 /m³/m³	一级吸收塔出口气体组分 H₂S/（mg/m³）	一级吸收塔出口气体组分 CO₂/%	二级吸收塔出口气体组分 H₂S/（mg/m³）	二级吸收塔出口气体组分 CO₂/%
1	60	134	70	5.72	1	4.72
2	65	146	84	5.77	1	4.77
3	70	157	100	5.81	1	4.80
4	75	168	113	5.84	1	4.83
5	80	179	126	5.87	2	4.86
6	85	190	146	5.90	2	4.88
7	90	202	160	5.91	2	4.89

续表

序号	原料天然气处理负荷 /%	气液比 / m³/m³	一级吸收塔出口气体组分 H₂S/（mg/m³）	一级吸收塔出口气体组分 CO₂/%	二级吸收塔出口气体组分 H₂S/（mg/m³）	二级吸收塔出口气体组分 CO₂/%
8	95	213	170	5.93	3	4.90
9	100	224	194	5.94	3	4.91
10	105	235	210	5.95	4	4.93
11	110	246	230	5.96	4	4.93

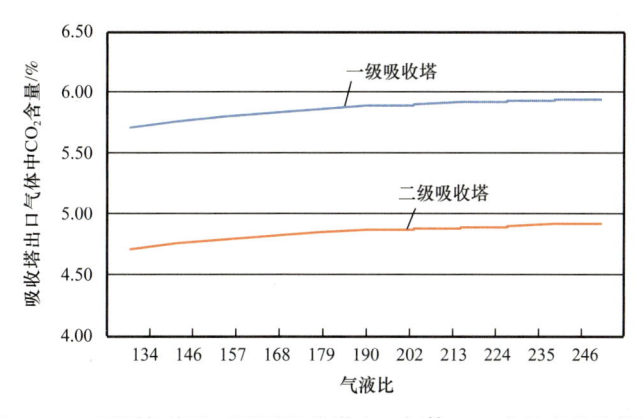

图 2-4-1 不同气液比工况下吸收塔出口气体 CO_2 含量变化趋势图

3）现场优化调整

根据 HYSIS 软件模拟计算结果，按照气液比越高、选择性吸收能力越强的理论变化趋势，同时为满足普光天然气净化厂天然气处理任务，运行负荷不宜进行大幅度调整，因此现场主要通过调整胺液循环量进行气液比的改善。2012 年 2—5 月，普光天然气净化厂选取两套脱硫装置进行气液比优化，调整前装置运行参数见表 2-4-3。胺液循环量范围为 600~620t/h，气液比范围为 170~180m³/m³，脱硫后湿净化气中 CO_2 含量仅 0.17%~0.30%，远远低于模拟计算结果。分析原因可能如下：（1）HYSIS 模拟计算结果绝对值存在一定偏差；（2）生产装置实际运行参数与模拟参数相差较大，如贫液温度、入料口位置等。

表 2-4-3 气液比调整前装置运行参数

装置位号	原料天然气流量 /m³	胺液循环量 / t/h	气液比 / m³/m³	一级吸收塔出口气体组分 H₂S/（mg/m³）	一级吸收塔出口气体组分 CO₂/%	二级吸收塔出口气体组分 H₂S/（mg/m³）	二级吸收塔出口气体组分 CO₂/%
111	110000	608.60	180.74	68.00	2.9937	1.00	0.2895
112	105000	605.95	173.28	78.00	2.0559	0	0.1748
161	112000	621.34	180.26	69.00	2.9657	1.00	0.2789
162	113000	618.64	182.66	56.00	2.9862	1.00	0.2961

根据普光天然气净化厂现场实际生产需要，选取第一联合、第六联合两套装置进行气液比摸索调整，在固定其他运行参数、不影响装置生产、确保产品质量合格的前提下，通过对原料天然气流量进行微调、对胺液循环量进行逐步调整，优化得出气液比与溶液选择性之间的关联关系。结合不同系列调整经验，逐渐调整胺液循环量，初始按照10t/h进行下调，在确保对装置无影响后，调整幅度提高至20t/h，接近机泵运行低限流量时，为确保设备安全，调整幅度缩小至10t/h。

随着气液比增加，两级吸收塔出口气体中H_2S含量基本无变化，而CO_2含量逐渐增加，且在相近气液比工况下，原料天然气处理负荷越高，CO_2含量越高，即溶液选择性吸收能力越强。

气液比与溶液选择性吸收能力关联密切，随着气液比增加，溶液选择性吸收能力增强；在相近气液比工况下，原料天然气处理负荷越高，溶液选择性吸收能力越强。结合脱硫装置工艺流程及设备工况，胺液循环量在480~500t/h、气液比在230~260m³/m³范围内时，脱硫后湿净化气中CO_2含量可提高至1.0%（体积分数）以上，最高可达到1.79%（体积分数）。

2. 胺液浓度控制优化技术

1）HYSIS模拟研究

选取一级吸收塔及相关设计参数，改变入塔半富液浓度，模拟计算在不同运行温度下，塔内溶液对H_2S和CO_2选择性吸收效果的影响。根据相关文献报道，MDEA溶液浓度范围为30%~60%（质量分数），入塔半富液温度范围为35~45℃。

在MDEA溶液进料温度为35℃时对一级吸收塔吸收效果进行计算，结果见表2-4-4。MDEA浓度为42%（质量分数）左右时净化气CO_2含量最低，净化气H_2S含量随胺液浓度升高而降低。

表2-4-4　35℃时一级吸收塔吸收效果计算表

序号	MDEA浓度/%（质量分数）	净化气CO_2含量/%（体积分数）	净化气H_2S含量/（mg/m³）
1	30	5.54	194
2	33	5.38	166
3	36	5.30	146
4	39	5.28	131
5	42	5.27	119
6	45	5.28	109
7	48	5.29	100
8	51	5.31	93
9	54	5.34	87
10	57	5.38	82
11	60	5.42	77

在 MDEA 溶液进料温度为 37℃时对一级吸收塔吸收效果进行计算，结果见表 2-4-5，MDEA 浓度为 42%（质量分数）左右时净化气 CO_2 含量最低，净化气 H_2S 含量随胺液浓度升高而降低。

表 2-4-5　37℃时一级吸收塔吸收效果计算表

序号	MDEA 浓度 /%（质量分数）	净化气 CO_2 含量 /%（体积分数）	净化气 H_2S 含量 /（mg/m³）
1	30	5.53	217
2	33	5.36	186
3	36	5.28	164
4	39	5.25	147
5	42	5.24	133
6	45	5.25	121
7	48	5.26	112
8	51	5.28	104
9	54	5.30	97
10	57	5.34	91
11	60	5.38	85

在 MDEA 溶液进料温度为 39℃时对一级吸收塔吸收效果进行计算，结果见表 2-4-6。MDEA 质量浓度为 42%～45%（质量分数）时净化气 CO_2 含量最低，净化气 H_2S 含量随胺液浓度升高而降低。

表 2-4-6　39℃时一级吸收塔吸收效果计算表

序号	MDEA 浓度 /%（质量分数）	净化气 CO_2 含量 /%（体积分数）	净化气 H_2S 含量 /（mg/m³）
1	30	5.53	243
2	33	5.35	209
3	36	5.26	184
4	39	5.22	164
5	42	5.21	148
6	45	5.21	135
7	48	5.23	125
8	51	5.24	115
9	54	5.27	107
10	57	5.30	100
11	60	5.34	94

在 MDEA 溶液进料温度为 41℃时对一级吸收塔吸收效果进行计算，结果见表 2-4-7。MDEA 浓度为 42%～45%（质量分数）时净化气 CO_2 含量最低，净化气 H_2S 含量随胺液浓度升高而降低。

表 2-4-7　41℃时一级吸收塔吸收效果计算表

序号	MDEA 浓度 /%（质量分数）	净化气 CO_2 含量 /%（体积分数）	净化气 H_2S 含量 /（mg/m³）
1	30	5.53	272
2	33	5.34	233
3	36	5.24	205
4	39	5.20	183
5	42	5.19	166
6	45	5.19	151
7	48	5.20	139
8	51	5.21	128
9	54	5.24	119
10	57	5.27	111
11	60	5.31	104

在 MDEA 溶液进料温度为 43℃时对一级吸收塔吸收效果进行计算，结果见表 2-4-8。MDEA 浓度为 42%～45%（质量分数）时净化气 CO_2 含量最低，净化气 H_2S 含量随胺液浓度升高而降低。

表 2-4-8　41℃时一级吸收塔吸收效果计算表

序号	MDEA 浓度 /%（质量分数）	净化气 CO_2 含量 /%（体积分数）	净化气 H_2S 含量 /（mg/m³）
1	30	5.53	304
2	33	5.33	261
3	36	5.23	229
4	39	5.18	204
5	42	5.16	185
6	45	5.16	168
7	48	5.17	154
8	51	5.18	143
9	54	5.21	132
10	57	5.24	123
11	60	5.28	116

综合以上不同温度下一级吸收塔顶净化气 CO_2 与 H_2S 含量的变化趋势：MDEA 浓度为 42%~45%（质量分数）时净化气中 CO_2 含量最低，净化气 H_2S 含量随胺液浓度升高而降低。MDEA 浓度在 39%（质量分数）以下时，净化气中 CO_2 含量较高，MDEA 对 CO_2 吸收率低，但净化气中 H_2S 含量也较高，难以保证产品气 H_2S 含量的合格；MDEA 浓度在 54%（质量分数）以上时，净化气中 CO_2 含量明显升高，MDEA 对 CO_2 吸收率显著降低，同时可以加强对 H_2S 的吸收效果。

净化气中 CO_2 含量随 MDEA 浓度升高先降低后升高的原因可能如下：随着 MDEA 浓度增大，胺液黏度明显增加，从而导致膜阻力变化而影响 CO_2 的吸收，同时 CO_2 在 MDEA 溶液中溶解度随着胺液浓度的增加而降低；而 MDEA 与 CO_2 的反应速率常数却随着 MDEA 浓度的增加而增加。正是由于存在这样一对相反的作用效果导致了 MDEA 浓度为 42%~45%（质量分数）时 CO_2 吸收率最大。

2）现场优化调整

根据设计，脱硫装置 MDEA 溶液运行浓度为 50%（质量分数），为确保产品气质量合格，同时避免高浓度胺液工况下对装置、设备产生较大的腐蚀，降低热稳定盐的生成速率和溶剂损耗，现场选定第一联合、第六联合两套装置进行浓度调整，共设定 46%、48%、50%、52%、54% 共 5 种浓度工况，调整前装置运行参数见表 2-4-9。

表 2-4-9　浓度调整前装置运行参数

装置位号	原料天然气流量 /m^3	胺液浓度 /%（质量分数）	气液比 /m^3/m^3	一级吸收塔出口气体组分		二级吸收塔出口气体组分	
				H_2S/mg/m^3	CO_2/%（体积分数）	H_2S/mg/m^3	CO_2/%（体积分数）
111	110000	49.8	181.04	136	2.9937	1.00	0.2795
112	105000	49.6	180.98	156	2.0559	0.00	0.2648
161	112000	50.1	180.26	138	2.9657	1.00	0.2889
162	113000	50.0	181.00	112	2.9862	1.00	0.2978

在基本固定其他运行参数工况下进行溶液浓度调整，调整过程数据见表 2-4-10。

表 2-4-10　不同胺液浓度工况吸收塔顶气体 H_2S 和 CO_2 含量

装置位号	胺液浓度 /%（质量分数）	一级吸收塔出口气体组分		二级吸收塔出口气体组分	
		H_2S/（mg/m^3）	CO_2/%（体积分数）	H_2S/（mg/m^3）	CO_2/%（体积分数）
111	49.8	136	2.9937	1	0.2795
	52.0	80	3.1265	0	0.3678
	54.0	50	3.5618	0	0.5985
	48.0	140	2.8812	1	0.2698
	46.0	178	2.7891	1	0.2574

续表

装置位号	胺液浓度/%（质量分数）	一级吸收塔出口气体组分 H$_2$S/（mg/m^3）	一级吸收塔出口气体组分 CO$_2$/%（体积分数）	二级吸收塔出口气体组分 H$_2$S/（mg/m^3）	二级吸收塔出口气体组分 CO$_2$/%（体积分数）
112	49.6	156	2.0559	0	0.2648
	52.0	76	3.1462	0	0.3778
	54.0	52	3.5713	0	0.6185
	48.0	176	2.0498	1	0.2598
	46.0	190	2.0291	1	0.2474
161	50.1	138	2.9657	1	0.2889
	52.0	80	3.2865	0	0.3878
	54.0	50	3.6611	0	0.6985
	48.0	140	2.8911	1	0.2792
	46.0	178	2.7694	1	0.2675
162	50	112	2.9862	1	0.2978
	52.0	80	3.2261	0	0.3978
	54.0	50	3.8618	0	0.6285
	48.0	140	2.7898	1	0.2898
	46.0	178	2.6895	1	0.2675

在其他参数保持稳定的前提下，在MDEA浓度为46%~54%（质量分数）范围内，随着浓度增加，溶液对H$_2$S、CO$_2$的选择性吸收能力逐渐提升，但MDEA浓度越高，热稳定盐生成速率越快，对装置的腐蚀性越强，因此溶液MDEA浓度最佳控制范围为50%~53%（质量分数），不宜超过54%（质量分数）。

3. 胺液温度控制优化技术

1）HYSIS模拟研究

结合现场实际运行情况，贫液温度设定42℃、39℃、36℃、33℃共计4种工况进行模拟计算。根据模拟计算结果，不同贫液温度工况下，一级吸收塔、二级吸收塔出口气体中H$_2$S、CO$_2$含量见表2-4-11。改变贫胺液温度，对一级吸收塔、二级吸收塔出口气体中H$_2$S含量基本无影响，对一级吸收塔顶出口气体中CO$_2$含量基本无影响，对二级吸收塔顶出口气体中CO$_2$含量影响较大。温度越低，二级吸收塔顶出口气体中CO$_2$含量越高，溶液选择性吸收能力越强。

表 2-4-11　不同贫液温度工况下吸收塔出口气体组分变化（模拟结果）

序号	贫液温度 /℃	一级吸收塔出口气体组分		二级吸收塔出口气体组分	
		H_2S/（mg/m^3）	CO_2/%（体积分数）	H_2S/（mg/m^3）	CO_2/%（体积分数）
1	42	199	5.94	1	4.82
2	39	194	5.94	1	4.90
3	36	190	5.94	1	4.98
4	33	188	5.96	1	5.09

2）现场优化调整

根据设计，脱硫装置 MDEA 贫液温度为 39℃，现场选定第一联合、第六联合两套装置进行温度调整，共设定 42℃、39℃、36℃、33℃ 四种温度工况，调整前装置运行参数见表 2-4-12。

表 2-4-12　温度调整前装置运行参数

序号	贫液温度 /℃	一级吸收塔出口气体组分		二级吸收塔出口气体组分	
		H_2S/（mg/m^3）	CO_2/%（体积分数）	H_2S/（mg/m^3）	CO_2/%（体积分数）
1	40	160	2.2813	1	0.2135
2	39	156	2.3101	1	0.2239
3	39	158	2.3015	1	0.2301
4	39	156	2.3202	1	0.2356

在基本固定其他运行参数工况下进行贫液温度调整，调整过程数据见表 2-4-13。可以看出，随着溶液温度降低，溶液对 H_2S、CO_2 的选择性吸收能力逐渐提升，但由于受装置设备选型限制，贫液温度调整范围有限，最佳运行温度在 33～36℃ 范围内。

表 2-4-13　不同贫液温度工况下吸收塔顶气体 CO_2 含量（现场结果）

序号	贫液温度 /℃	一级吸收塔出口气体组分		二级吸收塔出口气体组分	
		H_2S/（mg/m^3）	CO_2/%（体积分数）	H_2S/（mg/m^3）	CO_2/%（体积分数）
1	42	160	2.2813	1	0.2135
2	39	156	2.5056	1	0.5239
3	36	158	3.3015	1	1.2501
4	33	156	4.3202	1	1.8156

通过改善 MDEA 溶液对 H_2S、CO_2 的选择性吸收能力，抑制了 CO_2 的吸收，2009—2011 年净化气收率为 74.64%，2012 年净化气收率提高至 75.36%，提高了 0.72 个百分点。

三、UDS 溶剂工业应用研究

大多数含硫天然气和炼厂气中均含有一定量的有机硫化合物，包括羰基硫（COS）、硫醇等，由于有机硫化合物对环境保护、设备腐蚀、人体健康都有影响，因此必须将其进行处理。壳牌公司、德国鲁奇公司、法国石油研究院等在该领域研究应用相当活跃，形成了系列配方溶剂，但在选择性吸收和高效脱除有机硫方面均存在局限性。中国石化普光气田参与开发国产 UDS 溶剂体系，以普光气田原料天然气、净化装置为基础，在线置换 MDEA 构成 UDS 系列溶剂，完成工业应用实验研究。

1. 实验路线

分别考察 UDS：MDEA：H_2O 为 2：8：10、3：7：10、4：6：10 三种不同溶剂配比，停水解反应器，不同原料气负荷工况下，UDS 与 MDEA 混合溶剂脱 H_2S 效果、脱有机硫效果、尾气吸收效果、CO_2 选择吸收效果、烃类溶解及夹带情况、溶剂再生能耗、溶剂稳定性以及消泡剂适应性能等。同时，按照原设计工艺，投运水解反应器，调整对比 MDEA 溶剂装置（第六联合和第四联合）运行参数，使之与实验装置运行参数相似，录取相似工况下运行数据进行对比分析。

2. 实验数据分析

1）H_2S 脱除效果

UDS：MDEA 为 2：8、3：7、4：6 工况下，原料天然气处理负荷达到 90% 时，混合溶剂均可将 H_2S 脱除至 6mg/m³ 以下，与 50%（质量分数）的 MDEA 溶剂具有同等良好的 H_2S 脱除能力。

2）有机硫脱除效果

UDS：MDEA 为 2：8、3：7、4：6 工况下，原料天然气处理负荷为 80% 时，产品气 COS 含量分别为 101mg/m³、91mg/m³、41mg/m³；原料天然气处理负荷为 90% 时，产品气 COS 含量分别为 176mg/m³、123mg/m³、106mg/m³。说明随着混合溶剂中 UDS 浓度比例的提高，对有机硫脱除的能力呈增强趋势。

3）CO_2 选择性吸收效果

UDS：MDEA 为 2：8、3：7、4：6 工况下，原料天然气负荷由 80% 提升至 90%，脱硫后湿净化气中 CO_2 含量由 0.3%（体积分数）提升至 0.6%（体积分数）。80%、90% 原料天然气负荷工况下，与原设计 50%（质量分数）的 MDEA 溶剂工况相比，UDS 和 MDEA 配比溶剂对 CO_2 的吸收选择性较弱。

4）排放烟气中 SO_2 含量

UDS：MDEA 为 2：8 和 3：7 工况下，排放尾气中 SO_2 含量超过 960mg/m³；UDS：MDEA 为 4：6 的条件下，排放尾气中 SO_2 含量低于 960mg/m³。

5）闪蒸气量

UDS：MDEA 为 2：8、3：7、4：6 工况下，闪蒸气量达到 1200m³/h，高于 50%（质量分数）的 MDEA 溶剂装置 400m³/h。

6）溶剂再生能耗

不同配比溶剂工况下，溶剂再生蒸汽消耗无较大差别，约 0.09t/t（蒸汽/溶剂）。随着原料天然气负荷的提高，溶剂再生能耗增加至 0.1t/t（蒸汽/溶剂）。

3. 实验结论

UDS 溶剂工业应用实验研究结论如下：

（1）在普光气田气质条件［原料天然气（蒸汽/溶剂）H$_2$S 含量为 15.33%（体积分数）、CO$_2$ 含量为 8.65%（体积分数）、COS 含量为 158.17mg/m^3、甲硫醇含量为 6.79mg/m^3、乙硫醇含量为 2.93mg/m^3］下，基于普光天然气净化工艺和装置，UDS 和 MDEA 配方溶剂与 50%（质量分数）的 MDEA 溶剂具有同等良好的 H$_2$S 脱除能力。

（2）随着 UDS 浓度增加，混合溶剂的脱有机硫能力显著提升。80% 原料天然气负荷、水解停用工况下，装置正常稳定运行时，不同比例的混合溶剂均可将 H$_2$S 和总硫脱除达到控制指标要求；90% 原料天然气负荷时，UDS：MDEA 为 2：8 和 3：7 工况下，产品气中总硫含量出现不合格的情况，UDS：MDEA 为 4：6 工况下，湿净化气中总硫含量平均值为 106.23mg/m^3，达到控制指标要求，未出现不合格现象。80% 和 90% 原料天然气负荷，50%（质量分数）的 MDEA 溶剂、水解单元停用工况下，湿净化气中总硫含量超标。90% 原料天然气负荷下，50%（质量分数）的 MDEA 溶剂、水解单元投运工况，由于水解转化率较高，湿净化气中 H$_2$S 含量仅为 0.34mg/m^3，总硫含量低于 10mg/m^3。

（3）80%、90% 原料天然气负荷工况下，UDS 和 MDEA 混合溶剂相比于 50%（质量分数）的 MDEA 溶剂，对 CO$_2$ 吸收选择性较弱，再生后酸气流量高于使用 MDEA 溶剂的运行装置，导致克劳斯炉运行负荷较大。

UDS 溶剂历经 10 余年发展，形成了成熟的高含硫天然气脱硫脱碳技术系列，在 COS 脱除、溶剂性能稳定性、闪蒸气量控制等方面取得了良好的工业应用效果，成功推广至中国石化西南油气分公司元坝天然气净化厂。装置标定数据表明，100% 负荷工况下，装置运行平稳、发泡趋势受控、有机硫脱除效果良好、产品天然气达到一类天然气指标，烟气 SO$_2$ 排放浓度均值为 367mg/m^3。

四、COS 水解催化剂开发与应用

为满足 GB 17820—2018《天然气》中一类气总硫含量小于 20mg/m^3 的标准，打破国外进口高压、高含硫天然气水解催化剂垄断局面，针对高含硫气田气质特点，中原油田普光分公司研究高压工况下有机硫水解反应机理，探索反应温度、空速、有机硫浓度、CO$_2$ 浓度等因素影响，开展催化剂物理、化学性质评价和催化转化性能测试，成功开发有机硫水解催化剂，并完成工业生产及现场应用。催化剂运行一年后，开展装置性能标定，催化剂运行稳定，水解转化率达到 95% 以上，达到进口同类催化剂水平。

1. 有机硫水解反应机理

普光气田开采的天然气中有机硫主要为 COS，基本无 CS$_2$ 存在，COS 含量一般在 350mg/m^3 左右。

COS 水解反应方程式如下：

$$COS + H_2O \longrightarrow H_2S + CO_2$$

该反应是在催化剂作用下，将 COS 转化为易于脱除的 H_2S。不同温度下的反应速率常数 K_p 值可用 Seifert G 推荐的公式计算，即

$$\lg K_p = 3369.5/T - 4.823 \times 10^{-3}T + 0.753 \times 10^{-6}T^2 + 11.747\lg T - 33.071 \quad (2-4-1)$$

式中　K_p——反应速率常数；

　　　T——温度，K。

Vicent Chan 等（1978）研究认为，COS 水解为一级反应，反应速率与 COS 浓度的一次方成正比。反应产物 H_2S 与 CO_2 对反应也有明显影响。吸附态的 COS 与 H_2O 在催化剂上的表面反应是控制步骤。

2. 催化剂的制备

中国石化普光气田与中国石化齐鲁分公司合作，制备出 LS-04 有机硫水解催化剂。

制备催化剂的主要原料包括氧化铝、偏钛酸、助剂、黏结剂、扩孔剂等。主要设备包括烘箱、高温炉、电子秤、糖衣机。

采用转动成型法制备载体，浸渍法制备催化剂，制备工艺如图 2-4-2 所示。

3. 催化剂性质分析

1）物理性质

水解催化剂的物理性质主要有颗粒形状和尺寸、比表面积、孔结构（如孔径、孔径分布、孔体积）、堆密度、压碎强度、磨耗率、物相等。

为了便于装卸，水解催化剂的形状主要为球形，尺寸一般为 $\phi 2 \sim 3mm$。

比表面积是催化剂关键物理特性，单位为 m^2/g。其中，具有活性的表面称为活性比表面。尽管催化剂的活性、选择性以及稳定性等主要取决于催化剂的化学结构，但其在很大程度上也受到催化剂的某些物理性质（如催化剂的比表面积）的影响。一般认为，催化剂比表面积越大，其所含有的活性中心越多，催化剂的活性也越高。通常氧化铝基有机硫水解催化剂比表面积高于 $300m^2/g$。

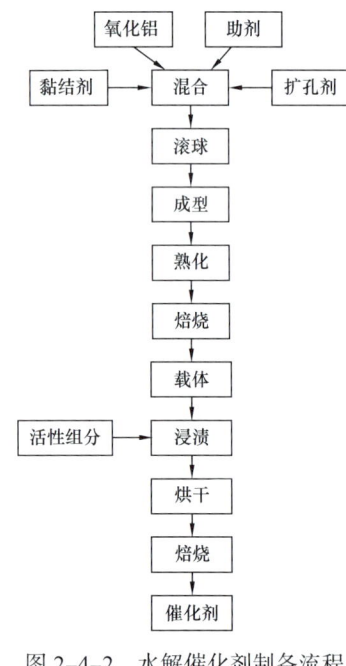

图 2-4-2　水解催化剂制备流程示意图

孔体积是描述催化剂孔结构的一个物理量，孔体积是多孔性催化剂颗粒内孔的体积总和，单位为 mL/g。孔体积的大小主要与催化剂中的载体密切相关。在使用过程中孔体积会逐渐减小，而孔径会变大。氧化铝基有机硫水解催化剂孔体积要求大于 0.30mL/g。

水解催化剂应具有合理的孔结构，载体具有一定数量的大孔是作为水解催化剂载体

的必要条件，大孔径有利于 COS 的扩散，载体孔结构不仅通过影响反应物、产物的扩散而改善催化剂的反应性能，而且还通过显著影响活性组分的分散性而增强催化剂的反应性能。工业装置常用的氧化铝基有机硫水解催化剂的大孔体积占总孔体积的 30% 以上。

堆密度与催化剂的孔体积与孔径分布有关。一般催化剂的孔体积越小，堆密度就越大，由于近年来希望催化剂具有较大的孔体积，因此催化剂的堆密度也有向轻质化发展的趋势。随之也会减少催化剂的装填量，降低催化剂费用。氧化铝基有机硫水解催化剂的堆密度一般为 0.6~0.8g/mL。

催化剂的压碎强度是保证催化剂长周期运转的必要条件。催化剂强度高，在运转的过程中不会破碎，运转周期也长，通常要求催化剂的压碎强度应不低于 60N/颗。压碎强度和催化剂的孔结构密切相关，孔径越小，压碎强度越大。在催化剂制备过程中优化制备工艺或添加助剂，可以增加催化剂的强度。

催化剂磨耗率的高低直接关系到反应器床层的压降、催化剂粉化情况。因为过多的催化剂粉末会导致系统压降增加，发生沟流，所以催化剂的磨耗率应控制在小于 0.5%，并应尽可能使催化剂表面光滑，这样可降低磨耗。磨耗率与催化剂的强度存在着一定的关系。

2）化学性质

英国 Johnson Matthey 公司开发了 PURASPEC-2312 水解催化剂，国内外应用广泛，普光天然气净化厂原设计采用该种催化剂，运行效果良好。LS-04 催化剂与 PURASPEC-2312 催化剂物化性质比较情况见表 2-4-14、图 2-4-3 和图 2-4-4。

表 2-4-14　水解催化剂物化性质比较

项目	LS-04	PURASPEC-2312
外观	白色球形	白色球形
外形尺寸/mm	ϕ3~5	ϕ2~3
比表面积/(m^2/g)	325	332
孔体积/(mL/g)	0.36	0.35
平均孔径/nm	4.30	4.36
强度/(N/颗)	103	65
活性组分	碱金属氧化物	碱金属氧化物

从表 2-4-14 中可以看出，PURASPEC-2312 催化剂比表面积略大于 LS-04 催化剂，孔容略低，LS-04 催化剂的强度要明显高于 PURASPEC-2312 催化剂。从图 2-4-3 和图 2-4-4 中可以看出，两种催化剂的孔结构基本相同。

图 2-4-5 显示了 LS-04 催化剂和 PURASPEC-2312 两种催化剂的 XRD 图。从图中可以看出，PURASPEC-2312 催化剂的主要成分为氧化铝和一水铝石，LS-04 催化剂的主要成分为氧化铝、一水铝石和三水铝石。

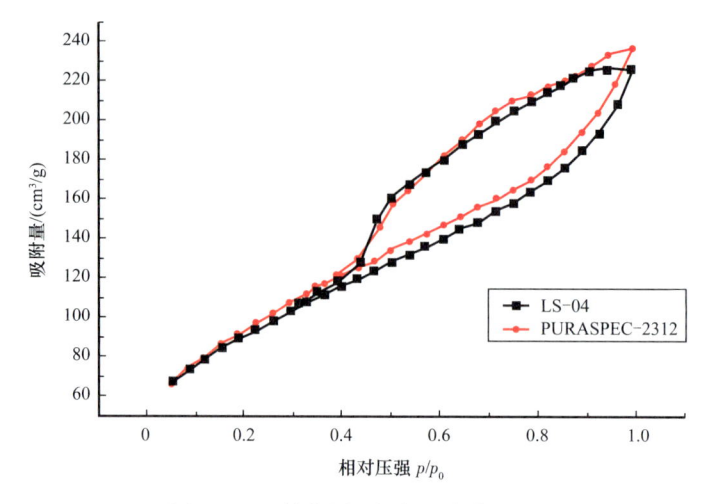

图 2-4-3 催化剂的氮气吸附等温线

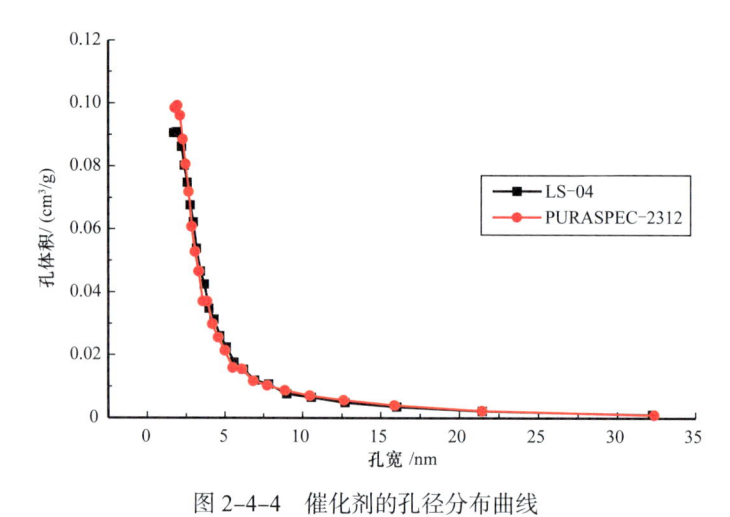

图 2-4-4 催化剂的孔径分布曲线

图 2-4-5 LS-04 催化剂和 PURASPEC-2312 催化剂 XRD 谱图
1—氧化铝；2——水铝石；3—三水铝石

3）活性稳定性分析

在实验室 10mL 微反评价装置上，考察了 LS-04 催化剂的活性稳定性，入口气体体积组成为 COS（0.03%）、CO_2（3%）、H_2O（3%），其余为 N_2，气体体积空速为 $3000h^{-1}$，反应温度为 60℃ 的条件下，对 LS-04 催化剂和 PURASPEC-2312 催化剂进行了 300h 的活性评价，结果如图 2-4-6 所示。评价期间，LS-04 催化剂的水解活性变化不大，基本保持在 98%～100% 之间，催化剂表现出较好的活性稳定性。LS-04 催化剂相比 PURASPEC-2312 催化剂水解率要高 1～3 个百分点，表现出良好的催化活性。

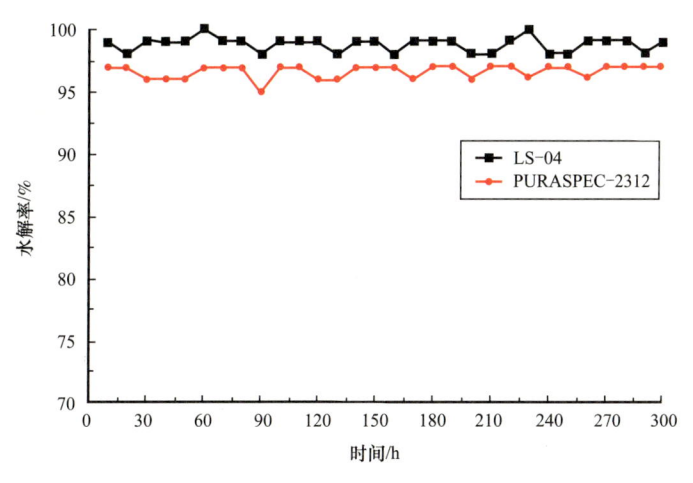

图 2-4-6　催化剂活性稳定性比较

运转前后催化剂比表面积、孔体积等关键物化指标基本没有变化。从图 2-4-7 可知，LS-04 样品 XRD 谱图中三水铝石的特征峰相比新鲜剂有所减弱，一水铝石和氧化铝的特征峰基本没有变化。在有机硫水解催化剂中起活性作用的物相为一水铝石和氧化铝，因此可以说催化剂具有良好的稳定性。

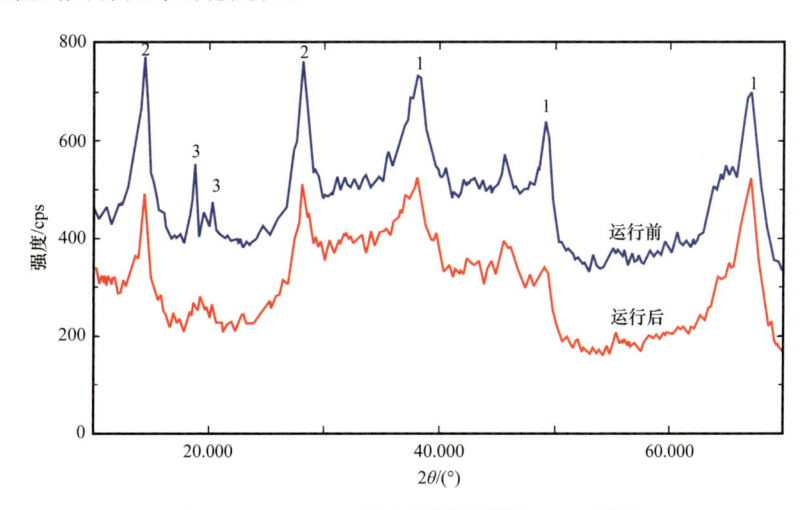

图 2-4-7　LS-04 催化剂运转前后 XRD 谱图
1—氧化铝；2——水铝石；3—三水铝石

4）水热稳定性分析

一种性能优异的有机硫水解催化剂应具有良好的水热稳定性，为了考察 LS-04 催化剂的水热稳定性，把 LS-04 催化剂在沸水中煮 2h，取出干燥后测定催化剂的强度及活性，具体数据见表 2-4-15。

表 2-4-15　LS-04 催化剂水热处理后强度及活性

项目	新鲜样	水热处理后
强度/（N/颗）	102	100
水解率/%	99	99

从表 2-4-15 中可以看出，水热处理前后催化剂强度及活性基本没有变化，催化剂具有良好的水热稳定性。

4. 应用效果分析

国产 LS-04 催化剂在 132 系列运行一年以来，经过三次装置标定及实时数据跟踪分析，具体数据见表 2-4-16。温度、压力、床层温升、床层压降等运行参数稳定，产品商品气天然气满足 GB 17820—2018《天然气》一类气指标，总硫含量小于 10mg/m³，国产催化剂性能满足高含硫天然气净化装置运行需求。

表 2-4-16　国产催化剂与进口催化剂装置水解性能对比分析表

时间	原料天然气处理量/km³/h	COS 含量/（mg/m³） 入口过程气	COS 含量/（mg/m³） 131 系列出口过程气	COS 含量/（mg/m³） 132 系列出口过程气	转化率/% 131 系列	转化率/% 132 系列
2021-10-25	126	342	0.8	0.7	99.77	99.80
2021-10-26	126	340	1.1	0.6	99.68	99.82
2021-10-27	128	344	0.9	0.6	99.74	99.83
2021-10-28	126	342	0.9	0.7	99.74	99.80
2021-10-29	127	345	1.1	0.7	99.68	99.80
2021-10-30	128	346	1	0.7	99.71	99.80
2021-10-31	125	325	0.9	0.5	99.72	99.85
2021-11-01	126	318	0.8	0.5	99.75	99.84
2021-11-02	127	312	0.8	0.5	99.74	99.84
2021-11-03	127	318	0.9	0.5	99.72	99.84
2021-11-04	127	316	0.8	0.6	99.75	99.81
2021-11-05	128	316	0.9	0.5	99.72	99.84

续表

时间	原料天然气处理量 / km³/h	COS 含量 / (mg/m³) 入口过程气	COS 含量 / (mg/m³) 131 系列出口过程气	COS 含量 / (mg/m³) 132 系列出口过程气	转化率 /% 131 系列	转化率 /% 132 系列
2021-11-06	128	320	0.9	0.6	99.72	99.81
2021-11-07	128	319	0.9	0.7	99.72	99.78
2021-11-08	127	315	0.9	0.7	99.71	99.78
2021-11-09	127	316	0.8	0.6	99.75	99.81
2021-11-10	127	346	1.2	0.9	99.65	99.74
2021-11-11	128	346	1.1	0.9	99.68	99.74
2021-11-12	128	342	1.3	0.8	99.62	99.77
2021-11-13	128	342	1.2	0.7	99.65	99.80
2021-11-14	128	345	1.3	0.8	99.62	99.77
2021-11-15	127	346	1.3	0.8	99.62	99.77
2021-11-16	128	346	1.3	0.9	99.62	99.74
平均值	127.17	332.48	1.00	0.67	99.70	99.80

注：（1）131 系列指普光天然气净化厂第三联合一系列装置，采用进口 PURASPEC-2312 催化剂。
　　（2）132 系列指普光天然气净化厂第三联合二系列装置，采用 LS-04 催化剂。

LS-04 催化剂打破了进口水解催化剂的垄断地位，填补了国内高含硫酸性天然气水解催化剂空白，对推进国内酸性气田开发、提升有机硫脱除工艺技术具有重大意义。

五、离子液脱硫技术工业应用研究

普光天然气净化厂以硫黄装置加氢尾气为研究对象，与北京化工大学合作，研制铁基氯化咪唑离子液体脱硫溶剂，设计、建设离子液脱硫中试试验装置，气体处理能力为 12000m³/d。分别测试原料气进气量（本节原料气指加氢尾气）、脱硫压力、再生空气量、脱硫液循环量变化对装置吸收效率的影响，确定装置最优运行参数，为工业化应用提供技术支撑。

1. 装置设计思路

1）"动力波 + 泡罩 + 填料"吸收工艺

动力波（Dyna Wave）洗涤是工业烟气净化领域的一项先进技术。利用气液两相在管道中高速逆向对撞，形成一个高速湍动的泡沫区，充分利用气流及液流两相的能量，气液分散混合充分，同时完成除尘和吸收两项任务。与其他洗涤技术相比，动力波洗涤具有更高的净化效率、更强的吸收特性，同时可减少装置的体积。

泡罩吸收方式现已普遍使用，较填料吸收效率略低，但传统的废气吸收多采用预曝气，然后填料吸收。采用泡罩代替预曝气可以有效降低能耗和保持塔釜液的有序性。

使用动力波、泡罩、填料3种吸收方式，保证完成H_2S充分吸收的基础上，探索3种方式的实际工艺参数，为下一步装置放大使用提供现场实践参数，同时为减少塔器高度和体积、降低投资、提高工艺经济性奠定基础。

2)"射流+曝气"再生工艺

射流与曝气方式均为强化空气中的氧气传质过程。两种方式各有优缺点：射流方式效率高、空气用量少，但能耗大；曝气方式效率低、空气消耗量大，但其能耗低。采用两台不同型号射流器，优选适合离子液的射流器类型。选用工业应用最好的旋流曝气器，布置在再生区底部。此外，为防止射流后泡沫严重，系统预留机械消泡位置，避免因泡沫积塔，影响整个系统的运行。

3) 单塔再生工艺

废气处理方面，类似装置现多采用单塔方式，优点在于简化了流程，促进了装置稳定性，尤其在处理液吸收与再生的液量平衡控制方面有独特的优势。吸收积液区在塔釜上部，再生储液区在塔釜下部，采用突出喇叭口连通（方便再生空气散逸），主要液量集中在再生储液区。

4) 尾气洗涤工艺

由于离子液不具有处理有机硫的能力，且使用空气再生会带出有机溶剂等空气污染物，为克服这些方面的污染，在处理完尾气进入焚烧炉前，设置洗涤塔，用以除去有机硫、少量溶剂等空气污染物，提升装置环保处理能力。

5) 材料选择

离子液具有强酸性，且富含Cl^-，从装置安全性、经济性考虑，设备选材原则如下：(1) 塔：碳钢+内衬（可以是聚丙烯、玻璃钢、聚氨酯等）。(2) 管线：PPR或内衬聚丙烯。(3) 仪表：尽量选择非接触式，如接触选择钛合金或四氟内衬。(4) 高温区域：如熔硫釜，采用钛合金。(5) 阀：采用聚四氟内衬。

考虑到原料气中含有H_2，设置H_2报警仪，达到闪爆极限进行装置紧急关断。原料气富含H_2S，设置N_2吹扫流程，供开车和检修使用。

2. 试验思路

以加氢尾气为原料气，组分见表2-4-17，利用新建侧线试验装置，改变原料气进气量、脱硫系统压力、脱硫液循环量、再生空气量等实验参数，考察装置净化效果，为装置扩大生产提供基础数据。

3. 试验数据分析

1) 原料气进气量性能影响测试

控制原料气鼓风机出口压力为60kPa左右，离子液循环量为13.7m^3/h，再生空气量为101.6m^3/h，原料气进气量分别为110.3m^3/h、207.7m^3/h、308.1m^3/h、402.5m^3/h、520.6m^3/h时，脱硫塔顶尾气H_2S含量、脱除率变化趋势如图2-4-8所示。

表 2-4-17 急冷塔出口过程气组分表

序号	组分	组分含量/%（摩尔分数）	温度/℃	压力/MPa（绝）
1	H_2	2.08		
2	N_2	68.00		
3	CO	0.03		
4	CO_2	21.66	39	0.111
5	H_2S	1.86		
6	COS	0.003		
7	H_2O	6.37		

(a) 脱硫塔顶尾气H_2S含量与进气量的关系

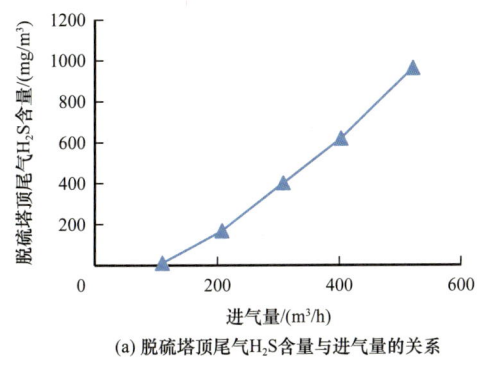

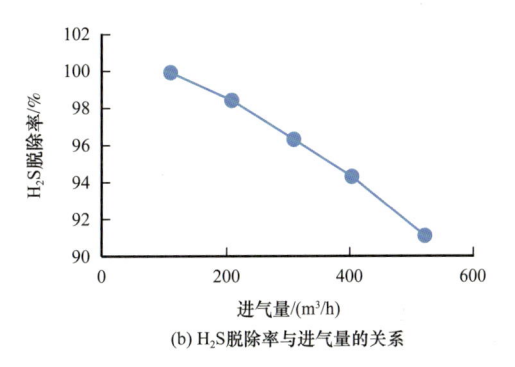

(b) H_2S脱除率与进气量的关系

图 2-4-8 原料气进气量对净化效果的影响

原料气进气量越大，脱硫塔顶尾气中 H_2S 含量越高；当离子液循环量和再生空气量选择适当时，离子液吸收效果较为明显，H_2S 脱除率大于 99.9%。

2）脱硫压力性能影响测试

控制原料气进气量为 $520m^3/h$，离子液循环量为 $36.55m^3/h$，再生空气量为 $456.13m^3/h$，原料气鼓风机出口压力分别为 29kPa、40kPa、51kPa、61kPa、70kPa、83kPa 时，脱硫塔顶尾气 H_2S 含量变化趋势如图 2-4-9 所示。

从图中可以看出，当原料气进气量、离子液循环量和再生空气量不变时，脱硫压力与脱硫塔顶尾气 H_2S 含量成反比。脱硫压力越高，脱硫塔顶尾气中 H_2S 含量越低，H_2S 脱除率越高。

3）再生空气量性能影响测试

控制原料气进气量为 $520.6m^3/h$，鼓风机出口压力为 62kPa，离子液循环量为 $36.55m^3/h$，再生空气量分别为 $125.91m^3/h$、

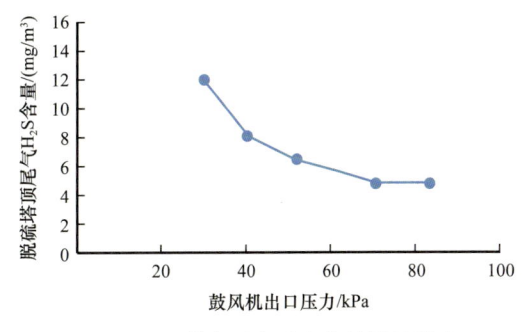

图 2-4-9 脱硫压力对净化效果的影响

210.56m³/h、326.32m³/h、456.13m³/h、615.47m³/h、846.43m³/h 时，脱硫塔顶尾气 H_2S 含量、脱除率变化趋势如图 2-4-10 所示。

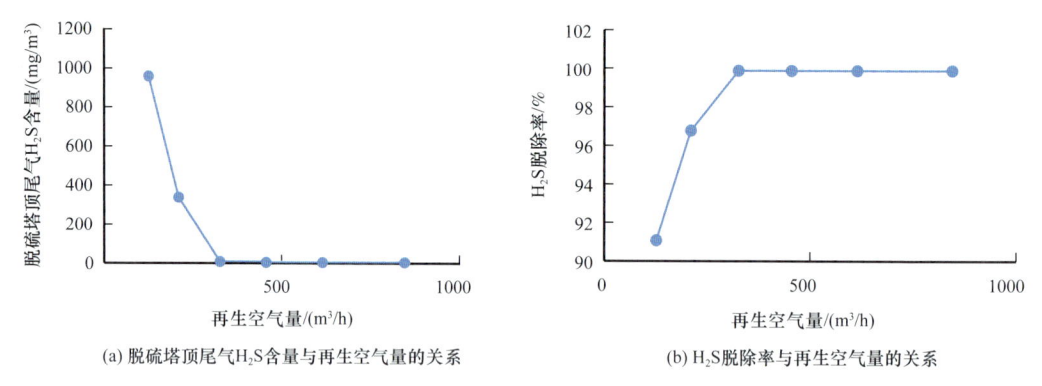

图 2-4-10　再生空气量对净化效果的影响

从图中可以看出，随着再生空气量增加，H_2S 脱除率明显提高，当再生空气量大于一定量后，H_2S 脱除率保持不变。再生空气量是影响离子液脱除 H_2S 的主要因素之一。

4）脱硫液循环量性能影响测试

控制原料气进气量为 520.6m³/h，鼓风机出口压力为 62kPa，再生空气量为 456.13m³/h，离子液循环量分别为 13.79m³/h、19.51m³/h、28.78m³/h、36.55m³/h、39.92m³/h 时，脱硫塔顶尾气 H_2S 含量、脱除率变化趋势如图 2-4-11 所示。

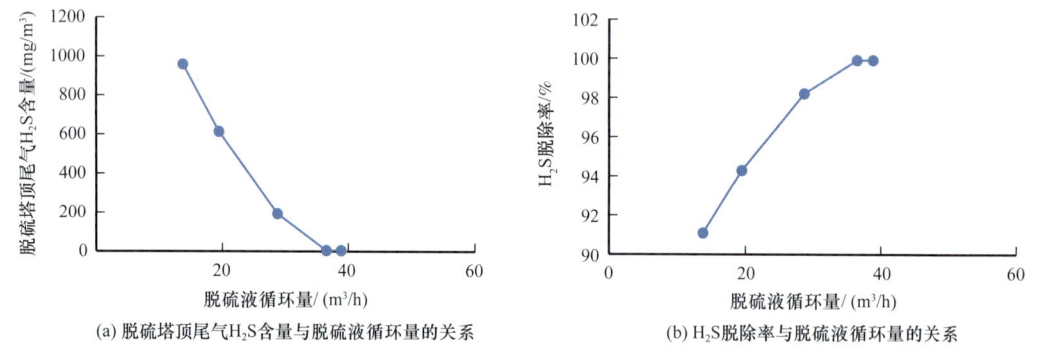

图 2-4-11　脱硫液循环量对净化效果的影响

从图中可以看出，随着离子液循环量增加，H_2S 脱除率明显提高，当离子液循环量大于一定值后，H_2S 脱除率保持不变。离子液循环量也是影响离子液脱除 H_2S 的主要因素之一。

5）脱硫液循环再生

空气中的 O_2 依然能够将富液中的高浓度 Fe^{2+} 快速氧化，转化为脱硫活性成分所需的 Fe^{3+}；进气浓度过高，脱硫液体系的氧化还原电位降低，但远高于 H_2S 的氧化电位，保证脱硫过程的顺利进行。

原料气进气量为 520.6m³/h、鼓风机出口压力为 62kPa、再生空气量为 210.56m³/h、离子液循环量 19.51m³/h 时，脱硫前、脱硫后、再生后脱硫液 Fe^{2+} 及氧化还原电位的变化趋势如图 2-4-12 所示。

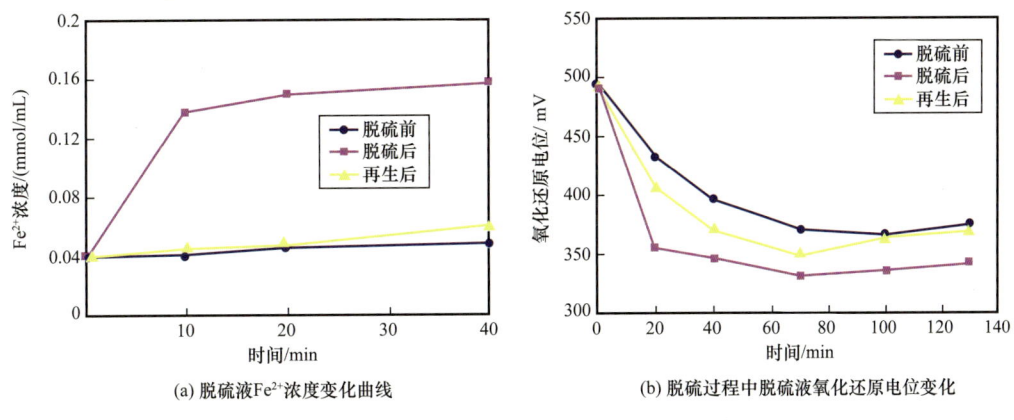

(a) 脱硫液Fe²⁺浓度变化曲线　　　　(b) 脱硫过程中脱硫液氧化还原电位变化

图 2-4-12　脱硫液循环量对净化效果的影响

6) 硫黄品质与分离模式

试验过程中控制原料气进气量为 520.6m³/h, 鼓风机出口压力为 62kPa, 离子液循环量为 39.92m³/h, 再生空气量为 210.56m³/h, 运行 50h 后贫液中出现自沉降硫黄, 管道中出现可沉降分离的硫黄浆液。

4. 结论

从试验可知, 相对于醇胺法脱硫工艺, 离子液脱硫工艺的优点是较为简单, 不需要另外增加硫黄回收装置处理再生出的酸气; 并且, 离子液脱硫工艺不需要使用蒸汽再生, 相对于醇胺法能耗较小。缺点是离子液工艺尚不成熟, 负荷较小。

经过动力波—填料喷淋及空塔喷淋三段氧化脱硫后, 克劳斯加氢尾气中 H_2S 去除率达到 99.99% 以上, H_2S 排放最佳浓度为 7~8mg/m³, 氧化脱硫产物硫黄经酸洗、熔硫之后, 热重分析结果表明硫黄纯度达到 99.3%, 符合硫黄纯度不小于 99%、H_2S 含量不大于 20mg/m³ 的预期值。

第三章 硫黄回收与尾气处理

随着全球经济的迅猛发展，工业技术发展不断提速，现代化工厂中的硫黄回收装置不仅作为一套工艺流程的末端装置，而且是成为大型煤化工、天然气净化、炼油及化工厂必不可少的配套装置。硫黄回收工艺技术以及配套的尾气处理技术已经由单纯的环保技术发展为兼具环保效益和经济效益的重要工艺技术。硫黄回收工艺主要包括克劳斯法和液相氧化法；尾气处理工艺相对较多，主要有 SCOT 工艺、LQSR 工艺、SSR 工艺、LS-DeGAS 工艺等。根据地区及企业对硫黄回收率、SO_2 排放的要求，不同的硫黄回收工艺与不同的尾气处理工艺配套使用。

国家新标准的发布，使越来越多的企业开始采取提升硫回收率的措施及关注新型尾气处理技术的开发和应用。随着全球环境的变化，利用高效能、高效益、低排放的硫黄回收技术成为今后硫黄回收工艺发展的必然趋势，探索技术上先进、经济上合理的硫黄回收及尾气处理技术一直是高含硫天然气净化厂的关注焦点。

第一节 硫黄回收工艺

硫黄回收工艺根据类别可分为干法氧化法、湿法氧化法、生物处理法及电化学法等。本节主要介绍以克劳斯法为代表的干法氧化法硫黄回收工艺和以液相氧化法为代表的湿法氧化法硫黄回收工艺。

一、克劳斯法

克劳斯法是国内外应用最广、技术发展最成熟的硫黄回收工艺，其原理是基于克劳斯反应，即酸气中的 H_2S 通过反应炉发生高温热反应及在催化反应器发生低温催化反应，从而转化成硫单质。克劳斯反应发生的区域可以分为高温热反应和低温催化反应两部分，由于原料气组分中含有杂质，高温热反应和低温催化反应阶段除了发生克劳斯主反应，均有副反应发生。

（1）反应炉内的高温主反应。

原料酸气的 H_2S 在反应炉（克劳斯炉）内无催化剂存在的条件下，与空气进行燃烧反应。反应炉的温度与酸气中的 H_2S 含量密切相关，H_2S 含量越高，反应炉温度越高，通常认为维持反应炉稳定燃烧的温度在 920℃ 以上，否则燃烧火焰不稳定，转化率低。反应炉内的高温热反应发生速率很快，一般在 1s 内即可完成全部的反应，理论转化率为 60%～70%。原料酸气中除了含有 H_2S，还会含有 CO_2、N_2、H_2O、NH_3、烃类等介质，炉内实际发生的反应比较复杂。

反应炉高温克劳斯主反应是指酸气中 H_2S 燃烧生成硫单质的反应、烃类完全燃烧反应、硫的氧化及同素异形体之间的转化反应等。

在反应炉内发生的克劳斯反应如下：

$$H_2S + \frac{3}{2}O_2 \rightleftharpoons SO_2 + H_2O$$

$$H_2S + \frac{1}{2}SO_2 \rightleftharpoons \frac{3}{4}S_2 + H_2O$$

第一步反应即 1/3 的 H_2S 与 O_2 反应生成 SO_2，并发出大量的热；第二步反应为剩余的 2/3 H_2S 与第一步反应生成的 SO_2 反应生成单质硫，并吸收少量的热。高温热反应产生的硫主要是以 S_2 的形式存在。

（2）反应炉内的高温副反应。

酸气中的 CO_2、H_2O、NH_3、烃类等其他组分在反应炉内 1000℃ 以上的高温条件下，相互之间发生反应，甚至与反应产物继续发生更复杂反应，反应产物有上百种。

高含硫天然气净化厂酸气组分相对单一，几乎不含 NH_3；炼油厂酸气成分较复杂，酸气中会含有氨类等杂质，NH_3 在高温克劳斯炉内的反应也非常复杂，同时会发生氧化反应和分解反应，还会和 SO_2、CO_2 及 S_2 等发生反应，其主要反应如下：

$$2NH_3 + \frac{3}{2}O_2 \longrightarrow N_2 + 3H_2O$$

$$2NH_3 \longrightarrow N_2 + 3H_2$$

$$2NH_3 + SO_2 \longrightarrow H_2S + 2H_2O + N_2$$

$$2NH_3 + CO_2 \longrightarrow 2H_2 + H_2O + N_2 + CO$$

$$2NH_3 + S_2 \longrightarrow H_2S_2 + 2H_2 + N_2$$

研究表明，NH_3 氧化成 N_2 反应的转化率与温度密切相关。温度为 700℃ 时，反应才开始进行；温度为 1000℃ 时，转化率仅为 4.9%。因此在反应炉燃烧温度条件下，NH_3 的转化率很低，该反应不是 NH_3 分解的主要途径。NH_3 分解为 N_2 和 H_2 的反应，在 1100℃ 时转化率可达到 90% 以上，1200℃ 时几乎可以完全分解。但是反应炉内存在大量的 H_2S 和 CO_2，它们对 NH_3 的热裂解反应具有抑制作用，即使在 1300℃ 的高温条件下，热裂解反应也不是 NH_3 分解的主要途径。NH_3 与 S_2 反应生成 H_2S、H_2 和 N_2，可以在较低的温度下达到较高的转化率，研究认为该反应是反应炉内 NH_3 分解的主要途径（赵日峰，2019）。

1. 常规克劳斯工艺

1）克劳斯直流工艺

克劳斯直流工艺即直流法，也称部分燃烧法。酸气中 H_2S 浓度高于 50% 时，一般采用直流法。直流法的主要特点是全部酸气与配比的燃烧空气一起进入反应炉（也称燃烧炉或克劳斯炉）发生高温热反应，再经过余热锅炉（废热锅炉）回收热量后，进入两级或更多级的催化转化反应器进行催化反应，以获得更高的转化率，反应后的过程气经过与各级反应器对应的硫冷凝器后，经硫黄捕集器后进入尾气处理装置。直流法的反应炉硫回收率一般为60%～70%，典型的直流法两级克劳斯工艺流程如图3-1-1所示。

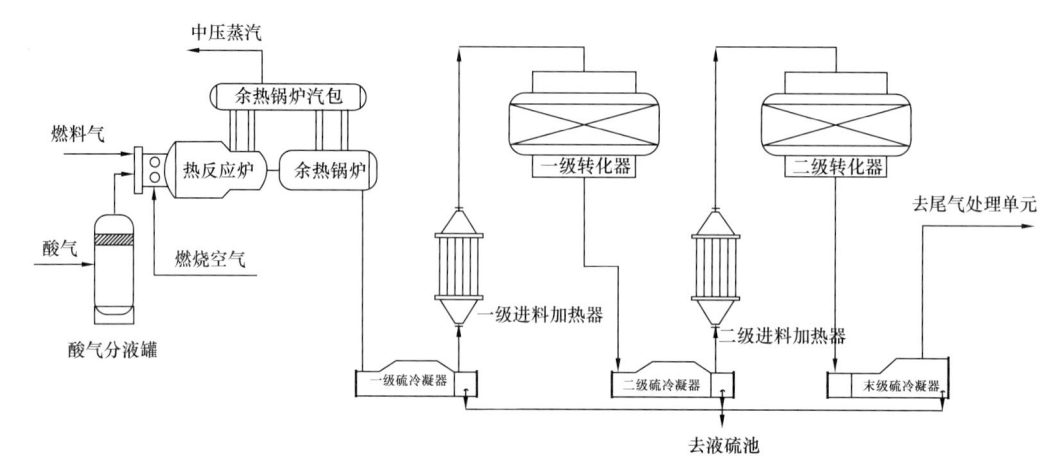

图3-1-1 直流法两级克劳斯工艺流程图

中国石化普光天然气净化厂的硫黄回收装置单列设计硫黄产能 $20×10^4$ t/a，最高产能达 $26×10^4$ t/a，装置操作弹性为30%～130%，硫黄回收采用两级常规克劳斯硫黄回收工艺和SCOT加氢还原吸收尾气处理工艺，其单体 $20×10^4$ t/a 克劳斯反应炉为中国首次开发，集成高温热转化、低温催化转化和先进的前反馈—反反馈克劳斯反应控制技术，形成单列 $20×10^4$ t/a 特大型改良克劳斯硫黄回收技术（于艳秋等，2011）。

普光天然气净化厂 $20×10^4$ t/a 特大型改良克劳斯硫黄回收工艺流程如下：

来自脱硫单元的酸气首先进入酸气分液罐分液，以避免可能携带的凝液进入反应炉燃烧器，对装置操作及下游设备造成影响。分离出的酸性凝液经酸气分液罐底泵送往胺液回收罐。

燃烧空气供给系统：克劳斯风机同时为反应炉燃烧器及加氢进料燃烧器提供燃烧所需的空气，同时为液硫空气鼓泡系统提供空气；进入反应炉燃烧器的空气量应刚好可以将原料气中的烃类完全氧化，同时满足装置尾气中 H_2S/SO_2 值（物质的量比）为4∶1所要求的部分 H_2S 燃烧所需的空气量。

燃烧反应部分：燃烧反应部分的设备包括反应炉燃烧器、反应炉、余热锅炉及一级硫冷凝器。燃烧反应部分中最重要的参数为反应温度、反应物的混合程度及停留时间，适当提高这三个参数可以使燃烧反应得到更为理想的产物，燃烧炉反应温度约为1070℃。

燃烧产生的高温过程气进入与反应炉直接相连的余热锅炉，在锅炉中通过产生3.5MPa等级的饱和蒸汽来回收余热并将过程气冷却到约281℃。冷却后的过程气进入一级硫冷凝器，被进一步冷却至167℃并凝出液硫，同时产生0.4MPa等级的饱和蒸汽，冷凝出的液硫重力自流至一级硫封罐，然后自流至液硫池。

催化反应部分：自一级硫冷凝器出来的过程气进入一级进料加热器，经3.5MPa等级中压蒸汽加热到213℃后进入一级转化器，在反应器内过程气与催化剂接触，继续发生催化反应直至达到平衡，反应中生成的硫在过程气进入二级硫冷凝器后冷凝出来，自流经二级硫封罐后进入液硫池。过程气在二级催化反应部分经过的流程与一级催化反应部分相同，在二级进料加热器中被加热至213℃后进入二级转化器。在二级转化器内过程气与催化剂接触，进一步发生催化反应直至达到平衡。反应后的过程气进入末级硫冷凝器，冷凝下来的液硫经三级硫封罐后进入液硫池，出末级硫冷凝器的尾气进入尾气处理单元。

液硫池及液硫脱气部分：来自各级硫冷凝器的液硫重力自流至液硫池，在液硫池中通过空气鼓泡工艺，可将液硫中的 H_2S 含量脱除至 15μg/g 以下。脱除的气体汇集于液硫池气相空间，被中压抽射器送入克劳斯炉风线内，与被空气加热器加热的克劳斯燃烧空气混合，进入克劳斯炉，其中的含硫气体被回收。

锅炉给水及蒸汽系统：自装置外来的中压除氧水，经锅炉给水预热器加热，再经末级硫冷凝器升温后，作为余热锅炉汽包的给水。废热锅炉产生的中压蒸汽小部分作为再热器的热源，其余的送尾气部分过热后进中压蒸汽管网。自装置外来的低压除氧水送至各级硫冷凝器，产生低压蒸汽直接进低压蒸汽管网。

2）克劳斯分流工艺

克劳斯分流工艺，即将酸气分为两股，其中占 1/3 的酸气与按照化学计量配给的空气进入酸气燃烧炉，使酸气中 H_2S 及全部烃类等杂质燃烧，H_2S 反应生成 SO_2，然后与旁通的 2/3 的酸气混合后进入催化转化段，分流工艺中生成的单质硫完全是在催化反应段获得的。该工艺也称常规克劳斯法常规分流工艺。

当酸气中 H_2S 含量在 30%~50%（体积分数）之间时，采用常规分流工艺将 1/3 的 H_2S 燃烧生成 SO_2 时炉温过高，炉壁耐火材料难以适应，由于在酸气燃烧炉内没有硫生成，从而加大了催化反应部分的负荷，当酸气中含重烃（尤其是芳烃）时，可能会造成催化剂积炭，从而影响催化剂的活性，缩短催化剂的使用寿命。将进入燃烧炉的酸气流量提高至 1/3 以上来控制反应炉温度，这种方法称为常规克劳斯法非常规分流工艺。常规分流和非常规分流两级克劳斯工艺流程分别如图 3-1-2 和图 3-1-3 所示。

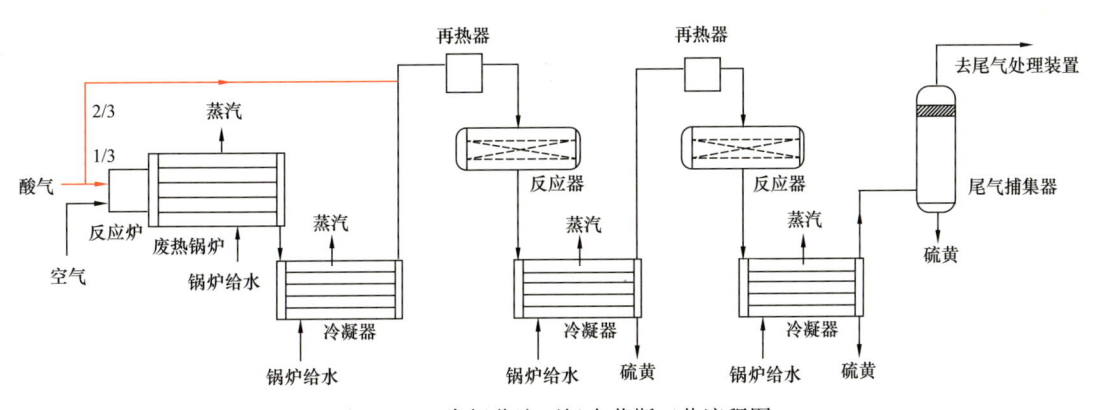

图 3-1-2　常规分流两级克劳斯工艺流程图

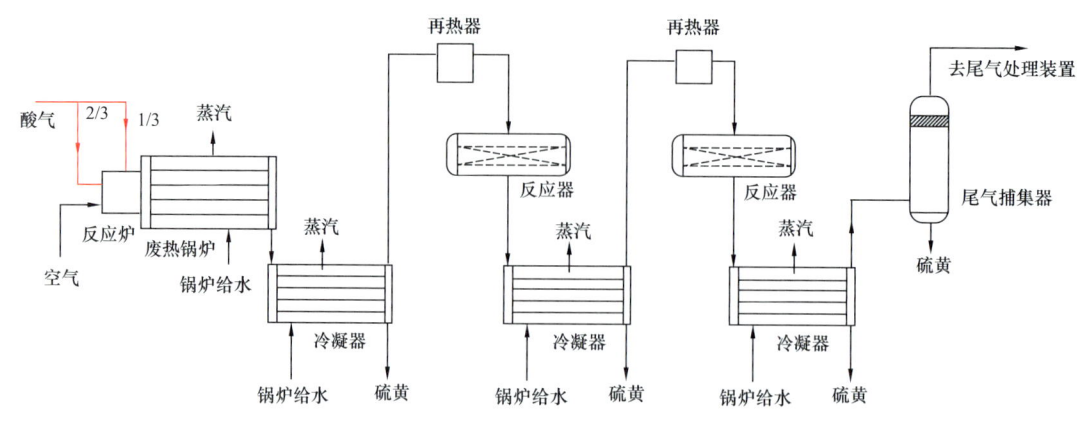

图 3-1-3 非常规分流两级克劳斯工艺流程图

克劳斯分流工艺的目的是提高反应炉炉膛温度，一般认为反应炉平稳运行的最低温度为925℃，此温度条件下火焰稳定，燃烧充分。虽然克劳斯分流工艺处理酸气是提高燃烧反应炉温度、维持装置稳定运行的重要措施，但也存在诸多不足，对于酸气中H_2S体积分数小于50%的装置，是否一定采用克劳斯分流工艺处理，是一个值得探讨的问题（陈赓良，2013）。以H_2S体积分数为38%的酸气为例，采用不同分流比时燃烧反应炉的温度和硫回收率结果见表3-1-1。

表 3-1-1 克劳斯分流工艺采用不同分流比时燃烧反应炉温度与硫回收率

序号	分流比	反应炉温度 /℃	反应炉硫回收率 /%
1	2/3	991	15.5
2	3/5	955	19.7
3	1/2	932	24.3
4	2/5	907	36.8
5	1/3	884	47.3
6	1/4	845	50.4

通过表3-1-1可以看出，采用1/4分流比的克劳斯分流工艺也可使燃烧反应炉温度高于840℃，燃烧反应炉硫回收率超过50%。因此，对于H_2S浓度低的酸气，应尽量减少分流比，在维持燃烧反应炉稳定燃烧的前提下，尽量提高硫回收率（陈昌介等，2020）。

对于不含烃类和不预热的酸气，采用克劳斯直流工艺和克劳斯分流工艺时，酸气中H_2S浓度、燃烧反应炉温度和硫回收率数据见表3-1-2。

通过表3-1-2可以看出，当酸气中H_2S浓度降低至42%（体积分数）时，克劳斯直流工艺燃烧反应炉温度为841℃，硫回收率为58.1%；虽然克劳斯分流工艺燃烧反应炉温度在所有酸气浓度下均高于900℃，但燃烧反应炉硫回收率很低，均不超过15.5%，因此对于酸气中H_2S浓度高于42%（体积分数）的工况，一般采用克劳斯直流工艺。

表 3-1-2　酸气中 H_2S 浓度、燃烧反应炉温度和硫回收率数据

序号	酸气 H_2S 浓度 /%（体积分数）	克劳斯直流工艺 温度 /℃	克劳斯直流工艺 硫回收率 /%	克劳斯分流工艺 温度 /℃	克劳斯分流工艺 硫回收率 /%
1	50	909	64.3	1080	2.8
2	48	891	63.1	1063	3.2
3	46	874	61.6	1047	3.9
4	44	855	59.7	1032	5.7
5	42	841	58.1	1019	7.9
6	40	829	57.0	1002	11.3
7	38	818	56.6	991	15.5

中国石化元坝天然气净化厂的硫黄回收装置设计硫黄产能为 $30×10^4$t/a，由于硫黄回收采用克劳斯直流工艺无法达到高温克劳斯反应所需的炉温要求，因此采用常规克劳斯法非常规分流工艺+两级克劳斯催化反应（空气和酸气无预热），既满足高温克劳斯反应所需的炉膛温度，与常规克劳斯法常规分流工艺相比，又降低了催化反应部分的负荷，延长了设备及催化剂使用寿命（曹文全等，2016）。其燃烧反应部分工艺特点如下：采用常规克劳斯法非常规分流工艺，大部分酸气与燃烧空气混合后进入反应炉燃烧器在反应炉第一区内燃烧以维持炉膛温度在 1100℃左右，部分发生克劳斯热反应，其余部分的酸气通过旁路进入反应炉第二区，与第一区内高温过程气混合后继续进行部分克劳斯热转化反应，反应后的高温过程气进入余热锅炉产生 4.85MPa 蒸汽。

3）克劳斯直接氧化工艺

克劳斯直接氧化工艺，其本质就是原始克劳斯法的一种形式，即将酸气预热后与空气按照一定配比混合后，进入催化剂反应器进行催化反应，将 H_2S 转化为单质硫。进入反应器的空气量仍按照进料气中 1/3 的 H_2S 完全燃烧生成 SO_2 计算。当酸气中 H_2S 体积分数低于 5% 时，一般采用克劳斯直接氧化工艺。

根据所用催化剂的催化反应方向不同，直接氧化工艺可以分为两类：

（1）第一类是直接将 H_2S 选择性催化氧化成单质硫，在其工况条件下，该反应实际是一个不可逆反应，此类工艺在处理克劳斯尾气处理领域获得了良好的应用。

（2）第二类是将 H_2S 催化氧化成单质硫和 SO_2，因此在氧化段后设置常规克劳斯催化段，代表性工艺是 UOP 公司与 WorleyParsons 公司开发的 Selectox 法硫回收工艺。

Selectox 工艺是在 20 世纪 70 年代末期开发的一种新型硫回收工艺，并实现了工业应用。其工艺特点是利用一种特殊的选择性氧化催化剂，用空气直接将 H_2S 氧化成单质硫，且几乎不发生副反应。Selectox 工艺类似于克劳斯工艺，不同之处在于 Selectox 工艺用一个装有 Selectox 催化剂的固定床代替克劳斯反应用的燃烧炉和转化器，且原料酸气中夹带的少量醇胺或烃类也不会影响操作（张文革等，2011）。在此工艺基础上，根据酸气中

H_2S 浓度不同，国外又开发了多种不同的工艺，Selectox 衍生工艺包括 BSR-Selectox 工艺和循环 Selectox 工艺。

BSR-Selectox 工艺为把克劳斯尾气与按照化学计量比计算的空气混合后直接在转化器中催化氧化制硫，使总硫黄回收率达到 99% 以上，催化剂一般为 Selectox-32 催化剂。循环 Selectox 工艺与 BSR-Selectox 工艺基本相同。由于采用低成本的碳钢建造和不使用胺或其他化学试剂，Selectox 工艺装置建设费用低。

2. 克劳斯延伸工艺

克劳斯延伸工艺统称非常规克劳斯工艺。在常规克劳斯工艺的基础上，为了进一步提高装置的硫回收率、装置产能或扩展应用范围，开发了多种克劳斯延伸工艺，包括两大类：第一类是常规克劳斯工艺与尾气处理组合成一体、总硫回收率不低于99%的工艺；第二类是与常规克劳斯工艺（以空气作为 H_2S 的氧化剂，使用固定床绝热反应器为催化转化段为主要特征）有重要差别的克劳斯变体工艺等。

1）克劳斯组合工艺

（1）SuperClaus 工艺。

SuperClaus 工艺即超级克劳斯工艺，是荷兰 Comprimo B.V 公司开发的硫黄回收工艺，1988 年在德国建成第一套超级克劳斯装置。在富 H_2S（H_2S/SO_2 值＞2）的条件下反应，使 H_2S 在催化剂作用下选择氧化成硫单质，总硫回收率可以达到 99% 左右，此时该工艺称为 SuperClaus99 工艺（图 3-1-4）。在此工艺基础上，在选择氧化段前增加有机硫水解段使总硫回收率可以达到 99.5%，即形成了另一种工艺——SuperClaus99.5 工艺。超级克劳斯工艺被认为是过去 50 年克劳斯工艺最重大的发展之一，适用于 3~1165t/d 的硫黄回收装置。

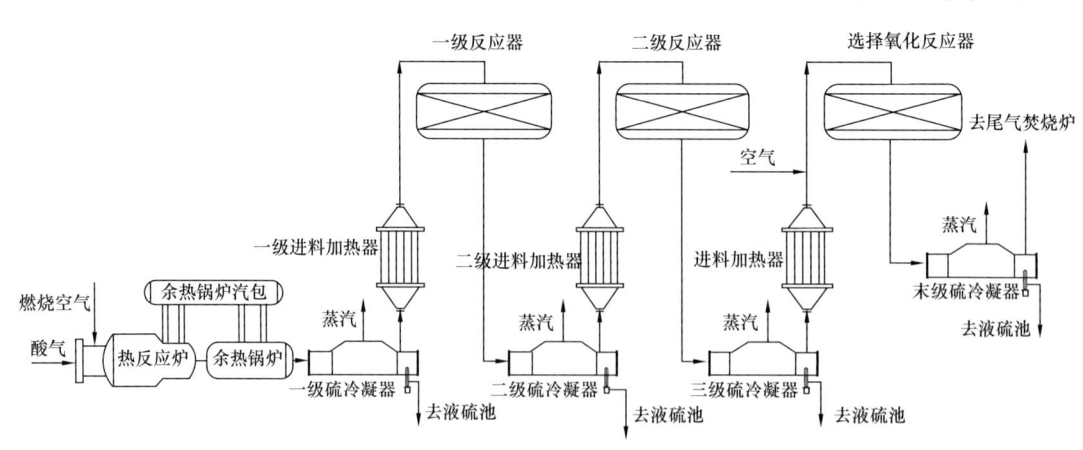

图 3-1-4 SuperClaus 99 工艺流程图

（2）EuroClaus 工艺。

在传统克劳斯硫回收工艺基础上开发的超优克劳斯工艺（EuroClaus）在硫黄回收率、尾气环保、装置投资费用等方面具有更多的优势，世界上第一套 EuroClaus 工业化装置于 2000 年投入生产运行。EuroClaus 与 SuperClaus 的区别在于，EuroClaus 工艺在最后一级催化转化反应器下部装填加氢催化剂，利用克劳斯热反应过程产生的还原性气体（H_2、

CO），将 SO$_2$ 还原为硫蒸气和 H$_2$S，选择性氧化反应器进料中 H$_2$S 浓度控制在 0.8% 以下，总硫回收率可以到 99.5%。

（3）CBA 工艺。

CBA（Cold Bed Adsorption）工艺是最早出现并工业应用的克劳斯组合工艺，又称为冷床吸收硫回收工艺（即采用低温催化反应来获得高硫回收率），是 Amoco 公司于 20 世纪 70 年代开发的亚露点类硫黄回收技术。CBA 工艺分为前后两部分：工艺前端（酸气反应炉、废热锅炉及一级转化器）与常规克劳斯硫回收工艺相同；工艺后端即 CBA 部分，有两台或多台 CBA 催化反应器，一台或多台反应器发生低温克劳斯反应，生成的硫吸附在催化剂表面，另一台反应器采用一级转化器出口过程气进行催化剂再生以恢复其活性。目前应用最多的是 4 台 CBA 反应器流程。CBA 工艺可进一步延伸为 ULTRA（超低温反应吸附工艺）工艺，总硫回收率可达到 99.7%。典型的 3 台 CBA 反应器工艺流程如图 3-1-5 所示。

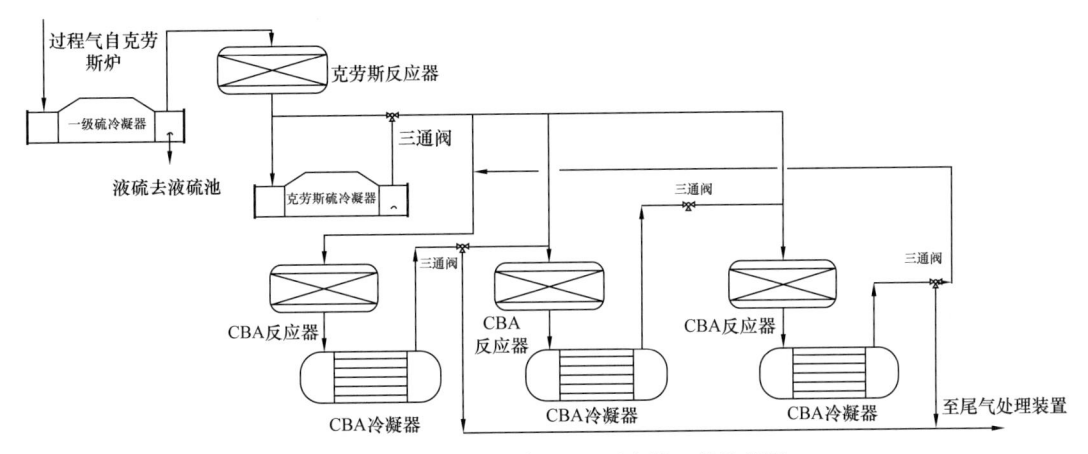

图 3-1-5　典型的 3 台 CBA 反应器工艺流程图

CBA 工艺的最新进展是开发出一种新型的、双 CBA 段的改良三反应器 CBA 工艺。改良 CBA 工艺由一个克劳斯反应器和两个亚露点 CBA 反应器构成，总硫回收率接近于传统的四反应器工艺水平，一般可达 98.5%～99.2%。

（4）MCRC 工艺。

MCRC 工艺是加拿大矿物化学资源公司开发的一种常规克劳斯工艺与低温克劳斯工艺组合为一体的硫回收技术。该工艺包括三级反应器和四级反应器两种，四级反应器总硫回收率可以达到 99.4%，其工艺特点是把最后一级或二级反应器置于低温条件下反应，突破了硫露点对低温反应的限制，使过程气在硫露点下进行反应，有利于 H$_2$S 与 SO$_2$ 反应，使实际转化率接近理论计算值，因此 MCRC 也属于低温克劳斯反应技术（亚露点类硫黄回收技术）。MCRC 二级反应器工艺流程如图 3-1-6 所示。

2）克劳斯变体工艺

（1）富氧克劳斯工艺。

富氧克劳斯工艺是一种使用富氧空气或 O$_2$ 代替燃烧空气作为 H$_2$S 的氧化剂而回收硫

黄的工艺。常规克劳斯工艺以空气作为 H_2S 的氧化剂，空气中大量惰性气体（N_2）进入硫黄回收系统，占据装置内的大部分分压，在降低过程气浓度的同时也降低装置的效率。采用富氧克劳斯工艺使用纯氧或高浓度 O_2 代替部分或全部燃烧空气，可以降低 N_2 含量，从而可以加工更多酸气，提高装置硫回收能力。

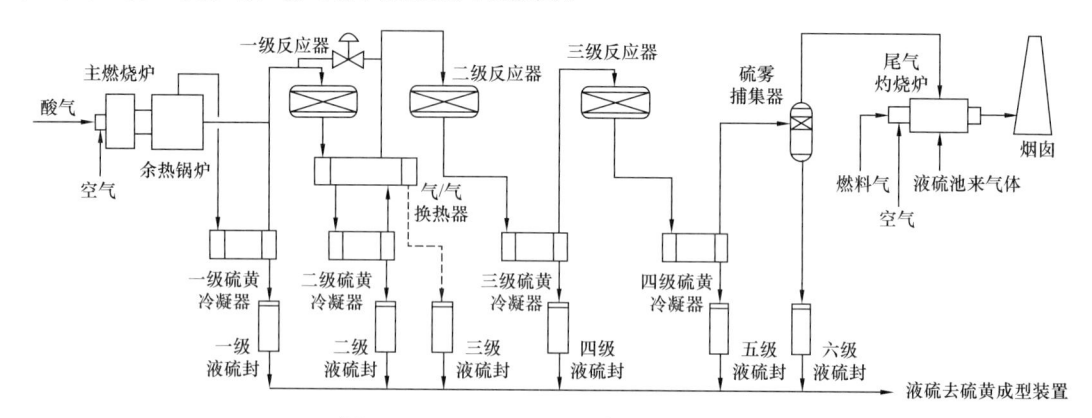

图 3-1-6 MCRC 三级反应器工艺流程图

国外已经工业应用的富氧克劳斯工艺以美国空气产品和化学品公司开发的 COPE（Claus Oxygen-based Process Expansion）工艺为典型代表，1985 年开始工业化应用。英国氧气公司（BOC）、美国联合碳化物公司和三大工业气体公司（BTIGI），以及德国鲁奇公司均开发成功不同特点的富氧硫回收工艺，包括 Sure 工艺、OxyClaus 工艺、PS Claus 工艺、NoTICE 工艺等。根据富氧浓度范围，富氧克劳斯工艺又分为低浓度富氧工艺、中浓度富氧工艺和高浓度富氧工艺。

国内大唐多伦煤化工公司的 110t/d 硫回收装置采用德国鲁奇公司的 OxyClaus 工艺，于 2012 年建成投产。

（2）Clinsulf 工艺。

Clinsulf 工艺是德国林德公司开发的以管壳式催化反应转化反应器为特征的技术，包括 Clinsulf-SDP 和 Clinsulf-DO 两种模式。前者属于亚露点硫黄回收工艺，后者属于直接氧化硫回收工艺。

① Clinsulf-SDP 工艺。

Clinsulf-SDP（Sub Dew Point）工艺是采用管壳式催化转化反应器为特征，将常温克劳斯工艺与低温克劳斯工艺结合的一种亚露点工艺。该工艺主要包括热转化反应段和催化转化反应段两部分，热转化反应段采用 Amoco 公司改良的克劳斯专利技术，催化转化反应段采用德国林德公司的两级反应器技术，主要特点是通过控制反应盘管内的蒸汽压力达到等温反应的目的，并通过两个四通阀完成反应器冷热态的切换，四通阀切换的时间则通过进入燃烧炉的空气积累量进行自动控制。Clinsulf-SDP 工艺流程如 3-1-7 所示。

中国石油重庆天然气净化总厂垫江分厂的 Clinsulf-SDP 硫黄回收装置是采用 Clinsulf-SDP 工艺的世界第二套、中国第一套硫黄回收装置（1995 年瑞典 Nynas 炼厂进行首次工业应用）。从其运行结果看，Clinsulf-SDP 工艺过程和操作较为简单，且自动化程度高，硫回收率高且稳定，对于硫回收率要求到 99% 左右的中型硫黄回收装置非常适合（冉小亮等，2010）。

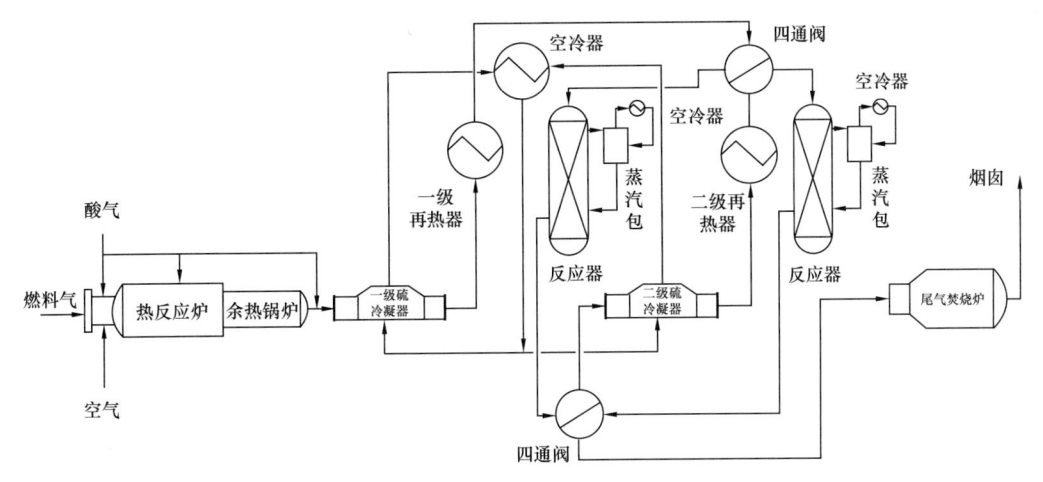

图 3-1-7 Clinsulf-SDP 工艺流程图

② Clinsulf-DO 工艺。

Clinsulf-DO（Direct Oxindation）工艺是由德国林德公司于 20 世纪 90 年代初开发成功并取得工业应用的一种直接氧化工艺。它采用独特的管壳式催化转化反应器，技术核心是 Clinsulf 内冷式反应器，催化剂床层温度控制在很小的范围，确保反应在最佳温度下发生，在不同 H_2S 浓度范围的酸气也可获得较高的硫回收率。Clinsulf 内冷式反应器属于管壳式等温反应器，其进料部分为预热的绝热反应床，可使反应温度快速上升，从而提高反应速率；下部为盘管式换热器，管内以水（或蒸汽）作为冷（热）源，用来控制反应器温度，盘管外的间隙装填催化剂。通过控制反应器出口温度接近硫露点，从而使 H_2S 氧化成硫单质的化学平衡向生成硫的方向移动，达到提高硫回收率的目的。Clinsulf-DO 工艺流程如图 3-1-8 所示。

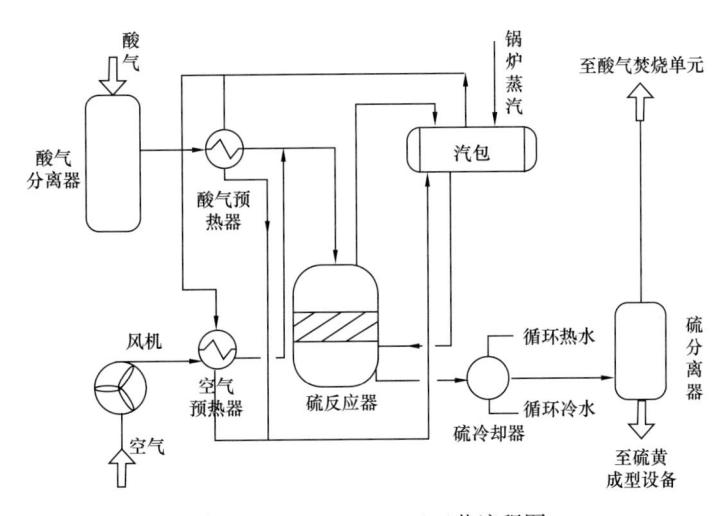

图 3-1-8 Clinsulf-DO 工艺流程图

中国石油长庆油田公司第一采气厂第一净化厂 2005 年引进 Clinsulf–DO 工艺，装置使用氧化钛基催化剂，设计平均硫回收率为 89%，实际平均硫回收率达到 94.85%。2007 年，Clinsulf–DO 工艺在中国石油长庆油田公司第一采气厂第二净化厂进行推广应用（戴玉玲，2009）。

二、液相氧化法

液相氧化法是重要的硫黄回收工艺技术之一，其特征主要是利用高价金属离子为液体催化剂吸收 H_2S，利用氧载体将 H_2S 转化为单质硫，并利用空气再生溶液后循环使用。液相氧化法具有脱硫精度高、能耗低的特点，适用于中小规模脱硫，主要代表性工艺有 Stretford 工艺和 Sulferox 工艺。

1. Streford 工艺

Streford 工艺（ADA 法）是由英国西北煤气公司和克兰顿－苯胺公司共同开发的一套气体脱硫与硫黄回收复合技术，是最典型的钒基工艺，于 1959 年进行工业生产装置应用（刘剑平，2000）。该工艺是用脱硫溶液选择性吸收原料气中的 H_2S，并将溶液中的 H_2S 直接氧化成单质硫，该工艺与 LO–CAT 工艺的主要区别在于生成的单质硫与溶液的分离方法不同，LO–CAT 工艺采用沉降分离，单质硫从容器底部分离出去；而 Stretford 工艺采用空气鼓泡，生成泡沫硫，泡沫硫从容器上部溢出至集硫罐，然后经过滤或离心作用形成饼状硫，从而完成硫黄的回收。

2. Sulferox 工艺

Sulferox 工艺是在 LO–CAT 工艺推出不久后，美国陶氏化学公司和壳牌公司联合开发的硫黄回收工艺。Sulferox 工艺采用 EDTA 为铁盐络合剂，但是未使用双络合系统，主要特点是 Fe^{2+} 的质量分数高达 4%，因而能降低溶液的循环量，还可以脱除有机硫，主要用于处理天然气净化厂和炼厂酸气。第一套 Sulferox 工艺装置于 1987 年建成，用于处理低压天然气。对于铁盐络合剂吸收 H_2S 的机理，国内外有多种不同的观点，各个机理存在很大差异。但是几种观点都认为，H_2S 与含羟基的螯合铁离子反应，且反应过程有高活性的中间产物生成。

第二节　尾气处理工艺

根据硫回收率和工艺路线的不同，尾气处理技术主要有还原吸收法尾气处理技术、低温克劳斯尾气处理技术、催化氧化尾气处理技术、氨法尾气处理技术、碱法烟气处理技术、湿法氧化尾气处理技术、有机胺可再生烟气处理技术及生物法尾气处理技术等。针对高含硫天然气净化装置，硫黄回收和尾气处理整体规模偏大，一般采用还原吸收法尾气处理技术。

一、SCOT 工艺

SCOT（Shell Claus Offgas Treatment）工艺是壳牌公司在 20 世纪 70 年代开发的尾气处理技术，自 1973 年实现了工业化应用以来，一直受到广泛重视，是工业应用最多的尾气处理工艺之一（Borsboom et al., 1992）。SCOT 装置由于工艺安全可靠，在各种进料及尾气流量范围下均可使用，净化后尾气 SO_2 排放浓度可以降低至 300μL/L 以下，是世界上装置建设数量最多、发展速度最快，并将规模和环境效益与投资效果结合最好的尾气处理工艺。

20 世纪 90 年代后涌现出很多新工艺，如串级 SCOT、LT-SCOT、Super SCOT 和 LS-SCOT 等工艺。

1. 常规 SCOT 工艺

常规 SCOT 工艺是还原吸收法尾气处理工艺的典型代表。常规 SCOT 工艺将来自硫黄回收装置的克劳斯尾气通过在线加氢燃烧炉加热并提供还原性介质，在加氢反应器内各种含硫组分被还原成 H_2S，然后经过急冷水降温、胺液吸收后焚烧排放，装置总硫回收率可以达到 99.8% 以上。

在温度为 280～300℃ 的条件下，常规 SCOT 尾气处理装置加氢反应器催化剂床层才能发生反应，以便实现所有硫化物向 H_2S 的方向完全转化。由于炼厂和天然气净化厂所具备的蒸汽条件一般无法将过程气加热到这样高的温度，而且加氢反应还需要提供还原性气体，虽然克劳斯高温热反应 CH_4 发生裂解产生 H_2，但是不能满足过程气中所有含硫化合物的加氢负荷，因此一般设置在线加氢燃烧炉来提供加氢反应器所需热源和氢源，由此造成操作复杂和运行费用增加，装置投资高（陈昌介等，2007）。

常规 SCOT 尾气处理装置工艺流程如图 3-2-1 所示，主要包括加氢还原系统、急冷水系统及尾气吸收与再生系统。

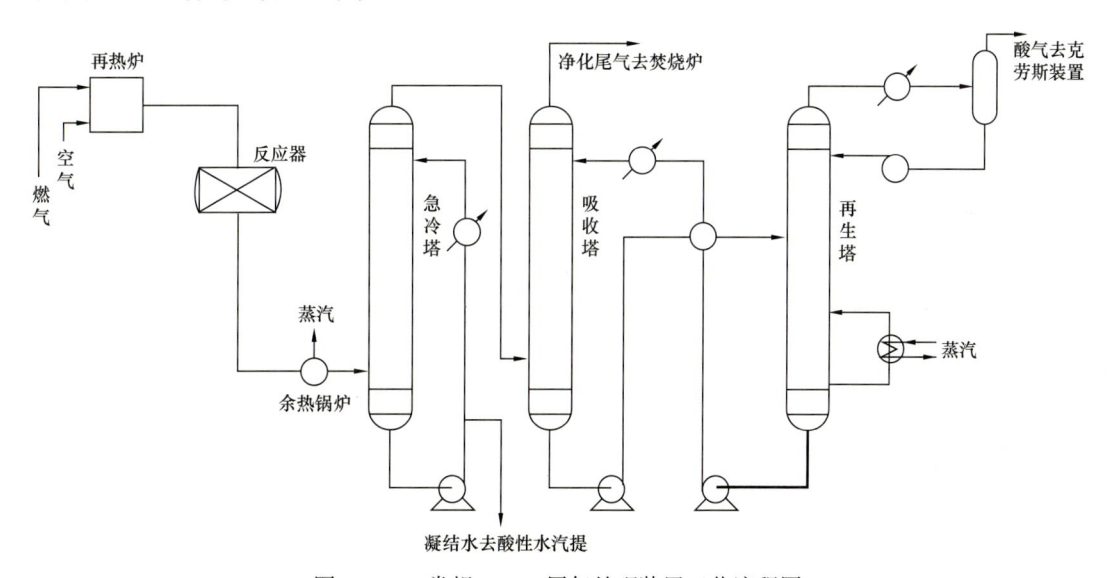

图 3-2-1 常规 SCOT 尾气处理装置工艺流程图

（1）加氢还原系统。

加氢还原系统包括在线加氢燃烧炉和加氢反应器两大部分。在线加氢燃烧炉分为两段，前段为加氢燃烧器，主要发生燃料气的次氧化燃烧生成还原性气体（H_2、CO）；后部为加氢燃烧炉，来自硫黄回收装置的克劳斯过程气与燃烧器产生的高温气体混合升温，达到加氢反应所需温度后送入加氢反应器。天然气净化厂的燃料气一般只含CH_4，烃类含量较少，在线加氢燃烧炉的空气配风为CH_4化学当量燃烧反应的75%左右；而对于炼油厂，其燃料气中可能含有C_2以上的烃类，为了防止积炭，会适当提高配风比，一般不低于CH_4化学当量燃烧反应的85%左右。

（2）急冷水系统。

急冷水系统主要包括余热锅炉和急冷水循环系统（由急冷塔、急冷水泵、换热器、过滤器等组成），加氢反应器反应后的尾气温度在320℃左右，通过设置余热锅炉将其热量回收产生低压蒸汽，并将尾气降温至170℃左右，然后进入急冷塔进一步降温至40℃左右后进入尾气吸收塔对尾气中H_2S进行吸收。同时，急冷塔的降温过程会将尾气中大部分水蒸气冷凝下来，与急冷水一起进入塔底，经急冷水泵外输至酸性水汽提单元处置。

（3）尾气吸收与再生系统。

尾气中的H_2S进入吸收塔进行吸收，富液通过再生塔解析后循环使用，再生后的酸气返回硫黄回收装置的克劳斯反应炉进行回收，脱除H_2S的尾气经焚烧炉燃烧后排放。还原降温后的尾气中CO_2含量通常为H_2S的10~20倍，在吸收塔内的操作条件下，总的吸收效率取决于质量传递。H_2S的吸收为气膜控制，CO_2的吸收为液膜控制，H_2S在醇胺溶液中的吸收速率要比CO_2快得多，只要选择适当的反应时间，即适当的传质单元数，就能使H_2S和CO_2适当分离，达到尾气净化和H_2S回收的目的（诸林，2008）。因此，选用适当的脱硫溶剂可增加对H_2S的选择性吸收，早期SCOT工艺采用DIPA溶液作为脱硫剂，目前脱硫溶剂大部分都采用选择性比较好的MDEA，可以对H_2S和CO_2进行选择性吸收，提高装置硫回收率。

2. 串级SCOT工艺

串级SCOT工艺是在常规SCOT工艺的基础上研发出来的尾气处理技术，在溶剂配方、溶剂再生方式及参数设计调整等方面做了改进，其工艺原理与常规SCOT工艺几乎相同，主要区别在于串级SCOT尾气处理装置省去了溶剂再生系统，尾气处理装置的溶剂进入脱硫溶剂系统，在脱硫装置的再生塔内进行再生。串级SCOT工艺已被证实是减少烟气SO_2排放量最行之有效的方法之一，是目前世界上装置建设最多、净化程度相对较好的尾气处理技术。而且与其他尾气处理工艺相比，串级SCOT工艺投资和操作成本较低，装置占地面积小，对克劳斯装置的适应性强，硫黄回收率高达99.8%，排放尾气中SO_2含量低于960mg/m³，符合现行环保对净化厂烟气排放的要求。

中国石化普光天然气净化厂尾气处理采用串级SCOT工艺并搭配常规二级克劳斯硫回收工艺技术，装置总硫回收率在99.9%以上；中国石化西南油气分公司的元坝天然气净化厂也采用串级SCOT工艺。以下以普光天然气净化厂为例，具体介绍串级SCOT工艺。

1）工艺特点

串级 SCOT 工艺特点如下：

（1）采用在线加氢进料燃烧炉发生氧化反应提供加氢反应所需的热源及还原气体（H_2、CO）。

（2）吸收塔的半富胺液作为天然气脱硫单元的半贫液与二级吸收塔的半富胺液合并后进入一级吸收塔进一步吸收后再生，节约全厂溶剂再生的蒸汽能耗。

（3）设置加氢反应器出口冷却器发生低压蒸汽回收单元的废热。

（4）尾气焚烧部分采用热焚烧工艺，将尾气及装置产生的废气中残留的硫化物在尾气焚烧炉内氧化成 SO_2，回收热量后排放大气以满足环保要求。该部分设置高压蒸汽过热器，回收焚烧炉产生的废热的同时将单元产生的高压蒸汽过热后送至系统管网。

2）工艺流程

尾气处理单元主要包括加氢系统、急冷水系统、尾气处理部分及尾气焚烧系统四部分，工艺流程如图 3-2-2 所示。

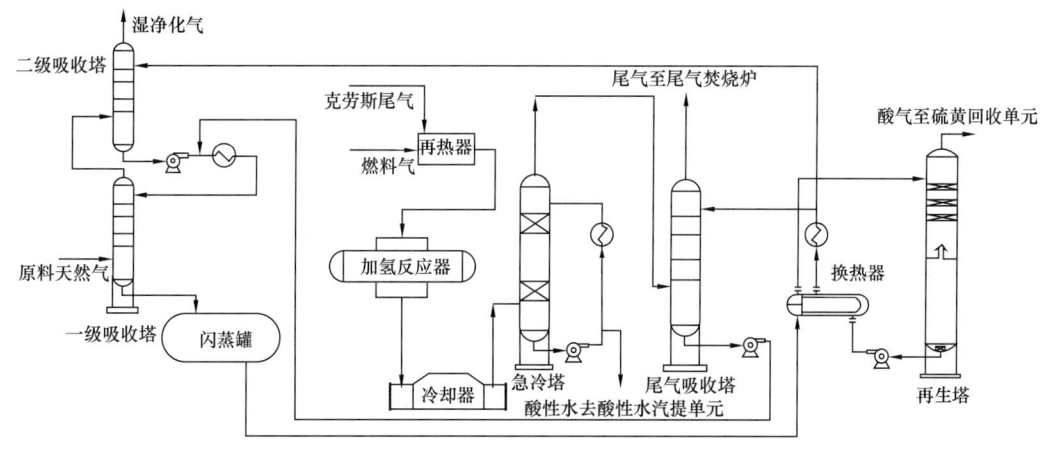

图 3-2-2 串级 SCOT 工艺流程图

（1）加氢系统。

来自硫黄回收单元的克劳斯过程气进入在线加氢进料燃烧炉，与加氢进料燃烧器中燃烧产生的还原性烟气混合，温度升至 250℃，然后进入加氢反应器发生加氢及水解反应，还原性烟气中含有反应所需的还原性气体（H_2、CO）。

加氢反应器内装填 Co/Mo 催化剂，普光天然气净化厂初期全部使用美国标准公司的 C-234 加氢催化剂，设计使用寿命 8 年，2009 年 10 月投入生产，随着催化剂寿命到期，性能下降，于 2013 年开始进行国产加氢催化剂工业应用试验，已更换的催化剂采用中国石化齐鲁分公司研究院开发的 LSH-02G 加氢催化剂。

（2）急冷水系统。

从加氢反应器出来的高温尾气经加氢反应器出口冷却器冷却后进入急冷塔下部，尾气在急冷塔中通过与急冷水直接逆流接触来降低温度，急冷塔底急冷水经急冷水泵升压及急冷水过滤器过滤后，通过急冷水空冷器及急冷水后冷器冷却至 39℃循环使用。

尾气中所含的反应产生的水蒸气在急冷过程中被冷凝下来，在经过急冷水过滤器过滤后被送至酸性水汽提单元（酸性水汽提塔解析）。急冷水中通常含有少量H_2S及碳酸盐，在上游加氢反应器操作波动时，SO_2可能穿透到急冷塔中与水中的H_2O发生反应生成H_2SO_3，造成急冷水pH值降低。因此，急冷塔底设置液氨注入设施以便控制急冷水的pH值。尾气处理装置急冷塔前还设置开工喷射器，用于开工前的系统升温和催化剂预硫化、停工前催化剂钝化以及烘干加氢进料燃烧炉衬里。

（3）尾气吸收部分。

尾气离开急冷塔顶（39℃）后进入尾气吸收塔，来自脱硫单元再生后的贫胺液经过尾气溶剂精过滤器过滤后进入尾气吸收塔，尾气中的H_2S气体在塔中几乎全部被贫液吸收，吸收塔顶经净化的尾气H_2S含量低于250μL/L，CO_2体积分数约为20%，然后自压进入尾气焚烧炉，燃烧后经烟囱排放至大气。

离开尾气吸收塔的半富液自吸收塔底经半富液泵送至脱硫单元主吸收塔，进一步吸收天然气中所含的酸性气体，富胺液在脱硫单元进行再生。

（4）尾气焚烧系统。

来自尾气吸收塔顶的尾气进入尾气焚烧炉，在焚烧炉内尾气与外补燃料气及空气混合燃烧，炉膛温度约为650℃，燃烧所需的空气由焚烧炉风机供给。尾气中剩余的H_2S和COS在尾气焚烧炉内进行燃烧并转化为SO_2，其他可燃物（如烃类、H_2及CO）也同时被完全氧化。离开炉膛的高温烟气进入尾气焚烧炉废热锅炉，通过发生3.5MPa等级的饱和蒸汽及过热中压蒸汽来回收热量。从废热锅炉流出的烟气最后经烟囱排入大气。除尾气吸收塔顶的尾气以外，单元中的其他工艺废气也送入尾气焚烧炉进行焚烧，包括来自胺液回收罐、酸性水回收罐和酸性水缓冲罐的放空气体，闪蒸气吸收塔顶气，液硫池抽射器出口气，来自末级硫冷凝器的尾气处理单元旁路尾气。

3. LT-SCOT工艺

LT-SCOT工艺即低温SCOT工艺，是一种新的尾气处理技术，其核心是新型低温加氢催化剂的应用，与常规SCOT工艺相比，LT-SCOT工艺大幅度降低了加氢反应器的入口温度，简化了加氢预热段的操作，采用再热器预热的方式代替了价格昂贵的在线燃烧炉和废热锅炉的使用，通过简化工艺流程，降低了装置能耗和设备投资，进一步提高了装置的稳定性和操作性，也体现了硫回收与尾气处理工艺高效与节能的发展趋势（李法璋等，2009）。

LT-SCOT工艺实际上是由一个还原部分和一个吸收部分组成。在还原部分，克劳斯尾气中的所有含硫组分在还原性气体H_2存在的情况下，在温度为220℃的条件下通过Co/Mo催化剂被完全转化为H_2S。吸收部分是用MDEA为溶剂的选择性吸收，加氢还原后的过程气进一步经溶剂吸收—解吸后，将H_2S循环回硫黄回收单元进行处理，未被溶剂吸收的气体经焚烧炉焚烧并回收热量后经烟囱排放。LT-SCOT工艺流程如图3-2-3所示。

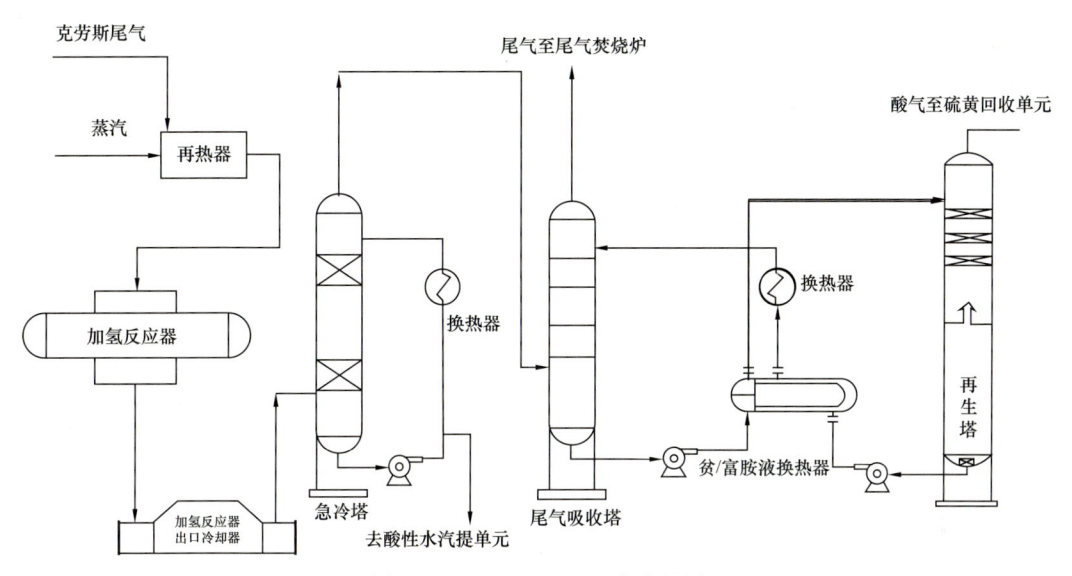

图 3-2-3　LT-SCOT 工艺流程图

常规 SCOT 装置中，进入加氢反应器前的克劳斯尾气需要经过在线燃烧炉被预热至 250℃以上，设置在线燃烧炉的目的除了预热克劳斯尾气，还为加氢反应提供还原性气体。LT-SCOT 工艺可以使加氢反应器的入口温度降低至 220℃左右，比常规 SCOT 工艺低了至少 30℃，因此该温度条件就可以使用中压蒸汽代替在线燃烧炉加热克劳斯尾气，而且与在线燃烧炉复杂的控制系统相比，使用蒸汽加热控制相对简单灵活，从而提升了装置的稳定性和操作性。同时，减少在线燃烧炉后就不再需要燃料气，总过程气的体积也相应减少。低温加氢反应器出口温度已经较低（220~260℃），出口需要降温的过程气总量减少，加氢反应器出口冷却器（余热锅炉）也就不再需要，急冷水系统设备尺寸、尾气吸收溶剂循环量等均相应减少，装置投资费用也可以相应节约。

由于 LT-SCOT 工艺需要配套采用低温加氢催化剂，加氢反应器的入口温度才可以降到 220℃左右。加氢反应为吸热反应，反应温度的降低，必然导致反应速率的下降，在空速较大的情况下，有机硫的水解率也会下降，从而导致总硫回收率下降，可能导致烟气 SO_2 排放不达标，因此在工业生产时，LT-SCOT 工艺要与克劳斯装置第一反应器装填 TiO_2 克劳斯催化剂进行搭配使用。TiO_2 克劳斯催化剂对有机硫的水解活性高，从而可使进入低温加氢反应器中的有机硫（COS 和 CS_2）含量降至最小，提升装置总硫回收率，确保装置烟气 SO_2 排放浓度达到标准。

4. Super SCOT 工艺

Super SCOT 工艺即超级 SCOT 工艺，是壳牌公司在常规 SCOT 工艺基础上进一步开发的提高尾气净化度和节能降耗的新工艺，该工艺可以将净化尾气中的 H_2S 含量降低至 10μL/L 以下，且能耗低于常规 SCOT 工艺。

Super SCOT 工艺与常规 SCOT 工艺相比，其主要区别在于采用两段再生和降低精（超）贫液温度。采用两段再生改善汽提效率而得到半贫液和超贫液，使贫液更"贫"而使蒸汽消耗降低，净化尾气中 H_2S 含量可以降低至 $10\mu L/L$ 以下，再生蒸汽消耗可下降 30%（颜廷昭，2000）。两段再生、两段吸收和降低贫液温度两种技术措施可以根据尾气 SO_2 排放要求单独使用或同时使用。

Super SCOT 工艺前部的加氢还原部分与常规 SCOT 工艺一样，来自克劳斯装置的尾气经加氢燃烧炉燃烧预热，在加氢反应器发生加氢及水解反应后经急冷水系统降温后进入吸收塔吸收 H_2S。由于进入吸收塔的净化尾气中 H_2S 含量和进入吸收塔顶的贫胺液中 H_2S 含量理论上处于相平衡状态，为了提高净化尾气的净化度，必须要提升贫液的再生质量，降低贫液中 H_2S 含量（赵日峰，2019）。其再生塔分为上、下两段，上段贫液进行浅度再生，再生后部分贫液返回再生塔下端继续深度再生，部分贫液送至尾气吸收塔中部作为吸收溶剂；再生塔下部贫液进行深度再生，再生后贫液送至吸收塔顶部；吸收塔底部的富液重返再生塔顶部（张黎等，2014）。Super SCOT 工艺流程如图 3-2-4 所示。

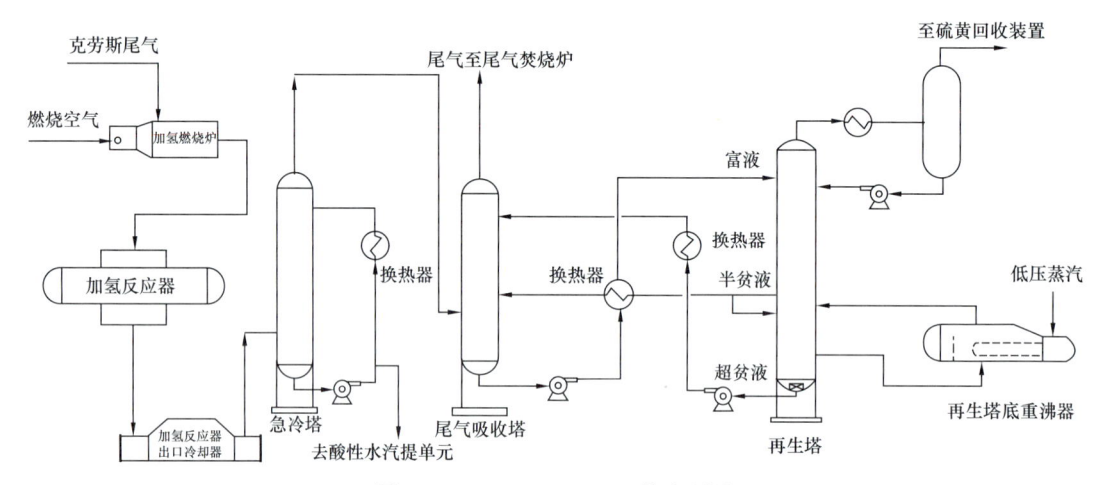

图 3-2-4 Super SCOT 工艺流程图

第一套 Super SCOT 工艺装置于 1991 年在台湾中油股份有限公司高雄炼油总厂建成投产，该工艺的总硫回收率达到 99.95%，净化尾气中 SO_2 排放浓度为 $143mg/m^3$（陈赓良，2016）。

二、LQSR 工艺

LQSR 尾气处理工艺即 LQSR 节能型硫黄回收尾气处理技术，由中国石化洛阳工程有限公司与中国石化齐鲁分公司在 LSH-02 低温尾气加氢催化剂成功开发的基础上，通过简化加氢反应器入口尾气的加热方式，使用装置自产的中压蒸汽对克劳斯尾气进行再热，从而联合成功开发的尾气处理工艺（高礼芳等，2018）。该工艺包括克劳斯制硫、尾气吸收及焚烧、溶剂再生和液硫脱气四部分。

来自硫黄回收装置的克劳斯尾气与外供 H_2 混合，以提供进行加氢反应的还原介质，再经尾气加热器用酸气燃烧炉余热锅炉产生的 4.4MPa 中压蒸汽加热至 220℃，还可以增设电加热器用作装置运行末期加氢反应初始温度的保证手段。加热后进入装填有低温加氢催化剂的加氢反应器，过程气中各种含硫化合物发生加氢反应或水解反应生成 H_2S，在

加氢反应器中 SO_2、硫与 H_2 的反应为放热反应，离开加氢反应器的尾气温度较高，需要经尾气处理余热锅炉回收热量并降温后进入急冷塔，尾气处理余热锅炉壳程产生 0.45MPa 低压蒸汽，过程气中的水蒸气被冷却分离，产生的急冷水通过急冷水泵送至酸性水汽提装置处理。急冷后的尾气进入吸收塔，在脱硫塔内与脱硫溶剂逆流接触，大部分 H_2S 和少量 CO_2 被吸收，吸收塔底的富溶剂送至溶剂再生装置进行再生。脱硫后的尾气进入尾气焚烧炉焚烧，焚烧后的烟气经中压蒸汽过热器和尾气焚烧炉余热锅炉吸收热量后，经烟囱排入大气。LQSR 尾气处理工艺流程如图 3-2-5 所示。

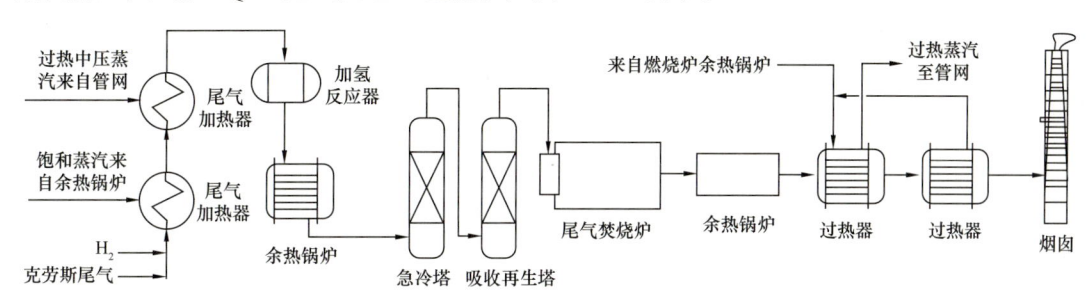

图 3-2-5　LQSR 尾气处理工艺流程图

中国石化九江分公司的 $2\times70kt/a$ 硫黄回收装置采用 LQSR 高效节能硫黄回收尾气处理工艺包，LS 系列硫回收及尾气加氢催化剂在该装置上也进行了工业应用。2016 年 6 月对装置运行情况进行系统标定，工业标定结果表明，装置各项参数运行正常，总硫回收率均在 99.95% 以上，未引入煤化工酸气时，排放尾气 SO_2 质量浓度在 $200mg/m^3$ 左右；煤化工酸气引入后，排放尾气 SO_2 质量浓度在 $300mg/m^3$ 左右（许金山等，2017）。

三、SSR 工艺

SSR（Sinopec Sulphur Recovery Process）工艺是中国在总结优化国外各种还原吸收法尾气处理工艺基础上自主研发的适合中国国情的尾气处理新工艺。其工艺原理与国外的常规克劳斯+SCOT 工艺、意大利 KTI 公司的 RAR 工艺、Siirtec NIGI SPA 公司的 H.C.R 工艺等相同，产品质量和尾气排放量相当，适用于石油化工、煤化工装置酸气中 H_2S 的回收利用。SSR 工艺自问世后就在国内得到迅速推广并进行工业化应用，取得了显著的经济效益和环保效益。

SSR 工艺采用外供氢源的方式代替在线加氢燃烧炉，一般与克劳斯工艺配套使用，加氢反应部位之后的工艺同常规 SCOT 工艺。克劳斯尾气经尾气加热器加热至 300℃后进入加氢反应器，在 Co/Mo 催化剂的作用下发生加氢反应和少量的水解，硫化物（SO_2、CS_2、COS 及 S_x）反应生成 H_2S。反应后的尾气进入蒸汽发生器，产生 0.35MPa 蒸汽并入低压蒸汽管网，带走尾气中部分热量后使尾气降温至 160℃进入急冷塔，经过急冷水的降温和冲洗，洗去部分机械杂质并降温至 40℃后送入吸收塔。在吸收塔内，H_2S 被脱硫溶剂吸收，含有少量残余 H_2S 的净化气至尾气焚烧炉焚烧后，通过烟囱直接排向大气，而吸收了 H_2S 的富胺液被送至胺液再生装置进行再生。

随着 SSR 工艺不断优化，新型催化剂不断深入开发，截至 2009 年，该工艺已经在中国150多套硫黄回收装置上工业应用，由于 SSR 工艺无在线加氢燃烧炉，更适用于有自产氢源的炼油厂。近年来，国内新建的硫黄回收装置大多采用 SCOT 工艺，已很少采用 SSR 工艺。

四、LS-DeGAS 尾气处理工艺

LS-DeGAS 尾气处理工艺是中国石化齐鲁分公司在 2013 年开发的降低硫黄尾气 SO_2 排放成套技术，该技术居于国内外硫回收技术前沿，引领了国内硫回收技术发展。技术内容包括高效有机硫水解催化剂、高效脱硫剂、独立的再生系统、降低吸收塔温度、合理处理液硫脱气废气及增加净化气净化塔等，使用该技术硫黄回收装置的 SO_2 排放质量浓度低于 200mg/m³，优化条件下低于 100mg/m³，具有工艺流程合理、投资低、易于实施的特点。

LS-DeGAS 尾气处理工艺主要包括加氢反应、急冷、吸收及再生、液硫脱气及尾气焚烧 5 大部分，其工艺流程如图 3-2-6 所示。来自硫黄回收单元的尾气与液硫池含硫废气混合加热后进入加氢反应器，加氢反应器内装填自主研发的低温耐氧高活性加氢催化剂，克劳斯尾气与液硫池含硫废气混合气中的含硫化合物在加氢反应器内发生加氢还原反应，经蒸汽发生器换热降温后进入急冷塔，与降温后的急冷水逆流接触降温后，进入尾气吸收塔使用高效脱硫剂将尾气中大部分 H_2S 吸收，再进入超净化塔使用弱碱溶液进一步吸收剩余的 H_2S，吸收完的净化气分为两股，大部分进入尾气焚烧炉燃烧后经烟囱排入大气，另外一股作为硫黄回收单元液硫池鼓泡用气，通过鼓风机引入液硫池进行鼓泡脱气，经蒸汽抽射器抽射后并入加氢反应器入口的克劳斯尾气管线。

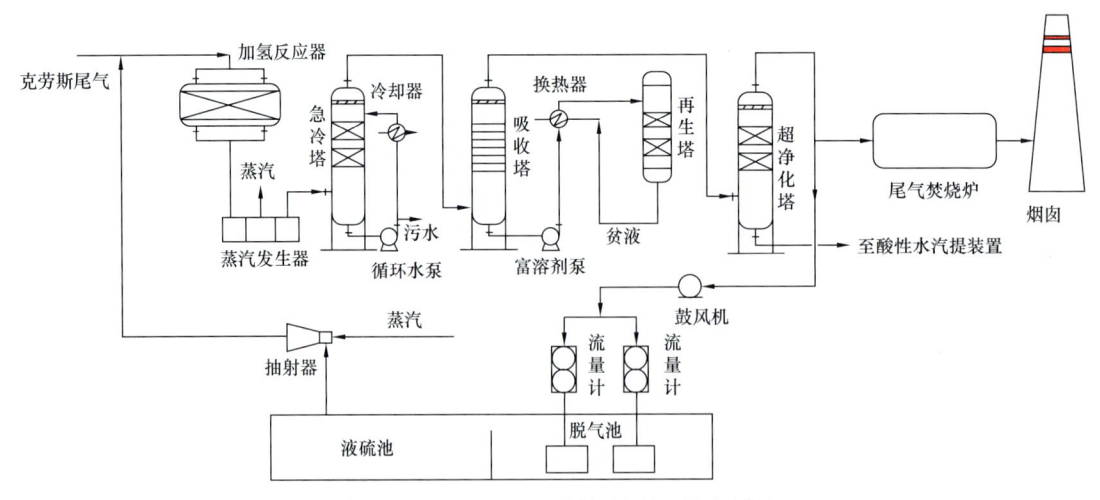

图 3-2-6　LS-DeGAS 尾气处理工艺流程图

为了保证脱硫效果，该工艺新增独立的溶剂再生系统，采用具有良好 H_2S 吸附和解析效果的进口高效脱硫剂 MS-300，运用常规汽提再生法，热源采用低压蒸汽（0.35MPa），酸气送回至硫黄回收装置。通过新增加冷冻机组，将尾气脱硫溶剂（贫胺液）冷却至 35℃ 以下，保证贫液对 H_2S 的最佳吸收效果（汪银宏，2019）。超净化塔内

可以通过调节弱碱液的 pH 值，将 CO_2 的共吸率降低至 1% 以下，整个体系最终消耗的 NaOH 溶液的量可近似于 H_2S 消耗的 NaOH 的量，因为净化气中的 H_2S 含量已经很低，碱液吸收塔的循环系统内需要补充的碱液量也相应很少，吸收 H_2S 后的废液进入酸性水汽提单元处理。在装置正常运行工况下，可以调节吸收液的 pH 值，做到吸收液零消耗；在装置异常工况下，净化气中 H_2S 浓度升高，吸收液 pH 值降低，设置联锁系统自动增加吸收液注入，实现自动控制，操作灵活（王开岳，2015）。

截至 2019 年，LS-DeGAS 尾气处理工艺已经在中国 70 余套工业装置应用，正常工况下烟气 SO_2 排放质量浓度可以达到 $100mg/m^3$ 以下，优化操作可以达到 $50mg/m^3$ 以下，而且有 10 余套装置没有前后碱洗，烟气 SO_2 排放质量浓度可以达到 $30mg/m^3$ 以下，满足了环保法规的要求。

五、其他尾气处理工艺

还原吸收法尾气处理工艺还有国外的 RAR、HCR，中国的 ZHSR 等，其原理均与 SCOT 工艺类似。

1. RAR 工艺

RAR（Reduction Absorption Recycle）工艺是意大利 KTI 公司开发的尾气处理工艺，是一种利用加氢还原反应使尾气中各类硫化物转化成 H_2S，再利用胺液选择性吸收循环的方法回收硫的工艺。该工艺通常与常规克劳斯分流硫黄回收工艺组合使用。该工艺的显著特点是反应器入口可以没有在线燃烧炉，利用反应器出口的热气流通过气气换热器来加热入口工艺气体（适合中小型规模装置）、尾气加热炉（适合大中型规模装置）或蒸汽加热器（适合低温加氢催化剂装置）；为了避免上游装置或加氢反应器的波动引起腐蚀，其急冷塔采用不锈钢材质，一般不加氨或碱，注氨仅作为临时调节手段（王开岳，2005）。

基于 RAR 工艺开发出来的 RAR MULTIPURPOSE 工艺，将酸气富集技术与克劳斯尾气处理技术相结合，适用于处理 H_2S 含量极低或含有克劳斯装置无法处理的杂质的原料。该工艺能够对硫黄回收装置的酸气原料进行富化和提纯，并对离开硫黄回收装置 RAR 段急冷塔的工艺气体进行脱硫处理。RAR MULTIPURPOSE 工艺能够在不进行酸气再循环的情况下，将酸气中的 H_2S 浓度提高 3 倍以上，而进行酸气再循环时可将 H_2S 浓度提高 10 倍以上。同时，可在正常流量的情况下降低碳氢化合物和硫醇的含量（Sala et al.，2009）。

2. HCR 工艺

HCR（High Claus Ratio Process）工艺是由意大利 Siirtec NIGI SPA 公司开发成功的尾气处理工艺。与常用的 SCOT 工艺相比，该工艺取消了在线加热炉的设置，改为利用制硫炉过程气和焚烧炉烟气的废热加热制硫尾气，以达到加氢反应的温度，既节省了投资，也充分利用了资源，同时取消在线加热炉也意味着将复杂的控制系统简化，加氢反应器入口温度仅需通过调节进入尾气加热器的蒸汽量就能实现。其核心是高克劳斯比例控制，即通过减少克劳斯燃烧空气，使过程气中 H_2S/SO_2 值（物质的量比）从常规的 2∶1 增加至 4∶1 以上，从而大幅度减少尾气中需要还原的 SO_2，使克劳斯热反应段产生足够

的 H_2 并在富 H_2S 条件下运行，从而不需要外供氢源（方联殷，2009）。

第一套规模为 1.5t/d 的 HCR 工艺装置于 1988 年在意大利建成投用，此后中国炼油厂也陆续引进该工艺。中海石油炼化有限责任公司惠州炼油分公司 1200t 惠州炼油项目硫黄回收装置于 2008 年引进 HCR 工艺，其制硫部分的规模为 2×30kt/a，尾气处理和液硫成型部分的规模为 60t/a。虽然理论上 H_2S/SO_2 值（物质的量比）为 2 可使克劳斯转化器内硫的回收率达到最大，然而在实际操作中，按 H_2S/SO_2 值（物质的量比）为 4 控制硫燃烧炉的配风，制硫部分 H_2S 的转化率仍维持了较高的 97.46%，达到设计要求。

3. ZHSR 工艺

ZHSR 工艺是中国石化镇海石化工程股份有限公司于 20 世纪 90 年代初开发的具有自主知识产权的硫回收技术。ZHSR 工艺采用"二级克劳斯 + 加氢还原—吸收"工艺，由二级克劳斯、尾气加氢还原—吸收和焚烧三部分组成。尾气加氢部分采用在线燃烧炉加热过程气并提供还原性气体，并采用溶剂两级吸收、两段再生技术，可以使净化尾气中的 H_2S 含量降低至 10μL/L，尾气焚烧炉采用热焚烧工艺，设多级空气配风并设置 O_2 分析仪，实现闭环控制，焚烧炉后烟气采用钠碱法脱硫专利技术，排放烟气中 SO_2 质量浓度可降低至 $10mg/m^3$ 以下（朱元彪等，2008）。

镇海炼化的第 7 套硫回收装置设计规模为 100kt/a，采用 ZHSR 硫回收工艺，于 2011 年 9 月开工，装置总硫回收率达到 99.95% 以上，烟气 SO_2 排放质量浓度低于 $200mg/m^3$。中国石化武汉分公司 80kt/a 硫回收装置也采用 ZHSR 硫回收工艺，2016 年 1 月开工，装置总硫回收率达到 99.99% 以上，烟气 SO_2 排放质量浓度低于 $100mg/m^3$。随着中国环保要求的提高，对硫黄回收装置的技术要求也越来越高，ZHSR 技术也不断完善，在此基础上相继开发出低硫排放的 LS-ZHSR 技术和超低硫排放的 LIS-ZHSR 技术（烟气钠法脱硫技术），ZHSR 及衍生工艺已经在中国 10 余家炼化企业工业应用。

第三节　高效催化转化技术

严峻的环保形势推动了制硫催化剂的快速发展，中国制硫催化剂的物化性能、活性和稳定性已全面达到进口催化剂的水平，甚至部分性能优于进口催化剂。中国制硫催化剂的研发机构主要为中国石化齐鲁分公司和中国石油西南油气田分公司天然气研究院，中国石化齐鲁分公司研究院开发的 LS 系列硫黄回收催化剂和中国石油西南油气田分公司天然气研究院开发的 CT 系列硫黄回收催化剂，其主要物化性能和技术指标与国外同类产品相当，有的品种达到了国际领先水平，且已代替进口催化剂在引进装置上使用，催化剂已实现国产化，取得了显著的经济效益和社会效益。

一、制硫催化剂开发与应用

根据硫黄回收装置工艺特点，普光天然气净化厂在"十三五"期间与中国石化齐鲁分公司开展了高效制硫催化剂和尾气加氢催化剂的开发研究和工业推广应用。

由于硫黄回收装置在高温热反应阶段的硫回收率只有60%~70%，因此使用高性能催化剂是提高装置总硫回收率的重要保障。几乎所有的制硫催化剂都具备催化H_2S和SO_2反应达到平衡的能力，普通的克劳斯催化剂单程硫回收率可以达到95%，性能优良的催化剂单程硫回收率可以达到97%。

优良的克劳斯催化剂的性能主要体现在催化活性高、强抗失活及抗老化能力、高的机械强度和抗磨耗能力、低气流阻力等。目前，工业上应用最广泛的克劳斯催化剂仍然是未加助剂的活性氧化铝催化剂。随着环保要求的日益严格，具有更好有机硫水解率和更稳定活性的TiO_2基催化剂被应用到工业装置中，TiO_2基催化剂即使在反应温度为300℃的条件下，对CS_2的水解率也可以达到90%以上，常规氧化铝克劳斯催化剂的CS_2转化率只能达到25%左右。由于TiO_2基催化剂价格昂贵，因此工业上一般采用TiO_2基催化剂与活性氧化铝催化剂级配的模式来提高有机硫水解率，单程硫转化率也随着提升，同时还可以降低采购催化剂的成本。

普光天然气净化厂2009年投产运行，投产时硫黄回收装置采用进口制硫催化剂，随着装置运行，逐渐出现催化剂性能下降、催化剂使用寿命到期，且进口催化剂采购周期长、价格昂贵等问题，为了确保装置的安全平稳运行，针对制硫催化剂进行技术攻关，以实现百亿立方米级净化厂安全、平稳、高效运行，并为同类装置提供理论指导和技术支撑。

通过对制硫催化剂的配方及制备工艺进行原始创新，研发出以Al_2O_3/TiO_2为主要成分的LS系列硫黄回收催化剂，整体性能全面达到（部分指标超过）国外克劳斯催化剂水平，国产化工业应用的制硫催化剂包括Al_2O_3基制硫催化剂（LS-02）、脱漏氧保护双功能制硫催化剂（LS-971）以及钛基制硫催化剂（LS-981G）。

1. 制硫催化剂的特性

LS-02催化剂是一种新型Al_2O_3基制硫催化剂，主要特点如下：催化剂外形为球形，流动性好，易于装卸；孔结构呈双峰分布，大于100nm的大孔体积占总孔体积的30%以上，有利于气体的扩散和元素硫的脱附；比表面积大于350m^2/g，具有较多的活性中心；压碎强度高，为催化剂长周期稳定运转提供保证；杂质含量低，Na含量小于0.2%（质量分数），水热稳定性好。

LS-971催化剂是一种高克劳斯活性和脱漏氧保护型双功能硫黄回收催化剂，可供硫黄回收装置任何一级克劳斯反应器全床层使用或与其他不同功能或类型的催化剂分层装填使用。在分层装填时，可将LS-971催化剂置于反应器床层的上部，至少占床层总体积的1/3以上，用以保护或减轻下面的Al_2O_3基催化剂因受工艺过程气中存在的漏氧影响而产生的硫酸盐化侵害，从而延长催化剂的使用寿命。而且脱漏氧的过程会产生大量的反应热，从而提高了反应温度，高温有利于有机硫的水解反应进行。

LS-981G催化剂是一种TiO_2基有机硫水解催化剂，主要以偏钛酸为原料，添加少量成型助剂，采用挤出成型工艺制备，催化剂中TiO_2含量一般在85%（质量分数）以上。该催化剂对有机硫化物的水解反应和H_2S与SO_2的克劳斯反应具有更高的催化活性，几近达到热力学平衡；对于 O_2 中毒不敏感，水解反应耐 O_2 中毒能力为 0.2%（体积分数），克劳斯反应时则高达 1%（体积分数），并且一旦排除了高浓度 O_2 的影响，活性几乎得到完全恢复；在相同的转化率条件下，允许更短的接触时间（约 3s），相当于空速为 $1000\sim1200h^{-1}$，因此可以缩小反应器体积。但是 TiO_2 基催化剂具有制造成本较高、孔体积和比表面积较小、磨耗大、抗积炭性能差等缺点，特别适用于过程气中有机硫含量较高的反应过程或者没有克劳斯尾气处理单元的硫黄回收装置，以提高硫回收率，减少硫的排放。

2. 制硫催化剂的装填

针对普光天然气净化厂实际工况，结合实验室评价数据，开发了转化器最佳级配装填工艺技术，制硫催化剂装填采用了以下级配方案：一级转化器上部 1/2 体积装填 LS-971 脱漏氧保护双功能催化剂，下部 1/2 体积装填 LS-981G 有机硫水解催化剂；二级转化器全部装填 LS-02 新型 Al_2O_3 基制硫催化剂，一级转化器和二级转化器的催化剂装填方式如图 3-3-1 和图 3-3-2 所示。该级配方案与 SCOT 尾气处理技术配套使用，可以将硫黄回收装置的总硫回收率提升到 99.96% 以上，实现了硫黄回收装置运行水平全面提升（胡良培等，2020）。

图 3-3-1　一级转化器制硫催化剂装填方式

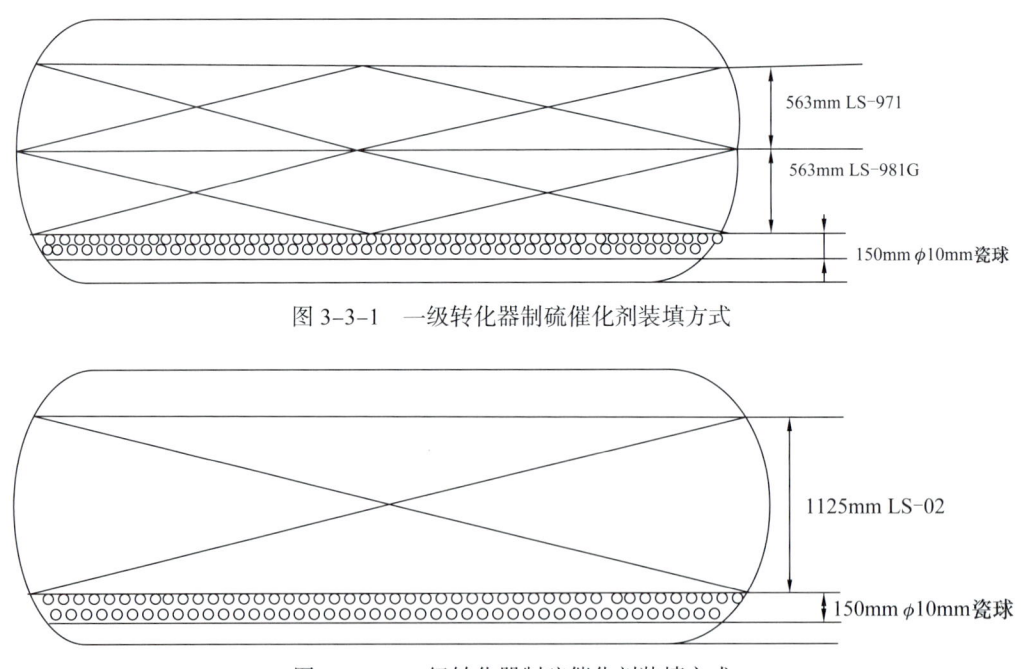

图 3-3-2　二级转化器制硫催化剂装填方式

二、尾气加氢催化剂开发与应用

在传统的克劳斯 +SCOT 工艺中，加氢段使用的常规加氢催化剂以 $\gamma-Al_2O_3$ 为载体，以 Co/Mo 或 Mo/Ni 为活性组分，催化剂床层操作温度高，一般为 300～330℃，加氢反应器的入口温度一般控制在 280℃ 以上，装置能耗较高。为降低装置运行能耗，简化加氢反应段再热操作，减小加氢反应器下游段冷却器热负荷，普光天然气净化厂联合中国石化齐鲁分公司开发了 LSH-02 系列低温尾气加氢催化剂。通过开展 LSH-02 系列低温尾气加氢催化剂对天然气净化厂硫黄回收装置工艺和过程气的适应性研究，跟踪分析原装填催化剂（C-234 催化剂）在使用过程中各项性能的变化规律及存在的问题，进行了 LSH-02 系列催化剂和 C-234 催化剂的对比评价。两种催化剂的物性参数见表 3-3-1。

表 3-3-1　C-234 催化剂和 LSH-02 系列催化剂物性参数对比

物性参数	C-234（进口）	LSH-02（国产）
外观	蓝灰色三叶草条	蓝灰色三叶草条
规格 /mm	$\phi 3\times(5\sim 10)$	$\phi 3\times(3\sim 10)$
强度 /（N/cm）	≥150	≥150
磨耗 /（m/m）	≤0.5	≤0.5
堆密度 /（g/mL）	0.5～0.8	0.5～0.6
比表面积 /（m²/g）	≥200	≥300
孔体积 /（mL/g）	≥0.35	≥0.4
活性组分	Co-Mo	Co-Mo-助剂

LSH-02 系列催化剂具有以下特点：活性组分分布均匀，孔结构合理，加氢活性高、有机硫水解活性高、活性稳定性好；催化剂侧压强度高，抗工况波动能力强，使用寿命长；具有较好的低温加氢活性和有机硫水解活性，可以降低反应器的入口温度、降低装置能耗。

通过在普光天然气净化厂工业应用结果表明，LSH-02 系列催化剂在温度为 220℃ 的条件下，SO_2 加氢活性达到 100%，CS_2 水解活性达到 99%；C-234 催化剂在温度为 240℃ 的条件下，SO_2 加氢活性为 100%，CS_2 水解活性为 98%，LSH-02 系列催化剂的低温活性（特别是低温水解活性）明显优于 C-234 催化剂。同时，LSH-02 系列催化剂还具有良好的抗积炭性能，可满足过程气含烃的使用要求。

第四节　液体硫黄质量控制技术

工业液体硫黄（简称液硫）质量控制指标主要包括硫含量、水分、灰分、酸度、有机物、砷、铁等，按照各项目不同指标范围将产品分为优等品、一等品、合格品三个等级，由于高含硫天然气的酸气中 H_2S 浓度高、杂质少，因此工业上为了确保液硫产品质量达标，保障安全加工或运输，在液硫输出装置前主要采取脱除 H_2S 的措施（即液硫脱气）控制液硫产品质量，确保液硫中 H_2S 含量低达标（王淑娟等，2008；马崇彦，2018；刘宗社等，2019）。

一、液硫脱气原理

1. 液硫中 H_2S 的溶解度

硫黄回收装置过程气中的硫蒸气经各级硫冷凝器冷却后，产生的液硫进入液硫池进行脱气，合格后外输。各级硫冷凝器冷凝的液硫均含有不同浓度的 H_2S，H_2S 的含量取决于不同的操作条件，过程气在各级硫冷凝器中的温度、停留时间、H_2S 分压均有差异。操作温度较高的一级硫冷凝器中冷凝的液硫中 H_2S 含量高于二级、三级硫冷凝器冷凝下来的液硫，各级硫冷凝器产生的液硫中 H_2S 含量见表 3-4-1。

表 3-4-1 直流法二级常规克劳斯工艺中液硫中 H_2S 的含量

项目	一级硫冷凝器	二级硫冷凝器	三级硫冷凝器
H_2S 含量 /（μg/g）	500～700	180～280	70～110

H_2S 在液硫中的溶解度与常规情况不一样，在较高的温度下反而溶解得多，主要是由于 H_2S 在液硫中除了物理溶解，还与硫生成了 H_2S_x（x 在 2～8 之间），H_2S_x 是硫与 H_2S 发生平衡反应生成的一种弱键聚合硫化物。H_2S 的溶解度与温度关系如图 3-4-1 所示。

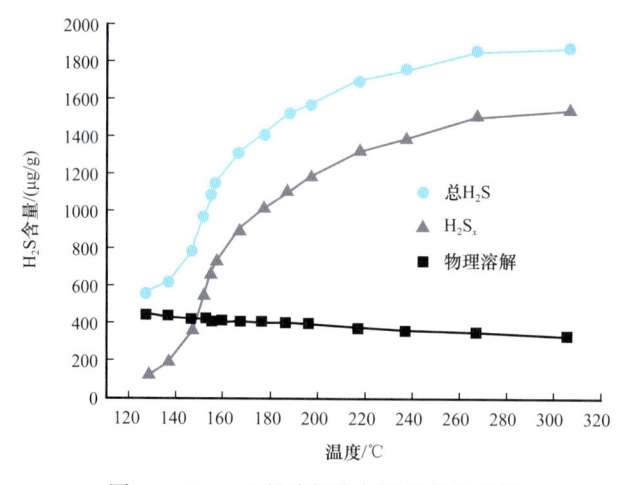

图 3-4-1 H_2S 的溶解度与温度的关系图

2. H_2S_x 的分解

H_2S_x 在液硫中分解为液硫和 H_2S，其反应过程进行得很缓慢，分解得到的 H_2S 通过物理吸附的方式进入气相。因此，液硫脱气包括不溶性 H_2S 的释放和 H_2S 分解两部分，可通过液硫搅拌以增加液硫中 H_2S 释放的速度。通常掌握 H_2S 的浓度和 H_2S 与 H_2S_x 的比例对于液硫脱气非常重要，因为新生成的液硫中含有的硫化物主要以 H_2S_x 的形式存在，12h 以后，液硫中的 H_2S 和 H_2S_x 基本达到平衡（150℃时两种硫化物的含量基本相同）。

为了促进 H_2S_x 的分解，也可以使用催化剂。最常用的催化剂是气态氨，也可以使用铵盐和有机氮化物。

二、液硫脱气工艺

根据不同的液硫脱气原理,国内外研究开发和工业应用的液硫脱气工艺主要有 LS-DeGAS 脱气工艺、Shell 脱气工艺、Exxon Mobil 脱气工艺、BP/Amoco 脱气工艺、D'GAASS 脱气工艺、HySpec 脱气工艺、SNEA 脱气工艺及 MAG 脱气工艺,上述 8 种工艺在设计工况条件下均可将液硫中 H_2S 含量脱除至 15μg/g 以下。高含硫天然气净化厂主要使用循环喷射工艺、液硫鼓泡工艺及喹啉催化脱气工艺等进行液硫脱气。

1. 循环喷射工艺

循环喷射工艺即机械搅拌脱气工艺,是美国 B&V 公司开发的硫黄回收装置工艺包内的液硫脱气工艺。该工艺流程简单且不需要添加任何化学试剂,脱气的工艺原理是降低液硫温度、机械搅动和降低 H_2S 分压,通过喷射器加速液硫在液硫池内部的搅动,同时利用锅炉水与抽射出来的液硫进行换热来降低液硫温度,并通过抽射器将液硫中解析到气相中的 H_2S 以及其他废气引入尾气焚烧炉焚烧,从而降低液硫池气相空间的 H_2S 分压、促进液硫中溶解的 H_2S_x 转化成 H_2S,最终降低 H_2S 在液硫中的溶解度。循环喷射工艺流程如图 3-4-2 所示。

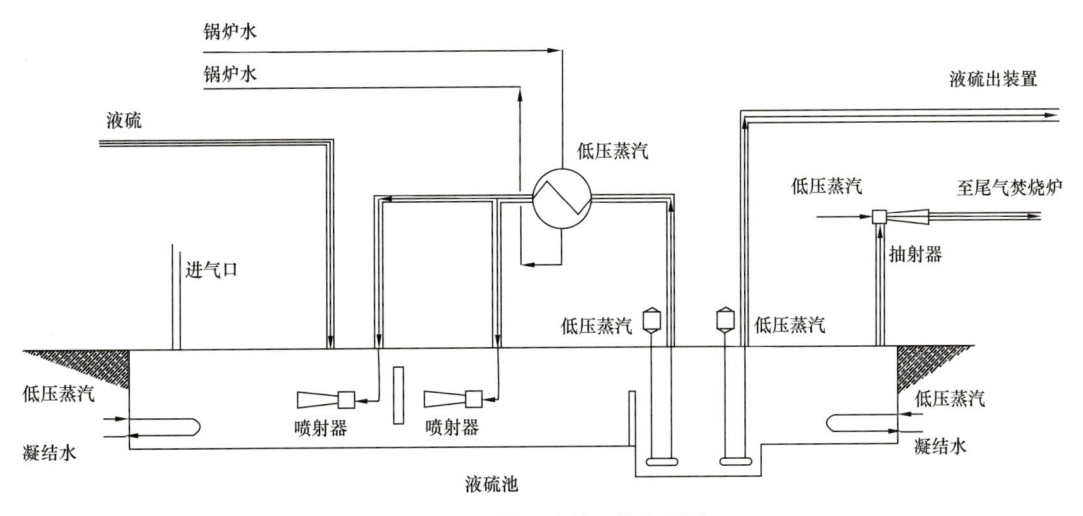

图 3-4-2 循环喷射工艺流程图

普光天然气净化厂的硫黄回收装置液硫池脱气原设计使用的是循环喷射工艺,为中国首次引进,国内外均无成功运行经验,在脱气工艺配套设施的设计方面无成熟经验。由于该厂原料气高含硫(H_2S 体积分数为 14%~18%)且处理量大,单列处理量为 $300×10^4 m^3/d$,其硫黄回收装置处理规模较大、液硫停留时间短等,单形式液硫脱气工艺无法满足脱气达标要求,自开工以来硫黄回收装置运行负荷一直保持在 80%~100%,液硫池外输至硫黄成型或液硫罐区的液硫多次出现 H_2S 含量偏高的问题;同时受硫黄冷却器及液硫循环管线泄漏的影响,各装置逐渐停运循环喷射工艺。

2. 喹啉催化脱气技术

采用催化剂进行液硫脱气可促进多硫化物的分解，反应速率快，是液硫脱气技术最早发展的技术之一。NH_3作为使用较多的催化剂，通过向液硫中注NH_3来分解H_2S_x，最后液硫中的H_2S含量可脱至15μg/g左右。但NH_3消耗量较大（液硫中NH_3浓度通常控制为10μg/g），易与H_2S形成铵盐，造成抽气喷射器堵塞，引发液硫系统管线及设备的腐蚀，同时NH_3会污染产品，使固体硫黄变脆，导致粉尘污染加剧，因此逐渐被淘汰。

喹啉作为催化剂进行液硫脱气，在国外应用较早，中国石油大连西太平洋石油化工有限公司和中国石化石家庄分公司都曾使用喹啉进行液硫脱气，但未对液硫中H_2S进行分析，无相关工业脱气效果应用数据。喹啉能随水蒸气蒸发，具有一定的碱性，微溶于水，能与多种有机溶剂混溶。喹啉加入量少，只要加入10μg/g左右就可将液硫中的H_2S含量降至15μg/g，且不存在堵塞和腐蚀问题。

喹啉脱气工艺有以下两个关键因素：

（1）喹啉加注点。

依据国内外现有催化脱气工艺流程设计经验以及低催化剂加注浓度、较高催化效率的原则，喹啉催化剂加注点一般设置在液硫循环泵出口。喹啉自加注泵进入液硫管线，与循环泵出口液硫混合后，进入液硫池。喹啉与液硫混合物在循环泵出口压力作用下通过喷射器，在喷射器搅动作用下，喹啉呈分散雾状喷入液硫池，催化剂与液硫的接触面积大大增加，催化脱气效果增强。由于液硫管线为夹套管线，在管线开孔施工复杂、作业难度大，为此，开孔点选择在出口管线四通的盲盖位置。为防止装置停工、喹啉停止加注时液硫进入喹啉管线，凝固后堵塞加注管线，在喹啉加注管线末端设置止回阀，止回阀与液硫管线之间距离最短，并对加注管线进行保温。

（2）喹啉罐氮封系统。

喹啉为有毒有害化学品，可通过吸入、食入和经过皮肤侵入人体，喹啉蒸气对鼻、喉有刺激性，吸入后引入头痛、头晕、恶心，对眼睛、皮肤有刺激性，食入人体后会刺激口腔和胃，同时，喹啉对环境有危害，易造成水体污染。因此，设计过程中应考虑喹啉加注系统的密封性能。

喹啉浸入环境的渠道主要通过喹啉加注罐顶部的放空口，国内部分炼化企业的喹啉加注罐顶部会设置呼吸阀，用以保持罐内压力平衡，储存过程中，喹啉蒸发进入大气，严重影响操作人员的身心健康。天然气净化厂在进行设计时，需要在喹啉加注罐顶部设置氮封系统，氮封压力设定为0.35MPa，系统超过设定压力时，多余气体通过自力式调节阀放空进入低压火炬系统。

在确定喹啉加注点、喹啉储罐、加注泵等关键技术要点后，设计喹啉加注的工艺流程如图3-4-3所示。加注流程主要包括卸料泵、喹啉储罐、氮封系统、计量加注泵及相关附属管线、阀门等。新喹啉经泄料泵泵入喹啉储罐，经储罐底部的两个计量泵增压后，注入液硫管线。与液硫循环泵出口液硫混合后，进入液硫池。喹啉与液硫混合物在循环泵出口压力作用下通过喷射器，在喷射器搅动作用下，喹啉呈分散雾状喷入液硫池，催化剂与液硫的接触面积大大增加，催化脱气效果增强。

2011年，在现有脱气工艺及相关附属设施的基础上，开展了喹啉脱气技术先导性试验。工业应用结果表明，喹啉作为一种液硫脱气催化剂，可与液硫中H_2S_x反应，生成H_2S，再通过汽提、机械搅动等方式自液硫中析出。受天然气净化厂液硫池停留时间、无汽提气等实际条件限制，喹啉加入工业装置中，液硫中H_2S_x转化为H_2S，由于无法及时析出，被带入液硫产品中，呈现分析结果中H_2S含量增加的现象。如果采取延长液硫的停留时间或增加汽提气等措施，液硫中残留H_2S含量可能会达到降至15μg/g以下的效果。

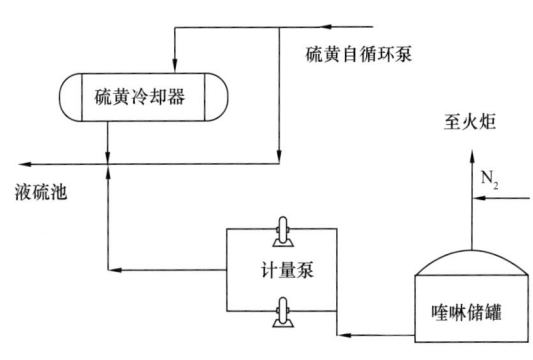

图3-4-3 喹啉加注的工艺流程图

3. 液硫鼓泡工艺

液硫脱气工艺的关键因素如下：一是加速H_2S_x分解为H_2S；二是在受控条件下释放出H_2S或直接氧化为单质硫。液硫温度、脱气停留时间和搅拌程度均为脱气效率的关键影响因素，而使用催化剂可进一步提高液硫脱气效率。使用空气作为脱气介质，由于O_2的存在可促进H_2S_x直接氧化为单质硫的反应发生，液硫池系统处于微负压运行状态，H_2S不易外漏；同时，空气能使液硫池气相空间保持氧化态，防止生成易自燃的FeS，减少发生爆燃的可能性；此外，空气廉价易得。因此，空气是比CO_2、N_2等惰性气体更为理想的脱气介质。为确保硫黄成型单元或液硫罐区的液硫品质，降低因H_2S挥发造成安全事故的可能性，对硫黄回收装置的液硫池脱气工艺进行空气鼓泡脱气研究。

1）空气鼓泡脱气安全风险防控

针对空气鼓泡脱气过程中存在的安全风险，保证液硫脱气效果，考虑以下几个要点：

（1）液硫池着火监控。

浸没在液硫池液面以下的热电偶不能测量表面着火处的温度，在液硫池气相空间设置温度监测仪表或SO_2分析仪，可迅速指示液硫池硫黄着火事故。考虑SO_2分析仪价格昂贵，对运行条件要求苛刻，设计时考虑在气相空间设置温度热电偶用以监测火灾情况；同时，在液硫池顶部设置消防蒸汽，当火灾发生时，立即切断系统的压缩空气供应，通入消防蒸汽，保持系统内处于正压状态，防止空气渗入。

（2）安全联锁逻辑。

在空气鼓泡液硫脱气工艺中，存在的异常状况主要包括液硫池着火、硫黄回收单元停车或更高级别停车两种。当上述两种状况发生时，如液硫脱气系统继续运行，则空气鼓入液硫池或液硫池内气体溢出，会使得火灾蔓延或人员中毒。因此，应考虑设置安全联锁逻辑，当监测液硫池温度超过报警值或硫黄回收单元及更高级别装置停车时，立即切断鼓泡空气，停运脱气装置。

（3）鼓泡空气连续性。

在整个操作周期中必须不间断地保持鼓泡空气和吹扫空气的流动，即使在无液硫排出的情况下也应如此。为避免在设备发生故障或管线因液硫冷凝而被堵塞时影响空气脱气系统的运行，鼓泡空气应保持连续供应（如采用风机供气，则风机应设置备用机组），在设备发生故障时，应考虑利用紧急自然引风放空系统。

（4）夹套蒸汽压力。

空气鼓泡脱气装置中，有两处需要使用夹套蒸汽：一处用于液硫伴热；另一处用于加热鼓泡空气。伴热蒸汽压力设计应足以维持管线液硫温度，防止液硫发生凝固，且蒸汽压力不应过高（不应超过5.1MPa），避免液硫温度过高而难以输送，导致液硫泵效率降低，并影响脱气效果。加热鼓泡空气应足以将空气加热到一定温度（不低于138℃），与液硫池内液硫温度相近，避免冷空气鼓入后，遇液硫凝固，堵塞喷射孔，影响脱气效果。

2）脱气工艺优化

（1）鼓泡空气来源确定。

鼓泡空气宜采用压缩空气。压缩空气共有净化风、非净化风和联合装置风机排风3种。净化风和非净化风来自空气分离装置空气压缩站系统管网，进入联合装置后温度较低，加热到138℃能耗较高；联合装置克劳斯风机排风温度为107.7℃（正常），加热到138℃能耗较低，且克劳斯风机排风管线距离液硫池较近，改造流程短、成本小。每套硫黄回收装置设置克劳斯风机两台，一用一备，考虑鼓泡空气的连续性需求的特点，鼓泡空气接入口设置在两台风机排风出口汇管上。

（2）鼓泡空气加热系统确定。

克劳斯风机排风温度为107.7℃，与要求鼓泡空气温度（138℃）之间有30.3℃的温差，因此必须设置空气加热系统，以保障鼓入液硫的空气温度。考虑低压蒸汽来源丰富，接入简单，且低压蒸汽压力为0.4MPa，温度为150℃，可以满足加热需求，因此自就近低压蒸汽服务站接入鼓泡空气夹套管。经过热力计算，将流量为1264kg/h的压缩空气自107.7℃加热至138℃，至少需要约20m加热距离，为避免蒸汽参数波动或风量波动影响入池温度，设置10m预留蒸汽夹套加热管。

（3）鼓泡脱气系统联锁设置。

根据安全风险分析结果，当发生液硫池着火、硫黄回收单元停车或更高级别停车时，必须立即切断鼓泡空气，停运脱气装置。因此，设计联锁逻辑如下：

① 当液硫池气相空间温度达到165℃时，发出高温报警；当温度达到200℃时，触发鼓泡空气入液硫池管线调节阀关闭。

② 当硫黄单元发出停车信号或更高级别停车信号发出时，触发鼓泡空气入液硫池管线调节阀关闭。

（4）空气喷射系统设置。

为确保空气与液硫的充分接触，提高液硫脱气效果，在液硫池底部设置3条空气鼓泡管线，每条管线底部和两侧各设置一定数量、特定直径的喷射孔，在保证空气鼓入流量的同时，确保喷射效果和与空气的充分接触。

（5）总工艺流程开发。

压缩空气自克劳斯风机引出后，进入空气管线，经蒸汽夹套升温至138℃后，分两路分别进入液硫池。一路经过流量控制调节阀进入液硫池一区底部，然后通过3条鼓泡管线底部及两侧具有特定直径的孔鼓入液硫池；另一路经过流量调节阀进入液硫池二区底部，通过池底3条鼓泡管线底部及两侧具有特定直径的孔鼓入液硫池。空气与液硫接触，将液硫中的H_2S气提析出，同时空气中的O_2与H_2S和H_2S_x反应生成硫单质。

普光天然气净化厂液硫脱气工艺建立在原有的循环喷射工艺基础之上，保留原有的循环喷射工艺流程。空气鼓泡工艺优化后，通过控制液硫池鼓泡空气流量，可以有效地将液硫中的H_2S脱出。但是为了确保液硫脱气达到设计标准，采取空气鼓泡与循环喷射组合的最佳脱气方式（图3-4-4）。该组合工艺在普光天然气净化厂投运后，与循环喷射工艺相比，脱气效果显著，液硫中H_2S质量分数最高为9.10×10^{-6}，最低为1.59×10^{-6}，平均为5.66×10^{-6}；而且该组合工艺基本无转动设备，耗能介质少，生产运行成本低，为国内同类装置的液硫脱气提供了一种新方法。

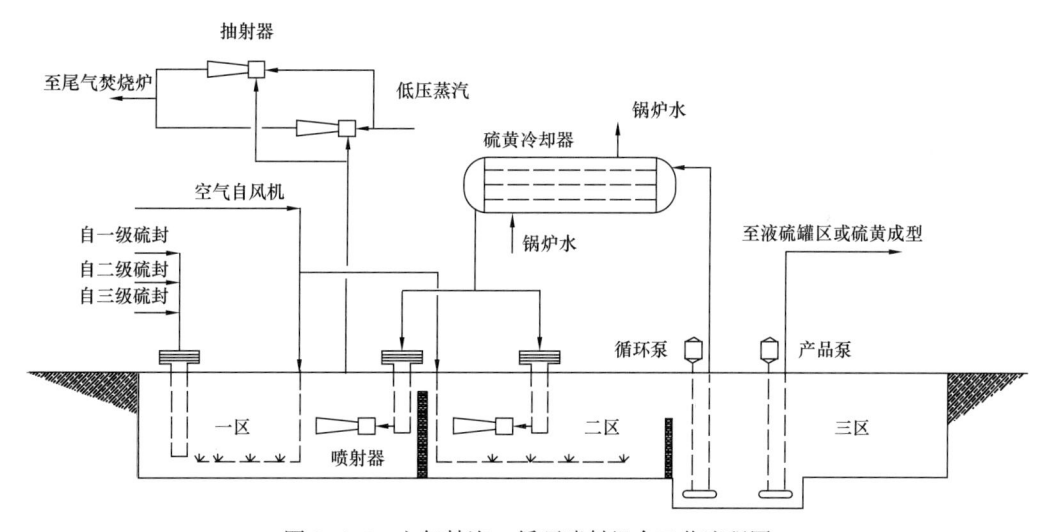

图3-4-4 空气鼓泡+循环喷射组合工艺流程图

第五节 废气排放控制技术

中国石化普光天然气净化厂设计使用的是两级常规克劳斯回收工艺和低温SCOT尾气处理工艺，液硫池脱气采用空气鼓泡+循环喷射组合工艺，含硫废气经低压蒸汽抽射器引入尾气焚烧炉进行燃烧。为了响应国家绿色环保的号召，进一步提升硫黄回收装置总硫回收率，降低烟气SO_2排放浓度，普光天然气净化厂针对自身装置特点和物料特性，开展了液硫池含硫废气回收工艺及热氮吹硫停工废气处理工艺等一系列废气排放控制技术改造，实现含硫废气资源回收。

一、液硫池废气回收技术

硫黄回收单元液硫池采用低压蒸汽抽射器，将液硫池废气引入尾气焚烧炉，对烟气 SO_2 浓度贡献值为 $100\sim200mg/m^3$。液硫池含硫废气成分包括 N_2、O_2、H_2S、硫蒸气、水蒸气等，总量为 $1666m^3/h$。

为了进一步提高硫回收率，降低烟气 SO_2 排放，实现液硫池含硫废气资源化回收利用，对液硫池废气工艺开展了工艺优化。具体如下：增加空气加热器，对克劳斯燃烧空气进行加热，利用中压蒸汽抽射器将液硫池废气引入克劳斯炉风线，进而将液硫池含硫废气引入克劳斯炉进行回收利用。液硫池废气入克劳斯炉工艺改造流程如图3-5-1所示。

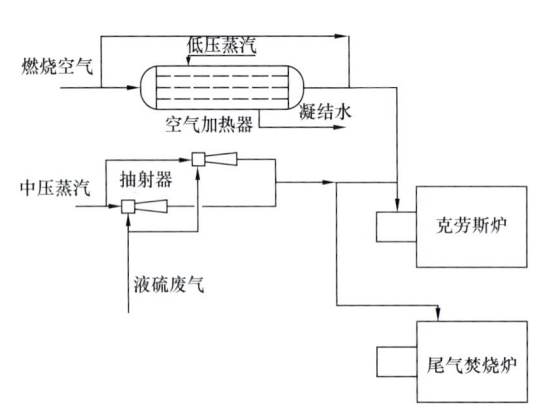

图 3-5-1 液硫池废气入克劳斯炉工艺改造流程简图

1. 废气注入技术

废气注入克劳斯炉有两种方式：第一种是克劳斯炉体注入技术，克劳斯炉体开孔，将废气直接注入克劳斯炉体；第二种是风线注入技术，克劳斯燃烧空气管线开口，将废气与燃烧空气混合，作为克劳斯燃烧空气的一部分。考虑克劳斯炉体注入技术影响克劳斯炉温度、消耗过程气氢原子、影响加氢系统效率、窜压风险高等，选择风线注入技术更加合理，但是必须克服注入口硫粉堵塞问题。

2. 风线防堵技术

为防止废气注入风线，硫蒸气冷凝堵塞注入口，引发装置停车风险，开发燃烧空气加热技术，将燃烧空气加热至硫蒸气凝固温度以上。选择投资少、形式简单的固定管板换热器，利用装置自产低压蒸汽，将燃烧空气加热至135℃，避免了硫蒸气凝固堵塞注入口，同时提升了克劳斯炉燃烧效果和温度。

3. 高效蒸汽抽射技术

将废气引入克劳斯炉，可选择风机增压或抽射器增压。液硫池废气含 H_2S，腐蚀性强；含硫蒸气，容易堵塞风机叶轮；动设备故障频率高等。考虑以上因素，优选蒸汽抽射器作为动力。

利用装置自产 3.5MPa 中压蒸汽为动力，最大限度优化管线路由，降低压力损耗，节约蒸汽消耗，设计高效蒸汽抽射器，废气抽射能力达到 $3000m^3/h$，出口压力为 80kPa。

通过对液硫池废气工艺进行改造，液硫池投用循环喷射工艺和空气鼓泡组合工艺，采用中压蒸汽抽射器，将液硫池废气全部引入克劳斯炉，大幅度降低了烟气 SO_2 排放浓度，100% 负荷工况下，烟气 SO_2 排放平均浓度为 $103mg/m^3$，减排绝对值为 $115mg/m^3$，降幅为 55%。创新设计的 20×10^4t 级硫回收装置"中压抽射 + 风管注入 + 空气预热"液硫池废气治理工艺，烟气 SO_2 浓度下降55%，单系列年度减少 SO_2 排放量约156t，增加硫黄产量约78t，已经在普光天然气净化厂12列装置全面推广应用，环保效益十分显著。

二、热氮吹硫停工废气处理工艺

硫黄回收装置正常运行期间，过程气组分主要包括硫蒸气、H_2S、SO_2、CO_2 和水蒸气等。硫黄回收装置停工后，为彻底吹扫干净装置内的硫黄、钝化 FeS，避免降温后的固体硫黄堵塞催化剂床层，降低停工检修期间设备内部发生自燃的情况，需对硫黄回收单元进行吹硫、钝化操作。吹硫、钝化过程产生的含硫物质均通过尾气焚烧炉燃烧后排放，造成大量含硫废气直接进入大气。

硫黄回收装置的吹硫、钝化操作一般采用"燃料气当量燃烧吹硫 + 逐步提风钝化"的模式进行，由于克劳斯风机受设备因素限制，送风量存在一定波动，无法保证吹硫期间燃料气当量燃烧，存在克劳斯炉后漏氧的现象。克劳斯炉后漏氧与 FeS 反应生成大量 SO_2，造成严重的 SO_2 穿透，当漏氧量较大时，可能漏氧至加氢反应器造成加氢反应器超温。

为了解决存在的问题，中国石化普光天然气净化厂与中国石化齐鲁分公司研究院开展了停工 SO_2 减排技术研究，采用热氮吹硫停工废气处理工艺。

1. 热氮吹硫技术

热氮吹硫技术是以开工抽射器或循环风机为动力，采用热态的惰性 N_2，将整个吹硫过程拆分为热氮吹硫和过氧钝化两个步骤。吹硫时，通过控制冷却器出口温度最大化捕集回收系统内的硫黄；过氧钝化时，通过控制向系统内补入工业风的量来控制钝化进程，杜绝床层"飞温"和积炭的发生。其主要原理为在硫黄回收装置停工期间，采用 N_2 对硫黄回收装置进行吹硫，保证硫黄回收装置洁净。同时，尾气系统正常操作，在硫黄回收单元吹硫过程中，含硫气体送入尾气处理系统，经过加氢还原吸收后，送入尾气吸收塔对 H_2S 重新吸收处理，再生后的酸气通过全厂酸气连通网进入其他正常生产联合装置。N_2 吹硫结束后，补入一定量的工厂风对催化剂床层进行钝化。热氮吹硫工艺流程如图 3-5-2 所示。

针对热氮吹硫在实际应用开发中 N_2 注入方式，主要形成热氮注入技术和冷氮注入技术两种技术。综合考虑两种技术的优缺点，选择冷氮注入技术。

1）热氮注入技术

热氮注入技术利用新增加热器将常温下的低压 N_2 加热至230℃后再将 N_2 注入系统。缺点是投资大、现场安装和配管难度大；优点是无积硫，设计简便。

2）冷氮注入技术

冷氮直接注入装置，由系统自带加热器加热至吹硫温度。缺点是注入点选择不佳可能导致积硫，N_2 可能无法加热到预定温度，对设计要求严格；优点是投资少、工程量低，便于热氮吹硫项目的实施。

2. 废液控制技术

针对热氮吹硫在实际应用开发中钝化期间硫回收方式，主要形成碱液吸收技术和零废液控制技术两套技术。综合考虑对比两套技术的优缺点，最终选取零废液控制技术，但仍保留碱液吸收技术新增工艺管线。

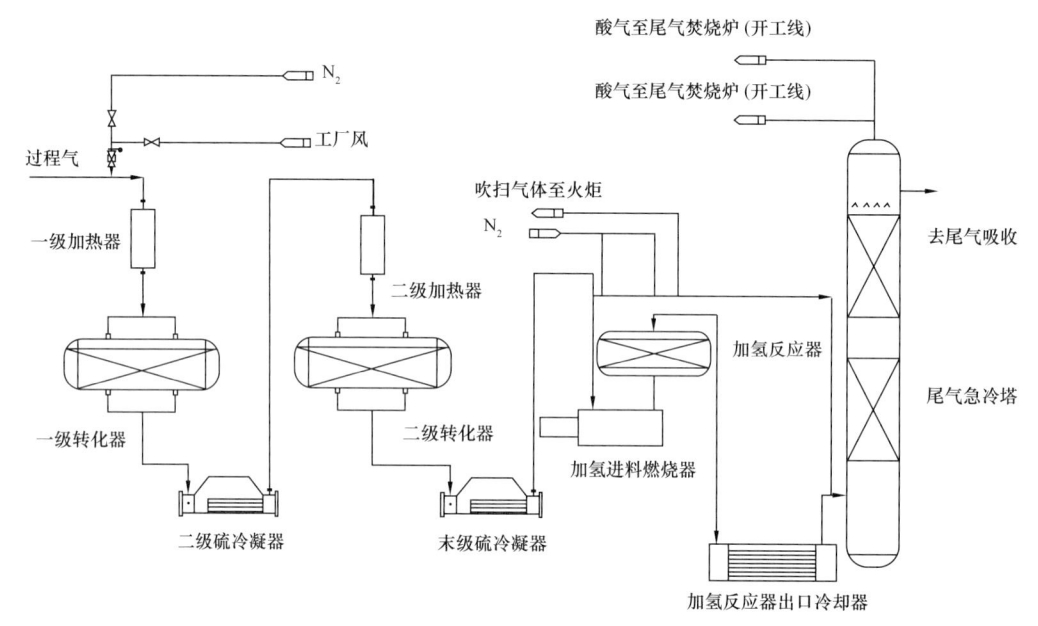

图 3-5-2 热氮吹硫工艺流程图

1）碱液吸收技术

吹硫工艺结束后，将加氢在线燃烧炉和尾气吸收塔切除，克劳斯尾气通过新增跨线直接进入急冷塔经 NaOH 吸收后转化为含盐污水。缺点是硫蒸气直接进入急冷塔造成堵塞，产生额外废液，无法处理，需吹硫基本完成后才能开始钝化，整体耗时较长；优点是钝化风量便于控制。

2）零废液控制技术

吹硫工艺开始 24h 后，通过控制通入微量空气同步对系统进行钝化，钝化产生的 SO_2 和吹硫产生的硫蒸气经加氢还原吸收后送至另一系列回收。判断钝化基本结束后将加氢系统切除，逐步提高钝化风量确保系统钝化彻底。缺点是钝化空气量控制难度大，可能造成 SO_2 穿透，加氢反应器可能发生超温，加氢处理系统切除时机把控难度较大，切除过早可能导致烟气 SO_2 含量超标，切除过晚可能导致催化剂超温甚至失活；优点是无废液产生，降低停工整体耗时。

2017 年普光天然气净化厂选取一列装置进行了热氮吹硫停工废气处理工艺先导性工业试验，并对其应用效果进行了测试。测试结果表明：采用热氮吹硫技术，停工烟气 SO_2 排放浓度平均值为 237mg/m³；采用常规吹硫工艺，烟气 SO_2 排放浓度平均值为 8075mg/m³。热氮吹硫烟气排放浓度远低于甲烷吹硫烟气排放浓度，单次停工过程，SO_2 排放总量降低 80% 以上。采用热氮吹硫工艺，二级硫冷凝器入口管线腐蚀速率为 0.1993mm/a，较常规吹硫工艺 1.0733mm/a 明显降低，有效延长设备使用寿命（彭传波，2018）。热氮吹硫停工废气处理工艺于 2018 年逐步在普光天然气净化厂全厂推广应用。

第四章 硫黄储运与成型

随着高含硫气田的成功开发,硫黄储运与成型装置朝着大型化、规模化发展。普光天然气净化厂硫黄储运规模高达 $240×10^4$ t/a,其配套建设的硫黄储运与成型系统生产工艺及安全控制设施交错复杂,系统流程包括从硫黄回收单元产出的液硫,通过液硫池脱气暂存,管道输送,储罐储存,成型固体颗粒或槽车外运直销;固体硫黄通过皮带输送,料仓储存或包装码垛,火车或汽车外运销售。硫黄储运与成型工程应用攻克了诸多技术难题,形成了大型液硫储罐群安全运行技术、特大型硫黄湿法成型工艺技术、固体硫黄高效转运装车技术、固体硫黄仓储火灾爆炸危险性防控技术等一系列创新技术。

第一节 硫黄的性质

目前,中国硫黄回收装置及硫黄回收量在不断增长,尤其是近10年来,随着高含硫天然气的成功开发,净化工程中回收的硫黄产量大、品质优。2018年国内硫黄产量突破 $600×10^4$ t,达到 $638×10^4$ t;2019年,国内硫黄产量合计约为 $744×10^4$ t。中国也是硫黄最大的需求国,即便国内硫黄产量在快速递增,中国仍然为全球最大的硫黄进口国。中东、日韩、北美地区是中国进口硫黄的主要来源地,其他主要进口国家还有东亚的日本和韩国、欧洲的俄罗斯、北美洲的加拿大、东南亚的印度及其他靠近中东地区的国家。

一、硫黄的物理性质

硫黄别名硫,外观为淡黄色脆性结晶或粉末,有特殊臭味;不溶于水,微溶于乙醇、醚,易溶于 CS_2;相对密度为1.96;有单质硫和化合态硫两种形态。单质硫有多种同素异形体,主要有α硫、β硫、γ硫等。α硫为斜方晶系,又称菱形硫(S_8)或斜方硫,在95.5℃以下最稳定,密度为 $2.07g/cm^3$,熔点为112.8℃,沸点为444.674℃;β硫为单斜晶系,又称单斜硫(S_8),在95.6~119℃时稳定,密度为 $1.96g/cm^3$,熔点为119.0℃,沸点为444.6℃;γ硫又称弹性硫,密度为 $1.92g/cm^3$,熔点为120℃,通常为熔融状的硫在水中迅速冷却而得到过渡体,是无定形的,不稳定,易转变为α硫。α硫和β硫都是由 S_8 环状分子组成,液态时由链状分子组成,但是晶格不同;蒸气中有 S_8、S_4、S_2 等分子,1000℃以上时蒸气由 S_2 组成。液硫的闪点约为170℃,固体硫黄的闪点为207℃、自燃温度为232℃。

硫黄在温度为120℃的状况下可熔化成黄色低黏度液体。液硫的黏度随温度变化较为敏感,在130~150℃下黏度最低;随着温度的进一步升高,液硫色泽会变暗、流动性会降低,160℃时黏度达到最大,导致其结构改变并呈现塑性硫,要在较长时间后才会失去塑性，导致生产上表现出机泵不上量或难处理的假固液体现象。液硫的温度过高或过低都将影响其流动性，这对液硫池、液硫管道、液硫储罐的保温及伴热技术都提出了较高的要求，必须用正确的蒸汽加热、保温方法使液硫保持在黏度最低的温度范围内。

硫黄回收装置将含有 H_2S 等有毒的硫化物转变为单质硫，生成硫黄，起到了保护环境的作用。

二、硫黄的燃烧特性

硫黄属于二级易燃固体，在空气中燃烧呈蓝色火焰，燃烧速度很慢，产生有毒性、强刺激和窒息性的 SO_2。普光天然气净化厂对硫黄的燃烧爆炸特性进行实验研究，结果显示：其粉状硫黄燃烧温度在 190℃左右，固体块状硫黄燃烧温度在 248~261℃之间。固体硫黄的火灾危险性与其物化性质有关，硫黄颗粒在条件适合的情况可发生燃烧；正常情况下，硫黄在空气中的燃烧速度很慢。有关实测硫黄粉尘的点燃能量见表 4-1-1。

表 4-1-1 不同粒度硫黄粉尘的点燃能量

粒度	粒径范围 /μm	平均粒径 /μm	点燃能量 /mJ	粉尘云着火温度 /℃
200 目筛下	<75	35	0.38	210
100 目筛下	<150	75	3.40	230
35~100 目	150~420	285	>13000	400
10~12 目	1400~1680	1540	>13000	490

注：平均粒径对于 200 目筛下为中位径；对于其他粒度，为粒径范围的中值。

从表 4-1-1 中可以看出，随着硫黄粒径的增加，点燃能量增大很快。粒径在 2mm 以上的硫黄颗粒用现有的测试方法无法分散，判断其不会发生爆炸，其火灾、爆炸危险性较小。

由于生产成型方法不同，硫黄的常见形态有粉状、粒状、片状、块状。硫黄的熔点和燃点通常较低，在不同条件和状态下呈现不同的燃烧性能，当为固体且粒径较小时，呈现易燃特性。硫黄燃烧后的氧化产物以 SO_2 为主，其燃烧热为 300kJ/mol O_2。硫黄在受热、冲击、摩擦等情况下能引发火灾。硫黄引发火灾时，遇小火用砂土闷熄；遇大火可用雾状水或 CO_2 灭火器扑救，切勿将水流直接射至熔融物，以免引起严重的流淌火灾或引起剧烈的沸溅。硫黄燃烧或爆炸后产生的 SO_2 对人体有剧毒，一般经吸入、食入或经皮肤吸收。

三、硫黄的爆炸特性

硫黄在粉碎、碾磨及储运过程中会产生静电，能引起自燃和爆炸。此外，硫黄粉尘或蒸气与空气或氧化剂混合，当达到一定浓度时形成爆炸特性混合物，在点火源作用下也会发生爆炸。

1. 硫黄粉尘的爆炸特性参数

硫黄粉尘的爆炸特性参数是进行爆炸危险性评价和爆炸防护的重要依据，主要包括粉尘层最低着火温度、粉尘云最低着火温度、最小点燃能量、爆炸下限、最大爆炸压力、爆炸指数、极限氧浓度。

对标准硫黄粉尘样品（200目筛下，粒径小于75μm，中位径为35μm）进行爆炸特性参数实测，测试结果见表4-1-2。

表4-1-2 实测硫黄爆炸特性参数表

项目	硫黄粉尘（200目筛下）	硫黄粉尘（10～12目）	硫黄粉尘（片状原始）
粒径 d/mm	<0.075	1.4～1.7	2～4
最大爆炸压力/MPa	0.68	0.56	不悬浮，不可爆炸
爆炸指数/(MPa·m/s)	25.13	10.76	不悬浮，不可爆炸
爆炸下限/(g/m³)	30	100	不悬浮，不可爆炸
粉尘云最低着火温度/℃	210	490	不悬浮，不可形成粉尘云
粉尘层最低着火温度/℃	250	250	250
最小点燃能量/mJ	0.38	>13000	—
极限氧浓度/%	9	—	—

从表4-1-2中可以看出，硫黄粉尘的爆炸压力中等，比轻金属粉尘（如镁粉，一般0.9MPa左右）低，比粮食粉尘和塑料粉尘（0.7～0.8MPa）稍低。硫黄粉尘爆炸指数较大，爆炸指数级别为St2级（20MPa·m/s<爆炸指数<30MPa·m/s），高于粮食粉尘和塑料粉尘（10～15MPa·m/s），比轻金属粉尘（一般在30MPa·m/s以上）低。硫黄粉尘爆炸下限（30g/m³）较低，爆炸上限很高，易于形成可爆粉尘云（测试表明，粉尘浓度为1500g/m³时，爆炸压力和爆炸指数仍然很高）。硫黄粉尘着火温度较低（210℃），这是硫黄粉尘的特点。硫黄粉尘点燃能量非常低，小于1mJ（实测最低为0.38mJ）。

2. 硫黄粉尘爆炸的必要条件

硫黄粉尘或蒸气与空气或氧化剂混合，当达到一定浓度时形成爆炸特性混合物，在点火源作用下会发生爆炸。硫黄粉尘发生爆炸的必要条件如下：硫黄颗粒足够细化，其特征颗粒尺寸小于100～400μm；硫黄粉尘悬浮于空气中，其浓度介于爆炸下限和爆炸上限之间；有足够强度的点火源。

3. 硫黄粉尘爆炸的反应历程

可燃性粉尘的粒子受热后表面温度上升；粒子表面的分子发生热分解或干馏，产生的可燃气体与粒子周围空气混合；气体混合物被点燃产生火焰并传播；火焰产生的热量进一步促进粉尘粒子的分解，继续放出气体，燃烧持续下去；燃烧速度加快而转化为爆炸（图 4-1-1）。

4. 硫黄粉尘爆炸危险性

硫黄粉尘爆炸本质上也是通过气体爆炸来实现的，但它比直接的气体爆炸过程复杂得多，其特殊性在于：硫黄粉尘燃烧爆炸往往不是发生在一个均匀的气相混合物系中，一旦被点燃爆炸，由于爆炸冲击波的作用，使散落、沉积的粉尘形成新的混合物系，可再次发生爆炸，因此爆炸往往不是一次完成；悬浮的硫黄粉尘被引燃后，燃烧热以辐射热的形式进行传递。燃烧速度及爆炸压力虽比气体混合物的爆炸压力小，但其能量密度大、持续时间及反应带较长，致使爆炸能量较大，破坏力较强。特别是粉尘粒子，会一面燃烧一面飞散，可导致其他可燃物发生局部燃烧，从而增大了烧毁程度。

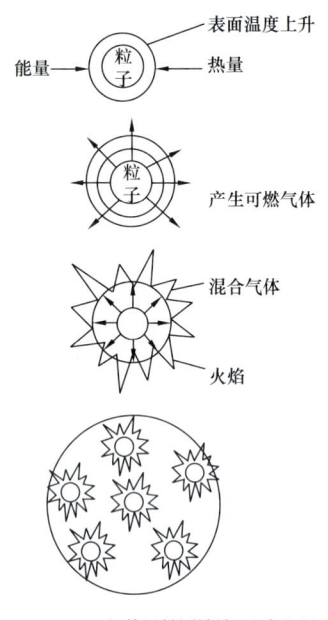

图 4-1-1　硫黄颗粒爆炸反应历程图

根据点火感度、爆炸激烈性和爆炸指数三个参数的大小，可以确定粉尘爆炸的危险等级（表 4-1-3）。从表 4-1-3 中可以看出，硫黄粉尘的爆炸激烈性为 1.2，属强爆炸特性；点火感度为 20.4，属非常强烈的爆炸，爆炸指数大于 10，由此可见硫黄粉尘爆炸的危险等级高。

表 4-1-3　粉尘特性与爆炸危险等级表

爆炸危险等级	点火感度	爆炸激烈性	爆炸指数
弱爆炸特性	<0.2	<0.5	<0.1
中等爆炸特性	0.2～1.0	0.5～1.0	0.1～1.0
强爆炸特性	1.0～5.0	1.0～2.0	1.0～10
非常强烈的爆炸	>5.0	>2.0	>10

5. 影响硫黄粉尘爆炸特性的因素

硫黄粉尘的爆炸特性受到多种因素的影响，如硫黄粉尘的杂质含量，粉尘的粒度、形状和表面活性，粉尘的悬浮性、水分含量，粉尘的初始温度、压力等。这些因素的变化会导致硫黄粉尘特性参数的取值发生变化，进而影响硫黄粉尘的爆炸危险性。

硫黄粉尘的颗粒粒径越小，其最小爆炸浓度、最小点火能量和点燃温度越低，压力上升速度越快，硫黄粉尘的相应爆炸危险性越大。硫黄粉尘的悬浮性越好，越能与空气混合均匀，其爆炸危险性越大。硫黄粉尘的最小点火能量会随其初始温度的升高而降低，较低的初始温度有利于降低硫黄粉尘的爆炸危险性。

硫黄粉尘湿度的变化与其最小点火能量、最小爆炸浓度、最大爆炸压力及压力上升速度均有直接关系。其中，粉尘湿度对硫黄粉尘的最小点火能量和爆炸强度影响较大，对其最小点火温度的影响较小。一般地，粉尘湿度增加，其最小点火能量和最小点火温度也增加，而最大爆炸压力及压力上升速度减小。

四、硫黄的危害性

硫黄属于危险品，联合国编号为 UN No.1350，危险货物编号为 41501，危险类别为 4.1 类易燃固体。

硫黄本身是无毒的，但硫黄进入人体肠内，大部分会迅速氧化成无毒的硫化物（硫酸盐或硫化硫酸盐），经肾和肠道排出体外；未被氧化的游离 H_2S 对机体产生毒害作用，因此大量口服可致 H_2S 中毒。人员如长时间、过多地暴露在硫粉尘或硫烟雾中，对人的眼睛有很大刺激作用，还会引起呼吸系统不适。当空气中粉尘浓度较高时，或是暴露在硫粉尘和烟雾中持续时间超过 30min 时，必须佩戴自吸过滤式防尘口罩或防毒面具、全护目镜。硫黄粉尘接触皮肤后，会发生接触性皮炎，使皮肤奇痒，甚至产生红疹病。长期吸入硫黄粉尘后，易疲劳、头痛、眩晕、多汗、失眠、心区疼痛和不适、消化不良。硫黄生产人员工作时，要穿工作服、戴防毒口罩、乳胶手套。

硫黄储运的操作人员必须经过专门培训，严格遵守操作规程。作业场所避免产生粉尘，应与火种、热源隔离，工作场所严禁吸烟，使用防爆型的通风系统和设备。搬运时要轻装轻卸，防止包装及容器损坏。严格配备相应品种和数量的消防器材及泄漏应急处理设备。

纯硫黄没有腐蚀性，但有水或潮湿的情况下，对钢铁有很强的腐蚀性，能较迅速地对设备造成腐蚀。因此，硫黄储运装置要严格控制水分的存在，减缓硫黄对装置的腐蚀破坏。

第二节　液硫储运技术

液硫储运主要包括将液硫在硫黄回收装置液硫池中储存、通过管道输送、在储罐中储存、通过槽船或槽车运输等生产过程。为防止液硫冷却凝固，储运全过程应封闭保温；液硫储运便捷高效，既可避免杂质引入，又有利于减少储运过程损失。液硫储运相比固态硫黄储运，不产生粉尘；通过合适管径的输送管道，又能避免静电；液硫可以直接用于制酸，有利于缩短硫黄制酸工艺步骤，降低能耗、节省成本。但另一方面，因液硫含有 H_2S，属危险化学品，运输方式受到限制，通常仅用于短距离输送，如从硫黄回收单元输送到液硫储罐或硫黄成型单元、化工园区内短距离运送等。

一、液硫输送技术

液硫采用夹套式伴热管道输送，热源一般使用低压蒸汽，外设保温层结构；液硫管道将液硫自硫黄回收单元的液硫池输送至液硫储罐、成型机或液硫装车单元。低压蒸汽作为可快速调控的热源，能将液硫温度稳定保持在 130～150℃，保证液硫处于良好的熔融状态，又不会使硫黄发生过热；同时，使液硫有较好的流动性能，满足输送要求。

液硫管线的设计及安全运行具有更高的要求，为保证液硫管道安全平稳运行，对整个液硫管网及易发生缺陷的特殊管段进行分析并采取防控措施有着至关重要的意义。

1. 夹套管穿孔防范

夹套管伴热蒸汽管线采用从法兰两端跨接，由于蒸汽冲刷使夹套内管穿孔，导致液硫泄漏至蒸汽夹套层。

夹套管穿孔防范措施如下：

（1）使用液硫夹套法兰，从法兰接口处通入蒸汽，以避免对夹套内管的冲蚀；但夹套法兰垫片极易损坏，从而导致液硫从法兰处泄漏。

（2）改变蒸汽入口管与液硫夹套管线的连接角度，减缓蒸汽对内管外壁的正面冲蚀。蒸汽入套管角度越小，液硫输送内管外壁受到的冲击力越小。该措施施工简单、质量可靠，但只能缓解冲蚀，且受焊接工艺制约，蒸汽入夹套管线处存在死角。

（3）在液硫输送内管蒸汽管线入口冲击处使用增厚材料，可缓解蒸汽对夹套内管外壁的冲蚀，适当延长夹套内管的使用寿命。但施工难度较大，需切开夹套外管施工，将外管开天窗，把增厚材料焊接好后，再恢复外管天窗，天窗切割时，焊渣容易掉落夹套层，不易清理干净；且增厚材料腐蚀后，蒸汽依旧会冲蚀内管。

（4）在液硫输送内管蒸汽处增加90°弯头，将蒸汽进入夹套层的流向改变为与管线轴向平行的方向。夹套内壁受到的冲击很小，可大幅降低蒸汽夹套层的腐蚀速率。施工时需切开外管后焊接弯头和管线，可在夹套内、外管间距较大的管线实施，部分内、外管间距过小的管线较难实施。该措施施工难度大，需要先将外管开天窗，把弯管焊接好后，再恢复外管天窗，天窗切割时产生的焊渣掉落夹套层，不易清理干净。

（5）将蒸汽管线改为与内管外壁相切处进入，可降低对内管外壁的冲蚀。当外套管泄漏后，更换比较容易，且在更换过程中，还可以检测内管的腐蚀状况。该措施施工简单、质量可靠，但不能杜绝内管外壁冲刷腐蚀，加快了外管接口部位介质冲刷，降低了使用寿命，需要对外管内壁或外壁增加C形补强圈，降低外管的冲刷腐蚀。

（6）适当增大夹套管蒸汽出口的管径，使蒸汽有一个减压过程，同时蒸汽对内管的冲刷面积变大，降低内管外壁冲刷，缓解内管冲刷穿孔。在生产装置运行中，加强对夹套管线疏水阀的检查，保证疏水阀的灵活好用，防止因疏水阀损坏导致的蒸汽流速加快，冲蚀管线速度增大。

2. 法兰外漏防范

采用夹套法兰从法兰接口处通入蒸汽，一是夹套法兰垫片极易损坏，二是结构问题导致的部分位置应力集中，法兰变形过大进而引起液硫从法兰处外漏。法兰的密封性取决于接触区域的最低压强值。假设管道内压为p_0，法兰面与垫片间的接触压强为p_c，只有当$p_c > p_0$时，管道内流体才不至于泄漏，即所有接触压强大于p_c的区域即为安全密封区域，若安全密封区域形成一个密闭的环，则法兰接头就能达到密封要求。

1）管道补偿器尺寸优化设计

液硫输送管道补偿器处应力集中，导致法兰变形过大，补偿器处多发现泄漏现象。当液硫输送管道上布置的轴向限位支架的位置一定且两支架之间的管段长度也一定时，补偿器的尺寸不同，则其补偿能力不同，对于补偿器本身和整个液硫输送管道各处所受应力大小以及支架所受推力的大小会产生很大影响。通过在模型中改变支架的尺寸，总结补偿器尺寸对管道应力的影响，并运用管道泄漏评价方法，评价不同补偿器尺寸下管道发生泄漏的可能性，最后综合考虑现场施工的可行性，给出最合理的补偿器尺寸优化方案。

2）修复失效的轴向限位支架

夹套伴热管道每间隔一段距离就设置有π形补偿器用于吸收管道的变形，每两个π形补偿器之间都设置有轴向限位支架，轴向限位支架用于限制管道沿轴向的变形，主要起到限位作用的是焊接在夹套管外管上的止推管托。通过轴向限位支架，可以将两个轴向限位支架之间的管道看作一段相对独立的管道，在此基础上对管道进行应力计算和校核。

当管道的轴向限位支架发生破坏情况后，首先，管道中π形补偿器的补偿能力会因与轴向限位支架之间的相对位置发生变化而受到影响；其次，轴向限位支架之间的管道长度将增大，使原管道的应力分布情况发生很大的变化。

在夹套伴热管道部分轴向限位支架发生失效破坏时，将会对整个管道，特别是临近失效支架的π形补偿器处的应力产生巨大影响，直接导致补偿器处的部分三通处应力值超标，影响管道安全性。因此，应在液硫输送管道维护和检修时着重检查轴向限位支架的工作情况，及时发现失效的支架，对失效支架的管托进行维修或更换。

二、液硫储存技术

1. 液硫池安全储存技术

硫黄回收单元各级硫冷凝器分离出的液硫自底部经硫封罐进入液硫池。由于液硫的储存温度在140℃左右，因此相应的储存设施须有如下要求：一是要具有相应的保温功能。为了符合液硫的保温作用，除采用人工的保温材料以外，还可以利用土体的保温功能，达到降低生产能耗的目的，因此一般的液硫池都建设成为地下池。二是因液硫中含有酸，对储存设施具有腐蚀性，由此建设的液硫储存设施必须具备防酸腐蚀的功能，液硫池一般构造形式为外池壁层、保温隔热层、内衬层，外池壁层承担外部的土压力或内部液硫的侧压力，保温隔热层为轻质且导热系数低的材料，内衬层为能承受高温和耐腐蚀的材料。

液硫池通常采用普通钢筋混凝土浇筑外池壁层。液硫池外池壁和内部隔墙均分3层形式进行构造，其3层结构材料具体分别为防腐层、隔离层和混凝土层。防腐层采用NGZ特种高铝耐酸砖，配套NGZ特种高铝耐火胶泥砌筑，内表面做FHW62耐高温防腐结构胶泥"一底三布四涂"；隔离层采用OM耐酸防腐隔离层，涂刷两遍，水泥砂浆抹面；混凝土层采用强度等级为C30的普通硅酸盐混凝土。

为了提升液硫池高温下的密闭性能和耐腐蚀性能，通常在液硫池内侧设置一层不锈钢内衬层，并在不锈钢内衬内壁增加防腐隔热耐热涂层，以提高防腐性能和保温性能。但因不锈钢的传热性能较好，将影响液硫池的保温。为了增强液硫池的保温及防腐性能，在不锈钢内衬内壁增加防腐耐热涂层，但因钢材和防腐耐热涂层的热膨胀系数存在差别，在温度作用下很容易导致防腐耐热涂层的拉裂和剥落，影响使用效果。

2. 液硫储罐安全储存技术

在硫黄储运生产过程中，液硫可直接送给下游的硫黄成型装置，但考虑到装置出现异常或硫黄销售运输的不均匀性，很多企业都在硫黄成型装置上游设置液硫储罐。液硫储罐在硫黄储运生产过程中担负着承上启下的中继作用。液硫储罐通常是由碳钢板制作的带肋拱顶罐，并采用保温和加热的方法将液硫温度维持在125℃以上；储罐罐壁和罐顶均设有保温层，罐底、罐壁内部设置加热盘管，罐壁、罐顶外部设有带蒸汽加热盘管的保温层。

1）液硫储罐安全运行优化技术

液硫储罐罐壁上层圈板、罐顶板存在腐蚀减薄，若局部腐蚀速率较快，罐体可能发生局部穿孔破坏或结构失稳，导致储罐坍塌、开裂等情况。

普光天然气净化厂建立储罐有限元模型，把罐拱顶、罐壁和罐底在内的整个储罐当作一个变截面壳，建立三维壳单元模型，施加约束和载荷，对其进行受力和位移变形分析。再结合储罐的腐蚀情况，重点针对储罐的均匀腐蚀失稳和点蚀穿孔泄漏两方面的风险进行评价；最后根据计算分析结果，提出腐蚀、安全防控的措施，确保液硫储罐长周期安全运行。

（1）液硫储罐腐蚀失效风险评价技术。

① 腐蚀减薄失稳风险评价。

a. 罐顶厚度折算。

液硫储罐的拱顶采用带肋拱顶，罐顶板厚度计算需将罐拱顶环向肋和纵向肋折算到罐顶板厚度上一并考虑。罐顶板折算厚度计算公式如下：

$$\delta_{m} = \sqrt[3]{\frac{\delta_{1m}^3 + 2\delta_{e}^3 + \delta_{2m}^3}{4}} \quad (4\text{-}2\text{-}1)$$

$$\delta_{im}^3 = 12\left[\frac{h_i b_i}{L_i}\left(\frac{h_i^2}{3} + \frac{h_i \delta_e}{2} + \frac{\delta_e^2}{4}\right) + \frac{\delta_e^3}{12} - \left(1 + \frac{h_i b_i}{\delta_e L_i}\right)\delta_e e_i^2\right] \quad (4\text{-}2\text{-}2)$$

$$e_i = \frac{b_i h_i (h_i + \delta_e)}{2(L_i \delta_e + b_i h_i)} \quad (4\text{-}2\text{-}3)$$

式中 δ_{1m}——径向肋与拱顶的折算厚度；

δ_{2m}——环向肋与拱顶的折算厚度；

h_i——肋板高；

b_i——肋板宽；

L_i——肋间距；

δ_{im}——肋与拱顶的折算厚度；

e_i——肋与顶板所在方向的组合截面形心到顶板中面的距离，其中 $i=1$ 代表径向，$i=2$ 代表环向；

δ_e——顶板的有效厚度；

δ_m——加筋拱顶折算厚度。

b. 均匀腐蚀减薄对稳定性的影响。

若拱顶钢板和拱顶内加强筋腐蚀减薄，储罐的临界失稳载荷会相应减小。分析计算时，需考虑罐顶板和加强肋板均受到腐蚀，按厚度折算公式计算出储罐顶板相应的厚度，再按照折算厚度减小 5%、10%、15% 等逐步减小，寻求失稳载荷接近直至等于外载荷的变化规律和失稳的临界壁厚。当一阶屈曲模态图发生变化，表现在储罐罐顶边缘产生凹凸变形而失稳；随着拱顶及加强筋腐蚀程度的增大，罐顶临界失稳载荷的变化不同于上一阶段，减小幅度比较明显；失稳表现在储罐罐壁下部产生变形，储罐被压瘪；随着腐蚀程度的进一步增大，罐顶临界失稳载荷减小幅度比较明显，表现在储罐罐顶中部产生波纹状褶皱。

储罐罐顶折算厚度与罐顶临界失稳载荷关系曲线如图 4-2-1 所示。当储罐所承受的外载荷不变时，随着拱顶及加强筋腐蚀程度的增大，罐顶临界失稳载荷先基本保持不变后迅速减小。当储罐承受当前外载荷的情况下，罐顶折算厚度减薄至一定值，储罐罐顶的临界失稳载荷接近外载荷，储罐在外压作用下可能会发生失稳破坏，失稳表现在储罐罐顶边缘产生凹凸变形，该厚度值即为储罐失稳破坏的临界厚度。

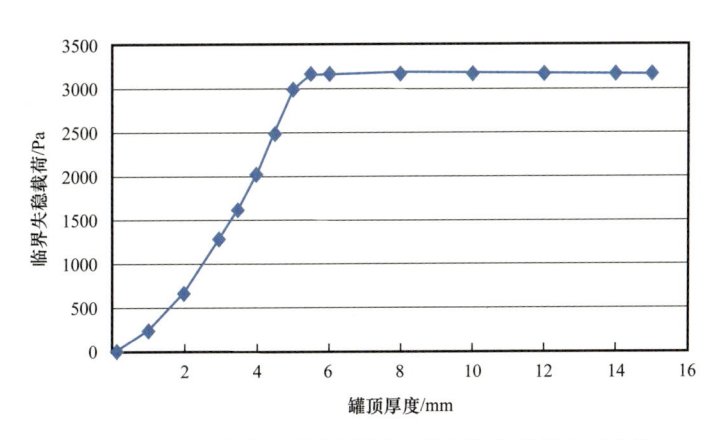

图 4-2-1 液硫储罐罐顶厚度与临界失稳载荷关系曲线

② 腐蚀穿孔泄漏风险评价。

针对液硫储罐点腐蚀可能造成的液硫储罐失效，腐蚀坑深最大点是腐蚀穿孔的最危险点，储罐的可靠性取决于当前最严重腐蚀缺陷的发展，罐顶板和罐壁上部局部腐蚀较严重，最易穿孔。

a. 腐蚀坑深分布规律及坑深极值估计。

采用极值统计的分析方法研究金属最大腐蚀坑深。极值统计仅研究样本数据最值的分布特征，通过统计样本数据的最值集合，构造实际问题的统计模型，采用统计规律推算最大极值或最小极值的估计值。就腐蚀极值统计来说，就是对腐蚀减薄数据进行统计，得出数据的最大值集合，拟合成一种极值分布类型，作为腐蚀问题的分析模型，再通过回归分析，推断极大值的估计值。

腐蚀现象本质上也具有概率特性，局部腐蚀最大腐蚀坑深服从 Gumbel 第一类极值分布。假设在某一段时间内最大腐蚀坑深为 x，其累计分布函数的计算见式（4-2-4）。

$$F(x) = \exp\left[-\exp\left(-\frac{x-k}{\eta}\right)\right] \qquad (4\text{-}2\text{-}4)$$

式中　$F(x)$——最大腐蚀深度不超过 x 的概率；

x——最大腐蚀深度的随机变量；

k——统计参量，物理意义是概率密度最大的点蚀孔深；

η——统计参量，物理意义是所有腐蚀孔深的平均值。

在测量储罐最大腐蚀坑深时，测量结果具有很大偶然性，同时由于测试位置的不确定性，可能导致部分区域测试值与真实极值差距很大，则需要在整个储罐顶板上选取 N 个取样测量区域，通过使用相关的测量仪器找出每个区域最大的腐蚀深度，将这些最大腐蚀深度的测量值 x_i 从小到大编号，组成最大值集合，用平均排列法计算累计概率密度 $F(x)$，计算公式见式（4-2-5）。

$$F(x) = \frac{i}{N+1} \qquad i = 1, 2, \cdots, N \qquad (4\text{-}2\text{-}5)$$

由 N 个 x_i 值和与之对应的 $F(x)$，应用最小二乘法求出 $\ln[\ln(1/F)]$ 与腐蚀深度 x 之间的对应关系，即以 x 和 $\ln[\ln(1/F)]$ 为横、纵坐标轴，将各数据点在图上描出，且求得直线解析式[式（4-2-6）]。

$$\ln\left(\ln\frac{1}{F}\right) = Ax + B \qquad (4\text{-}2\text{-}6)$$

如果数据点在图中呈现线性关系，则说明腐蚀数据服从 Gumbel 第一类极值分布，可认为最大腐蚀坑深可以用此极值分布类型估计。再根据式（4-2-6）反算出统计参量 k 和 η，估算最大腐蚀坑深不超过给定数值的概率 $F(x)$。

b. 液硫储罐穿孔失效风险评估。

在储罐罐顶板和罐壁上部等点蚀严重部位进行大量取样检测，将有助于提高储罐腐蚀穿孔失效预测的准确度。分别采用超声波测厚仪、超声波 C 扫描仪对储罐的均匀腐蚀和点蚀进行缺陷检测，得到罐顶板、罐壁板的腐蚀程度和腐蚀坑缺陷在层面各个方向上的尺寸，包括长度、宽度及单个分散缺陷的大小，密集缺陷的分布范围等实测数据。

依据以上方法，依次分析评判罐顶板、罐壁上层圈板的极值分布规律，计算最大腐蚀坑深，将其与实测数据相比较，若计算的最大腐蚀坑深比实测值大，则储罐暂无穿孔失效风险；若计算的最大腐蚀坑深与实测值相等或者较实测值小，则储罐存在穿孔失效的风险。

（2）液硫储罐安全运行防控技术。

① 开展液硫储罐腐蚀检测。

利用超声波测厚仪及超声波 C 扫描仪对液硫储罐罐顶及罐壁的厚度进行检测，掌握均匀腐蚀、坑腐蚀程度，评估腐蚀状况。

② 加强液硫储罐腐蚀防护。

液硫储罐的腐蚀表现为罐顶及罐壁上部的腐蚀最为严重，其腐蚀成因可总结为固体硫黄的沉积和痕量液态水的形成。应避免硫黄堆积、有水存在、保温不良等腐蚀条件，定期对废气逸散口处积累的硫粉进行清理，修复不良的保温层并对保温层进行防渗处理。

③ 液硫储罐氮封保护。

氮封是在储罐顶部安装 N_2 管线，通过自力式压力调节阀控制进入储罐内部的 N_2 量和储罐压力，始终保持储罐处于微正压状态，在储罐进行出料作业时，N_2 进入储罐，在储罐进行收料作业时，罐内的 N_2 和硫蒸气由储罐排气口经吸收处理环保外排。该措施有效地避免了空气进入储罐，防止液硫储罐中 FeS 的生成和 FeS 的自燃危害，增大了储罐储存的安全系数。

④ 液硫储罐内壁喷铝防腐技术。

为防止含硫气相空间腐蚀钢制罐壁内壁，普光天然气净化厂采用金属铝涂层防腐技术，在液硫储罐内部的底板、壁板、顶板、顶板加强筋、底部加热盘管、盘管支架以及液硫进罐管线能接触到液硫的全部表面喷涂 0.2～0.3mm 铝保护层（图 4-2-2）。在钢质储罐的内表面喷铝后，一方面，能对所涂覆涂层的空洞间隙自然封闭，由于铝在空气中极易氧化形成致命的 Al_2O_3 层，填平凹坑，使其达到均匀的组织结构，能在最短的时间内实现自然封闭并可获得良好的封闭效果，使金属表面全部与腐蚀介质完全隔离，从而起到防护作用；另一方面，由于铝的电化学性能比较活泼，电极电位比铁低，使钢铁极化而受到保护，起到阳极保护作用，将进一步显著提高涂层防腐蚀能力，延长防护周期。

图 4-2-2 喷铝后储罐内现场照片

⑤ 液硫储罐蒸汽灭火技术。

液硫储罐在罐顶设置固定式蒸汽灭火系统。在罐顶呈环形均匀分布多个消防蒸汽口，通常消防蒸汽通过爆破片与罐内的介质隔离，爆破片的爆破压力为0.2MPa，爆破温度为134℃，爆破片一侧液硫储罐内的操作介质为H_2S、水蒸气、硫蒸气、N_2及O_2。当发现液硫储罐温度异常时，打开消防蒸汽，起到使储罐内介质与O_2隔离进行灭火的作用。

2）液硫储罐废气治理技术

液硫储罐顶逸散废气主要组分为H_2S、硫蒸气和N_2，治理方案以脱H_2S和硫蒸气为主。硫蒸气可采用水洗冷凝方式净化：硫蒸气在水冷塔或水浴除尘器中经水冷降温后变成絮状的硫粉晶体，沉积于塔体或水洗箱底部，后通过硫粉过滤器捕集或定期进行清理排出，避免了硫蒸气遇冷在管道中堵塞的问题。H_2S采用碱液直接反应法吸收：碱液吸收H_2S应用较为普遍，吸收效率高，罐顶废气经动力机械抽吸加压进入脱硫反应器，利用脱硫反应器内碱液与废气中的H_2S发生化学反应，从而达到脱除H_2S的目的。处理合格后的气体经尾气放散管排放至大气。

（1）储罐废气引出。

液硫储罐为常压罐，每个液硫储罐罐顶设有通大气的排放口，排出液硫中溶解的硫蒸气与H_2S。在液硫储罐罐顶排放口处设抽气罩，以316L不锈钢方钢做龙骨，外部包裹1.0mm铝板，下部呈长方体结构，上部呈锥形结构，抽气罩底部设有与罐顶气相连通的导气孔，收集储罐罐顶废气。顶部收口与废气引出管线法兰连接，将废气引至废气处理后续流程。

每台储罐废气引出管线设有引气阀和排气阀，排气阀后设有压力变送器，检测储罐压力。当储罐压力过高或过低时，联锁排气阀打开，引气阀关闭，防止储罐超压、负压。同时，当某台储罐发生异常情况时，可手动关闭引气阀，切断与其他储罐的连接。废气管线的操作温度为150℃，采用压力为0.4MPa、温度为180℃的蒸汽夹套伴热，以防废气中的硫蒸气堵塞管道。

抽气罩锥形表面设置防爆门，防止灭火时罐体超压。部分废气逸散至抽气罩，温度降低，硫蒸气冷凝附着于罩体内表面，定期通过锥体侧面清扫口，将硫粉振打跌落至接硫板，沿废气逸散口清扫回液硫储罐。一般采用在废气引出管道上设置真空泵或抽风机作为废气引出的抽吸动力，同时在罐顶设置一个补氮口（以防罐内负压超限而瘪罐），确保罐内操作压力为微正压。

在废气引出汇管上设液硫收集罐，以收集废气抽出夹带的液硫，避免液硫在后续工艺中堵塞管道。同时为了避免液硫储罐超压，设两座硫封罐（一用一备），硫封设置合适的保护压力阈值，当液硫储罐高于设定压力时，可冲破硫封使废气逸出，起到保护液硫储罐的作用。

（2）硫蒸气吸收。

采用冲击式水浴除尘器水洗除硫，水浴除尘器主要包括水箱、进气管、排气管、喷头。其中，工作时水箱内水位漫过喷头，含硫逸散气以一定的速度经进气管在喷头处以较高速度喷出，对水层产生冲击作用并进入水中，经水洗去除逸散气中的硫蒸气，硫蒸气经水洗降温后变成絮状的硫粉晶体，逐步聚结成硫黄颗粒，沉淀至水箱底部，定期进行清理。水洗后的废气（主要为 H_2S）经风机增压，继续输送至下一单元进行处理。

（3）H_2S 吸收。

水洗去除硫蒸气后的废气（主要为 H_2S）经由脱硫反应器底部引入脱硫反应器，与碱液反应后的气体引至放散管排放，排放的放散废气通常要求 H_2S 含量小于 10μL/L。配备的液碱经脱硫剂泵至碱液储罐储存，碱液由脱硫剂泵至脱硫反应器。在脱硫反应器中生产的废碱液经脱硫剂泵入碱渣储罐储存，一定时间通过脱硫剂泵至槽车拉运到厂外。脱硫反应器出口设有正、负压爆破片，防止容器超压和负压，爆破压力通常分别为 50kPa 和 −50kPa。

2019 年，液硫储罐废气治理技术在普光天然气净化厂的大型液硫储罐废气治理上得到应用，装置运行平稳，各项参数达到设计指标；敞口式集气罩能有效收集逸散废气，水浴除尘器能有效冷凝分离硫蒸气，罗茨风机在合适的工作频率下能使废气突破脱硫反应器液柱，脱硫反应器可有效脱除 H_2S，实现了液硫储罐逸散废气的有效治理。

三、液硫装车技术

随着硫黄产量的递增和工业园区的配套集成化，液硫产品采用槽车或罐车直接装车、销售、运输作为主流发展趋势，即将硫黄回收装置生产的液硫通过汽车装运直接送到下游的制酸厂、化肥厂等。

直接将天然气净化厂硫黄回收装置生产出的熔融态液硫作为生产原料，而不必将液硫成型为固体硫黄，给后续生产过程带来简单、便捷、节能、安全的效果，更适应市场的需求，进一步提高了生产、储运的经济性。一是接收工厂减少了熔硫工序和能耗成本；二是采用液硫管道配合装卸过程中的液硫输送，实现密闭输送，操作过程无粉尘、无损耗、无杂质掺入。

1. 液硫装车装置

液硫装车装置用于液硫槽车的装车操作，通过液硫装车泵将液硫从液硫池提升输送至液硫装车平台装车。整个系统均采用夹套蒸汽伴热来保持液硫温度在 135～145℃之间。装车平台是在液硫管线的末端增加弯头，夹套伴热至管线弯头处，弯头另一端安装装车鹤管。装车鹤管要适应槽车装车口的方位，并能随着装车过程中液面的变化而自由伸缩。

由于液硫在输送过程中需要一定的温度，因此管也需要保温。常用的液硫装车管主要有以下两种方式：

（1）第一种是在普通化工液体装车鹤管上加上蒸汽夹套，保证液硫在装车过程中不凝固。这种装车鹤管的优点是易于操作，转向灵活，可以根据液硫槽车的实际情况调节装车鹤管的插入深度及方位；缺点就是装车时需要工作人员现场操作，液硫会挥发刺激性硫蒸气，在装车过程中对工作人员的健康影响非常大，长久操作会影响工作人员的身体健康。

（2）第二种是升降式的液硫装车鹤管，利用气动调节装置调节装车鹤管的升降。装车时，气动调节装置将液硫管道推出到罐车处进行装车；非装车时，气动调节装置将液硫管道复原到初始位置。每个液硫装车位设置一台装车控制器，每个装车位上的流量计、气动两段式装车阀、防溢液位报警器及静电接地夹均接入装车控制器。由装车控制器对每个装车位的装车流量进行计量控制，对装车管的液位状态、防静电接地状态进行检测和联锁控制。这种装车鹤管的优点是可以在控制室实现远程控制操作装车鹤管的运行，不需要工作人员到现场操作，有利于保护工作人员的身体健康；缺点是需要对罐车进行定型，如果罐车形式发生变化，可能就需要重新调整管以适应新的罐车。

2. 液硫密闭装车技术

将液硫采用管线直接装车，虽然液硫已进行脱气，但溶解在液硫中的硫化物仍没有完全脱除，在液硫装车的过程中，液硫中溶解的硫化物就会挥发出来，造成现场操作条件恶劣，严重污染周边大气环境，进而危害职工身体健康，并且液硫装车的速度无法进行精准调节，给实际的装车造成了很大的困难。

孙丹凤等（2018）公布了一种液硫密闭装车系统，该系统包括液硫装车单元、废气处理单元以及脱气单元。

液硫装车单元包括液硫池，液硫池内插入液硫管道，液硫管道的进口端设置液硫提升泵，液硫管道上的出口端连接鹤管旋转接头，鹤管旋转接头上安装鹤管，鹤管旋转接头处设置蒸汽夹套管进行伴热，鹤管上设置废气返回管，废气返回管连接废气管道，废气管道也设置有伴热和保温，确保了管线的畅通。

脱气单元包括脱气池，脱气池的顶部设置液硫脱气泵，酸气经过加工处理后产生的液硫从各个硫冷凝器出来后汇合到液硫池，在液硫池集中进行脱气后，用泵送至液硫装车系统。该过程对脱气池和罐车中的废气进行有效的处理，能够实现密闭装车，且不危害人身安全，不会污染环境，保证了工作人员的身体健康。

液硫管道与混合气管道之间设置液硫回流管道，液硫回流管道上设置压力调节阀，液硫管道上设置有液硫切断阀，可实现装车速度和装载量的控制、异常条件下的紧急关断和间断装车而不停运液硫输送泵等控保功能。

第三节 硫黄成型技术

硫黄作为高含硫天然气净化工程的主要副产物，通常是以液体的形式产出，液硫在运输、存储、安全上存在诸多局限性，其特殊的理化性质决定了其不可能大规模储存及运输。将液硫转化成形状规整、粒径均匀、性能稳定、利于运输的颗粒状固体硫黄产品，环境污染小、运输风险低。根据硫黄成型产能、工艺过程、装置规模、生产特点及产品要求等因素，成型工艺主要分为干法成型、湿法成型两大类。主流的干法成型包括回转钢带冷凝成型、塔式空气冷却成型等工艺；湿法成型包括滚筒喷浆成型、水冷直接成型等工艺。

一、干法成型

1. 回转钢带造粒工艺

回转钢带造粒工艺是利用液硫低熔点的特性，液硫通过液硫送料泵输送到造粒机端部的造粒机头，造粒机头是一个布料器，其包含加热的柱形定子（内部通液态物料）和一个与定子同心旋转的打孔外转筒，可将液硫物料快速、规则地分割为成排断续滴落的液滴，液滴一排一排地喷洒在运行的冷却钢带上；在柱状定子内安装有挡条和预置喷嘴，保证宽度方向上每一处的压力均匀，使得液硫能够均匀地流过打孔外转筒，从而保证滴落在钢带上的每一颗粒的尺寸都是一致的，并布满钢带的整个操作宽度。钢带下部设置有连续喷淋冷却段，对钢带背面喷淋强制冷却，使液硫在移动、输送过程中得到迅速冷凝、固化成型，因液硫黏性和表面张力使滴落在回转钢带上的液滴形成半球状均匀颗粒，被冷却形成的硫黄颗粒由卸料端刮刀刮下，经下料斗流出至包装机料仓，从而达到造粒成型的目的。典型回转钢带造粒工艺流程如图 4-3-1 所示。

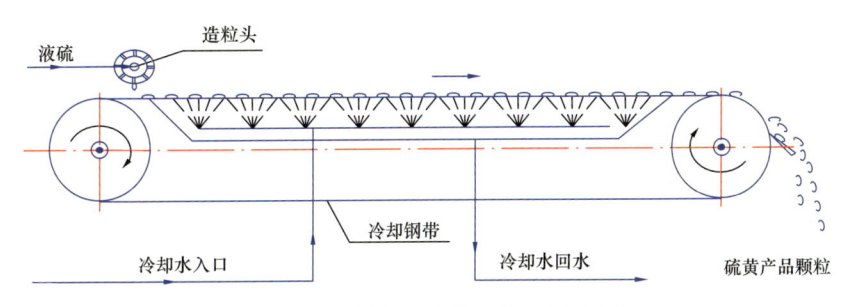

图 4-3-1 回转钢带造粒工艺流程示意图

造粒机头的周向速率与钢带的速率保持同步，保证下落的颗粒不会变形；可通过调节布料器转速和物料流量，在一定范围内调节和控制成品颗粒的粒径。回转钢带在卸料端的换向弯曲，使固化后的硫黄颗粒与钢带的结合面易于剥落，因此卸料时颗粒形状得到保护，产品粒径更加均匀。

固化和冷却过程中释放的热量通过不锈钢带传送到下面喷射的冷却水，这些冷却水集中到冷却水箱后，泵送到循环水系统中。硫黄颗粒通过薄钢带间接传热，整个过程中颗粒不会与冷却水接触，产品水含量得到保证，且冷却水也不会被颗粒污染。液硫下落到钢带上后，外转筒仍然会粘有物料，系统专门配有加热的再次加料器，把液硫刮回造粒机头的内部间隙，与新液硫重新混合，最后释放到钢带上。

钢带转鼓下方设有脱膜剂涂抹机构和配混系统，由脱膜剂储槽、脱膜剂胶辊、张紧装置和控制部分组成。胶辊的下部与储槽内的脱膜液接触，上部通过张紧装置与钢带表面紧密接触并与钢带做反向同步运动，将脱膜液均布于钢带上表面，并且在涂抹机构与滴落机之间装有脱模剂刮刀，如此可以使脱模剂在钢带表面涂抹更加均匀，且脱模剂不会在钢带上涂抹过多，硫黄成品比较干燥。

回转钢带造粒工艺的优点如下：

（1）工艺过程简单、直接，易于操作；投资少、能耗低。

（2）产品粒度分布最为集中（3～6mm，其他工艺粒径分布多为1～6mm），颗粒成品率几乎达100%，无须筛分、返料。

（3）粉尘极少，有利于生产和使用操作环境的改善。

（4）产品水含量不大于0.4%，且无须进行二次污水处理。

（5）操作弹性大（30%～100%）。

（6）根据工艺需要可方便实施全过程自动控制，以确保物料温度、流量和压力等操作参数稳定，使系统操作稳定、可靠。

回转钢带造粒工艺的缺点如下：

（1）单机产能最大为8t/h。对大规模的硫黄回收装置而言，回转钢带造粒工艺单机产能偏小，需采用多机组并联才能满足大型装置生产的需要，导致装置占地面积大、投资相对高。

（2）维护维修概率和成本相对较高，如钢带折弯次数通常约为$200×10^4$次，可使用1～2年，更换费用大。

（3）在产量（流量）偏大或工艺操作参数波动时，该造粒工艺极易产生颗粒扁平、连片等影响颗粒质量的现象。

（4）硫黄烟气不经处理直接排至大气，环保措施仍需加强。

（5）半球状的颗粒在运输和后续转运过程中会产生很多的粒尘，带来职业卫生危害和粉尘爆炸的风险。

回转钢带造粒工艺仍是目前小规模硫黄造粒装置的首选方法。但随着生产规模的普遍扩大，硫回收装置处理量也将进一步增大，回转钢带造粒工艺的单机处理能力限制了其在更大规模项目上的应用。据了解，壳牌加拿大公司于20世纪90年代初就建成了一套规模为1600kt/a的硫黄回转钢带造粒装置，该套装置由SANDVIK公司提供的46台回转钢带造粒机组成。2008年3月，天津石化1000kt/a乙烯及其配套硫回收造粒装置投入使用，其中300kt/a硫回收装置采用了回转钢带造粒工艺，由8台南京三普造粒装备有限公司提供的回转钢带造粒机组成。2014年，中国石化西南油气分公司元坝天然气净化厂配套建设一套380kt/a硫黄成型装置，由6台从SANDVIK公司引进的8t/h回转钢带造粒机组成，这是目前国内建成投产的最大的回转钢带硫黄造粒生产装置。

2. 塔式空气冷却造粒工艺

塔式空气冷却造粒工艺的原理是将熔融液硫从塔顶部滴落，通常经喷嘴加以分布；空气自塔底吹向塔顶，液硫在塔内下降过程中被上升的空气冷却而固化，冷却后的固体颗粒在塔底被收集。

塔式空气冷却造粒工艺开始被称为奥托肯帕法，这是因为该工艺的第一个生产装置源于芬兰的奥托肯帕·奥依公司，于1962年建在柯柯拉，1977年停用；采用该技术的另外两套装置建在日本。除了奥托肯帕法，用于大规模生产的塔式空气冷却造粒工艺还有波兰式空气冷却造粒工艺（Polish Process）。该工艺于1966年首先用在波兰丹诺布切克的一个规模为$15×10^4$t/a的试验工厂；1973年用于格但斯克的锡亚柯帕$50×10^4$t/a的硫黄总站；20世纪80年代初，又在加拿大建设了5套装置。这些装置全部使用单个造粒塔，产能为（35～120）×10^{4}t/a。从硫黄回收装置来的脱气液硫储存在液硫池中。为防止液硫凝固，液硫池内的液硫温度应保持在130～140℃，因此其内部设有蒸汽加热盘管，采用低压蒸汽进行加热、保温。液硫池中的液硫用液硫泵抽出，以恒定的速率输送至造粒塔顶，经喷射器分配进入塔内；冷却空气从塔底进入，补充的晶种（硫微粒）保持在造粒区以促进颗粒晶核的形成；颗粒落于塔底的活动栅时凝固。空气冷却造粒工艺的造粒塔大小随装置的产能而定，高度为30～90m、直径为3～24m，其产品硫黄颗粒直径为1～6mm，水含量小于0.5%，堆密度为1100kg/m^3，脆度小于1.0%，休止角小于25°。

塔式空气冷却造粒工艺不需要水，也没有太多的转动部件，操作性较可靠，适用于大批量生产。但该工艺装置一次性设备投资太大，同时需要空气冷却，动力消耗较高，能耗相当大；并且需对大流量的冷却尾气进行处理，因而导致其发展受限，采用塔式空气冷却造粒工艺的装置处于淘汰或维持生产的状态。

二、湿法成型

1. 滚筒喷浆成型工艺

喷浆成型工艺的原理是在固化的硫黄小颗粒（种子）上重复喷浆、附着和固化，使其粒径增至所要求的尺寸。该工艺一般使用水或空气冷却，成品硫黄的粒径一般为1～6mm，水含量为0.5%，堆密度大于1200kg/m^3，脆度小于1.0%，休止角为27°。该工艺占地少，效率高，单线产能最大已达到1100t/d，特别适合于较大规模的液硫集中生产。

喷浆成型工艺有沸腾床喷浆成型和滚筒喷浆成型两大类，沸腾床喷浆成型以潘罗麦迪克法为代表，滚筒喷浆成型以普罗柯GX法为代表。

1）潘罗麦迪克法

潘罗麦迪克法是沸腾床喷浆成型的一种典型工艺。液硫由潘罗麦迪克成型塔的底部送入，在塔内强空气流的作用下，从文丘里管的喉部向一个方向喷射，在文丘里管顶端形成小颗粒状。小颗粒硫黄在空气作用下在沸腾成型床上做"喷泉"运动，并不断地被熔硫包裹、冷却。当硫黄颗粒达到所需的粒径时，便通过溢流堰送去过筛和存贮。成型塔顶部相当于一个膨胀箱，大部分硫粉在放空前被分离出来，空气由顶部放空。控制进入床层的空气温度在30℃左右，以保障床层温度在成粒的最佳温度约为82℃。而沸腾床喷浆成型的动力消耗和尾气量比塔式空气冷却造粒工艺大，尽管设备投资方面有所下降，也并未得到大面积的推广应用。

2）普罗柯GX法

普罗柯GX法是Enersul集团公司的专利技术，于1977年首次公布。其基础是肥料成粒技术和TVA尿素涂硫试验，已经设计出一系列标准的GX法装置，设计产能在8～70t/h之间。

普罗柯GX法是将熔化的硫黄转变为致密的球形固体颗粒。当产品向滚筒的出口移动时，小颗粒的硫黄（晶粒）被喷淋和盖敷上熔融的硫黄。每一层在被另一层熔化的硫黄盖敷之前冷却至固化状态。经过反复的敷盖、黏合及各个连续层不断冷却的过程，晶粒不断增大直至它们达到要求的粒径,通常粒径为 1~6mm。固化硫黄产生的热量通过小水滴的蒸发吸收,并被气流带走。排出的气体在硫黄浴中净化以便在排入大气之前除去其中所含的硫黄颗粒。通过筛选工序将尺寸过小的颗粒从产品中分离出,并回到滚筒中作为种粒再次成型。

2. 水冷直接成型工艺

水冷直接成型工艺相对于干法成型处理量大、效率高、能耗小,成型的硫黄颗粒产品可达到国家 A 级产品质量标准。水冷直接成型工艺使得规模化、流水线化硫黄运输模式成为现实,解决了百万吨级液硫的成型问题,具有显著的经济效益和社会效益。

国内外最常用的水冷直接成型硫黄生产工艺是 Devco 湿法成型工艺,其处理能力大、工艺设备不需要多列布置。普光天然气净化厂采用 4 套单套产能为 90t/h 的 Devco Ⅱ湿法成型装置,于 2009 年建成投产。

1) Devco Ⅱ湿法成型工艺

Devco Ⅱ湿法成型工艺装置由液硫过滤系统、硫黄成型系统、工艺水循环系统三部分组成。每套成型机的主要构成元件有粉尘罩、液硫分配盘、成型盘、成型盘支撑结构、成型罐、振动脱水筛、水力旋流分离器、再熔器、工艺水槽、水力旋流进料泵、冷却塔进料泵、成型罐进水泵、冷却塔、除尘风机等(图 4-3-2)。

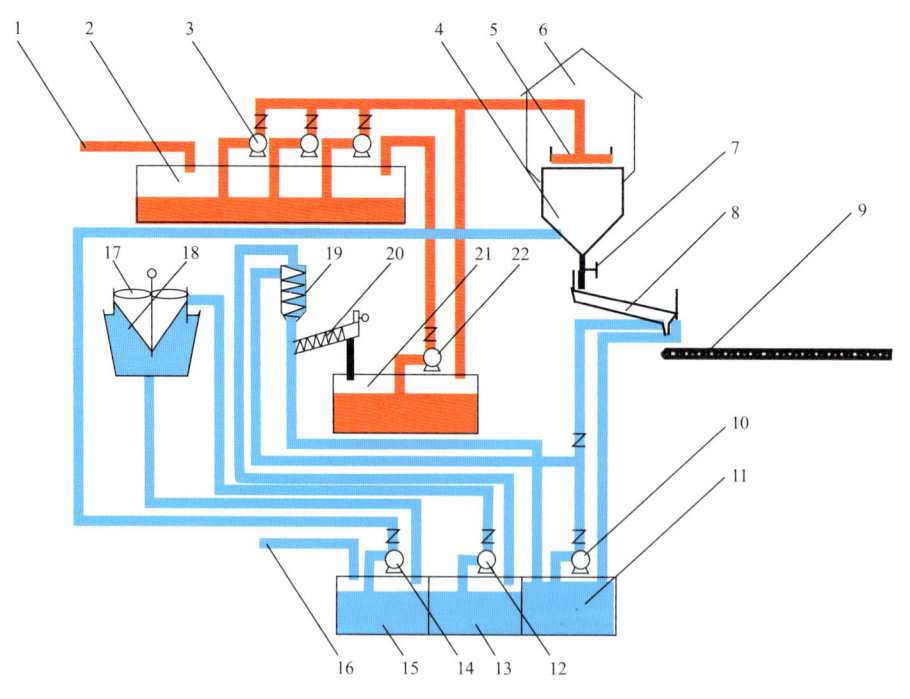

图 4-3-2 Devco Ⅱ湿法成型工艺装置示意图

1—外界进液硫管线;2—液硫池;3—液硫池液硫泵;4—成型罐;5—液硫分配盘和成型盘;6—粉尘罩;7—调节阀;8—振动脱水筛;9—皮带输送机;10—水力旋流进料泵;11—热水槽;12—冷却塔进料泵;13—净水槽;14—成型罐进水泵;15—冷水槽;16—补充水;17—冷却塔风扇;18—冷却塔;19—水力旋流分离器;20—螺旋输送器;21—再熔器;22—再熔硫黄输送泵

液硫通过泵输送至成型机顶部的液硫分配盘，从液硫分配盘均布开孔自流至成型盘，液硫温度要保持在138～142℃之间。成型盘位于支撑结构和装满水的成型罐上部，液硫通过成型盘底部预设的一定直径的孔眼滴入下方成型罐的工艺冷水中，工艺水的温度保持在50～60℃之间，液硫滴珠在水中沉降并进一步冷却成球状颗粒。成型罐中的进水方向与液硫滴珠沉降的方向相反，保证了液硫滴珠在温度较低的水中逐步冷却固化成硫黄颗粒。硫黄颗粒沉积于成型罐底部，颗粒的高度由成型罐排放口处的硫黄颗粒高度控制阀门控制。载荷检测器检测成型罐中硫黄颗粒的重量，通过硫黄颗粒高度控制阀门，保持所需硫黄颗粒高度。硫黄颗粒与附带的工艺水一起排离成型罐后，在重力作用下进入振动脱水筛，除去粒径较小的细粉硫黄和水，得到成品硫黄，其含水率低于2%，粒径小于2mm的细粉硫黄所含比例小于2%。成品硫黄颗粒由皮带输送机外输至包装厂房、散料装车或料仓储存。

振动脱水筛脱出的水、来自成型罐的溢流回水及从螺旋输送器脱出的水均回收至热水槽，再由水力旋流进料泵泵入水力旋流分离器脱除水中的细粉硫黄，脱除细粉硫黄后的工艺水自水力旋流分离器上部流到净水槽；冷却塔进料泵将净水槽中工艺水泵入冷却塔，冷却后的工艺水靠重力流入冷水槽；成型罐进水泵将冷水槽内冷却工艺水泵入成型罐，冷水槽设置补充水，通过液位控制阀保持冷水槽的正常液位。

从振动脱水筛过筛下来的细粉硫黄和水经落料口通过管道传送到热水槽进行汇集，细粉硫黄在管道中流动的动力由两部分提供：一是通过振动脱水筛分离出水的流动携带细粉硫黄流向热水槽；二是通过落料口管线上的振动电动机给管线振动施加振动力迫使细粉硫黄向热水槽移动。汇集到热水槽的水和细粉硫黄由水力旋流进料泵泵入水力旋流分离器，分离出的细粉硫黄经螺旋输送器滑道送入再熔器；掉入再熔器中的细粉硫黄由0.6MPa蒸汽加热熔化后由再熔硫黄输送泵泵入液硫池。熔硫过程中有H_2S和硫蒸气产生，为了防止这些有毒气体逸散，保护工作环境，熔硫池设置除尘风机，将废气抽出。

Devco Ⅱ湿法成型工艺的特点如下：

（1）单套成型机处理量大，占地面积小；生产综合能耗低，对小批量和大批量生产都比较经济。

（2）机械操作可靠、不易损坏，生产费用和维护费用均较低。

（3）成型过程无硫黄粉尘产生，对人体伤害小，安全系数高。

（4）生成的硫黄颗粒坚硬，表面致密、光滑。

（5）操作简单，操作灵活性高。在蒸汽伴热正常的情况下，成型机开停机过程只需5min就可完成；液硫送料泵采用变频设计，单台硫黄成型处理量可在20～90t/h之间进行自动调节。

（6）水循环系统采用CPVC管材，从而提高了耐热性，以及耐酸碱、氧化剂腐蚀的能力；CPVC管材价格是不锈钢管材的1/5，极大节约了投资成本。

（7）硫黄成型装置设置硫黄再熔器，再熔器内有中压蒸汽加热盘管，将分离出的细粉硫黄熔化成液硫，再进行固化成型。

2）水冷直接成型关键工艺控制技术

（1）硫黄含水率控制技术。

固体工业硫黄有块状、粉状、粒状和片状等，根据 GB/T 2449.1—2021《工业硫磺 第 1 部分：固体产品》规定，指标项目主要包括硫含量、水分、灰分、酸度、有机物、砷、铁、筛余物，按照各项目不同指标范围将产品分为 A 级、B 级、C 级三个产品质量等级，均要求水的质量分数不大于 2%。

硫黄产品含水率是固体硫黄的重要指标，硫黄含水率过高，不仅会增加熔硫蒸汽的消耗和降低熔硫设备的处理能力，而且会影响硫黄转运、运输过程。通过对产品硫黄含水率影响因素进行分析，形成固体硫黄含水率控制技术。

① 成型罐水温。

成型罐水温低的情况下，附着在硫黄颗粒表面的游离水分增多。通常在开机初期保持较小的液硫进料量，使硫黄颗粒产品在振动脱水筛上充分脱水、脱细粉硫黄；当水温恒定后，逐步提高至正常液硫处理量，提量过程保持成型罐水温稳定，避免因成型罐水温偏低对硫黄颗粒含水率产生影响。

② 振动脱水筛振动幅度及颗粒硫黄在振动脱水筛上的停留时间。

振动脱水筛振动幅度越大，脱水效果越好；硫黄颗粒在振动脱水筛上停留时间越长，脱水效果越好。

③ 硫黄产品细粉硫黄含量。

在硫黄成型过程中，细粉硫黄不仅携带有较多的水分，而且堵塞振动脱水筛孔眼，进一步影响振动脱水筛的脱水效果，使硫黄产品含水率增高，因此控制硫黄产品细粉硫黄含量是控制硫黄含水率的一个重要途径。

（2）硫黄粒径控制技术。

固体硫黄的颗粒直径是产品硫黄品质评价的又一重要项目，且细粉硫黄含量是影响固体硫黄粒径的一个重要因素。通过对产品硫黄粒径影响因素进行研究，形成固体硫黄粒径控制技术。

① 液硫入水高度对粒径大小的影响规律研究。

液硫入水高度实际为成型盘与冷却水面的距离。谢华昆（2018）采用液硫入水高度分别为 20mm、40mm、60mm、80mm、100mm、300mm、500mm、700mm 进行试验，研究液硫入水高度对成型硫黄颗粒粒径的影响。实验表明：液硫入水高度会影响液滴接触水面时的速度，下落高度越高，则入水速度越快，在冷却水中自由下落达到临界冷却温度的距离增加，受水阻力因素影响，硫黄颗粒直径会变小；同时，液硫滴珠以较快的速度撞击水面时，会发生较大的飞溅，产生较多的细小液硫滴珠，这些细小液硫滴珠将会固化形成细粉硫黄颗粒。由实验数据，随着下落高度从 100mm 降至 20mm，细粉硫黄生成率由 13.4% 降低至 8.4%；而当入水高度为 20mm 时，则出现少部分液硫滴珠相互粘连的情况，这是由于入水高度太低，硫液滴还未完全滴落就已经开始固化，滴珠靠下部分接触水面，在水的表面张力和浮力的作用下，停留时间相对较长，而稍后滴落下来的液硫滴珠就与该液滴上部接触并粘连，从而出现结块甚至堵塞成型盘孔眼；而入水高度高于100mm时，细粉硫黄生成率大大升高。因此，液硫入水高度是细粉硫黄产生的重要影响因素。

② 成型盘孔径对粒径大小的影响规律研究。

湿法硫黄成型机成型盘是整套设备最关键的部件，成型盘的设计制造不合理，将直接造成硫黄颗粒形状不规则、易结块造成水含量超标、成型盘易堵塞、液硫溢出后堵塞后续系统、成型盘难以清理等问题。

谢华昆（2018）就成型盘孔径对粒径大小的影响问题也进行过研究。在液硫温度为140℃、液硫入水高度为60mm、液硫流量为0.188m³/h、冷却水温度为58℃、下落高度超过25cm的条件下，将成型盘孔径分别设为1.5mm、1.8mm、2.1mm、2.4mm、2.7mm，测试成型盘孔径对粒径大小的影响。实验结果表明：成型盘孔径对细粉硫黄的产生影响较大，孔径为2.1mm时，细粉硫黄产成率明显小于其余4组。分析原因如下：孔径的大小影响液硫滴珠的直径，孔径越大，滴珠的直径越大，则发生的飞溅越大；但过小的孔径导致滴珠直径过小，滴珠与水面撞击后，飞溅程度有所降低，主体滴珠的直径小于2mm，成型后达不到合格品的直径标准。

当成型盘孔眼不规则、不畅通时，成型盘孔眼清理不及时或操作不当等情况下，液硫不再呈线状往下流，而是成滴落状，液硫滴在入水时极易发生破碎，质量大的一部分直接沉入水面以下，形成小颗粒；而质量小的因水的表面张力作用浮在水面上，与更多的破碎硫黄聚拢，体积慢慢增大，当质量增大到大于表面张力时沉入水面以下形成大块料。因此，成型盘孔径及孔的完好性都是粒径大小的关键影响因素。

③ 冷却水温度对粒径大小的影响规律研究。

冷却水的温度越高，液硫从进水至达到临界成型温度所行进的距离越长，受水阻力影响越大，颗粒直径稍有偏大。而且在水温超过63℃后，进入水内的液硫冷却效果较差，受成型罐内紊流水的影响，极易发生颗粒之间相互粘连，聚拢形成不规则的大块料，甚至堵塞下料阀。

④ 硫黄结块的影响规律研究。

当硫黄颗粒粘连结块时，因形状不规则，且在形成过程中受内力作用而形成密闭空洞，空洞内的存水无法通过脱水筛脱除，造成固化成型的硫黄含水率超标。硫黄结块形成的块状硫黄同样可能造成成型罐底部排料阀门堵塞，导致生产异常。造成硫黄颗粒粘连结块的主要原因如下：

a. 成型机进料量超负荷或成型盘孔眼堵塞严重，导致成型盘中液位过高甚至溢流，形成粘连硫黄。

b. 硫黄小颗粒及细粉多。

c. 工艺水温超过63℃以后，细粉及粘连硫黄增加，水含量急剧上升，若控制不及时，极易发生硫黄结块。

d. 操作异常，成型罐上部溢流水消失。

e. 成型罐中颗粒堆积高度控制偏高，因硫黄颗粒在冷却水中行径不足而黏结。

（3）硫黄酸度控制技术。

来自硫黄回收装置的液硫中常溶解有一定量的酸性气体，如 H_2S、SO_2、CO_2 和 H_2S_x 等，影响固体硫黄产品的酸度。结合水冷直接成型工艺，通过对硫黄成型过程中酸度的影响因素进行研究，形成固体硫黄产品酸度控制技术。

① 控制液硫进料温度。

根据 H_2S、H_2S_x 溶解特性，当液硫温度控制在 140℃ 左右时，H_2S、H_2S_x 气体在液硫中的溶解度呈显著下降趋势，且处于极低的溶解状态，能有效降低硫黄酸度。

② 强制抽风促进酸气解析。

为了促进成型盘处酸气的快速脱除，在成型盘上方设置集气罩，用于收集液硫中挥发出的硫蒸气、酸气以及硫黄成型过程中遇热汽化的水蒸气等气体。集气罩内设抽风管线，连接一台抽风机及时抽出聚集的气体。有效减少水蒸气与酸气结合形成弱酸性物质滴落至成型罐内，增加工艺水酸性；同时成型盘上方酸气的及时扩散，更有利于液硫中酸气的解析，进一步地降低硫黄酸度。

③ 控制工艺水酸碱度。

工艺水经过凉水塔或水冷器换热降温后循环使用，随着装置运行，成型罐内工艺水因不断溶入酸性物质，导致工艺水 pH 值变低，逐步呈弱酸性。由于颗粒硫黄含有一定量的水分，进而导致颗粒硫黄产品酸度增加，最终影响硫黄颗粒质量。结合装置生产特点，采用在线 pH 值自动调节技术控制工艺水酸碱度。

在工艺水系统中的冷水槽增加在线 pH 值自动调节装置，主要包括 pH 值在线自动检测仪表、酸碱计量泵、酸碱液储罐。通过 pH 值在线自动检测仪表检测工艺水的 pH 值，系统自动将检测值与设定值比较，决定计量泵加碱对工艺水 pH 值进行调节，使工艺水呈弱碱性，提高了硫黄颗粒的成型质量。加碱液即是利用碱液进行中和反应，降低工艺水酸碱度，通常添加浓度为 10% 的 NaOH。

（4）细粉硫黄再熔技术。

① 细粉硫黄分离技术优选。

常用的液固相分离的方法有沉降、过滤、离心分离等。沉降是由于分散相和分散介质的密度不同，分散相粒子在重力场作用下发生定向运动进行分离，其沉降的速度与混相组分的密度差有关，细粉硫黄颗粒大小不均，在水中停留时间过长会碎化成泥巴状，难以有效实现重力沉降。过滤是使液固或气固混合物流体强制通过多孔性过滤介质，将其中的悬浮固体颗粒加以截留，从而实现混合物的分离，具有高效的特点，但需要反冲洗，设备占地面积大，适用于设备间歇生产。离心分离是利用不互溶多相介质间的密度差而进行分离，特点是占地面积小、设备体积小、分离效率高、运转过程连续，但结构参数和操作参数的微小变化对分离效果的影响很大。针对含硫细粉工艺水的分离，选择离心分离方式。

② 离心机稳定进料技术。

受振动脱水筛孔眼堵塞情况及成型机处理量不同影响，振动脱水筛单位时间脱水量和脱出的细粉硫黄量存在差异，离心机进料液浓度和进料量的不稳定性会影响离心机的运行和分离效果。从进料液缓冲和液位控制两方面形成了离心机进料稳定技术。

a. 设置缓冲水罐和搅拌装置。

为了使进料浓度均匀，避免离心机供料泵进、出口管线被硫黄堵塞，在成型机一级、二级振动脱水筛至离心机之间设置缓冲水罐，并在缓冲水罐中设置搅拌装置，确保进入离心机的物料浓度均匀。

b. 缓冲水罐液位稳定措施。

为了保持离心机供料泵在运行过程中出口流量稳定，必须保持缓冲水罐在运行过程中液位保持一定的稳定性，由此在水力旋流进料泵出口设置旁通管线，并在该条管线进入缓冲罐前设置缓冲水罐液位调节阀，实现对缓冲水罐的液位控制。同时也可利用该管线在成型机停运时，将热水槽中的工艺水送入离心机进行净化处理，进一步避免水循环系统细粉硫黄的积聚。

③ 新型熔硫装置的研制与开发。

通过计算再熔器加热面积、研究再熔器结构形式及加热方式、设置搅拌装置及泵回流管线，研制新型熔硫装置。

a. 再熔器加热面积的计算。

由于固体硫黄中或多或少含有水分，而水分的加热和蒸发需要吸收大量的热量，因此在计算传热面积时应考虑水分带来的影响。固体硫黄的溶解在熔硫器中进行，即利用液硫作为传热介质在容器中的加热表面和固体硫黄之间传热。

（a）熔硫所需要热量的计算。

熔硫所需要的热量一般包括熔融不含水的固体硫黄所消耗的热量、带入水分蒸发所消耗的热量和损失热量[式（4-3-1）和式（4-3-2）]。

$$Q_{熔} = Q_{硫黄} + Q_{水} + Q_{损失} \quad （4-3-1）$$

$$Q_{硫黄} = Q_1 + Q_2 + Q_3 + Q_4 + Q_5 \quad （4-3-2）$$

式中　$Q_{熔}$——熔融不含水的固体硫黄消耗的热量；

$Q_{硫黄}$——熔硫所需要消耗的热量；

Q_1——正交晶硫从常温加热至95.4℃的显热；

Q_2——正交晶硫在95.4℃时转变为单斜晶硫的转变热；

Q_3——单斜晶硫从95.4℃到118.9℃的显热；

Q_4——单斜晶硫在118.9℃的熔解热；

Q_5——液硫从常温下加热到135～140℃的显热；

$Q_{水}$——带入水分蒸发所消耗的热量；

$Q_{损失}$——损失热量。

（b）硫黄带入水分蒸发所消耗热量的计算。

熔化含水的固体硫黄，其中水分所消耗的热量分为水从60℃加热到100℃的显热和水在100℃下蒸发所需要的热量。水加热及蒸发所需要的热量计算如下：

$$Q_{水} = m\Phi（C_{水}\Delta T + Q）\quad （4-3-3）$$

式中 $Q_\text{水}$——水加热及蒸发所需要的热量，kJ；
m——固体硫黄的质量，kg；
Φ——固体硫黄的含水率，%；
$C_\text{水}$——水的比热容，4.1868kJ/（kg·K）；
ΔT——水从60℃加热到100℃的温升，K；
Q——水的蒸发热（水在100℃下的蒸发热为2256.7 kJ/kg），kJ/kg。

（c）熔硫器的散热损失计算。

熔硫器的散热损失计算如下：

$$Q_\text{散}=3.6A\alpha_\text{T}(T_\text{m}-T) \quad (4-3-4)$$

式中 $Q_\text{散}$——熔硫器的散热量，kJ/h；
A——熔硫器的散热外表面积，m²；
α_T——对流和辐射传热分系数，W/（m²·K）；
T_m——熔硫器散热面外表面温度，℃；
T——保温层表面温度，℃。

（d）熔硫器所需要传热面积的计算。

熔硫器内安装加热盘管，用0.6～0.7MPa的饱和蒸汽加热，熔硫器所需的传热面积计算如下：

$$S=Q/(3.6K\Delta T_\text{m}) \quad (4-3-5)$$

式中 S——熔硫器传热面积，m²；
Q——熔硫所需要的总热量，kJ/h；
K——由蒸汽传热到硫黄的总传热系数，W/（m²·K）；
ΔT_m——传热的温度差，℃，熔硫一般只考虑利用蒸汽冷凝潜热，0.6MPa的饱和蒸汽冷凝温度约为158.84℃，熔融的液硫温度保持在140℃，则ΔT_m=158.84-140=18.84℃。

b.再熔器结构形式及加热方式研究。

（a）再熔器结构形式。

为了便于排渣，再熔器整体结构设置为圆锥形，并在底部设置蒸汽夹套阀，锥形底部便于再熔器内杂质在底部沉积积聚，并且通过底部夹套阀门定期排出。一方面，彻底解决泵底部过滤器堵塞问题；另一方面，即使有灰色不熔物生成，也不再需要人工清理。

（b）再熔器加热方式。

为了使再熔器内液硫均匀得到伴热，在再熔器上部圆形筒体内设置三组螺旋式蒸汽加热盘管，锥形底部设置外置螺旋加热盘管，从而实现了再熔器内全方位蒸汽伴热、避免出现伴热死角，造成液硫在再熔器内局部凝固。

④再熔器设置搅拌装置及泵回流管线。

为了提高再熔器内细粉硫黄熔化速度，在再熔器内设置搅拌装置、再熔器液硫送料泵出口设置液硫回流管线、再熔器和液硫池泵之间设置液硫管线，有效提高再熔器熔硫过程中液面温度，实现细粉硫黄在再熔器内快速熔化。

新型熔硫装置运行可靠，螺杆泵送至离心机的进料液浓度相对稳定，保持在2%；离心机出渣口细粉硫黄含水率小于10%，离心机回水水质澄清；水循环系统中硫黄细粉量及冷却塔硫粉堆积量明显减少，再熔器能够将来自离心机出渣口的硫粉及时进行熔化，再熔器液面以上无硫粉堆积，再熔器液位控制稳定，液位可在50%～70%间自由进行调节；再熔器内部加热盘管表面无腐蚀现象，取得了较好的现场应用效果。

第四节　固体硫黄储运技术

一、固体硫黄仓储技术

基于固体硫黄的燃烧、爆炸特性和职业危害性，固体硫黄的安全、环保仓储尤为关键。其仓储规范主要依据火灾危险性。固体工业硫黄的火灾危险性按照颗粒大小分类，粉状、片状和颗粒度小于2mm的粒状硫黄为乙类，颗粒度不小于2mm的粒状硫黄为丙类。

固体硫黄的仓储方式应按照其储存规模、占地面积、安全环保要求等方面综合选择，当生产规模在1500t/d以上或储存量在3.0×10^4t以上时，采用散装硫黄圆形料场或矩形料场储存为主、袋装硫黄仓库储存为辅的储存方式。矩形料可采用敞开式的结构，四周设置挡料墙，当采用一台起重机时，应在料场长度方向一端设置检修抓斗场地；采用两台抓斗起重机时，应在料场长度方向两端设置检修抓斗场地；矩形料场、圆形料场不设置备用堆取料机。当生产规模在1500t/d以下时，采用袋装硫黄仓库储存。露天堆场的布置应远离人员集中的区域，位于人员集中区域的全厂全年最小频率风向的上风向，堆场四周应设置防风抑尘网，长边尽可能平行于主导风向；露天堆场斗轮堆取料机轨道端应设置检修场地。在多风或多雨的地区，散装硫黄不能采用露天堆场储存。

1. 圆形料仓固体硫黄仓储

圆形料仓单位占地面积的容量高，设备易布置。以下以普光天然气净化厂为例，对圆形料仓固体硫黄仓储技术进行介绍。

圆形料仓配套建设旋转式的堆取料机，堆取料机主要由堆料机、取料机及相关辅助系统组成。堆料机采用悬臂式皮带输送机，上设皮带输送机，与上游皮带输送机连接，来自硫黄成型单元的颗粒硫黄料经皮带输送机转运至圆形料仓堆料机将硫黄堆至料仓进行储存，完成堆料作业。取料机采用门架式刮板机，在圆形料仓的范围之内，取料机的刮板在回转过程中所能触及的地方均能刮取固体硫黄；圆形料斗设在中心立柱最低处，下连地下廊道溜管和皮带输送系统，作用是将取料机刮取的硫黄从料仓经料斗落到皮带输送机，然后通过皮带输送机将硫黄转运至装车单元。

堆料机的俯仰机构采用液压油缸驱动形式，回转机构采用齿轮回转驱动形式，驱动电动机具有变频调速功能；堆料机悬臂式机架上两侧设置有带护栏的检修通道；刮板取

－ 135 －

料机俯仰取料采用卷扬升降机构，其卷扬升降机构采用钢丝绳卷扬机，驱动电动机具有变频调速功能；卷扬机应采用单滚筒双钢丝绳缠绕工作方式，钢丝绳应采用奥氏体不锈钢钢丝绳或热浸镀锌钢丝绳，安全系数不应小于7。刮板取料机回转取料采用门架行走机构，行走机构驱动电动机具有变频调速功能，行走机构应设置清轨器；取料机门架两侧应设置带有护栏的人行通道，分别通向中心立柱平台和圆形料仓挡墙顶面上；取料机应设置链条缓冲机构和手动液压张紧机构。中心立柱的柱体少开孔，需要开孔处应采取防尘措施，且柱体内应留有检修维护空间；中心立柱上各层平台之间应设置带有护栏的人行通道。堆料机和取料机的回转轴承处应设置检修轴承用的平台和顶升座。

2. 仓储火灾爆炸危险性识别

1）仓储火灾危险性

散装硫黄料仓内储存有大量颗粒硫黄，硫黄是可燃物质，但在不同粒径情况下表现为不同的燃烧性能，当受热或遇到电火花等情况时易发生火灾。大量堆放的硫黄颗粒还可能与空气中的 O_2 接触发生氧化放热反应，在一定硫黄沉积状态下热量不能充分散发，使硫黄堆垛的温度升高而可能引起自燃。沉积在加热表面如照明装置、机械设备热表面的硫黄粉尘，在一定的层厚范围内受热一段时间后可能会出现阴燃，最终也可能转变为明火。取料机采用链条驱动刮板取料，由于链条长期运行受腐蚀及链条与链条盒间硫黄摩擦产生高温，使存留在链盒内硫黄燃烧起火。此外，地下廊道地势低、阴暗潮湿，取料时硫黄中 H_2S 溢出并聚集在廊道内，导致廊道设备腐蚀，FeS 自燃，引燃廊道地面洒落的硫黄。

2）仓储粉尘易爆区域识别

散装硫黄料仓内最容易产生粉尘积聚的位置包括散装硫黄落料点、导料槽处、料仓底部、地下廊道、死角及设备表面等。硫黄粉尘浓度在爆炸下限时具有较大的爆炸危险性，料仓内硫黄粉尘爆炸将对其结构、机械设备等产生严重破坏。

3. 仓储火灾爆炸危险性防控技术

硫黄应储存在不燃烧材料建成的仓库内，仓库应阴凉、通风、干燥、隔热，且与酸类、氧化剂等隔开存放。对料仓的火灾和爆炸危险性防控，一是降低硫黄储存过程的火灾危险性；二是增强相应的灭火、防爆措施，特别是具体的工艺过程的技术措施。

1）建筑结构控制

圆形料场地面应满足防水要求，设排水坡度，料场内墙应选择防水、耐腐蚀的涂料。建筑钢结构设计应根据火灾危险性分类，耐火等级及耐火极限要求进行防火保护。安全疏散门应向外开启，且不应少于两个，其中一个应满足最大设备的进出要求。单座圆形料仓的最大允许占地面积为 6000m² 时，每个防火分区的最大允许建筑面积为 3000m²，当料场内设置自动灭火系统时，每座料场防火分区建筑面积增加一倍。

圆形料场不可采用封闭式结构，料场顶选用轻型网壳结构。挡墙顶与屋顶之间局部敞开，并应满足通风要求，硫黄堆积表面 10m 高范围内的钢结构应做防火保护。圆形料仓外墙应设至少一个直通室外的平开门，如使用电动门时，应设平开小门，料场外应设至少两座楼梯从地面到挡墙上部。圆形料仓中心立柱的顶部应设通往进料带式输送机的直爬梯，圆形料仓中心部位地坑应设直爬梯通往地下廊道。圆形料场内部构件上表面应无向上的凹槽，保持其上表面与水平线呈60°以上的倾角，门窗与内墙应保持在同一水平面上。

固体硫黄仓储场所设置防爆装置和爆炸危害性消减设施。通常应将以下几种防爆技术联合应用，以提高仓储建筑结构的防爆能力。

（1）抗爆结构。抗爆结构就是要让容器和设备的设计要能抵抗住最大爆炸压力，抗爆措施可分为抗爆炸压力设计和抗爆炸冲击设计，这是一种最基本的、最有效的防爆措施。

（2）抑爆。抑爆就是在粉尘发生爆炸时采取一些技术措施不让爆炸压力进一步扩大，从而使爆炸带来的危害和损失降低到最小，抑爆系统通常是由十分敏感的爆炸监视器和抑制剂喷洒系统组成，系统使用的灭火剂可以扑灭火焰，降低容器内的最大爆炸压力。

（3）泄爆。泄爆是爆炸后能在极短的时间内将原来封闭的容器和设备短暂或永久性地向无危险方向开启的措施，是应用最广泛的防爆方法。

（4）隔爆。隔爆措施是在发生爆炸时将爆炸限制在一定范围内。隔爆可以在一个密闭的空间内配合抑爆将火焰熄灭，也可以将火焰通过足够长的管道传到其他无防护设备中。典型的隔爆器有灭火剂阻火器、旋转阀、芬特克斯快速关闭阀等。

2）工艺过程控制

（1）设置通风除尘系统。

通过有效的通风和除尘措施来降低硫黄料仓内的粉尘浓度，使其低于硫黄粉尘的爆炸浓度下限值。其关键在于合理地布置和设置通风管道系统，定期清理沉积于建筑内各角落、设备、管道上的粉尘，使设备外面的粉尘和系统内各部件之间的粉尘减至最少。圆形料仓内的通风为自然通风，自然风通过挡墙与网架穹顶周圈间距中的百叶窗进入仓内，然后上升，通过网架穹顶顶部的出气口自然排到仓外。料仓底部地下廊道应设有排风系统，一般将室外新风从廊道口进入地下廊道至廊道尽头，再经过风管及除尘风机排至室外。包装码垛生产线厂房设置轴流通风机通风。

（2）设置粉尘监测仪。

粉尘监测仪从发射头发出一束测量光，经过可能产生粉尘的区域，由位于发射头正对面的接收头接收，由于接收光束的强度会因粉尘浓度的增加而衰减，从而实现对受料处粉尘浓度的连续监测。

（3）设置火灾监测装置。

在圆形料仓中心立柱顶层平台设有一些感烟探头，与料仓穹顶上的反光部件形成监测回路，用以监测料仓内是否有硫黄着火。对硫黄料仓进行电视监控有利于及时发现机械故障、明火等异常情况的发生，从而有效地预防火灾危险的发生或最大限度地降低危害。对设备的热表面设置电子感温探测器或红外热成像进行温度监控，一旦温度超过设定值（如150℃）便进行降温或停机处理，使设备的表面温度不至于过高引发硫黄粉尘燃烧事故。

（4）设置干雾抑尘系统。

在圆形料仓穹顶下、落料管顶端、堆料机皮带尾部及堆料机皮带头部的落料口处等最易出现硫黄粉尘和发生粉尘飞扬的位置，设置微米级干雾抑尘装置和远程射雾装置。

干雾抑尘装置是由压缩空气驱动的振荡器，通过高频声波将水高度雾化，形成千万个 $1\sim10\mu m$ 大小的水雾颗粒，压缩气流通过喷头共振室将水雾颗粒以低速的雾状方式喷射到粉尘发生点。利用干雾使粉尘颗粒相互黏结、聚结增大，并在自身重力作用下沉降。

料仓的远程射雾器是根据风送原理，使用微细雾化喷嘴将水雾化，再利用风机风量和风压将雾化后的水雾送至圆形料仓穹顶下，覆盖料仓整个空间，水雾与粉尘凝结后降落，从而达到降尘的目的。

（5）控制可燃物。

① 控制粉尘聚集，避免形成粉尘云。

及时清理地面、照明装置、机械设备热表面以及坑、洼、沟、死角的粉尘，确保无粉尘沉积，防止受热时间过长，引起自燃。清理前必须湿润粉尘，不应使用冲击力强的直流水，应使用喷雾水；不应使用压缩空气吹扫的方式，应使用防静电真空吸尘装置。

② 控制易燃物质。

采取粉尘控制措施防止硫黄中混入易燃物质，减少硫黄粉尘与空气形成爆炸特性混合物的可能，降低粉尘爆炸的危险性。

（6）消除点火源。

① 防止摩擦、撞击、生热。

注意检查和维修设备，防止机械零部件松脱；注意润滑机械转动部位，经常检查轴承的温度，如发现轴承过热，应立即检修。供料流量要均匀正常，防止断料空转而摩擦生热。硫黄物料输送设备的外表面温度应加以控制，以低于硫黄的阴燃温度。注意堆垛内部和仓库室内的温度变化，防止硫黄堆垛内部积热。除尘系统应采用不产生火花的除尘器。

② 防止电火花和静电放电。

生产场所的电气设备要按规定选择相应的防爆型设备，整个电气线路应经常维护和检查。所有设备均安装可靠的接地设施，传送带上的皮带采用聚氨酯材料，内加添加剂，可以有效地将固体硫黄在转运过程中产生的静电导出。选取不易产生静电的材料，减少静电的产生，并增加湿度以防止静电积累。此外，应设置相应的防雷击措施。

3）预防硫黄自燃

硫黄堆积时间过长，料仓底部的固体硫黄有可能因通风不畅，造成温度升高，从而引起自燃。预防硫黄自燃的最好措施就是保持硫黄不要在料仓内堆放时间过长，在硫黄生产销售过程中，通过10个液硫储罐合理安排两个料仓的储存量，装车过程中，保证一个料仓的硫黄装完再装另外一个料仓内的硫黄，避免硫黄长时间在料仓里堆积。其次，在空气比较干燥、天气较热的时候，适当打开料仓内的喷雾抑尘系统，来增加硫黄的湿度，降低硫黄的温度。最后，在料仓内部装有火灾报警仪和烟感报警仪等安全仪表，能够及时发现硫黄燃烧情况，在硫黄燃烧初期将火扑灭。

4）灭火消防措施

圆形料仓外的消防采用室外消火栓给水系统，同时采用以自动寻的消防炮灭火为主、以水喷淋辅助灭火为辅的3种灭火系统作为料仓内的主要消防系统。

（1）室外消火栓给水系统。

采用环形高压消防水管网、稳高压消防给水系统、消火栓和消防泵等。

（2）自动寻的消防炮灭火系统。

在圆形料仓中心立柱上部平台安装有两台自动寻的消防炮，其红外线探测器可以覆盖半个料仓。但是由于探测器不够灵敏，在硫黄发生着火时，无法迅速有效地做出判断对火源实施扑灭。控制方式采用火灾自动探测、电视监控系统确认火灾、自动瞄准消防炮的灭火方式，启动方式有控制室自动、远程手动两种，全部采用粉尘防爆产品。此外，沿四周环墙均布4门手动水炮，用于辅助灭火。固体硫黄的火灾如果直接采用直流水扑救，一方面，容易导致硫黄中夹杂的粉尘飞扬，进而发生硫黄粉尘爆炸；另一方面，容易将燃烧的熔融状硫黄溅起，引起大面积火灾。因此，硫黄火灾应采用雾状水扑救。硫黄料仓通常采用红外线自动寻的消防炮灭火系统。料仓中心堆料机塔架顶部设置两门或多门固定消防炮，做到能够覆盖整个硫黄料仓。

（3）水喷淋辅助灭火系统。

堆料机悬臂下方安装双排水雾喷头，当发生火灾报警时，堆料机的驱动电源通过控制系统自动切换到消防电源上，通过火灾自动探测，电视监控系统确认火灾后，在控制室操作人员的遥控下，开启水雾喷淋管道上的雨淋阀，供水系统自动切换到稳高压消防给水系统，可迅速喷水，保护堆料机皮带及下方物料的安全。在料仓内带式输送机进出口处设置了消防水幕设施，可以防止料仓地面上发生的火灾向地下廊道内蔓延。在地下廊道内设有自动喷水灭火系统，可以控制廊道内的火灾。

二、固体硫黄转运技术

1. 固体硫黄转运装车工艺

固体硫黄储运包括硫黄的储存、转运、包装、装卸等生产运行过程。随着硫黄生产规模的巨型化，配套的固体硫黄储运系统也朝着大型化、自动化方向发展。

普光天然气净化厂散装硫黄储运系统包括皮带输送单元、料仓储存单元、火车装车单元、铁路专用线、汽车装车单元、包装码垛等，用于固体硫黄的转运、储存、装车、外运。国内首次实现 $240×10^4$ t/a 硫黄转运装车生产规模。皮带输送单元建有8座转运站，22条输送皮带输送机。其中，4条皮带输送机将硫黄成型机生产的产品硫黄输送至包装车间，18条皮带输送机分别将硫黄成型机生产的硫黄输送至圆形料仓、火车装车单元或汽车装车单元。

料仓储存单元共设置圆形料仓两座，直径为80m，单个料仓储料量为 $5.70×10^4$ t；每座圆形料仓设堆取料机一台，额定堆料能力为500t/h，额定取料能力为1000t/h。火车装车单元由两座火车定量装车楼和两套牵引设备组成，用于火车集装箱快速装车，单套装车楼装车能力为24个集装箱/h，单个集装箱装车质量为27t，小时装车1200t，年装车$300×10^4$t。汽车装车单元为一套汽车定量装车楼，定量装车能力为700t/h，满足$120×10^4$t/a的装车能力。硫黄铁路专用线一条，设计运输能力$300×10^4$t/a。包装码垛单元的袋装生产线一条，产能为$10×10^4$t/a。

2. 转运装车系统燃爆风险消减技术

硫黄为热的不良导体，其燃烧速率一般较慢，硫黄火灾往往蔓延较慢，不容易着大火但硫黄火灾在扑灭之后常常能复燃，并且硫黄燃烧会放出大量的SO_2气体，硫黄与水在高温中分解的H_2化合还会生成H_2S。SO_2是有毒气体，遇水反应会生成腐蚀性强的亚硫酸、硫酸；H_2S是强烈的神经毒物，同时具有爆炸危险性。在硫黄火灾发生时，SO_2和H_2S的生成对现场救援人员均会造成较大的威胁。大量的颗粒硫黄堆积存放时，硫黄堆内部一旦发生火灾，在初期不易被发现，容易延误灭火时机，造成较大的危害。

固体硫黄在转运装车过程中可能出现硫黄火灾和硫黄粉尘爆炸。无论是颗粒硫黄的火灾还是硫黄粉尘的爆炸，都会影响硫黄存储的安全生产，并造成经济损失。针对硫黄转运装车系统火灾、爆炸两个方面的安全风险，提出控制消减措施，可将可能发生的危害降到最低，或将爆炸的影响控制在一定的安全层次内，保障固体硫黄的转运装车生产高效开展。

1）高效抑尘技术

避免形成悬浮粉尘：进行粉尘火灾扑救时，要尽量避免使沉聚粉尘形成悬浮粉尘，沉聚粉尘没有爆炸危险性，而悬浮粉尘则有爆炸危险性，因此扑救粉尘火灾时要引起重视。常见的处理措施是在粉尘火灾事故现场避免用强压力驱动器的灭火器或灭火措施，如用水进行灭火时，不可采用直流水枪，而多采用喷雾水枪或开花水枪。

2）消防喷淋技术

生产装置内部设置稳高压消防水系统、固定水炮和消防箱等现场消防设施，这些设施操作简单，生产装置的操作员均可操作。因此，一旦发生火灾，操作员在报警的同时，要迅速启动可能发生爆炸的装置上设置的水喷淋系统实施冷却，马上利用就近的消防水炮、水枪对着火设备和受到火焰强烈辐射的设备、框架、管线、电缆等进行冷却，防止设备超温、超压和变形。

3）有毒气体监测技术

硫黄粉尘爆炸过程中，燃烧产物中含大量有毒气体，如硫的燃烧产物是SO_2，这些有毒气体容易导致救援人员中毒。救援人员要高度重视对有毒气体、易燃易爆气体（液体蒸气）的浓度进行不间断的检测，以防止毒害物质和爆炸对人员造成伤害。

4）高精准温度预警技术

皮带输送机沿线设置分布式光纤测温系统，采用光栅作为探测元件，用光纤将光栅连接起来形成线型探测。其监测原理是基于光时域反射原理和光纤的背向拉曼散射温度效应，利用先进的光时域反射技术进行定位，利用拉曼散射效应进行测温，当测温主机中的激光光源向光纤注入光脉冲后，有一小部分拉曼散射光会沿光纤反射回来，这部分拉曼散射光与温度有着密切的关系。在皮带输送机的托辊、滚筒、减速箱、电动机等转动易发热部位安装感温监控，测温主机将对这部分拉曼散射光进行分析和处理，从而计算出沿传感光纤的温度和位置；可以将温度精确到1℃范围内，定位精度为1m半径范围内，提前预警和告警，大大提高了火灾监控系统的精度、准确性和时效性。

第五章 设备与防腐

高含硫天然气净化厂能否长周期、安全平稳生产，主要设备的稳定运行、腐蚀控制至关重要。本章结合高含硫天然气净化装置的特点，重点对主要设备、腐蚀与防护、关键设备国产化研发等几个方面进行了阐述。

第一节 主要设备

高含硫天然气净化厂主要动、静设备有塔器、工业炉、换热器、泵及压缩机等，本节以普光天然气净化厂为例，对重点设备的结构、作用、材质等方面进行了介绍。

一、静设备

1. 塔器

1）氯洗塔

2018年，普光气田建设并投用了国内首套水洗脱氯装置，其核心设备为氯洗塔。普光天然气净化厂氯洗塔为板式塔。自上游来的原料天然气进入氯洗塔下部，含氯天然气在氯洗塔中通过与循环使用的水洗水直接逆流接触，然后再经过新鲜水洗水冲洗脱除所含的 Cl^-，从塔顶返回原料气管线。氯洗塔底的含氯冲洗水一部分经液位控制自压送至酸性水汽提部分，另一部分经高压泵打回至水洗塔中段循环利用。天然气经过水洗脱氯后，原料气中 Cl^- 浓度控制在 30mg/L 以下。由于脱氯装置中的 Cl^- 含量较高，筒体和封头材料采用 Q345R+UNS N08825 复合板。接管法兰及人孔盖采用 16Mn 锻件，与介质接触表面堆焊 625 型镍基合金。塔内件采用 N08825 合金。

2）脱硫塔

高含硫天然气净化行业的主流工艺为醇胺法脱硫脱碳，根据吸收工艺的不同常采用单塔或两级吸收。因吸收塔运行压力高，介质含 H_2S、CO_2 等有毒有害、腐蚀介质，设备本体一般采用复合钢板，塔内件一般采用不锈钢。

普光天然气净化厂采用两级吸收进行脱硫脱碳，脱硫塔为板式塔。原料气进入一级脱硫塔与二级脱硫塔出来的半富胺液逆流接触，脱除大部分 H_2S、CO_2 后进入二级脱硫塔与贫胺液逆流接触，H_2S、SO_2 等含量达标后进入脱水单元。一级脱硫塔筒体和封头均为 Q345R（HIC）堆焊 S31603 材质；二级脱硫塔筒体和封头材料采用 Q345R（HIC）+ S31603 复合板。塔内件采用 316L 材质。

3）再生塔

采用醇胺法工艺的脱硫装置需设置再生塔进行脱硫溶剂的再生。根据腐蚀介质分布，再生塔上部一般采用复合钢板，下部一般采用碳钢材质。

普光天然气净化厂再生塔为填料塔。原料气脱硫脱碳后的富胺液由塔顶进入再生塔，经塔底的重沸器加热解吸出 H_2S、CO_2 等气体后自塔底流出。再生塔上部筒体和封头材料采用 Q345R+304L 复合钢板，下部筒体和封头材料采用 Q345R 板材。

4）脱水塔

天然气处理量较大时，一般选择三甘醇法，核心设备为脱水塔。因已完成脱硫脱碳，脱水塔筒体材料一般选择碳钢，内件选择不锈钢。根据现场环境，筒体材料可考虑抗硫碳钢或上部碳钢、下部复合钢板的形式。

普光天然气净化厂脱水塔为填料塔。经脱硫脱碳后的湿天然气进入脱水塔，在塔内天然气与高纯度三甘醇逆流接触，天然气中的水分被脱除，使其水露点达到控制要求。该塔上部筒体和封头材料采用 Q345R（HIC）钢板，下部筒体和封头材料采用 S31603+Q345R（HIC）复合板。塔内件采用 304L 材质。

5）急冷塔

高含硫天然气净化工艺尾气处理整体规模偏大，一般采用还原吸收法处理尾气，主要塔类设备为急冷塔。根据设备运行环境，筒体及封头一般采用复合板材，内件采用不锈钢。

普光天然气净化厂急冷塔为填料塔。从加氢反应器出来的高温尾气经加氢反应器出口冷却器冷却后进入急冷塔下部，尾气在急冷塔中通过与急冷水直接逆流接触来降低温度。该塔上部筒体和封头材料采用 Q245R+304L 复合板，内件采用 304L 材质。

2. 工业炉

工业炉是在工业生产中利用燃料燃烧或电能转化的热量，将物料或工件加热的热工设备。高含硫天然气净化装置的工业炉主要为克劳斯炉、加氢进料燃烧炉和尾气焚烧炉。

1）克劳斯炉

普光天然气净化厂硫黄回收单元反应炉采用卧式圆筒形结构。筒体下部采用鞍式支座支撑。酸气和空气混合后进入反应炉燃烧器，在反应炉内发生克劳斯化学反应并生成单质硫。反应炉内设置节流环将炉内空间分割为燃烧区和反应混合区两个区域。其中，炉前区与燃烧器相接段为燃烧区，炉主体为反应混合区。

由于工艺过程气具有高含硫、处理难度大、安全性能要求极高的特点，因此燃烧器是硫黄回收装置的核心设备。燃烧器能实现自动点火，并设火焰监测器和燃烧控制系统等，用以监测操作运行状况和防止爆炸。

反应炉壳体材质为正火碳钢（Q245R）。炉为多层复合炉衬结构，由耐火砖、隔热砖和浇注料组成。为防止低温露点腐蚀和高温硫化物腐蚀，反应炉的外壁温度设计值控制在 170～300℃ 之间。炉外设置防护罩可避免烫伤操作人员以及雨雪天气造成炉体外壁的急冷现象。

2）加氢进料燃烧炉

普光天然气净化厂加氢进料燃烧炉采用卧式圆筒形结构。筒体下部采用鞍式支座支撑。来自硫黄回收装置的尾气经在线加氢进料燃烧炉加热后进入加氢反应器。在加热炉内，尾气通过和燃烧气体的混合被加热到加氢反应器进行加氢和水解反应要求的适宜温度，同时通过控制加热炉内烃类燃料的不完全燃烧提供加氢反应所需的还原组分（H_2和CO）。

由于工艺过程特殊，加氢进料燃烧炉须与燃烧器整体优化设计，以满足反应温度和还原组分的要求。燃烧器为核心设备，目前国内、进口均有应用。燃烧器设有自动点火和熄火保护系统，并设置火焰监测器用以监测操作运行状况。

加氢进料燃烧炉壳体材质为正火碳钢（Q245R）。耐火材料结构根据不同温度分区设计，前区作为高温燃烧区，衬里采用两层结构，其中一层耐火砖，一层隔热砖；后区为混合区，由于温度很低，采用单层隔热浇注料结构。为防止低温露点腐蚀和高温硫化物腐蚀，反应炉的外壁温度设计值控制在170~300℃之间。炉外设置防护罩可避免烫伤操作人员以及雨雪天气造成炉体外壁的急冷现象。

3）尾气焚烧炉

普光天然气净化厂尾气焚烧炉采用卧式圆筒形结构。筒体下部采用鞍式支座支撑。尾气焚烧炉的作用是借助于燃料气燃烧所产生的高温（约650℃），将尾气中的H_2S转化成SO_2，以减少H_2S对环境的污染，达到规定的排放要求。离开尾气焚烧炉的高温烟道气经余热锅炉能量回收后，由独立烟囱排入大气。

由于工艺过程特殊，焚烧炉与燃烧器需进行整体设计，以满足工艺、环保等要求。燃烧器为核心设备，设有火焰监测器、自动点火和熄火保护系统等，用以监测操作运行状况，防止开停工时燃料气燃烧不稳导致熄火或点火失败而引起爆炸。

焚烧炉壳体材质为正火碳钢（Q245R）。耐火材料结构可按炉内温度分区，分段设置耐火隔热材料。为防止低温露点腐蚀和高温硫化物腐蚀，焚烧炉的外壁温度设计值控制在200~315℃之间，为此炉体设置可调风的防护罩，防护罩还可避免烫伤操作人员以及雨雪天气造成炉体外壁的急冷现象。

3. 换热器

在工业生产中实现两种物料之间热量传递的设备统称为换热器。换热器在炼油化工装置中应用广泛，约占设备总数的40%。

1）中间胺液冷却器

部分大型天然气净化采用中间冷却吸收塔技术，在控制处理气体中CO_2含量的同时也能满足对H_2S含量的要求，中间胺液冷却器一般采用U形管换热器。

普光天然气净化厂原中间胺液冷却器（E-105）为意大利进口，筒体材质为SA-516-70，扭曲换热管材质为SA-179，管板材质为SA266-Gr2；管程为半富胺液，壳程为循环水。运行后循环水侧结垢严重，管壁外侧发生严重垢下腐蚀。经优化改造，筒体材质为Q345R（HIC），换热管形式改为直管，材质为10#钢，管束管程侧涂刷SHY-99防腐涂料，管板材质为16Mn（HIC）；管程为循环水，壳程为半富胺液。经运行，效果良好，但防腐涂料寿命为3~6年。管束的材质升级为304L后，使用寿命可达9年以上。

2）硫黄换热器

克劳斯硫回收工艺硫黄冷却器主要为一级、二级及末级硫冷凝器。一级、二级和末级硫冷凝器分别为卧式双鞍式支座支承的圆筒形管式换热器。材质均为正火钢板材，且需要控制硬度。为抑制管程侧设备的腐蚀，管束内侧做一定的防腐处理。过程气经管程与壳程的锅炉给水进行换热。考虑液硫的自流，一级、二级和末级硫冷凝器在安装时倾斜一定角度。液硫出口设在最低点处，使操作过程中液硫在流动的路径上无死角。考虑设备的热膨胀，一级、二级和末级硫冷凝器的双鞍式支座的支承侧采用固定式支座，另一侧采用滚动或滑动式支座。

3）余热锅炉

余热锅炉主要是将各种形式的余热转化为高压、中压、低压蒸汽供热或供电，从总体上提高能源利用率。普光天然气净化厂应用双锅筒烟道式水管余热锅炉，水汽自然循环方式，由锅炉主体、汽包、液包、烟气进口防护管束、三级过热器、三级减温器及进出口烟箱组成。

离开尾气焚烧炉炉膛的高温烟气进入尾气焚烧炉余热锅炉，通过发生 3.5MPa 等级的饱和蒸汽及过热中压蒸汽来回收热量。从余热锅炉流出的烟气最后经烟囱排入大气。

二、动设备

1. 泵类设备

在高含硫天然气净化装置的工艺生产过程中，泵类设备主要被用于输送胺液、液硫、酸性水、除盐水及锅炉水等。

1）胺液输送泵

胺液介质属于易燃及有毒性介质物料，胺液输送泵在结构形式上应设计为径向剖分泵，根据高含硫净化装置工艺技术路线特点，胺液循环泵较多应用于循环量大、扬程高的工况，径向剖分的离心泵应为双端支撑的卧式多级离心泵。泵的制造材料尽量选择奥氏体不锈钢、双相不锈钢等耐蚀合金材料，特别是密封与轴套等关键部位必须选用抗 H_2S 材料。

大多数胺液输送泵作为维持装置液相介质不断循环的动力来源，长期处于连续运行的工作状态，特别是大型化机组如果仅靠电动机作为驱动设备，往往运行成本较高，需要充分利用技术手段来降低设备运行消耗、提高经济效益。

（1）"液力透平 + 电动机 + 多级泵"双驱动形式。

以 MDEA 法脱硫装置为例，当脱硫单元满足吸收系统和再生系统两种环境下压差相对较大且胺液的循环量较大的条件时，可以采用液力透平作为机组的驱动设备，通过回收富液的部分能量，将压力能转换为机械能来带动机泵转动，达到降低电动机功耗的目的。

该类机组通常由多级离心泵、配套电动机、润滑油站及配套的控制系统、机械密封辅助冲洗系统等部分组成。多级离心泵和液力透平分别位于泵组的两侧外端，中间是电动机。电动机与液力透平中间设有超速离合器。多级离心泵采用双驱动模式，电动机为主驱动机，液力透平为第二驱动装置。主驱动机设计的额定功率在无液力透平的协助下可以单独驱动多级离心泵，液力透平与多级离心泵之间设有超速离合器，当液力透平的转速高于主驱动机的转速时，离合器闭合；当液力透平的转速低于主驱动机的转速时，离合器脱开。采用液力透平驱动，通常可降低电动机负荷50%～80%。同时，液力透平应有一个具有调节能力的全流量旁通阀，可与液力透平入口调节阀实现分程控制。

（2）"汽轮机 + 多级泵"驱动形式。

采用常规克劳斯硫黄回收工艺的装置，还可以考虑利用硫黄回收装置余热锅炉产生的高压或中压蒸汽，通过汽轮机独立驱动来带动胺液输送泵运转，产生的背压蒸汽可以并入低压蒸汽系统，作为各用热设备的加热蒸汽，较直接将高压、中压蒸汽减温减压后作为加热蒸汽在经济性上更为合理。

（3）"电动机 + 多级泵"驱动形式。

液力透平或汽轮机的驱动方式经济性好，但在启泵前需要进行大量准备及调整操作，如排凝、暖管、调速等，因此通常被用于维持长周期连续运行的主机泵上。对于使用频率较低的大型机组备用泵或循环量较小的胺液泵，则可以选用电动机作为驱动设备，电动机启动时间更短、操作更简便，在应对各类异常工况发生时可以做到迅速切换响应。

2）液硫输送泵

在工艺生产过程中，硫黄较多是以液态的形式存在，更方便进行存储及转运。液硫输送泵按照工艺技术路线特点，适用于低流量、高扬程的工作场合，通常应设计为单级高速离心泵。行业内通常将液硫输送泵划分为立式泵和卧式泵两种形式，其主要区别在于安装位置和工作方式的不同。立式泵主要用于液硫池这类地下存储设施，通常设备安装于存储容器的顶部；而卧式泵主要用于储罐类的地上设备，通常安装于储罐的底部，方便将罐内的液硫排净。近年来，还出现了采用自吸式离心泵或容积泵作为液硫输送泵的新技术。

（1）立式液硫泵。

目前，行业内广泛应用立式长轴泵作为液硫池的外输泵。立式长轴泵属于离心式提升泵范畴，其主要特点是吸入口、叶轮、泵体等过流部件均浸没于被输送的液硫当中，驱动电动机位于液硫池外的地上部分，泵轴及外输管线根据伸入容器长度的不同需要而制成，泵体和出液管线配有伴热系统。泵启动后，电动机带动多节泵轴，泵轴带动叶轮一起做高速旋转运动，迫使预先充灌在叶片间液体旋转，在惯性离心力的作用下，液体自叶轮中心向外周做径向运动。液体在流经叶轮的运动过程获得了能量，静压能增高，流速增大。当液体离开叶轮进入泵壳后，由于壳内流道逐渐扩大而减速，部分动能转化为静压能，最后沿切向流入排出管路。立式泵具有占地面积小，启泵前无须灌泵，不会因液硫温度不在最佳温度范围内凝固结晶导致运行困难，无机械密封、不用考虑轴封泄漏等优点，非常适用于输送液硫这类对温度条件要求较高的特殊物料介质；但缺点是维护较为不便，每次均需要使用吊车将泵从液硫池吊至地面上进行维修。

立式泵由于泵的本体较长，且工作端位于泵的底部，在运行中容易受径向力影响产生振动或偏移，可以在叶轮部位增加导叶平衡盘等措施来消除径向力的影响。

（2）卧式液硫泵。

卧式液硫泵主要用于储罐等地面设备，与立式泵的工作方式不同，泵的工作部件全部在容器外部，更便于进行日常检查及维护维修作业。液硫通过泵与罐体底部相连接的吸入口管线进入泵体蜗壳，从叶轮处获得动能后输送至下一流程。与普通离心泵相比，卧式液硫泵必须对所有过流部件充分设置伴热及保温设施，避免工作温度不足导致液硫凝固引起设备异常。此外，选用卧式液硫泵时，机械密封内的橡胶材质密封圈不能因耐热性不足发生变形，密封与轴套部位必须选用抗H_2S材料。轴套表面可以喷涂一层硬质合金，以提高轴套的耐磨性。

（3）自吸式液硫泵。

自吸泵是一种具有自吸能力的离心泵，设有输送泵、自吸装置、伴热装置和回流管线4部分，立式和卧式结构均可以采用。自吸装置包括抽真空装置、控制箱及抽气管线，当输送泵内液位达到设定位置时，抽真空装置发出电信号到控制箱，控制抽真空装置及输送泵的自动启停，实现整个设备的自动控制。为防止介质离开液硫池后，因外界温度下降，介质凝结无法输送，液硫泵设置伴热装置，伴热装置有蒸汽入口和蒸汽出口，由外部供热管网提供伴热蒸汽。整个装置停运时，关闭出口管阀门，输送泵继续保持小流量运行，回流管阀门打开，泵送介质沿回流管线流回储液罐，不再输送到下个泵位。装置恢复运转时，关闭回流管阀门，打开出口管阀门，输送泵迅速正常运行。

与传统立式泵相比，自吸泵泵轴及泵体不插入介质，仅有不锈钢材质的吸入管及内置夹套伴热位于液硫池内，不易振动、腐蚀及损坏，大大降低了设备故障率。液硫池内只有吸入管线和内置夹套伴热，不会因工作部件干磨产生高温或火花而导致气相空间内易燃、易爆气体闪爆，安全性能较高。但同卧式泵，自吸泵需要将液硫注满泵腔后才能启动泵。

无论采用何种形式，液硫输送泵的泵体必须设置有保温夹套，伴热用的低压蒸汽压力宜为0.4MPa；在泵的出液管、支撑管、中间支撑架以及自冲洗管路上也都必须有保温夹套。

2.压缩机类设备

压缩机主要用于对原料气进行增压和输送、为工业炉提供反应配风用的压缩空气、天然气管网气体增压和输送，以及装置配套公用工程中N_2系统和仪表风系统等。

1）克劳斯风机

风机是依靠输入的机械能，提高气体压力并排送气体的机械，属于一种从动的流体机械。克劳斯风机是硫黄回收装置的关键核心设备，在常规克劳斯硫回收工艺中，无论是采用直流法、分流法或者直接氧化法，都需要设置克劳斯风机，主要作用是为克劳斯反应炉燃烧器提供燃烧所需的空气，确保炉膛温度维持稳定燃烧，反应能够顺利进行。

克劳斯风机物料介质主要为空气，具有循环量大、扬程高、连续性及稳定性要求高的特点。

（1）"背压式汽轮机＋多级压缩机"形式。

汽轮机作为一种热机，利用蒸汽在喷嘴中的膨胀作用，使蒸汽的能量转化为动能，动能又通过喷射作用转化为力，驱动转子叶片做功，是一种能够将蒸汽的热量转化成为转动的机械能的原动机，可以不受电源和配电系统的限制，独立驱动压缩机设备工作。由于汽轮机不会产生火花，非常适用于高含硫天然气净化这类物料介质易燃易爆的危险环境。

汽轮机按照蒸汽参数变化及应用结构等不同，可以分为不同形式（表5-1-1）。在有高压、中压蒸汽系统的天然气净化厂中，克劳斯风机宜选用背压式汽轮机作为原动机，通过汽轮机可以将不同压力等级的蒸汽减压减温，利用减压过程中产生的动力来驱动压缩机，比使用电动机进行驱动成本更低，同时可以将排出的背压蒸汽用作各用热设备的加热蒸汽。背压式汽轮机适用于常年供热负荷变化不大的场合，需要认真对全厂全年热负荷平衡研究进行技术经济性比较后再选型。

表 5-1-1　汽轮机分类表

分类	形式	说明
按工作原理	冲动式汽轮机	蒸汽主要在喷嘴（或静叶栅）中膨胀
	反动式汽轮机	蒸汽在静叶栅和动叶栅中都有膨胀
按热力过程特性	凝汽式汽轮机	汽轮机排汽在真空状态下进入凝汽器
	背压式汽轮机	汽轮机排汽大于大气压，排汽供其他汽轮机或热用户使用
	抽汽式汽轮机	从汽轮机级间抽出蒸汽，供生产或生活用汽
	抽汽背压式汽轮机	具有级间抽汽的背压式汽轮机
	乏汽式汽轮机	以工艺生产中副产低压蒸汽为汽轮机工作介质
	注汽式汽轮机	把工艺生产中副产蒸汽引入汽轮机相应的级间与原来蒸汽一起膨胀做功

（2）"电动机＋多级压缩机"驱动形式。

通常来说，压缩机的功率大于147kW时选用汽轮机作为原动机比较经济合理，可以用于作为克劳斯风机主设备的原动机。对于设计功率较小或使用频率较低的备用风机，可以采用电动机作为原动机。

2）酸性天然气压缩机

天然气压缩机是天然气净化装置中的关键设备，在工艺过程中分别用于上游原料气及天然气管网气体的增压及输送。随着地层压力能衰减，气井出现减产或停产，利用压缩机组增压采气成为气田后期稳产的主要手段。21世纪以来，国内常规气田增压集输技术广泛应用且工艺、设备技术成熟，但针对含硫酸性天然气的二次增压工艺及配套设备技术的研究尚处于起步阶段。

（1）国内外技术现状。

国内外在气田上用于天然气增压的压缩机主要是往复式压缩机和离心式压缩机两大类。在技术上两种机型都比较成熟，但就输送工艺各有优点和缺点。

往复式压缩机的优点是具有较高的效率（90%以上），压比大，对于压力及流量的波动适应性较强，工况易于调节，无喘振现象，流量变化对效率的影响较小；但也有体积大、活动部件多、机组运行振动较大、噪声大、结构复杂、辅助设备多、占地面积大、维护工作量大、维护费用高的缺点。往复式压缩机单机功率较低，一般单机功率最大为6000kW。

离心式压缩机的效率较低（85%左右），对输气量和压力波动适应范围小，流量压力波动对机组的效率影响较大，低输量下易发生喘振工况；其优点是运行摩擦易损件少、机组结构尺寸小、重量轻、占地面积小、所需安装厂房空间较小、运行平稳、运行噪声小、使用寿命长、维护工作量较小、维护费用低、不存在润滑油污染情况，适合于长输管道长时间稳定工况下运行，离心式压缩机单机功率较高，一般单机功率在3500kW以上。

国内增压开采最早始于20世纪80年代末期，主要采用地面建设压缩机站实现内部增压和集输管网增压两种方式，前者着重于开采，后者着重于输送。国内制造的适应含硫气质压缩机还处于初步阶段，应用较少。制造的适应含硫气质压缩机业绩最高的是H_2S含量为7.08%、排气压力为3.2~4MPa，适用于H_2S含量大于8%的国产往复式压缩机的制造还是空白。

（2）酸性天然气压缩机的选型及设计制造要求。

酸性天然气对压缩机气阀、填料、活塞环、管道、阀门等具有强腐蚀性，需要从经济性、实用性角度出发，分析不同预处理方案对设备选材及使用的效果，确定最佳预处理方案。需要综合分析气井分布特点及生产规律，预测井口后期生产曲线，确定增压压缩机工作参数范围；研究运行工况下高含硫气质对压缩机热力计算性能的影响方式，提高设备选型精度；通过计算不同压比、压缩级数、缸径等得到机组的功率、排量、排温等参数，优选压缩机基础机型方案及压缩机驱动方式。

（3）酸性天然气压缩机的工业应用介绍。

2021年，中国石化普光气田为解决地层压力下降，气井压力、产量下降无法满足天然气净化厂设计生产规模供气需要的问题，率先在国内开展了酸性湿气增压技术应用，取得了较好的应用效果。

① 总体方案。

压缩机采用两列一级压缩，有油润滑，驱动机采用低压隔爆型电动机；空冷器冷却，空冷器由单独的低压隔爆型电动机驱动。压缩机和空冷器整体成橇，PLC控制柜和低压配电控制柜橇上放置。

② 工艺流程。

压缩工艺流程如下：天然气→入口临时滤网→一级进气分离器→一级进气缓冲罐→一级气缸→一级排气缓冲罐→空冷器→出口过滤分离器→天然气出口。

③压缩机组结构。

压缩机组为分体式结构，主要由压缩机、电动机、联轴器、空冷器、低橇、工艺气系统、润滑油系统、PLC 控制系统等组成。压缩机和电动机采用柔性膜片联轴器连接；工艺气冷却器采用空冷器，空冷器为翅片管束式，风扇强制冷却，设置百叶窗，通过控制变频电动机转速、调节百叶窗开度调节出口温度，防止凝析水的产生，从而避免腐蚀。机组配置一个就地 PLC 控制柜，可单独完成机组的监测、保护和逻辑控制；机组设置有回流旁通，可以实现启机时的加载和停机时的卸载功能。旁通起自末级出口分离器之后，终自一级进气气液分离器之前，满足机组启动需要。

中体和填料充氮增加流量计，填料出口增加温度变送器，用于检测填料泄漏。填料集污罐和中体集污罐增加旁路，进出口增加阀门和 N_2 增压口，用于液体外输。压缩机组设置一套污油回收系统，用于压缩机中体和填料的排污和放空，中体和填料的放空接入场站低压放空系统。集污罐放置在压缩机橇块边缘，提供液位计、放空管线、排污阀等必要部件。污油系统与外部接口引至橇块边缘并配置盲板法兰。

压缩机进口进气启动球阀配套旁通气动球阀，便于压缩机启停车平稳操作。油箱和封闭运动润滑零件、高精度零件和仪表及控制元件的外罩壳，设计成在运行和闲置时能将由潮气、灰尘和其他外来物质引起的污染减到最小。压缩机组能够在任何满负荷、部分负荷或全回流（旁通）条件下连续无故障运行。在曲轴箱排气口安装有 H_2S 探测器，H_2S 监测与压缩机控制系统联锁控制，监测到泄漏时及时进行报警。

第二节　腐蚀与防护

高含硫气田天然气净化系统面临多种腐蚀环境，本节以普光天然气净化厂为例，从腐蚀机理、选材原则与选材方法、典型腐蚀控制方法以及腐蚀案例等多个方面进行介绍，探讨高含硫气田天然气净化系统的腐蚀防护技术。

一、腐蚀机理

1. 净化装置主要危害介质及腐蚀类型

1）酸气 H_2S 和 CO_2

净化装置进料天然气组分中 H_2S 含量变化范围为 13%～18%，CO_2 含量变化范围为 8%～10%，有机硫含量为 340.6mg/m³，主要腐蚀介质为 H_2S 和 CO_2。

普光天然气净化厂净化装置进料天然气组分见表 5-2-1。

（1）H_2S 腐蚀。

绝对干燥的 H_2S 气体对设备的腐蚀比较小，但大量的分析结果证明，有水分存在环境中 H_2S 对钢材具有很强的腐蚀性，而且是一种很强的渗氢介质。在油气田开采、输运等过程中，H_2S 的腐蚀机制主要是 H_2S 电化学腐蚀过程以及由 H_2S 导致的氢损伤过程。由此，有两种腐蚀形态：一种是电化学腐蚀过程产生的全面或局部腐蚀，表现为金属设备的壁厚减薄或点蚀穿孔；另一种是 H_2S 导致的环境开裂，由于阴极还原过程产生的氢原子扩散至钢中，从而可能诱发氢鼓泡（HB）、氢诱发裂纹（HIC）、硫化物应力腐蚀开裂（SSCC）、应力导向氢诱发裂纹（SOHIC）等腐蚀形态。

表 5-2-1　普光天然气净化厂净化装置进料天然气组分

项目		操作工况		
		正常	最大酸气量	最小酸气量
组成	He/%（摩尔分数）	0.01	0.01	0.01
	H_2/%（摩尔分数）	0.02	0.02	0.02
	N_2/%（摩尔分数）	0.552	0.552	0.552
	CO_2/%（摩尔分数）	8.63	10.0	8.0
	H_2S/%（摩尔分数）	14.14	18.0	13.0
	CH_4/%（摩尔分数）	76.52	78.29	71.29
	C_2H_6/%（摩尔分数）	0.12	0.12	0.12
	C_3H_8/%（摩尔分数）	0.008	0.008	0.008
	有机硫 /（mg/m³）	340.6	340.6	340.6
	H_2O	饱和	饱和	饱和
	共计	100	100	100
单列流量 /（10⁴m³/h）		12.5	12.5	12.5
温度 /℃		30～40	30～40	30～40
压力 /MPa		8.3～8.5	8.3～8.5	8.3～8.5
临界温度 /K		227.65	227.65	227.65
临界压力 /MPa（绝）		5.496	5.496	5.496

① 氢鼓泡。

阴极反应生成的氢原子聚集在金属表面，由于 HS^- 的作用加速（增加 10～20 倍）渗透，在金属内部缺陷处聚集，结合成分子，因体积膨胀压力升高，将金属鼓起，形成泡状氢鼓泡。

② 氢诱发裂纹。

氢压力提高引起金属内部分层或开裂，小裂纹趋向于互相联结，形成直线裂纹或呈阶梯状裂纹平行钢材压延方向。

③ 硫化物应力腐蚀开裂。

氢原子渗入钢材内部导致脆性，在外加拉应力或残余应力作用下开裂。通常，硫化物应力腐蚀开裂在焊缝和热影响区的高硬度区更容易发生，其特点如下：

a. 在比预想低得多的载荷下断裂；

b. 属于脆性断裂，断口平整；

c. 低碳钢和低合金钢断口明显有腐蚀产物；

d. 破裂源常在薄弱处，如应力集中点、蚀孔、焊接热影响区等；

e. 裂纹粗，无分枝或少分枝，多为穿晶型，也有沿晶型或混合型；

f. 高强度、高硬度材料十分敏感。

④ 应力导向氢诱发裂纹。

在应力引导下使在夹杂物或缺陷处因氢聚集而形成的成排小裂纹沿垂直应力方向（即壁厚方向）发展，常在热影响区及高应力区发生。

低强度钢易发生氢诱发裂纹；钢强度越高，越易发生硫化物应力腐蚀开裂和应力导向氢诱发裂纹（尤其 H_2S 含量大于 50mg/L）。

NACE MR0175《防硫化氢应力裂纹的油田设备金属材料》和 SY/T 0599—2018《天然气地面设施抗硫化物应力开裂和应力腐蚀开裂金属材料技术规范》规定，在湿含 H_2S 的天然气系统，当系统压力不小于 0.4MPa 时，钢铁发生硫化物应力腐蚀开裂的临界 H_2S 分压为 0.0003MPa。H_2S 在很低浓度就会引起钢铁的腐蚀。实验证明，在压力 7.0MPa 以上的压力系统中，当 H_2S 含量为 5mg/m³ 时，即会引起腐蚀。

在含水的液态系统中，H_2S 腐蚀形成的腐蚀产物与 H_2S 的浓度有关。当 H_2S 浓度为 5.0mg/L 时，腐蚀产物为 FeS 和 FeS_2；当 H_2S 浓度为 5.0～20mg/L 时，腐蚀产物以 Fe_9S_8 为主。当 H_2S 浓度大于 200mg/L 时，可引起硫化物应力腐蚀开裂和应力导向氢诱发裂纹。

（2）CO_2 腐蚀。

干燥的 CO_2 一般不会引起金属材料的腐蚀破坏，只有在与水同时存在的条件下，CO_2 才能使金属材料发生腐蚀。CO_2 在水中的溶解度很高，溶于水形成碳酸，发生氢的去极化。有分析表明，在 H_2S 和 CO_2 共存的体系里，主要是 H_2S 导致的腐蚀破坏，CO_2 起协同作用。

CO_2 在油气田上的腐蚀形态主要表现为全面腐蚀和沉积物下的局部腐蚀（点蚀）、氢致开裂、应力腐蚀。

CO_2 在水中的溶解度与其分压和温度关系较大，当 CO_2 分压低于 0.5MPa 时，溶解度与 CO_2 分压成正比；当 CO_2 分压大于 0.5MPa 时，由于碳酸的形成，溶解度大幅度上升。

介质中的 CO_2 分压对碳钢的腐蚀形态有显著的影响，当 CO_2 分压低于 0.05MPa 时，腐蚀轻微或无腐蚀；当 CO_2 分压在 0.05～0.2MPa 之间时，可能发生孔蚀；当 CO_2 分压大于 0.2MPa 时，发生严重的局部腐蚀。当 CO_2 分压低于 1.4MPa 时，随着 CO_2 分压上升，金属的腐蚀速率直线上升；当 CO_2 分压大于 1.4MPa 时，其分压上升对腐蚀速率影响不大。pH 值的变化直接影响 CO_2 在水中的存在形式，当 pH 值小于 4 时，CO_2 主要以 H_2CO_3 存在，在无 O_2 条件下，碳钢腐蚀主要是 H^+ 去极化作用；当 pH 值在 4～10 之间时，CO_2 以 HCO_3^- 存在，对碳钢的腐蚀阴极过程有催化作用，加剧 CO_2 腐蚀；当 pH 值大于 10 时，CO_2 主要以 CO_3^{2-} 存在，有利于碳酸盐结垢的形成和稳定。

2)贫/富胺液

胺腐蚀主要是指发生在胺处理工艺碳钢设备上的均匀或局部腐蚀。净化装置内贫/富胺液组分及其降解产物含量见表5-2-2。

表5-2-2 贫/富胺液组分及其降解产物含量表

项目	CO_2含量/g/L	H_2S含量/g/L	浓度/%（质量分数）	系统胺液中热稳定盐含量/%（质量分数）	系统胺液中氨基酸含量/%（质量分数）
贫胺液	2.06	0.18	48.43	≤0.5	≤250
富胺液	49.64	24.25	45.78		

胺腐蚀不是由胺液引起的，而是由溶解的酸气（H_2S和CO_2）、胺降解产物、热稳定盐和其他杂质引起的。胺腐蚀受影响的材料主要是碳钢，而300系列不锈钢十分耐蚀。胺腐蚀取决于设计和实际操作、胺液的质量浓度、酸气的溶解度、胺的类型、杂质、温度和流速，具体如下：

（1）胺液的质量浓度。通常胺液的质量浓度越大，腐蚀速率越大。

（2）酸气的溶解度。酸气的溶解度越大，腐蚀速率越大。

（3）胺的类型。一般而言，烷醇胺系按侵蚀性从大到小的次序可排列如下：单乙醇胺（MEA）＞二甘醇胺（DGA）＞二异丙胺（DIPA）＞二乙醇胺（DEA）＞甲基二乙醇胺（MDEA）。

（4）贫胺液通常腐蚀性轻，因为其电导率低、pH值高。但是热稳定盐的过度积累（超过2%）会明显增加腐蚀速率。

（5）随着温度增加，腐蚀速率增加，尤其是在富胺液系统。当温度超过104℃时，如果压力降足够高，会导致酸气闪蒸和严重的局部腐蚀。

（6）流速也是胺液腐蚀的重要影响因素。在没有流速影响时，胺腐蚀是均匀腐蚀。高流速易使酸气从溶液中析出，在压力下降的部位造成局部腐蚀；高流速还易引起钢表面的硫化物保护层破裂，在此处腐蚀形态表现为点蚀和坑蚀。对于碳钢，富胺液系统的普通流速限制通常为0.9~1.8m/s；对于贫胺液，一般限定为6m/s。

3）酸性水

H_2S-H_2O腐蚀是指金属在pH值为4.5~7.0之间的含H_2S的酸性水中发生的腐蚀，酸性水中也可能含有CO_2。酸性水的腐蚀主要为均匀减薄，但也会发生局部腐蚀或局部垢下腐蚀，尤其是有O_2存在时，含CO_2的环境可能还会出现碳酸盐应力腐蚀开裂。H_2S-H_2O腐蚀主要影响碳钢材质的设备、管线，不锈钢、铜合金和镍基合金通常耐蚀。H_2S-H_2O腐蚀的主要影响因素有H_2S浓度、温度、pH值、O_2含量、流速等。具体如下：

（1）酸性水中的H_2S浓度取决于气相中的H_2S分压、温度和pH值。

（2）在一定的压力下，酸性水中的H_2S浓度随温度增加而降低。

（3）H_2S浓度的增加会降低溶液的pH值到4.5。pH值低于4.5的介质通常含有强酸，是很强的腐蚀介质；pH值高于4.5时，腐蚀产生的FeS膜会限制腐蚀速率。

（4）空气或氧化剂的存在会加强腐蚀，通常导致点蚀或垢下腐蚀。

（5）需特别指出的是，对于碳钢，腐蚀通常为均匀减薄，但在高流速或湍流的特殊区域，尤其是水冷凝区，可能在局部产生严重腐蚀。为了降低酸性水的腐蚀影响，工艺控制和腐蚀监测是很重要的两个方面，正确安装腐蚀监测探针和腐蚀挂片可为了解设备、管线的腐蚀程度提供参考依据。

2. 净化装置各单元腐蚀机理

1）脱硫单元腐蚀机理分析

脱硫单元原料为普光气田天然气末站来的高含硫天然气（H_2S 含量为 14%，CO_2 含量为 8%），采用 MDEA 法脱硫，富胺液经过胺液闪蒸罐、贫/富胺液换热器在胺液再生塔内将吸收的 H_2S、CO_2 解析出来，循环使用。脱硫单元主要包括高压天然气脱硫、富胺液闪蒸及胺液再生部分。

脱硫单元的脱硫设备腐蚀形态有电化学腐蚀、应力腐蚀（由碳酸盐或硫化物）及氢鼓泡，腐蚀介质是 H_2S、CO_2、胺溶液及变质产物。脱硫装置中的应力腐蚀一般是由胺、H_2S、CO_2 和设备管线的残余应力共同作用下引起的，是一种在碱性介质下的腐蚀。吸收塔、再生塔和管线的焊接处常常由于残余应力而发生应力腐蚀开裂。影响腐蚀的因素有溶剂胺的类型和杂质含量、酸气负荷、装置各部位的温度和压力、溶液的流速等。脱硫单元主要腐蚀介质及部位如下：

（1）原料气系统。

原料气过滤分离器底部及排污管线、水解反应器出口空冷器及进出口管线、原料气管线、闪蒸气管线、放空管线等管线的低洼承液处，易发生电化学腐蚀和硫化物应力腐蚀开裂。

过滤器及排污管线：原料气进入原料气进料过滤分离器脱除携带的液体和固体颗粒，然后进入原料气聚结分离器脱除液滴。在原料气分离过滤中，如果液相沉降物很少，排污频率很低，在该管线中就容易形成死角，由于 H_2S 和水分的存在，将形成电化学腐蚀和硫化物应力腐蚀开裂。

原料气管线：不同管线不同部位的腐蚀情况不同，原料气入厂总管、原料气过滤分离器段管线、原料气入塔管线和放空管线，各段管线必然都存在一定程度的腐蚀，在原料气管线上的冲击面（弯头处）和沉液段的腐蚀尤其严重，表现为局部减薄和坑蚀。原料气管线腐蚀机理为电化学腐蚀和动力学冲蚀。

闪蒸气管线：由于脱硫系统中 H_2S 含量较高，在闪蒸气中携带了大量的 H_2S 气体和水分，在管线的死角和焊接部位（三通、弯头等）造成严重腐蚀。

放空管线：放空管线的酸性水沉降段气液相混合，腐蚀作用强，表现为电化学腐蚀。由于低点沉液段水分的存在，形成强电化学腐蚀，使放空管线的沉液部位腐蚀严重。

（2）富胺液系统。

富胺液环境出现在吸收塔底部、贫/富胺液换热器富胺液侧及富胺液再生塔内，易发生 MDEA–CO_2–H_2S–H_2O 腐蚀。气液相夹杂、低 pH 值、高温的富胺液有很强的腐蚀能力。设备、管线在 MDEA-CO_2-H_2S-H_2O 介质中的腐蚀主要归因于钢材与 CO_2 的反应，溶液中的污染物对钢材与 CO_2 的反应也起着显著的促进作用。在循环胺液中，腐蚀性污染物主要有胺降解产物、热稳定盐类、烃类物质、杂质等。

腐蚀主要部位在一级吸收塔底部及塔底出口至闪蒸罐进口段，该段管线变径、弯头、三通较多，处于高压到低压的缓冲部位，气液相夹杂，腐蚀严重。

（3）胺液再生塔顶酸气冷凝系统。

在胺液再生塔内，富胺液含有的 H_2S、CO_2 被重沸器内产生的汽提气解析出来并从塔顶流出，塔顶酸气经胺液再生塔顶空冷器冷却后进入胺液再生塔顶回流罐分液。胺液再生塔顶冷凝系统温度降低，H_2S、CO_2 及水分的存在和聚集，易形成 H_2S-CO_2-H_2O 共同作用的电化学腐蚀和应力腐蚀开裂。

（4）胺液再生塔胺液再生系统。

胺液再生塔底重沸器、富胺液管线等存在富胺液的部位，温度为 90～120℃，存在 MDEA-CO_2-H_2S-H_2O 腐蚀。

腐蚀主要部位在胺液再生塔底重沸器出口部位壳体和返塔线，引起这种腐蚀的并非系统中的 H_2S，而主要是 CO_2 及醇胺的降解产物在碱性条件下形成的 CO_2 和胺应力腐蚀。胺液在温度大于 90℃时，可引起碳钢或低合金钢设备的应力腐蚀开裂，残余应力的存在会增强金属材料出现这种应力腐蚀的倾向。

2）脱水单元腐蚀机理

脱水单元进料为脱硫后的湿净化气，采用三甘醇溶剂吸收法脱水，富甘醇经过贫/富甘醇换热器在三甘醇再生塔内将水分解析出来，循环使用，脱水后的净化气外输。脱水单元主要包括高压天然气脱水和富甘醇闪蒸及三甘醇再生部分，主要腐蚀介质及部位如下：

（1）富甘醇。

富甘醇环境出现在吸收塔底部、贫/富甘醇换热器的富甘醇侧及富甘醇再生塔内，其腐蚀性与多种条件有关，尤其是溶于甘醇中的 CO_2、H_2S 或 O_2 的含量。甘醇的降解产物，如有机酸，会降低甘醇的 pH 值，并产生腐蚀环境；甘醇降解产生的固体会积聚在低流速或滞留区内，形成沉淀型腐蚀。腐蚀的严重程度与富甘醇温度、水含量和盐类浓度有关。

（2）贫甘醇。

贫甘醇环境通常被视为非腐蚀性的，但 pH 值非常低的贫甘醇除外。

（3）三甘醇再生系统。

三甘醇再生塔和塔顶管线如有水或甘醇水溶液冷凝，将产生严重腐蚀。除水蒸气以外，塔顶的气流中还含有 CO_2、H_2S、O_2 以及被蒸出的甘醇轻度降解产物，这些物质溶解于冷凝水中，形成腐蚀性溶液。三甘醇再生塔底重沸器内通常只有轻微的腐蚀性，因为大部分水和溶解的气体在再生塔中被蒸发。

3）硫黄回收单元腐蚀机理分析

硫黄回收单元进料为脱硫单元产生的酸气，采用高温热反应和两级催化转化克劳斯工艺从酸气中回收元素硫，产生硫黄和尾气。重点腐蚀部位为克劳斯反应炉、余热锅炉及其进出口管线、各级硫冷凝器及其进出口管线，主要腐蚀形式及部位如下：

（1）H_2S-H_2O 腐蚀。

H_2S-H_2O 腐蚀主要发生在硫黄回收单元的酸气分液罐及其管线、酸气放空管线、液硫脱气管线等部位。

当系统操作不平稳时，温度降低或压力升高，易导致液态水析出，造成严重的湿 H_2S 环境腐蚀。

（2）硫酸和亚硫酸露点腐蚀。

硫酸和亚硫酸露点腐蚀主要发生在硫黄回收单元的过程气管线、硫冷凝器部分。来自脱硫单元的酸气（H_2S 含量为 58%）在克劳斯炉内和 O_2 完全燃烧产生 SO_2，SO_2 易溶于水，其水溶液（亚硫酸）比 H_2S 的水溶液更容易腐蚀金属，腐蚀产物为 $FeSO_3$。当系统中 O_2 过剩时，过程气中的少量 SO_2 会被氧化成 SO_3。当温度低于 110℃时，SO_3 与水蒸气结合生成稀硫酸，稀硫酸对设备的腐蚀更强于亚硫酸，腐蚀产物为 $FeSO_4$。

露点腐蚀位置主要集中在温度比管道平均温度低的低凹部位、硫冷凝器管板的管口角焊缝处。这是因为温度降低，SO_2 和 SO_3 在介质中的溶解度增加，从而促进了腐蚀的进行。此外，设备制造时如果没有消除应力，露点腐蚀还能与拉伸应力共同作用，引起设备在某一部位发生断裂，引发严重的安全事故。

硫酸露点腐蚀实际上是气液相变浓度、变温度的复杂过程。有资料显示，当水蒸气含量为 10% 时，硫酸露点在 140~240℃之间变化，而液相硫酸的浓度则由 0 变化到 93%，各种金属材料在不同温度、不同浓度时腐蚀速率不同，但在 70℃、50% 硫酸浓度中腐蚀最快。硫酸露点腐蚀与温度有明显的关系，温度高时，冷凝的硫酸液滴细而分散，硫酸向金属表面的迁移速度受到限制，从而影响了腐蚀速率。因此，温度越高，硫酸露点腐蚀越轻；温度越低，硫酸露点腐蚀越重。要严格控制设备、管线温度在硫酸露点之上，避免发生严重的硫酸露点腐蚀。

（3）元素硫腐蚀。

干的元素硫在通常温度下一般不具有腐蚀性，但当硫暴露在空气中或变湿以后，其腐蚀能力急剧增强。

（4）高温硫化腐蚀。

高温硫化腐蚀是指 240℃以上的元素硫、H_2S 和有机硫形成的腐蚀。随着温度的升高，高温硫化腐蚀逐渐加剧，特别是在 350℃以上，当 H_2S 分解成单质硫和 H_2 时，单质硫对金属的腐蚀远比 H_2S 剧烈。

高温硫化腐蚀主要发生在克劳斯炉燃烧室，催化转化反应器，一级、二级硫冷凝器入口管箱等设备。正常操作时，由于这些设备有隔热衬里保护，高温硫化腐蚀并不严重；但当上游装置操作不平稳时，可能引起设备温度、振动波动大，从而烧坏、振坏隔热衬里，这样就使反应生成的硫化物穿过破损的隔热衬里，与器壁金属反应而产生腐蚀。此外，在燃烧室与余热锅炉连接的入口管板处的高温硫化腐蚀也较为严重。

4）尾气处理单元腐蚀机理分析

尾气处理单元进料为硫黄回收单元产生的尾气，采用加氢还原吸收工艺，通过加氢还原反应将尾气中的 SO_2、S_x 还原为 H_2S。然后采用 MDEA 法选择吸收尾气中的 H_2S，富胺液返回脱硫单元进行胺液再生产生酸气，酸气返回硫黄回收单元循环处理。重点腐蚀部位为急冷塔底部及其出口管线、尾气吸收塔顶部及其出口管线、急冷水泵出口管线等。

尾气处理单元的腐蚀形式主要为 H_2S-H_2O 腐蚀和胺液腐蚀，H_2S-H_2O 腐蚀主要发生在尾气急冷塔底部及出口管线、急冷水泵出口管线等部位，会导致急冷塔的填料、液体分布器等塔内件、急冷水管线受到严重腐蚀；胺液腐蚀主要发生在尾气吸收塔、半富胺液泵及其进出口管线。

5）酸性水汽提单元腐蚀机理分析

酸性水汽提单元进料为尾气处理单元急冷塔连续排放的酸性水、脱硫单元胺液再生塔底回流罐及硫黄回收单元酸气分液罐间断排放的酸性水，采用单塔低压酸性水汽提工艺，产生酸气和净化水，酸气返回尾气处理单元循环处理，处理后的合格净化水至循环水场循环使用。重点腐蚀部位为酸性水缓冲罐及其出口管线、酸性水汽提塔、酸性水汽提塔底重沸器，主要腐蚀形式及部位如下：

（1）H_2S-H_2O 腐蚀。

主要腐蚀部位是酸性水缓冲罐、酸性水进汽提塔管线、汽提塔顶酸气管线、重沸器及返塔管线，如果管线伴热效果不佳或系统操作出现波动，会导致系统内温度降低，在管线内形成冷凝水，与 H_2S 形成湿 H_2S 腐蚀环境，发生酸性水腐蚀。

（2）硫氢化铵腐蚀。

酸性水汽提单元酸性水主要来自急冷水系统，急冷水中 NH_3 进入汽提塔，与来自其他部位的酸性水反应生成铵盐，在汽提过程中，盐类被带至管道内壁，其沉积物会导致沉积物下腐蚀。

二、选材原则与选材方法

高含硫天然气净化装置涉及脱硫脱碳、脱水、硫黄回收、尾气处理及酸性水汽提单元，应根据工艺条件、材料的加工性能、焊接性能、制造工艺以及经济性等因素确定设备和管道材料。

对于碳钢材料，在设计选材时，可按 SH/T 3075—2009《石油化工钢制压力容器材料选用规范》规定，用于湿 H_2S 腐蚀环境材料要求锰含量不大于 1.35%、硫含量不大于 0.002%、磷含量不大于 0.01%。若设备更新时，可依据 GB/T 20972—2008《石油天然气工业 油气开采中用于含硫化氢环境的材料》选取，避免氢鼓泡和氢致裂纹开裂。对于耐蚀合金材料，参考 NACE MR1075/ISO 15156 标准防止出现各种 H_2S 环境下的开裂问题。

设备制造后进行焊缝消除应力热处理，以提高设备材料抗湿 H_2S 应力腐蚀开裂的能力。焊缝硬度需满足抗应力腐蚀开裂的能力要求，即焊缝硬度不大于 200HB，根据 ISO 15156/NACE M0175、NACE TM0177 和 NACE TM0284 等标准中规定来进行腐蚀评价。

选材主要遵循安全原则和经济原则，在满足合理使用寿命的情况下尽可能选择便宜的材料，并利用表面处理技术（涂层、镀层、表面膜）、结构设计、介质控制等方法，形成综合防腐技术，达到使用效果与成本的最佳平衡。

普光天然气净化厂部分管线的选材方案见表5-2-3。

表5-2-3 普光天然气净化厂部分管线的选材方案

序号	单元	监测部位	仪表位号	管线材质	设计腐蚀裕量/mm	允许腐蚀速率/mm/a	介质名称
1	脱硫单元	天然气进装置管线	CL-10101	316L	1.5	0.1	天然气进料
2		进料过滤分离器底部液体出口管线	CL-10102	316L	1.5	0.1	酸性水
3		水解反应器出口空冷器出口管线	CL-10701	316L	1.5	0.1	酸性天然气+水
4		液力透平出口管线	CL-10901	20R+316L	1.5	0.1	富胺液
5		再生塔底重沸器B气相返塔管线	CL-11501	20R+316L	1.5	0.1	酸气
6		胺液再生塔顶空冷器出口管线	CL-11601	20R+316L	1.5	0.1	酸气+酸性水
7		酸气自胺液再生塔顶回流罐至硫黄回收单元管线	CL-11701	20#(抗氢致开裂)	6	0.4	酸气
8		胺液再生塔顶回流管线	CL-11702	20#(抗氢致开裂)	6	0.4	酸性水
9		富胺液闪蒸罐出口管线	CL-11101	20#(抗氢致开裂)	6	0.4	富胺液
10		贫胺液入口管线	CL-11801	20#	3	0.2	贫胺液
11	脱水单元	脱水塔天然气入口管线	CL-20101	316L	1.5	0.1	湿天然气
12		脱水塔出口富三甘醇管线	CL-20102	20#	3	0.2	三甘醇
13	硫黄回收单元	二级硫冷凝器酸气入口管线	CL-30801	20R+316L	1.5	0.1	酸气
14		末级硫冷凝器尾气出口管线	CL-31001	20#	3	0.2	酸气
15	尾气处理单元	急冷塔顶出口管线	CL-40401	20#(抗氢致开裂)	6	0.4	酸气
16		半富胺液出口总管	CL-40801	20#	3	0.2	半富胺液
17	酸性水汽提单元	酸性水汽堤塔顶气管线	CL-50201	20#(抗氢致开裂)	6	0.4	酸气

续表

序号	单元	监测部位	仪表位号	管线材质	设计腐蚀裕量/mm	允许腐蚀速率/mm/a	介质名称
18	公用部分	原料天然气自集输总站至装置	736-CL-10101	Q245R+825	3	0.2	原料天然气
19		原料天然气自集输总站至装置	736-CL-10102	Q245R+825	3	0.2	原料天然气
20		天然气产品管线	736-CL-10103	20#	1.5	0.1	天然气产品
21		西区高压放空总管	735-CL-00201	20#（抗氢致开裂）	6	0.4	放空气体
22		东区高压放空总管	735-CL-00102	20#（抗氢致开裂）	6	0.4	放空气体
23		低压放空总管	735-CL-00101	20#（抗氢致开裂）	6	0.4	放空气体

三、典型腐蚀控制方法

1. 规范工艺过程控制

1）控制胺液浓度（质量分数为50%）和酸气负荷（约为0.55mol酸气/mol MDEA）

分析表明，随着胺液浓度和酸气负荷的增加，腐蚀速率也随之上升。这主要是因为胺液浓度和酸气负荷越高，单位体积胺液中的 H_2S 和 CO_2 含量越高，从而使腐蚀加剧。因此，在实际操作过程中，应按照装置设计的胺液浓度和酸气负荷进行操作，不应随意提高胺液浓度或溶液的酸气负荷，以免使设备的腐蚀加剧。

胺液浓度的波动范围一般应控制在1～2个百分点以内，如果胺液浓度升高，应及时补加去离子水进行调整。

2）控制胺液再生温度

控制重沸器操作温度不应高于设计值128℃，防止胺液发生热降解加速腐蚀，重沸器宜采用0.3MPa左右的低压蒸汽。

再生塔底部重沸器的温度是表明酸气解析是否彻底的重要因素，但是温度也是加速腐蚀的原因。温度升高，电化学腐蚀速率加快；同时，变质产物会增加，由变质产物引起的腐蚀无疑也会加快。因此，只要能保证解析合格，再生温度和再生压力应越低越好。在实际操作中，为尽可能地降低胺液中残留的酸气，应该增加汽提蒸汽的量，而不应提高蒸汽压力来提高再生温度。因此，为了减少腐蚀，宜采用0.3～0.4MPa的低压蒸汽作为重沸器的热源。

3）密切关注富胺液和再生塔顶酸性水的流速

溶液流速过高会因强烈的冲刷作用而破坏金属表面的保护膜，导致设备和管线腐蚀加剧，尤以弯头腐蚀为最，因此应采用合适的流速。对于碳钢，富胺液在管道内的流速一般应不高于1.8m/s，在换热器管程中的流速不超过0.9m/s，富胺液进再生塔流速不高于1.2m/s。

再生塔顶酸性水系统碳钢管线控制流速不超过 5m/s，奥氏体不锈钢管线控制流速小于 15m/s。应尽量避免超负荷运行，同时要注意阀门开度，防止过量造成流速加大。

4）控制硫回收装置高温部位温度，减轻高温硫腐蚀和低温露点腐蚀

尽可能控制燃烧炉余热锅炉管程出口温度（250～320℃）和焚烧炉蒸汽过热器管程出口温度（280～350℃）在下限，一级、二级、末级硫冷凝器管程出口温度控制在 150～170℃，其他温度控制在指标范围内，减轻高温硫腐蚀，避免低温 SO_2 和 SO_3 露点腐蚀。

应保证易发生露点腐蚀部位的温度在水和硫的露点以上，减少低温 SO_2 露点腐蚀和低温 SO_3 露点腐蚀，如装置紧急停工时给汽保温、系统充 N_2 保护、尾气管线避免设计过长并且保证均匀充足的伴热、烟筒排烟温度保证在 300℃ 以上且对烟筒进行保温。

5）完善在线仪表配置

完善 H_2S/SO_2 值、H_2 含量、pH 值在线分析仪等配置，保证 H_2S/SO_2 值在线分析仪正常运行，合理配风，提高硫转化率，防止产生过多的 SO_2 或者燃烧不完全而积炭。

6）改善硫黄回收装置硫冷凝器结构

硫黄回收装置广泛使用固定管板换热器以实现废热利用。目前影响装置生产的主要矛盾是换热器的失效，原因是由于温差热应力，使管板管口焊缝易发生应力腐蚀，而且焊口一旦失效，修复相当困难。改进方法如下：一方面，使用柔性管板，以减小焊缝热应力；另一方面，改进换热管与管板焊接结构，并采用强度焊加强度胀或强度胀加密封焊。

7）外部保温

对硫黄回收装置来说，进行设备外部保温是必要的，这是由于整个生产过程存在着 SO_2、SO_3、H_2S、COS、水蒸气、硫蒸气等气体，设备壳体内部衬里可以降低设备壁温，减少高温硫腐蚀，但设备壁温也不能过低，必须高于露点腐蚀温度，硫黄回收装置设备的外壳一般要求温度在 150～250℃，否则就会导致严重的低温露点腐蚀。一些管线及设备使用蒸汽伴热也起到提高壁温、减缓露点腐蚀的作用。

8）严禁 O_2 窜入脱水系统

甘醇储罐的上部空间用微正压的 N_2 密封。

9）确保尾气吸收单元急冷水 pH 值

急冷水 pH 值控制在 7～8，可有效防止腐蚀的发生。根据尾气停工情况注 N_2 保护，系统保持微正压，并且与开工设备隔离好，防止 O_2、水、过程气窜入，造成腐蚀。急冷水 pH 值低于 7 时及时注入液氨，提高其 pH 值。

10）加强脱盐除氧水水质管理

严格控制有关指标，尤其是 Cl^- 含量控制在 10mg/L 左右，电导率在 10μS/cm 以下，保证各项水质符合回收工艺规定要求。

2. 加强腐蚀性介质分析

在现有分析项目的基础上，增加以下腐蚀性介质的分析项目，加强监控能力，对于

控制装置腐蚀具有重要意义。

（1）增加并密切关注原料气中 Cl^- 含量的检测，核对不锈钢产生开裂的门槛值；

（2）增加贫/富胺液中热稳定盐、降解产物、O_2、pH 值的分析；

（3）增加再生塔顶酸性水介质分析；

（4）增加甘醇中 CO_2、H_2S、O_2、降解产物（如有机酸）、pH 值分析；

（5）加强硫黄回收装置腐蚀性介质分析。

3. 加强介质处理质量监控

在具备完善的介质处理设施的基础上，加强日常管理，有效地利用好现有设施，加强介质处理质量监控，是控制装置腐蚀的必不可缺少的工作。

1）加强胺液质量的监控

（1）应定期检查贫胺液 pH 值，观察胺液颜色、气味及固体颗粒含量，定期检查胺液中溶解氧含量和降解产物的组成及浓度，及时净化处理，降低胺液系统氧化降解带来的腐蚀。通常认为，胺液由淡黄色透明液逐渐变成黑色带褐色，并有强烈的氨味，同时胺液的有效浓度和 pH 值也逐步降低，说明胺液已经发生了比较严重的降解。

（2）杜绝氧进入系统。若体系中无氧存在，其降解反应发生的程度将大大降低。要隔绝氧的进入，首先要加强胺液储罐的氮封管理，在装置检修时将使用的胺液从系统中导入 MDEA 储罐中保存，装置开工时消除系统内的空气。同时，调整胺液浓度、外加阻泡剂和补充新溶液时，维持泵入口正压操作，防止空气从溶液泵填料进入系统，从而减少胺液氧化降解。

（3）确保胺液能够有效沉降，可以通过增加沉降时间或增加沉降罐等方式实现。同时，采取有效过滤措施（如二级机械过滤、活性炭过滤等）来去除系统内的烃类、降解产物及粒度在 5μm 以上的机械杂质。高效利用普光天然气净化厂的胺液净化系统（HSSX 离子交换树脂系统），去除胺液系统内产生的热稳定性盐及降解产物。

（4）加强胺液补充水的水质和操作过程控制，补充水要求去除重金属离子和溶解氧，同时操作过程中避免空气进入，从而防止补水含氧，减少胺液氧化降解。

2）加强甘醇质量的监控

富甘醇的腐蚀性与多种条件有关，尤其是溶于甘醇中的 CO_2、H_2S 或 O_2 的含量。甘醇的降解产物（如有机酸）会降低甘醇的 pH 值，并产生腐蚀环境。甘醇降解产生的固体会积聚在低流速或滞留区内，形成沉淀型腐蚀。腐蚀的严重程度与富甘醇温度、水含量和盐类浓度有关。因此，应加强对甘醇质量的监控。

4. 停工装置腐蚀防护

1）停工保护措施

在停工期间，反应炉前端酸气和空气发生混合的位置容易发生腐蚀。如果装置经过多次停工和/或长时间停工，在反应炉底部壳体上可能产生凝液而发生腐蚀。因此，需要减少频繁开停工，频繁开停工使硫化腐蚀层不断更新，加快失效。

根据操作条件的不同、停工时间长短及停工频率影响，余热锅炉、一级硫冷凝器、加氢反应器出口冷却器和尾气焚烧炉废热锅炉的入口可能会发生不同程度的腐蚀。

装置停工后，不应有任何酸性介质（残硫、过程气）存在于设备和管线内。回收装置开停工过程中，严格按照操作卡执行，装置在燃料气赶硫后和设备打开之前，用惰性气体吹扫干净，对尾气中的 SO_2、H_2S 等进行跟踪监测，直达痕量为止。硫黄冷凝冷却器内的腐蚀产物（FeS、泥状沉积物等）采用压缩风清理，并保持设备内部干燥。

停工期间，固定管板换热器管束内外必须冲洗干净，防止结垢使温差增大或局部结垢使温差不均匀，不利于换热器的安全运行。设备冲洗干净后，保持湿面碱性或用 N_2 吹干。检修结束尽快封闭，用 N_2 置换后保持微压。

2）除臭钝化

普光天然气净化厂联合装置处理原料为高含硫天然气，运行期间设备腐蚀产生 FeS，吸附在设备和管道内壁。装置检修期间，空气进入设备、管道内部，易引发 FeS 自燃，放出大量热量，导致火灾和爆炸事故发生。此外，运行期间，工艺物料中的 H_2S、硫醇、硫醚等有毒有害物质淤集在设备及管线内部，设备开孔后可能扩散到现场及周围环境中，造成严重人身伤害和环境污染。

为防止设备在人孔打开时发生自燃，同时消除 H_2S、硫醇等恶臭气味，确保检修期间装置和人身安全，装置检修前，需委托专业技术服务公司对涉硫设备、管道进行除臭钝化清洗作业，即按照清洗作业规范要求，配置除臭钝化溶液进行循环清洗，以清除系统内 FeS、H_2S、硫醇、硫醚等有毒有害物质，达到交付检修标准。

实施除臭钝化前，在各系统中挂入与清洗系统材质相同的腐蚀挂片，用以监测和评价除臭钝化液对装置腐蚀情况。

目前，除臭钝化剂种类很多，选用时一般遵循以下 5 个原则：一是高效，无毒，无腐蚀，没有二次污染，对 H_2S、NH_3 能够有效地快速反应，对 FeS 具有快速的钝化作用，可以有效地防止 H_2S 污染环境、FeS 自燃；二是使用方法简单，无须做大的工艺调整，在装置现有流程的基础上稍加变动即可；三是时间短，FeS 钝化时间为 8～10h，清洗结束，可确保设备内 H_2S 含量小于 $15.2mg/m^3$，FeS 脱除率在 98% 以上；四是清洗后的金属表面能形成保护膜，有效地延缓再次开工时硫对金属表面的进一步腐蚀；五是清洗剂反应后的废液可直接排放，不会冲击污水处理场。

除臭钝化剂应采用连续不间断方式加注到系统内部，防止药剂在系统内分布不均，导致除臭钝化效果差。为保证药剂充分混合以及 FeS、H_2S 等有害物质有效去除，各系统循环时间需进行严格要求。其中，胺液系统应不小于 8h，急冷水系统应不小于 4h，酸性水系统应不小于 4h。其他采取浸泡方式进行除臭钝化的设备应浸泡不小于 8h。

除臭钝化过程中应按照要求进行以下监测：

（1）pH 值的测定：在清洗过程中 1h 取一次清洗液样，进行 pH 值测定并记录。

（2）温度的测定：在清洗过程中，根据 DCS 参数 1h 记录一次清洗液系统各点温度。清洗温度控制小于 80℃。

（3）比色试验：在清洗过程中 1h 取一次清洗液样，进行比色试验并记录。

（4）有效成分测定：在清洗过程中 1h 取一次清洗液样，对清洗液中有效成分进行测定并记录（需厂家提供药剂有效成分）。

（5）硫化物测定：在清洗过程中 1h 取一次清洗液样，对清洗液中硫化物含量进行测定并记录。

（6）气相空间 H_2S 测定：在清洗过程中每 2h 取一次各塔器设备气相空间气体样，对气相空间中 H_2S 含量进行测定并记录。

以上各化验数据连续两次保持恒定，可认为除臭钝化完成。其中，pH 值应在 7~9 之间，硫化物含量不大于 10mg/L，有效成分应过量，气相空间 H_2S 含量不大于 15mg/m³。

除臭钝化过程及质量应符合 HG/T 2387—2007《工业设备化学清洗质量标准》。除臭钝化后，设备表面应清洁无腐蚀，设备暴露于空气中不会发生 FeS 自燃现象，除臭后 H_2S 含量不大于 15mg/m³。除臭钝化废液 pH 值在 7~9 之间，COD 值不大于 1000mg/L，氨氮含量不大于 25mg/L，硫化物含量不大于 10mg/L。腐蚀挂片评估，碳钢腐蚀速率小于 6.0g/（m²·h），总腐蚀量小于 20g/m²；不锈钢腐蚀速率小于 2.0g/（m²·h），总腐蚀量小于 10g/m²。

四、腐蚀案例

以普光天然气净化厂为例，通过现场腐蚀调查并结合压力容器、压力管道全面检验结果，确认硫黄回收单元余热锅炉、硫冷凝器及其管线、酸性水汽提单元酸性水汽提塔底重沸器气相返塔线、尾气处理单元急冷水泵出口管线等腐蚀问题比较集中、突出，其余检查的塔器、容器、换热器、过滤器等设备整体腐蚀轻微，由于使用材质合理，防腐措施得当，未见明显腐蚀现象，可以满足长周期的正常运行要求。针对发生的腐蚀问题，普光天然气净化厂采取了现场修复及技术改造（含防腐蚀措施）等措施，并对关键设备进行失效分析，确定设备腐蚀失效原因，进一步采取防腐蚀措施，形成净化装置关键设备腐蚀防护与控制技术，保证了装置的长周期安全平稳运行。

1. 急冷水空冷器换热管泄漏

急冷水空冷器的主要功能是将富含 CO_2、H_2S 及 SO_2 的急冷水进行冷却，该设备设计进出口温度分别为 68.7℃和 55℃；设计压力为 1.5MPa；主体材质为 304L，规格为 ϕ25mm×2.5mm；换热管型号为 25mm×2.5mm；管束分为 6 组，每组 276 根。

2015 年 12 月 5 日，普光天然气净化厂在进行装置开车前的水联运时，发现空冷器存在滴漏现象。对 6 台空冷器的进出口管线进行盲板隔离并分别试压，发现 4 台空冷器管束存在多处泄漏现象，且泄漏量较大，泄漏点无法直观地被判断出是哪根管束泄漏，给维修带来较大困难。在急冷水空冷器上抽取换热管进行失效检测，换热管如图 5-2-1 所示。管内壁附着有黑色、褐色产物，产物易脱落，管内壁存在一腐蚀坑，腐蚀坑外覆盖有黑色产物，产物较脆，易脱落，腐蚀坑直径约为 3.0mm，位于换热管下部。换热管因内壁局部发生腐蚀导致穿孔泄漏。从腐蚀形貌看，腐蚀发生在内壁结垢处，管内壁因结垢导致了垢下腐蚀，呈酸性腐蚀特征。经 EDS 衍射分析腐蚀坑中产物分析，发现产物中含有较多的 C、O 和 S 元素，进一步分析管内壁附着垢物成分，发现垢物主要成分含有较多的硫化物，反映出介质中的硫化物对腐蚀起到重要作用，即垢下腐蚀导致换热管发生穿孔。通过控制冷却水杂质含量及 pH 值，适当增加水的流速，加强清洗，避免结垢。

图 5-2-1 换热管内壁图

2. 末级硫冷凝器换热管泄漏

末级硫冷凝器为固定管板式换热器，柔性管板结构，工艺气、硫走管程，锅炉水走壳程；后管箱外设有蒸汽加热盘管。管程设计压力为 0.4MPa，设计温度为 343℃；壳程设计压力考虑 6.0MPa 和真空两种状态，对应的最高设计温度分别为 200℃和 150℃。换热管材质为 10# 钢，壳体材质为 SA516Gr65。该硫冷凝器于 2013 年 8 月投用，运行 2 个月，换热管发生泄漏，泄漏孔如图 5-2-2 所示。

(a) 外壁　　　　　　　　　　　(b) 内壁

图 5-2-2 出口端管外壁和内壁情况

经二次电子成像及能谱分析，腐蚀是导致换热管穿孔的主要原因。腐蚀较严重部位主要集中在换热管出口，两侧中下方部位；腐蚀形态以局部腐蚀坑为主，包括蜂窝、沟槽两种形式；腐蚀机理是酸性水腐蚀和选择性腐蚀。分析认为：微观组织中珠光体形态和含量为选择性腐蚀提供了条件。由于组织中的铁素体和珠光体腐蚀电位的差别，铁素体阴极、珠光体阳极形成选择性腐蚀，在铁素体和珠光体交界面优先腐蚀，在腐蚀表面露出晶粒边界。

3.酸性水汽提塔气相返塔管线弯头腐蚀泄漏

2012年1月，外操人员巡检过程中，发现酸性水汽提单元酸性水汽提塔底重沸器气相返塔管线出口第一个弯头发生泄漏，外操人员立即汇报值班技术人员及值班领导，车间立即启动应急预案，装置进行停工更换后复产。通过对泄漏点附近管线壁厚进行检测，发现该管线壁厚仅为5~6mm，经相关单位进行技术讨论，决定择机对酸性水汽提单元停工，对腐蚀弯头进行整体更换。后期停工后检查发现管线弯头外弯处严重减薄，同时整条管线不同程度均匀减薄。随后，普光天然气净化厂安排对全厂其他汽提塔返塔线进行检测，发现管线弯头外侧均存在严重减薄，直管段也存在明显减薄。

返塔管线工作介质为含硫气体，温度为120~130℃，材质为抗硫碳钢，分析返塔管线发生的主要腐蚀为湿H_2S腐蚀和冲刷腐蚀。通过与设计单位、专业院所共同分析研究，确定实施管线材质升级改造，由抗硫碳钢升级为316L。

第三节　关键设备国产化研发

"十三五"期间，普光天然气净化厂针对部分关键进口设备不能满足装置长周期安全平稳运行需要的情况，积极开展国产化研发，实现关键设备制造技术的自主掌控。本节主要针对"十三五"期间创新研发的尾气焚烧炉余热锅炉、克劳斯反应炉燃烧器、硫冷凝器关键装备，从机理研究、结构设计、应用试验及性能评估等方面进行介绍。

一、尾气余热高效回收锅炉研发

在高含硫天然气净化尾气余热回收锅炉方面，国内一直缺乏制造该工位同类大型设备的经验，长期依赖进口。以国内高含硫天然气处理规模最大的普光天然气净化厂为例，该厂自2010年投产以来，装置使用的进口尾气焚烧余热回收锅炉管束腐蚀穿孔严重，多处存在腐蚀减薄现象，且烟气排放温度偏高，设备效能不高。

2017年研发的高含硫天然气净化尾气余热高效回收锅炉在普光天然气净化厂进行现场应用，自投入运行设备整体性能优异，现场运行平稳，各项技术指标和经济指标均达到或超过设计要求，综合指标达到国际先进水平，填补了国内在高含硫天然气净化尾气余热锅炉研发技术上的空白。

1.尾气余热高效回收系统研究

1）尾气余热高效回收工艺流程研究

余热锅炉工艺设计主要通过对不同工况下烟气余热回收能力的计算，对余热锅炉传热元件结构尺寸的优化，同时采用FLUNT流体分析软件对烟气流场进行模拟分析，进而确定设备工艺方案，为结构设计提供理论依据。

从尾气处理单元出来的尾气经过焚烧炉的处理，由焚烧炉直接排到焚烧炉余热锅炉用来回收来自焚烧炉的废热。换热器排出的废气直接通过烟囱在较高的位置排放到大气。

余热锅炉出来的蒸汽再通过蒸汽过热盘管加热到过热状态。由于硫黄回收和尾气处理单元进料气体的不同，系统要在不同的条件下运行，从而引起焚烧炉排放到锅炉的液体以及输出在再热器的高压蒸汽的相应变化。在开机过程中，整个机组启动和待机时也会引起相应变化。余热锅炉设计整体采用水管式结构。上部设置汽包，下部设置水包，省煤器段、蒸发段及一级、二级过热段采用翅片管，提高管外传热系数，侧壁由膜式水冷壁和翅片管组成，提高管外传热系数，在保护设备外壁、提高管内水温度的同时，回收更多的热能。过热器烟气温度高，管外传热系数大，选用光管换热。

一级过热段两排管，两管程，饱和蒸汽自汽包进入一级过热段，经两次折流后进入二级过热段，整个过程为纯逆流。二级过热段两排管，两管程，过热蒸汽自一级过热段进入二级过热段，经两次折流后进入三级过热段，整个过程为纯逆流。三级过热段两排管，两管程，过热蒸汽自二级过热段进入三级过热段，经两次折流后出设备，进入蒸汽管网，整个过程为纯逆流。

蒸发段为单管程，14排管，每排23根换热管。设置入口保护段、蒸发段水冷壁和过热段水冷壁，内部为流动的水，水自汽包流入液包，其目的在于吸收余热锅炉中高温烟气的热量，保护设备外壁，同时可以提高管内水的温度，回收更多的热能。

2）多工况变截面流场传递特性研究

（1）过程尾气三级过热段入口处流场模拟研究。

采用FLUENT软件进行模拟计算，依据烟气通道入口设计图纸做出烟道三维模型，入口处流速经HTRI计算为11.9m/s。在650℃下烟气物性参数由HTRI提供，并输入FLUENT软件。烟气入口处设置为速度入口，出口处设置为压力出口。

图5-3-1为烟气在通道内的流线图，清楚地显示了流体运行轨迹。从图中可以看出，绝大部分流体通过入口处后直接从出口处流出，但是在方锥形烟道靠近出口处上下两端有小部分流体出现涡流现象，原因是这部分流体受到方锥形壁面的阻碍导致流速降低，

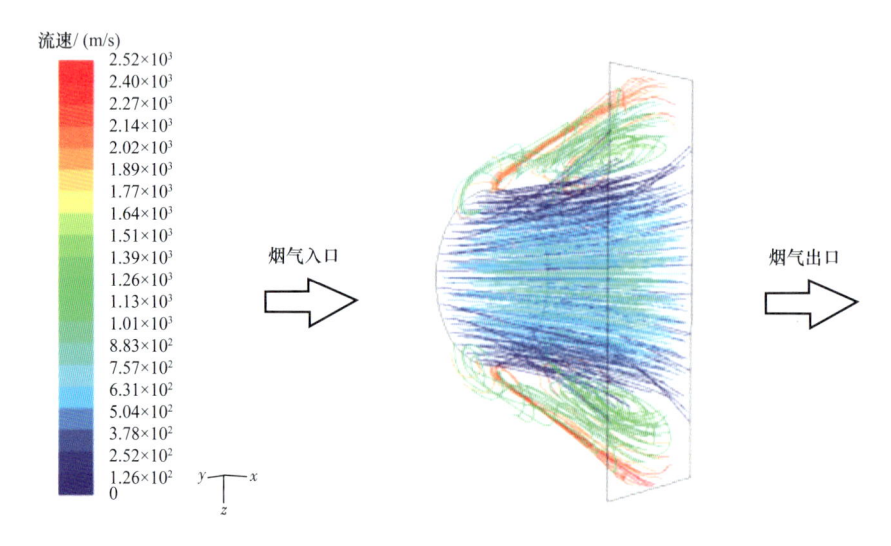

图5-3-1 烟气在通道内的流线图

在此处形成局部压力差继而形成涡流。从图中还可以看出，形成涡流是少数流体，这对绝大部分流体运行轨迹并未带来较大影响。

图 5-3-2 和图 5-3-3 分别为烟气通道内流体流速矢量图和烟气通道出口处流体流速矢量图。不同颜色代表了流体不同的流速，从流体流速矢量图中可以看出，流体的速度分布与流体流动轨迹相互照应。从图 5-3-2 中可以看出，流体入口处与出口处速度颜色相近，即流速相近，说明方锥形结构保证了流体分布的均匀性。从图 5-3-3 中可以看出烟气出口处的流体矢量分布情况，流体速度形成了对称分布的趋势，这与流体流线图所表达的一致，即流体在靠近方锥形壁面处速度降低形成了涡流。

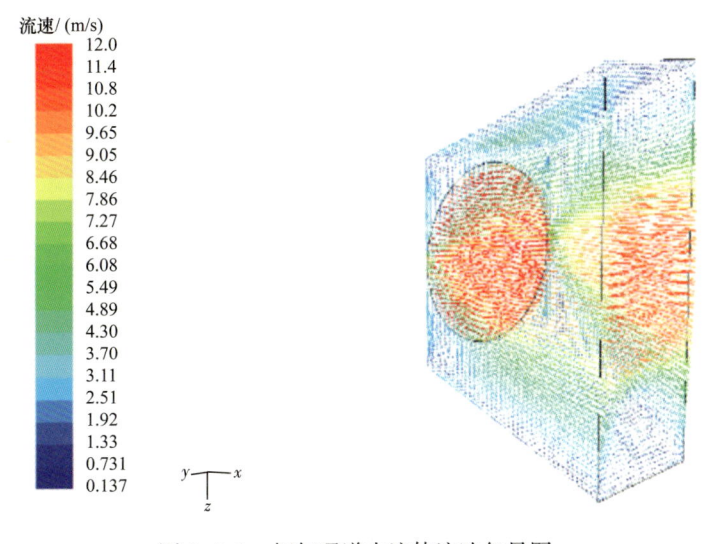

图 5-3-2 烟气通道内流体流速矢量图

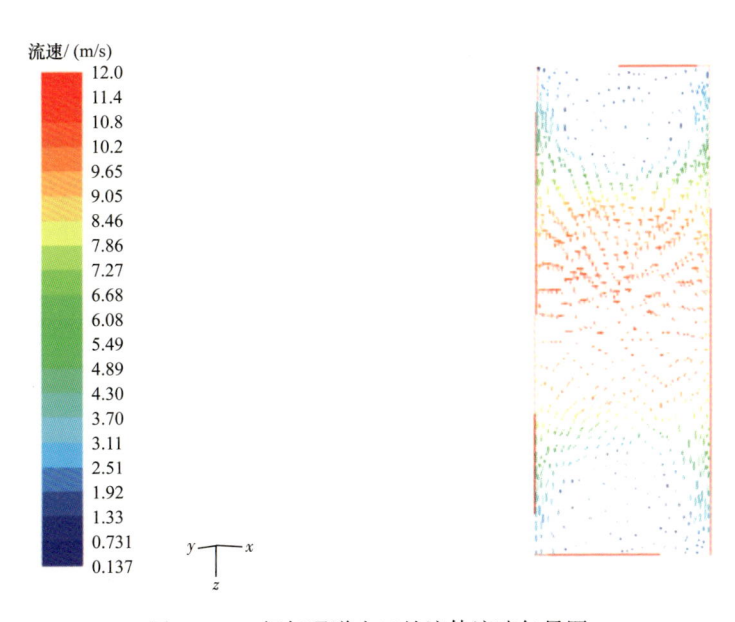

图 5-3-3 烟气通道出口处流体流速矢量图

通过以上分析可以得出，虽然流体在方锥形内靠近壁面处出现涡流现场，但是通道内流体流速整体分布均匀。

（2）过程尾气一级、二级过热段流场模拟研究。

采用 FLUENT 软件进行模拟计算，依据烟气一级、二级冷却设计图纸做出烟道三维模型，入口处流速经 HTRI 计算为 6.85m/s。在 650℃下烟气物性参数由 HTRI 提供，并输入 FLUENT 软件。烟气入口处设置为速度入口，出口处设置为压力出口。

图 5-3-4 为烟气在一级、二级冷却通道内的流线图，清楚地显示了流体运行轨迹。从图中可以看出，流体通过入口处后直接从出口处流出，流线呈直线均匀分布在通道内部。其中，通道内部流线密度较大，而在通道边缘由于壁面阻碍使流体速度降低，流线密度减少。说明在通道边缘，流体分布较少。

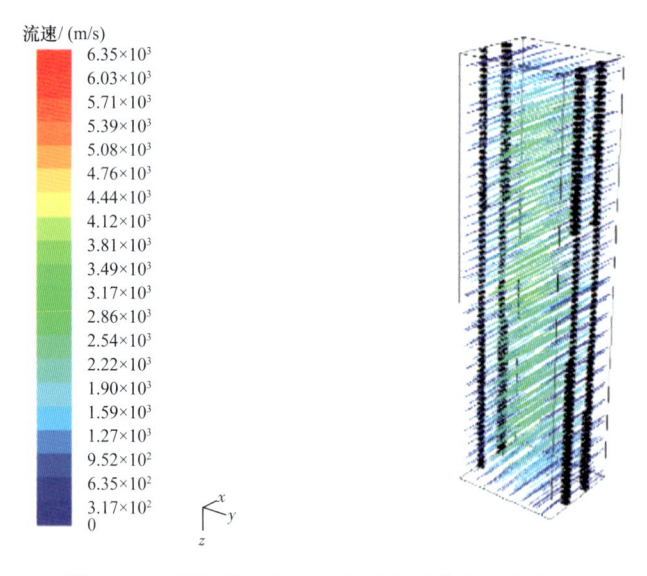

图 5-3-4 烟气在一级、二级冷却通道内的流线图

图 5-3-5 和图 5-3-6 分别为烟气在一级、二级冷却通道内和出口处流体流速矢量图。不同颜色代表了流体不同的流速，从流体流速矢量图中可以看出，流体的速度分布与流体流动轨迹相互照应。从图 5-3-5 中可以看出，流体入口处与出口处速度颜色相近，即流速相近，流体经过一级、二级冷却后仍可保证流体分布的均匀性。从图 5-3-6 中可以看出烟气一级、二级冷却通道出口处的流体矢量分布情况，流体速度形成了对称分布的趋势，这与流体流线图所表达的一致，即流体在通道壁面处速度降低。通过以上分析可以得出，流体通过一级、二级冷却后仍可保持分布均匀。

3）低温余热回收及温度分割优化技术

天然气净化装置废尾气焚烧炉余热锅炉设计平均排烟温度为 276℃，排烟温度过高造成热量损失，且过高的排烟温度对环境造成不利影响，根据国家节能减排及净化厂自身降低能耗的要求，在保证设备安全可靠运行的前提下，降低排烟温度回收更多热能的同时减小对环境的影响。

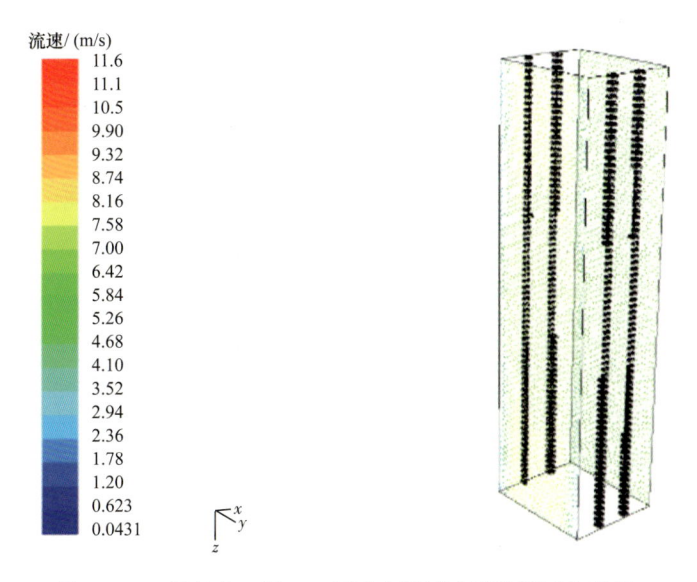

图 5-3-5　烟气在一级、二级冷却通道内流体流速矢量图

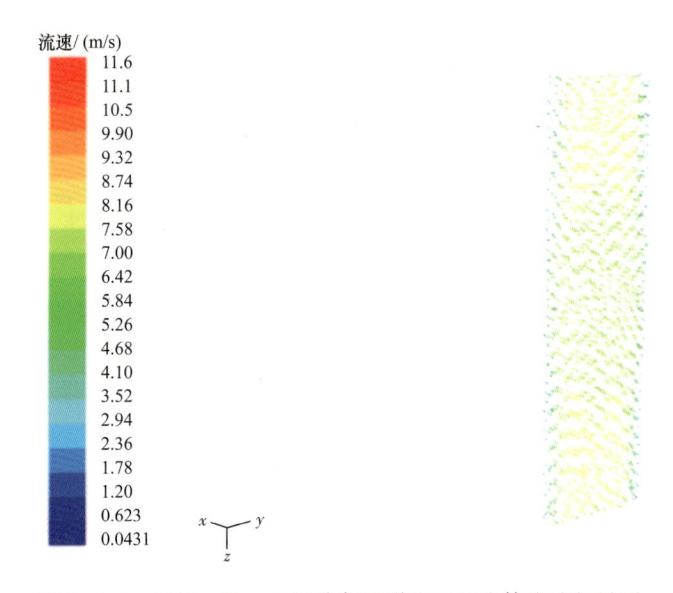

图 5-3-6　烟气一级、二级冷却通道出口处流体流速矢量图

普光天然气净化厂余热锅炉尾气含硫量高，且系统操作波动大，设备运行环境复杂，易出现露点腐蚀，提高能量回收必然降低排烟温度，导致排烟温度接近露点，因此在确定露点前需对各工况（尤其是苛刻工况）下的露点进行测试，保证最终的排烟温度在露点之上，保证设备安全可靠运行。

为了有效防止露点腐蚀，对各排烟温度下的热能回收率及不同工况下尾气焚烧炉的烟气露点进行检测，结合测试、核算的各排烟温度下的热能回收率及前期理论计算数据，遵循"排烟温度高于露点 30℃"要求，根据修正后露点计算结果，确定设计排烟温度为 230℃。

2. 尾气余热回收锅炉研发与设计

1）腐蚀机理研究与耐腐蚀材料适应性评估

（1）腐蚀机理。

尾气回收单元的酸气经脱硫吸收后，净化尾气进入焚烧炉燃烧，经余热换热器取热后排空。受总硫吸收率限制，净化尾气中仍还有极少量的 H_2S，经燃烧后转化为 SO_2，其中 1%～5% 的 SO_2 受烟灰沉积物和金属氧化物等的催化作用生成 SO_3。干式 SO_3 对金属几乎不发生作用，但当与尾气中所含水分结合形成硫酸蒸气，并在处于露点以下的金属表面凝结时，即发生硫酸露点腐蚀。

露点腐蚀的程度由冷凝酸的浓度决定。根据日本住友公司的资料显示，在露点下，影响冷凝酸浓度的重要因素是金属表面温度及尾气中的含水量。在尾气含水量一定的前提下，金属的表面温度一定时，则冷凝酸浓度也一定。

余热换热器在实际服役条件下的硫酸露点腐蚀倾向随材料表面的金属温度不同而发生变化，而金属温度与设备的启停及运行情况有关。根据小若正伦（1988）提出"三段论"的机理模型，余热换热器在不同工况下的露点腐蚀倾向如下：

① 阶段 1：开工初期，金属换热面大多处于低温（80℃以下），冷凝酸浓度低于 60%。
② 阶段 2：正常操作（未积灰），金属温度处于 80～180℃，冷凝酸浓度大于 60%。
③ 阶段 3：正常操作（积灰），冷凝液吸附烟灰沉积物形成催化效应，但温度与浓度等同于阶段 2。

考虑余热换热器的省煤器位于设备末端，管内介质为锅炉给水，总体金属温度处于较低水平（100～130℃），根据前述分析，存在中、高浓度硫酸露点腐蚀倾向，需通过对比分析，确定适宜的材料。

（2）选材条件及方法。

根据省煤器的操作特点，在壁温为 100～130℃、气压为 1atm❶ 的条件下，根据硫酸气液平衡图中相应的温度及浓度组合，可确定冷凝酸（硫酸）浓度处于 50%～85% 的范围；再结合材料浸泡腐蚀试验结果或已有的等腐蚀图及腐蚀速率，可确定材料对于露点腐蚀的耐受性。腐蚀试验参照 JB/T 7901—1999《金属材料实验室均匀腐蚀全浸试验方法》执行。冷凝酸浓度与温度对应关系如图 5-3-7 所示。

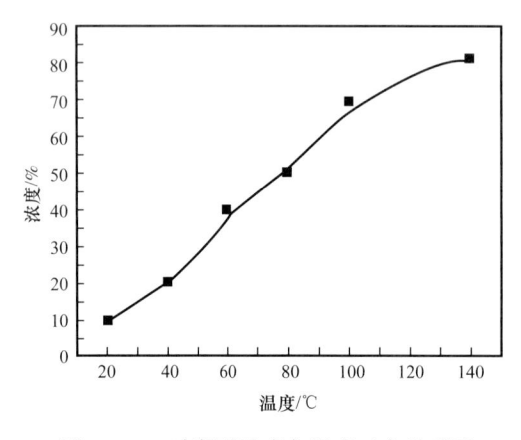

图 5-3-7 冷凝酸浓度与温度对应关系图

以金属为研究目标，根据其主要合金元素，区分为以下具体对象：碳素钢和低合金钢、不锈钢、其他金属、耐蚀钢（ND 钢）。

图 5-3-8 显示了不同材料在冷凝酸条件下的耐腐蚀性能。从图中可以看出，在中、

---

❶ 1atm=101.325kPa。

低浓度的硫酸环境下，常规耐蚀合金及专用耐蚀材料均不理想；中、高浓度条件下，ND 钢较理想。考虑经济性和耐蚀性，省煤器材质选用 ND 钢。

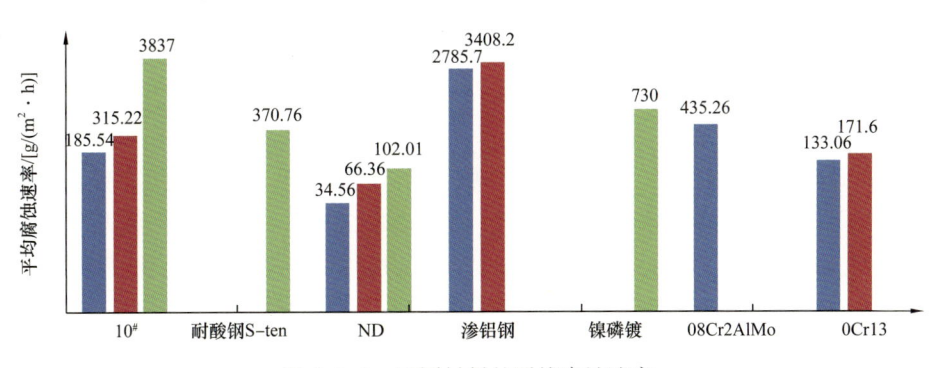

图 5-3-8　不同材料的平均腐蚀速率

2）高含硫介质高温热防护技术研究

普光天然气净化装置第六联合装置尾气余热换热器停工检修期间，底部膜式水冷壁最低位置靠近接入蒸发段下锅筒部位，其换热管发现有腐蚀穿孔现象。

经讨论认为，停工返潮可能造成底部膜式水冷壁腐蚀穿孔，衬里是否为诱因需再检查其他序列装置情况；对于国产新造余热锅炉，进行热工计算之后确定是否去除底部膜式水冷壁的衬里。

（1）热工核算。

以 650℃工况作为核算工况，热工计算结果见表 5-3-1。3 种情况分别为不去除底部水冷壁浇筑料衬里（现结构，现设计）、去除一级过热段和对流段间局部底部浇注料、去除全部底部水冷壁浇注料。

表 5-3-1　热工计算结果统计表

序号	项目	计算情况 1	计算情况 2	计算情况 3
1	底部水冷壁浇注料所处空间的烟气温度 /℃	490	468	457
2	底部水冷壁的金属壁温 /℃	260	267	270
3	底部浇注料的受热空间及受热面积 /m²	6.2	1.3	6.2
4	底部水冷壁的热负荷 /kW	72.7	98.2	242.5
5	顶部水冷壁的热负荷 /kW	132.5	132.5	132.5
6	屏管竖直管的热负荷 /kW	691.8	691.8	691.8
7	屏管总热负荷 /kW	897	922.5	1066.8
8	屏管流速 /（m/s）	0.54	0.55	0.57

（2）流速核算。

饱和水经屏管 + 上、下水冷壁、两侧水冷壁及对流（蒸发）段换热管由下锅筒（液包）进入上锅筒（汽包）筒体，三部分的流通截面积、流通长度及吸热量不同，导致蒸汽流量及循环倍率不同。经核算，屏管内流量为 58646kg/h，流速为 0.54m/s；两侧水冷壁内流量为 201117kg/h，流速为 0.37m/s；对流（蒸发）段换热管内流量为 495784kg/h，流速为 0.84m/s。

（3）下水冷壁金属壁温核算。

从下锅筒流出的饱和水流经下水冷壁时，存在衬里时底部水冷壁的热负荷为 72.7kW，去除衬里时底部水冷壁的热负荷为 242.5kW，对应的吸热蒸发量分别为 154.8kg/h（7.3m³/h）和 516kg/h（24.5m³/h）。存在衬里时水冷壁的总流率为 58646kg/h，体积流量为 73m³/h，气相、液相容积比率分别为 0.1 和 0.33。底部水冷壁的管内流速较低，会出现层流。

由于气液两相的膜系数存在较大差异，下水冷壁上、下部金属壁温不同，利用软件模拟，核算出屏管金属壁温。核算结果如图 5-3-9 所示。

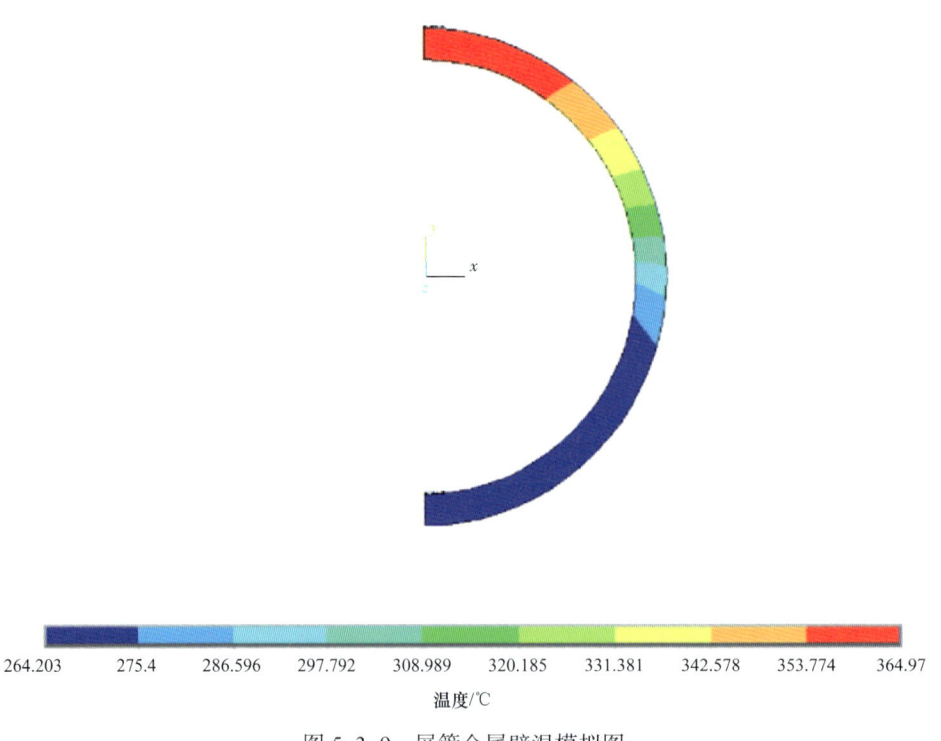

图 5-3-9　屏管金属壁温模拟图

从图 5-3-9 中可以看出，金属壁温由下向上逐渐增高，最低温度为 264.203℃，最高温度为 364.97℃。此温度低于屏管的设计温度（371℃），结构仍然安全。

3）高效传热结构集成优化研究

设计紧凑式设备集成布局，节约空间。采用计算流体力学方法模拟分析设备主要部分流场，修正原设计尺寸，保证新设计中烟气流动的均匀性，预防流动死区导致的酸性组分积聚。经软件模拟，由于烟气进口管箱的渐扩结构导致流体在进口管箱的上、下两端出现较大的旋涡，存在死区现象，因此应适当延长进口管箱长度，使烟气较均匀地进入换热器主体。此设计也解决了进口设备过热段出口烟气温度分布不均造成的局部过热的问题，有利于蒸发段高效换热，提高蒸汽产量。

3. 尾气余热回收锅炉制造工艺研究

1）高温大柔性管道布局优化与装配技术研究

余热锅炉换热管与筒体连接接头承受压力和温度引起的载荷并形成可靠的密封，是预热锅炉设计、制造的关键技术之一，其可靠性直接影响设备的使用寿命。针对管头的应用场合进行需求分析，结合工艺评定、试验验证等方法，以管头拉脱强度及水平为指标，优选最终方案。

根据 GB/T 151—2014《热交换器》，换热管与管板的连接接头常见的连接方式有强度胀接、强度焊接和胀焊并用等。

强度胀接是通过外力使换热管在管孔内膨胀并达到塑性变形，管板处于弹性或部分塑性变形；外力卸载后，管板弹性回弹大于换热管，管板抱紧换热管，可承受换热管轴向机械载荷和温差载荷且不泄漏。胀接可消除换热管与管板的间隙，可用于壳程有缝隙腐蚀倾向的场合，但不适用于存在振动或过大的温度波动及明显应力腐蚀倾向的场合。常见的胀接方法为机械胀接和柔性胀接。

强度焊接是换热管与管板在相接的管程侧换热管端部采用熔化焊接的方法与管板形成焊接接头，可承受换热管轴向机械载荷和温差载荷且不泄漏。强度焊的单位面积承载能力高，致密性好，适用的压力及温度范围较强度胀接范围宽，但接头的焊脚高度较小，易出现焊接缺陷，且换热管与管板存在间隙，不适用于有振动、有缝隙腐蚀倾向的场合。

胀焊并用是采用胀接加焊接连接形成接头，克服了上述接头的缺点，改善了可靠性，适用范围较广。对于钢制管束，一般采用"强度焊 + 贴胀"组合连接；对于有色金属换热管与复合管板组合的场合，可采用"强度胀 + 密封焊"组合连接。

针对高含硫工况，采用"胀焊并用"工艺，基于高压差、负荷交变条件，采用应力分析确定管头关键参数，设计构造余热锅炉换热管与圆筒连接径向连接接头（表 5-3-2）。

表 5-3-2 "胀焊并用"工艺工况条件适应情况表

高压差（4.7MPa）	负荷交变（30%～130%）	高含硫（最大 SO_2 含量为 8000μL/L）
强度焊 焊脚高≥1.4mm	强度焊 焊脚高≥1.4mm	密封焊 焊脚高≥1mm
强度胀 胀度为 6%～8%；长度≥外径；开槽 2～3 道	贴胀 胀度为 2%～3%；长度为全长	贴胀 胀度为 2%～3%；长度为全长

2）非平壁截面管接头制造及连接技术研究

针对不同圆筒厚度、接头形式，制作"强度胀 + 密封焊""强度焊 + 贴胀"等 6 种试件，进行对比试验，综合宏观金相、焊缝尺寸测量、微观金相、拉脱力试验结果，采用先焊后胀工艺，效果较好（表 5-3-3）。

表 5-3-3 "强度胀 + 密封焊"工艺试验结果

管头类型	负荷交变	高含硫
强度胀 + 密封焊	胀度大于 6%，连接可靠，松弛风险小	密封焊无坡口，接头硬度低，腐蚀倾向小
强度焊 + 贴胀	胀度大于 2%，存在松弛风险	坡口焊缝硬度高，腐蚀倾向大

二、大直径、高压差末级硫冷凝器研发

普光天然气净化厂末级硫冷凝器工作条件苛刻，工作温度高，管、壳程压差大，管程处于腐蚀性强的湿 H_2S 环境，设备的耐压、耐高温性及抗腐蚀性要求高，设计制造难度大。该厂一直使用由跨国集团 KNM 公司制造的硫冷凝器，在生产运行中，出现换热器壳体和换热管温差应力大，导致管头应力高，应力腐蚀倾向大，多台换热器发生过泄漏。末级硫冷凝器发生泄漏后，检修周期长，修复投运维持正常生产时间短，无法满足装置的稳定长周期运行的需要。2018 年，研发的大直径、高压差末级硫冷凝器在普光天然气净化厂投入运行，装置整体性能优异，现场运行平稳，各项技术指标和经济指标均达到设计要求，填补了国内在大直径、高压差、低应力管板冷凝器研发技术上的空白。

1. 大直径、高压差、薄管板硫冷凝器结构优化

1）换热管接头结构形式研究

管头的设计是决定硫冷凝器安全可靠运行的根本因素，为确保管头焊接质量，管头焊接结构应合理设置。

管头设计存在以下难点：为保证硫冷凝器管头承载能力，管头宜采用强度焊结构，但 GB/T 151—2014《热交换器》中推荐的强度焊管头结构并不适用于高压差工况下的硫冷凝器，主要是由于强度焊管头需保证焊角组合尺寸大于 1.4 倍的换热管壁厚，为保证管头外伸尽量小，需加大 45°坡口焊角尺寸，这样会导致换热管焊缝重叠，管头残余应力水平大幅提高，管头腐蚀倾向加剧。

基于上述原因，采用应力分析与试验验证相结合的方法，构造了 8 种采用强度焊管头方案，为选择合理的管头形式提供理论指导及数据支撑。主要流程如下：

（1）构造 8 种管头结构，建立管头的有限元模型，分析管头在操作及试验条件下的应力；并进行焊接工艺评定，确保管头的焊接质量及可实现性。图 5-3-10 显示了管头结构。

（2）设计制造样机，管板布管区分为 8 个扇区，每一个扇区对应一种管头结构，进行管头应力、残余应力测试（图 5-3-11）。

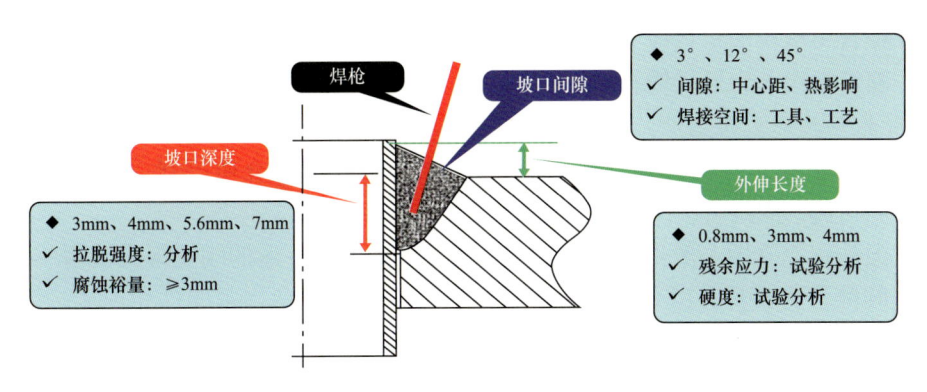

图 5-3-10 管头结构

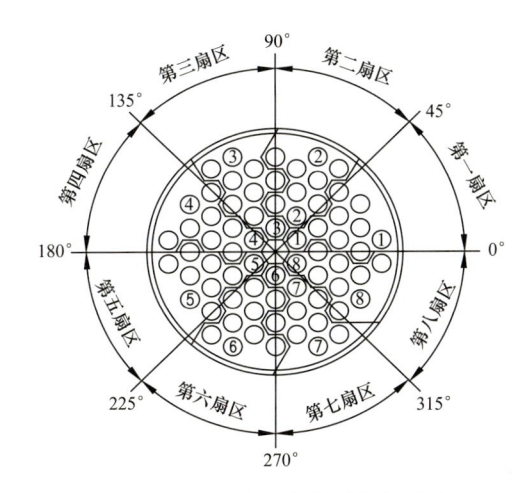

图 5-3-11 残余应力测点布置图

（3）进行试验数据与理论结果对比分析，合理选择设备管头结构（表 5-3-4）。

表 5-3-4 设备管头结构尺寸汇总表

管头序号	坡口深度 / mm	坡口角度 / (°)	坡口间隙 / mm	管头外伸长度 / mm	备注
1	7	3	3.40	0.8	进口结构
2	7	3	3.40	4.0	非标准结构
3	4	3	3.24	0.8	非标准结构
4	4	3	3.24	4.0	非标准结构
5	5.6	12	4	0.8	非标准结构
6	5.6	3	3.33	1.0	非标准结构
7	5.6	3	3.33	4.0	非标准结构
8	3	45	3	4.5	标准结构（GB 151—2014）

对 8 种管头结构的机械应力、残余应力进行横向对比，并对管头开展 ANSYS 应力分析验证，确定结构 5 为最优管头结构。

2）管板结构形式研究

硫冷凝器壳程为锅炉给水，换热管与壳体的壁温受壳程介质控制，两者的轴向温差小，温度场均衡，固定管板结构可采用刚性及挠性两种方案。

现有国外硫冷凝器一般采用管壳式换热器中的 e 形或 b 形的刚性管板结构。e 形为管板与壳体圆筒连为整体，其延长部分兼作法兰，与管箱法兰用紧固件相连接，为常用的固定管板式换热器管板结构。b 形为管板直接与管程和壳程圆筒成整体结构，其特点为无须设备法兰对管板的夹持，降低了设备锻件用量，从而减少了设备重量和造价，特别适合于管、壳程高压的操作工况。

无论是 e 形管板还是 b 形管板，均有一共同点，即管板厚度较厚，管板刚性也较大。在应力腐蚀环境下，管头残余应力及较大温差应力存在的情况下，管板缺少柔性，可引发管板及管头的应力腐蚀开裂。当硫冷凝器热负荷较大时，其壳径也较大，对于 e 形和 b 形管板，管板厚度大的缺点尤为突出；而对于 e 形管板，硫冷凝器直径越大，设备法兰与管板的密封越不可靠。

图 5-3-12 显示了 r 形柔性管板结构。该结构具有小截面回转壳受力好的优点，结构紧凑，管板柔性显著增强，可明显降低换热器管头应力水平及管板与壳体连接处的局部应力，耐压性能好，且降低了锻件用量，设备重量小。

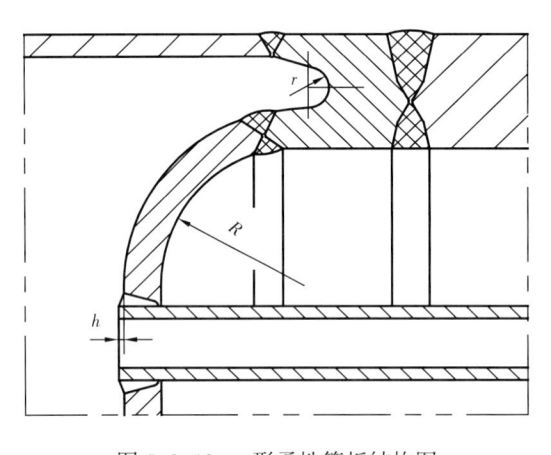

图 5-3-12 r 形柔性管板结构图

为了更加经济、合理地选择管板结构形式，采用理论分析和实验研究相结合的研究方法，设计制造模拟样机，进行试验研究，用以指导设备设计与制造。主要工作流程如下：以现场工况的实验载荷为设计参数，并结合工程经验及应力分析的方法，构造刚性及挠性管板样机；测试样机管板端面及壳体轴向结构应力，将实验检测获得的试验数据与理论分析结果进行对比分析；随后进行设备刚性及挠性管板设计及优化。

2. 深坡口、窄间隙管头制造检测技术

1）焊机优化研究

针对现有焊机机头无法伸入窄间隙、深坡口根部施焊的难点，优化焊机机头，实现钨极外伸可调，为解决外伸过长保护气体流动差的问题，改善吹气帽为锥形，强化气体流动，实现窄间隙、深坡口管头自动焊（图 5-3-13 和表 5-3-5）。

(a) 优化前

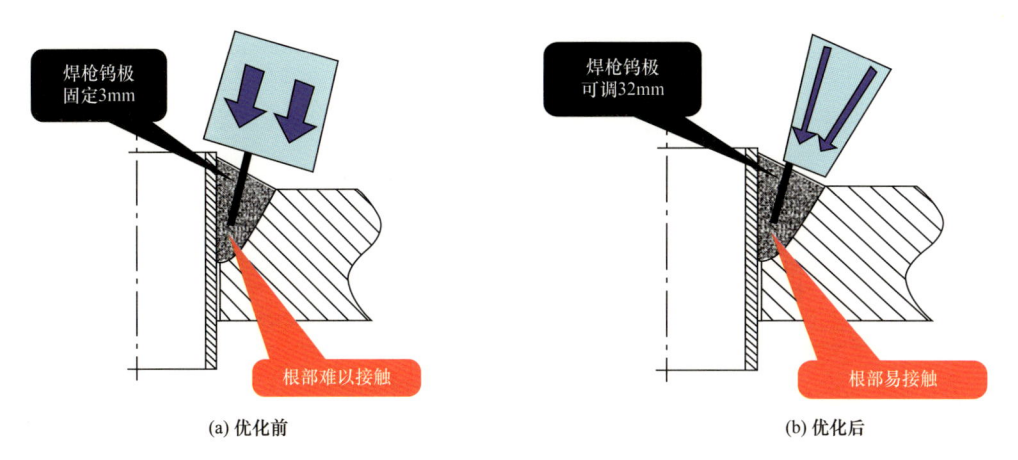

(b) 优化后

图 5-3-13　焊机优化结果图

表 5-3-5　焊机优化对比表

项目	描述
优化前	钨极外伸固定 3mm；矩形吹气帽，难靠近；机构独立不联动，参数易波动
优化后	钨极外伸可调 32mm；锥形吹气帽，可靠近；机构集成联动，参数平稳

2）管头焊接工艺评定

针对 8 种换热管与管板接头形式，对前 7 种管头形式每一种焊接接头形式准备两套焊接试件，焊接方法一套采用氩弧焊（手工）焊接，另一套采用氩弧焊（机械）焊接。采用渗透检验、金相检验角焊缝厚度测定、拉脱力试验、硬度试验对每套换热管与管板焊接接头进行检验。最终优化的工艺参数见表 5-3-6。

表 5-3-6　焊接工艺参数优化结果表

焊缝层数	脉冲电流 /A		送丝速度 /cm/min	焊接速度 /cm/min
	基值电流	峰值电流		
第一层	90	240	50	3.5
第二层	80	220	77	3.5
第三层	80	220	77	3.5

3）专用胀头研发

为解决薄管板管头胀接长度短、常规胀头无法胀接的难题，自主研发高强度、小尺寸专用液压胀头（图 5-3-14）。该胀头胀杆为整体加工，取消了加强环、扩张环等部件，长度大幅缩短，同时为保证胀袋与胀杆连接可靠，采用内翻边式胀杆结构与胀袋紧密无缝连接，最小胀接长度控制在 10～15mm，胀头允许胀接的管板最小厚度为 20mm（图 5-3-15）。

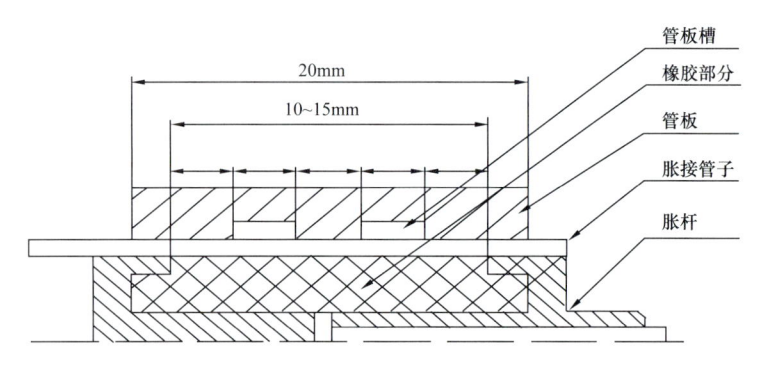

图 5-3-14　高强度、小尺寸专用液压胀头

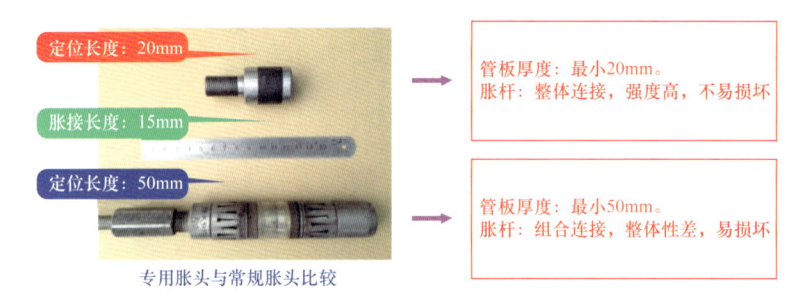

图 5-3-15　专用胀头与常规胀头比较

4）硫冷凝器高精度检测技术

常规的检测技术存在以下问题：渗透检测仅可发现表面缺陷，无法检测内部裂纹缺陷，效果差；γ射线检测清晰度和灵敏度都不高，且对人和环境有辐射危害；棒阳极微焦点X射线检测效果较好，但设备昂贵、检测速度慢，同时存在辐射危害。为此，优选采用具有穿透力强、灵敏度高、检测速度快的超声波检测技术，但由于硫冷凝器管头的管径小，常规的平面探头无法实现良好耦合，需要研发适合的超声波探头满足技术需要。

针对换热管内大曲率、受限空间，通过探头形式、尺寸、曲面半径及电缆引出结构优化，研发出双晶面小尺寸探头（图 5-3-16），以实现探头与管头内壁紧密贴合、有效提高检测精度和检测效率的目的。

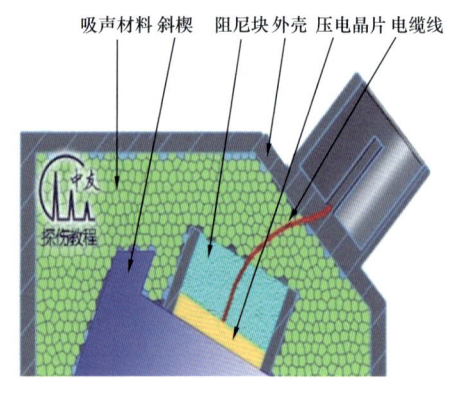

图 5-3-16　双晶曲面小尺寸探头及结构

优选双晶聚焦探头，晶片功能各自独立，超声信号一侧发射、一侧收集，灵敏度高；聚焦区小，检测位置集中，可准确定位细小裂纹缺陷。

针对换热管小、内壁曲面大、平面探头与曲面接触不良的问题，探头端部采用曲面透声+平面压电晶片的组合结构，设计了小尺寸的曲面探头，规格为14mm×10mm×12mm，曲面半径为15mm，与换热管内径完全贴合，降低了无效损耗，提高了检测精度，探头超声波检测的灵敏度达到ϕ2mm的平底孔，远优于 JB 4730—2016《承压设备无损检测》规定的ϕ5.6mm 平底孔。

三、20×10⁴t/a 硫黄回收反应炉燃烧器研发

普光天然气净化厂硫黄回收反应炉为 20×10⁴t 级特大型设备，配套燃烧器依赖进口，且存在高温烧蚀、燃烧不稳定以及与反应炉匹配性差等问题。国内在硫黄回收燃烧器上虽已积累了一定的经验，但燃烧器处理能力最高仅能达到 10×10⁴t/a。2020 年，20×10⁴t/a 硫黄回收反应炉燃烧器在普光天然气净化厂安装并开展现场试验，运行效果良好，整体达到国际领先水平，可完全替代进口，填补国内空白。

1. 燃烧机理研究

建立能够准确描述和预测硫黄回收反应炉燃烧器中的化学反应的微观机理模型及整体热平衡模型，掌握燃烧规律，为热力计算与数值模拟奠定理论基础。

1）"615 方程反应动力学微观机理模型"建立

首次提出"615 方程反应动力学微观机理模型"：对克劳斯硫黄回收反应炉中参与燃烧反应的微观粒子进行总结与筛选，重点考虑含硫元素粒子，忽略较大有机物分子。对经过筛选的微观粒子参与的基元反应进行分类总结，并对这些基元反应的反应动力学参数进行更新，最终建立含有 615 个基元反应方程的微观机理模型，并使用这种微观机理模型来计算 H_2S 燃烧过程中的化学反应速率等重要参数。

根据"615 方程及反应动力学微观机理模型"，H_2S 燃烧过程中，随着 O_2 含量的变化，各化学粒子发生反应的路径发生变化，从而各个基元反应占据的比例发生变化，首次提出反应路径图谱（图 5-3-17）。

2）整体热平衡模型建立

在单个换热器的热平衡计算完成的基础上，分析了硫黄反应炉中有效热量和热损失的去向，确定各部分热量的合理计算方法。建立了硫黄反应炉的整体热量平衡模型，并进行试算和验证（表 5-3-7）。模型包括的主要换热器如下：余热锅炉第一段→余热锅炉第二段→一级硫冷凝器→一级加氢进料加热器→二级硫冷凝器→二级加氢进料加热器→末级硫冷凝器。

3）特大型燃烧器软件开发

（1）热力计算软件开发。

以硫黄反应炉整体热平衡模型和热物性参数计算方法为内核，采用 Excel 与 VB 编程相结合的方法，完成了热力计算软件的开发（图 5-3-18）。

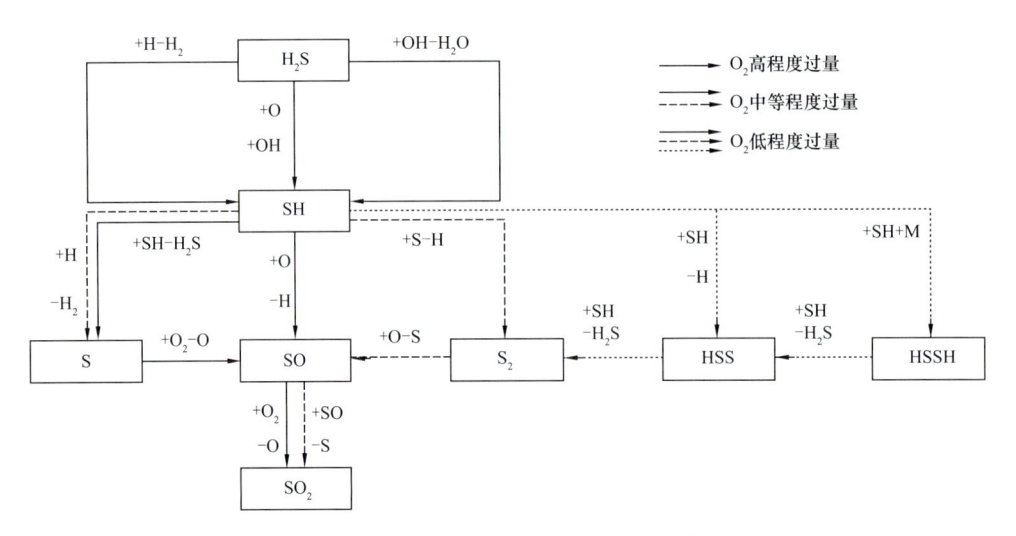

图 5-3-17　各化学粒子反应路径图谱

表 5-3-7　锅炉整体热平衡计算表

项目	公式及数据来源	计算结果
炉膛出口过量空气系数 α	选取	1.1
1kg 燃料输入锅炉热量 Q_r/（kJ/kg）		13985.265
排烟温度 θ_{py}/℃	选取	137.6
排烟热焓 I_{py}/（kJ/kg）	烟焓表	669.379
冷空气温度 T_{lk}/℃	选取	30
冷空气焓 I_{lk}/（kJ/kg）	烟焓表	303.48
空气带入炉膛热量 Q_k/（kJ/kg）	$Q_k=\alpha I_{lk}$	333.828
排烟热损失 q_2/%	$q_2=(I_{py}-\alpha I_{lk})(100-q_4)/Q_r$	2.3993
机械不完全燃烧损失 q_4/%	选取	0
化学不完全燃烧损失 q_3/%	选取	1
灰渣热损失 q_6/%	选取	0
散热损失 q_5/%		0.9
各项热损失之和 Σq/%	$\Sigma q=q_2+q_3+q_4+q_5+q_6$	4.2993
锅炉热效率 η/%	$\eta=100-\Sigma q$	95.7007
保温系数 Φ	$\Phi=\eta/(\eta+q_5)$	0.9907
锅炉额定供热量 Q/MW	给定	4.12967
锅炉有效利用热 Q_{yx}/MW	$Q_{yx}=Q$	4.12967

续表

项目	公式及数据来源	计算结果
锅炉供水量 $D/$（t/h）	给定	48.68
燃料消耗量 $B/$（kg/s）	$(100Q_{yx}\times100)/(\eta\times Q_r)$	0.03085
计算燃料消耗量 $B_j/$（kg/s）	$B(100-q_4)/100$	0.03085
燃料消耗量 $B'/$（kg/h）	$3600B$	111.079

图 5-3-18　软件首页

软件内核主要包括：硫黄反应炉燃烧产物成分以及产物热物性计算、硫黄反应炉中火焰辐射换热和对流换热的关键参数研究、硫黄反应炉中火焰辐射和对流换热模型的建立、硫黄反应炉的整体热平衡模型分析与建立、建立克劳斯炉的结构简化模型。编写完成的软件内核包括整体的换热流程图。计算软件就是将换物性参数和换热模型代入此流程进行计算校核。

整个软件的计算流程如图 5-3-19 所示。

软件功能如下：① 设计计算。给定克劳斯炉流程的进口参数、出口参数，设计出克劳斯炉流程中换热面的结构参数。② 校核计算。在给定克劳斯炉流程中的换热面结构时，输入进口气体物性参数，计算出口烟气的物性参数。

（2）专用 CFD 模块研发。

创建专用于硫回收燃烧器的 CFD 模块，实现硫回收燃烧过程三维全物理量场模拟，并使用 CFD 模块优化 20×10^4t/a 硫回收燃烧器性能设计。该 CFD 模块能够改变燃烧器的三维模型结构、网格、燃烧器的运行参数、燃烧器的配风参数等，以达到研究某一个参数对燃烧器燃烧的影响的目的。专用 CFD 模块建立流程如图 5-3-20 所示。

其中，RNA 分析模块建立流程如下：首先总结参与反应的粒子以及基元反应；对基元反应进行重新筛选与改进，形成反应机理；将反应机理运用 RNA 模块进行验证；经反复验证建立 RNA 分析模块。

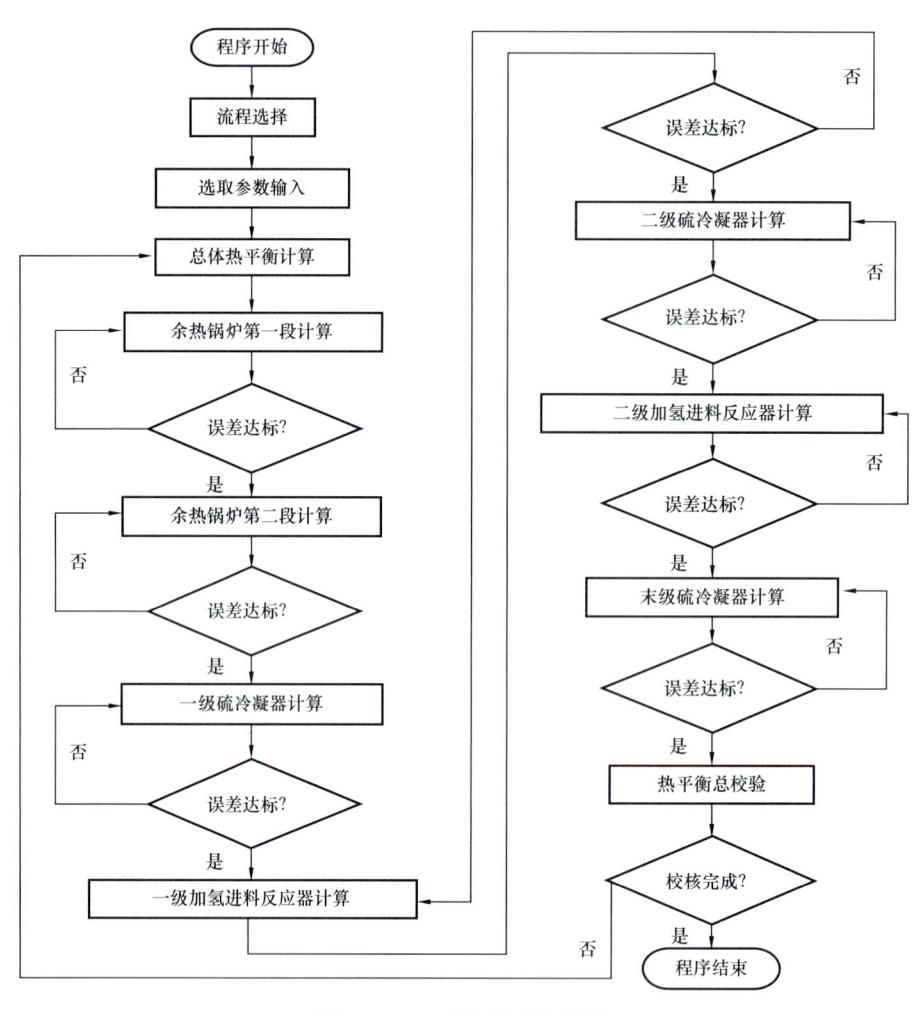

图 5-3-19 软件程序逻辑图

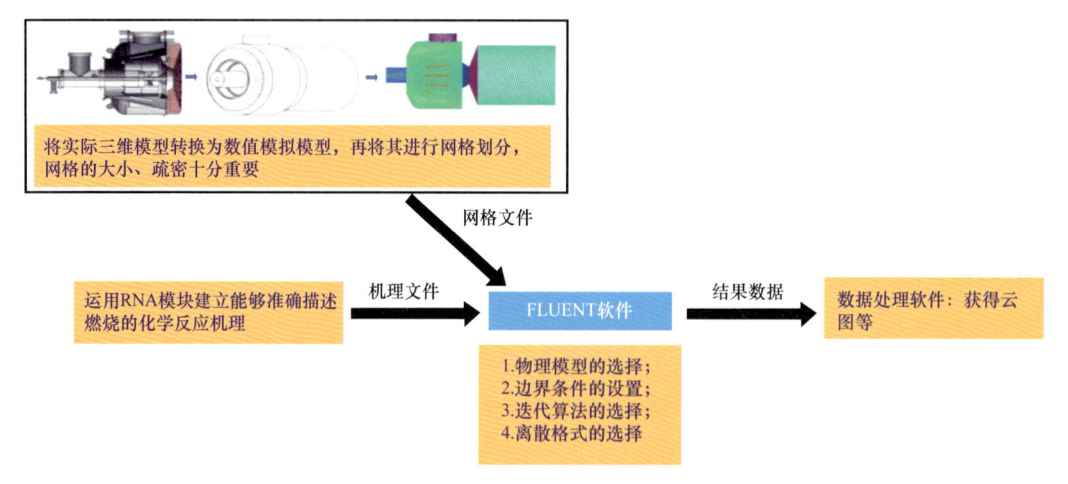

图 5-3-20 专用 CFD 模块建立流程图

通过计算进口燃烧器硫回收率与过量空气系数之间的关系对 RNA 分析模块进行验证：运用 RNA 分析得到的空气过量系数在 0.93 附近，硫回收率最高，与进口设计工况的过量空气系数 0.936 相匹配，这验证了 RNA 分析的合理性，也从侧面表明化学机理的可靠性。

通过计算进口燃烧器硫回收率与热力焚烧炉温度之间的关系对 RNA 分析模块进行验证：随着温度从 800℃升高至 1200℃，硫回收率出现了两个波峰，对应的温度分别为 850℃和 1000℃左右（图 5-3-21）。说明在这两个温度附近时，能够获得较高的硫回收率。进口燃烧器温度在 1000℃左右，与计算结果相符。

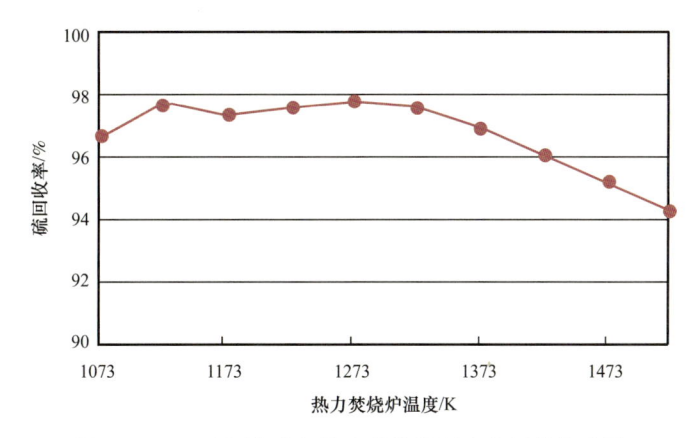

图 5-3-21　硫回收率与热力焚烧炉温度之间的关系图

FLUENT 软件设置主要包括物理模型设置、边界条件设置、迭代算法选择、离散格式的选择、数据处理。

① 物理模型设置：模型包括多相流模型、能量模型、湍流模型、热辐射模型、物质传输模型、离散相模型、电解模型等。通过开关模型以及模型内的参数设置来设置。

② 边界条件设置：边界条件类型包括速度进口、压力进口、速度出口、压力出口、自由压力出口、墙、内部流体、质量流量进口、轴对称等。选择合理的边界条件类型和参数设置来设定问题的初始条件。

③ 迭代算法选择：不同的迭代算法选择关系到计算最后是否收敛以及收敛的快慢。选择合适与正确的迭代算法能够保证快速而准确地收敛。

④ 离散格式的选择：不同的离散格式与迭代算法一样关系到计算最后是否收敛以及收敛的快慢。离散格式包括一阶迎风格式、二阶迎风格式、QUICK 格式、MUSCL 格式。

⑤ 数据处理：将数据导入专业的数据处理软件，利用数据制作云图等，将特定数据提取出来进行定量分析。

2. 进口燃烧器结构原理及设计关键

1）进口燃烧器结构原理

（1）在酸气气枪的喷射口段设置旋流器，使酸气以轴向和径向的复合旋转矢量喷入混合锥段与空气混合（图 5-3-22）。

（2）在燃烧器内设置旋流配风器使燃烧空气以相同的轴向旋转方向旋转，在混合锥段处与酸气混合。

（3）酸气与燃烧空气旋流方向一致，但交叉混合，混合强度更剧烈、更彻底（图5-3-23）。

图 5-3-22　旋流叶片

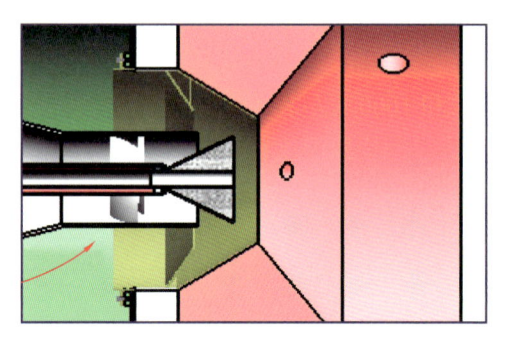

图 5-3-23　酸气与燃烧空气交叉混合

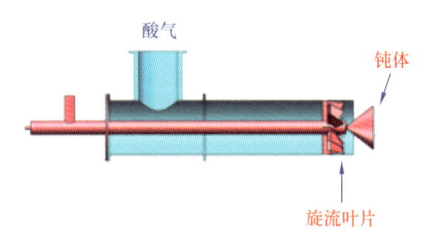

图 5-3-24　酸气通道三维模型图

2）进口燃烧器数值模拟

（1）酸气通道流场分析。

速度分布云图表明：气流在旋流叶片之前速度分布均匀，在通过旋流叶片时表现为中心速度高、外围速度低的圆周分布特点。在酸气通道出口处，外围速度大于中心速度，速度分布受旋流叶片影响非常明显，如图5-3-24和图5-3-25所示。

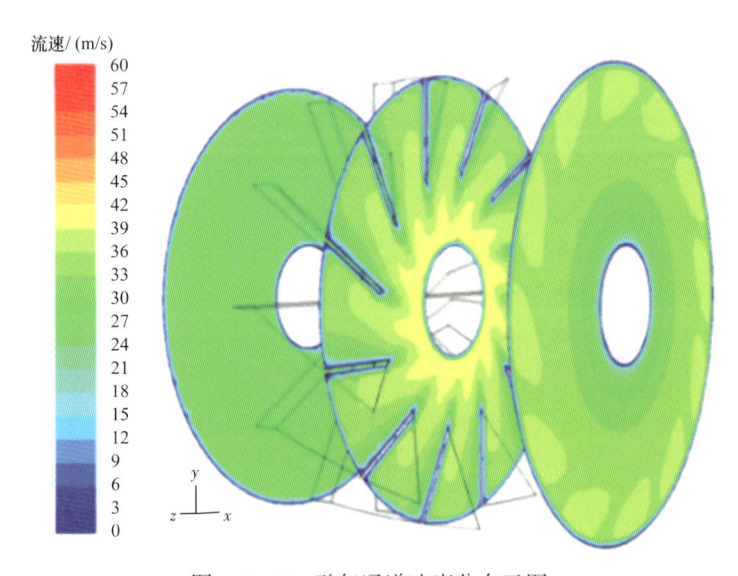

图 5-3-25　酸气通道速度分布云图

速度矢量图表明：酸气气流在出口处具有非常明显的旋流特性（图5-3-26和图5-3-27）。

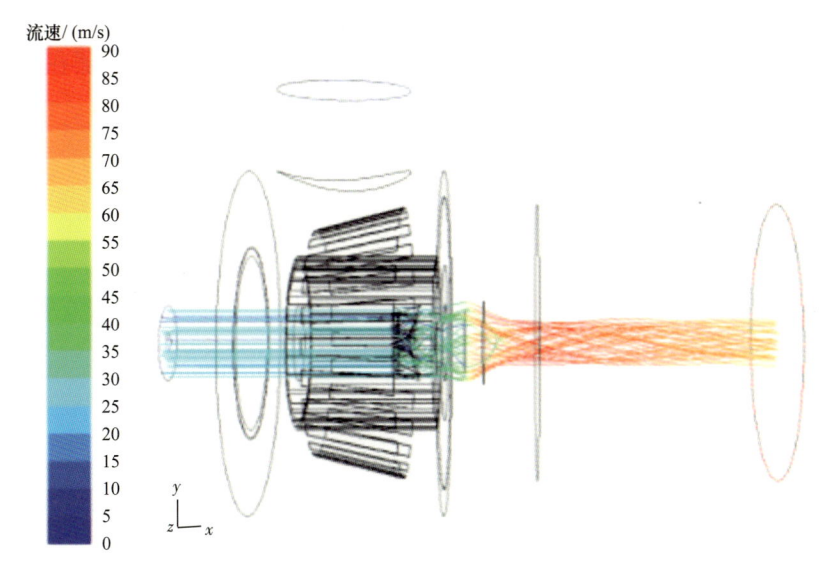

图 5-3-26　酸气流线图

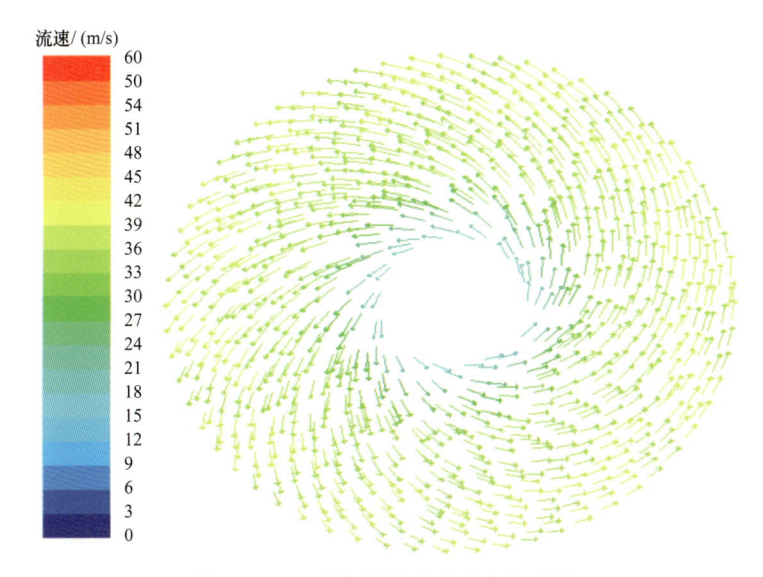

图 5-3-27　酸气通道速度分布矢量图

（2）空气通道流场分析。

空气速度分布云图表明：空气因为均流孔板的存在而在圆周方向上一定程度上趋于均匀，并且旋流导流板也在一定程度上促进空气形成旋流，但是圆周方向均匀性有待提高（图 5-3-28）。

（3）混合气流场分析。

设计工况 30%、设计工况 100%、设计工况 130% 三种工况下混合气速度云图表明：混合气流均在导流锥附近发生了强烈的混合，速度迅速提高，速度的提高有利于防止回火；混合气流在燃烧器后半部分形成了回流区，回流区能够帮助改善燃烧。设计工况

30%时,最大速度为28.8m/s(图5-3-29);设计工况100%时,最大速度为90.0m/s(图5-3-30);设计工况130%时,最大速度为125m/s(图5-3-31)。燃烧器在不同负荷下均能正常运行。

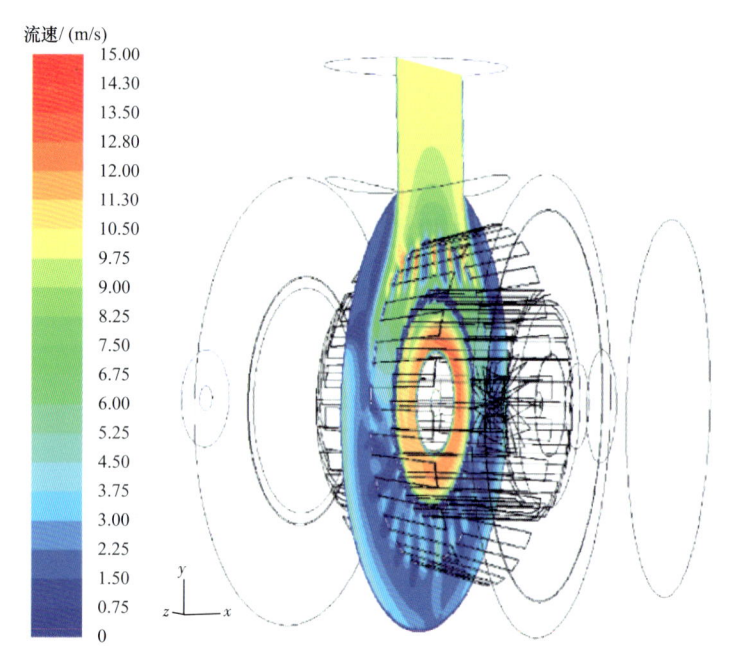

图5-3-28 冷态数值模拟空气速度分布云图

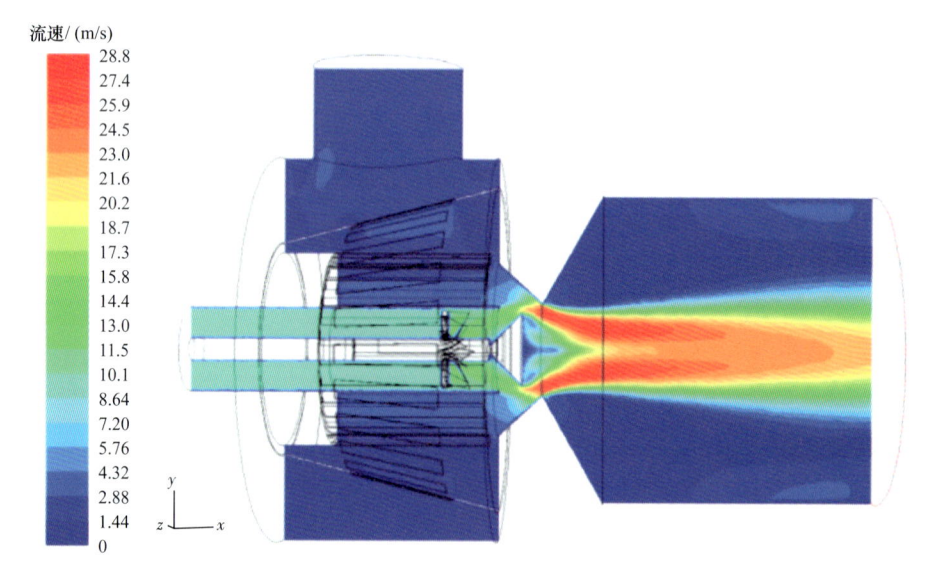

图5-3-29 设计工况30%时速度云图

3)进口燃烧器冷态模化试验

燃烧器模化试验的可行条件:在模型与实际结构几何相似的基础上,模型的雷诺数与实际结构的雷诺数均大于临界雷诺数。

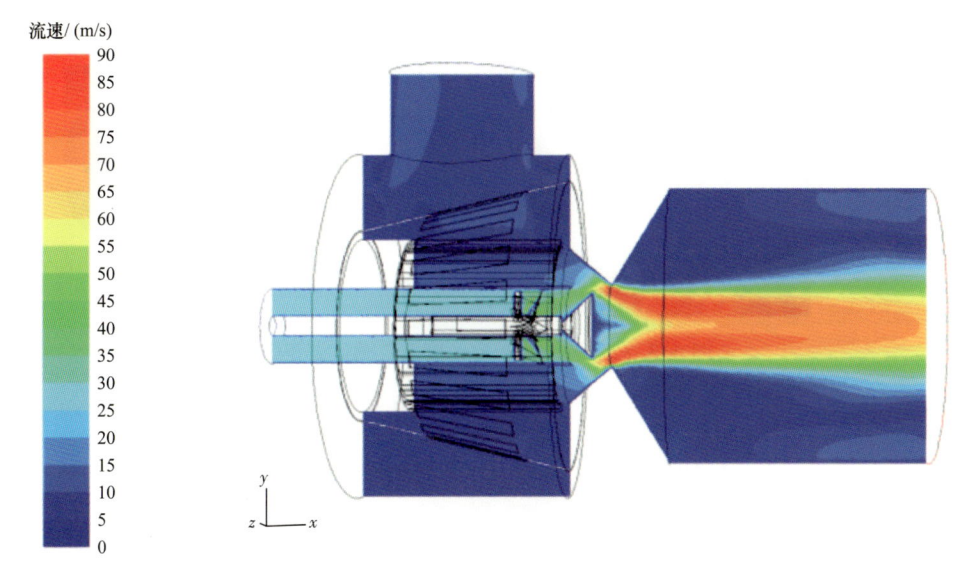

图 5-3-30　设计工况 100% 时速度云图

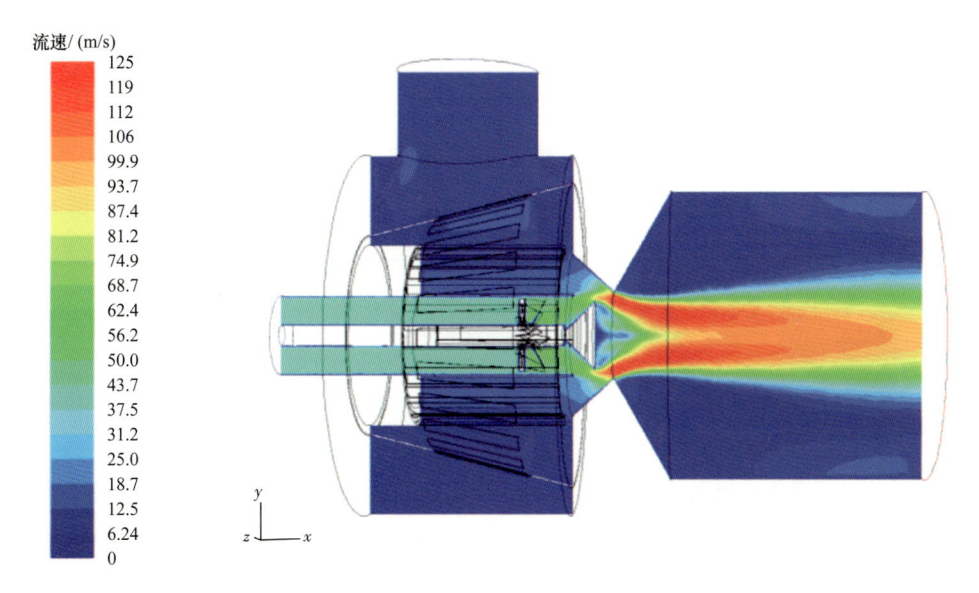

图 5-3-31　设计工况 130% 时速度云图

实验台搭建：包括本体、管道、阀门、动力设备搭建及测量仪器的配套（图 5-3-32）。

测量位置选择：钝体前（位置 1）、钝体后（位置 2）、缩口下游（位置 3）（图 5-3-33）。

布点原则：测量时运用十字法进行测量，每一条线上分布有多个测量点，每个测量点之间的距离为 5mm。

结果分析：实测了关键点处的流场分布，与数值模拟结果有着极高的一致性，验证了数值模拟结果的准确性。从计算结果、数值模拟以及冷态试验可以看出，进口燃烧器酸气入口设计流速高，压降大。现场管线接口不调整，入口压降不进行调整，酸气喷枪出口流速偏低，压降相对较小。

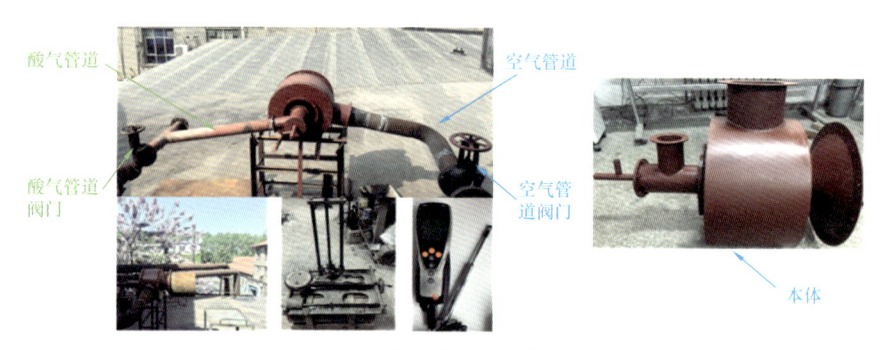

图 5-3-32　现场的管道连接图与测量设备图

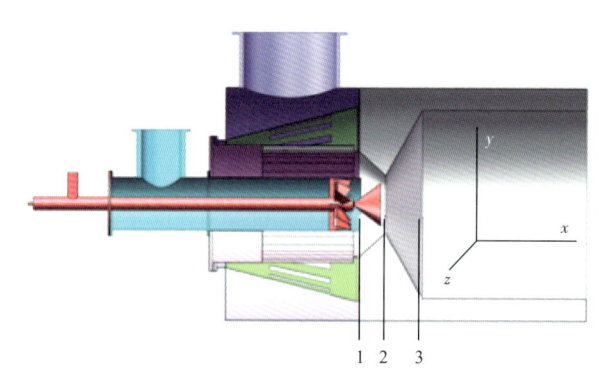

图 5-3-33　测量位置图

重新设计调整，提高酸气流速，加强混合强度，缩短在气鼻内部的反应停留时间。

3. 双锥预混燃烧器技术

在预混合段进一步设置独特的二次锥段结构，采用耐热钢锥筒体结构，其内部分为两层锥筒，两层锥筒之间设置一扰流板，高速气流在两层锥筒之间形成回流区（图 5-3-34）。

双锥结构可以提高助燃空气的旋流强度，加大空气与酸气的混合程度，使 O_2 与酸气中的 H_2S 和 NH_3 充分混合。采用预混段双锥结构后，预混段压降增加而产生的速度矢量增加，旋流器轴向供风转化成一定的径向旋转矢量相应增加；炉膛紊流强度明显提高。不仅加强了酸气与燃烧空气的混合程度，而且强化了炉膛内的烟气扰动，为烟气反应的深度进行提供了有力支撑。

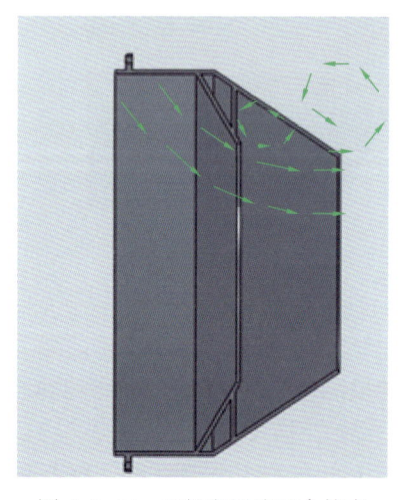

图 5-3-34　双锥段涡流混合技术

采用高强旋流预混式燃烧形式，酸气与燃烧空气先混合再燃烧，强化酸气与燃烧空气混合强度、优化压降的分配，混合更彻底、燃烧强度大、反应程度更深。混合物的局部回流和涡流，进一步稳定和强化混合效果，达到燃烧器性能可靠、燃烧强度高、燃烧充分。酸气喷口流速提高，与助燃空气的混合强化，缩短了在气鼻内部的反应停留时间，降低了气鼻内部的温度，延长了气鼻寿命，结构改造如图 5-3-35 所示。

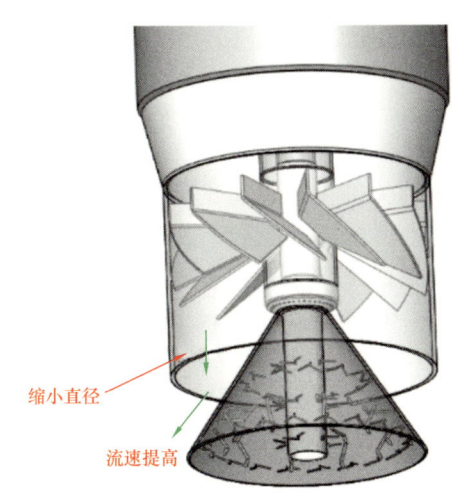

图 5-3-35　结构改造图

第六章　工艺控制与安全仪表

自动控制系统由控制器和被控对象组成，被广泛应用于石油、化工、冶金、电力、燃气、煤炭等领域，用于控制关键生产设备的运行。自动控制系统主要包括集散控制系统（DCS）、安全仪表系统（SIS）、可编程逻辑控制器（PLC）、监控数据采集系统（SCADA）和远程控制单元（RTU）等。在高含硫天然气净化领域，通常采用DCS系统，用于工艺生产、设备操作的集中控制；采用SIS系统，用于生产装置和设备的联锁关断，共同保证净化装置的安全稳定运行。

第一节　集散控制系统

集散控制系统（Distributed Control System，DCS）是计算机技术、控制技术和网络技术高度结合的产物。为实现高含硫天然气净化装置安全平稳操作，确保产品质量，减少环境污染，降低能耗，提高经济效益，采用DCS系统对工艺装置、辅助生产设施及公用设施进行集中监视、控制和管理。

国内运行的高含硫天然气净化厂大多数采用进口厂家产品，以普光天然气净化厂为例，其DCS系统采用日本横河电机株式会社的CS3000产品，由一个中央控制室实现对全厂天然气脱硫、脱水、硫黄回收、尾气处理、酸性水汽提等生产装置、辅助生产设施及公用设施进行常规检测与PID控制、顺序控制，以及输入/输出监视和数据采集、历史数据记录和报表生成、报警指示记录。通过终端人机界面的显示器，能够显示全厂工艺流程图及各种主要工艺参数、工艺参数的历史趋势、机泵的启停状态、调节阀的开度及状态报警等。

DCS系统由操作站、辅助操作台、打印机、控制站（远程控制站）、I/O机柜、安全栅及端子柜、配电柜及网络设备等组成。

一、系统构架

主流DCS系统已不仅仅是一个自动化控制系统，其融合了控制技术、各种开放的工业标准、计算机网络技术、总线技术和各种先进管理理念，是一个集成的综合控制和信息管理系统。

DCS系统架构基本上可分为过程控制层、过程监控层、生产管理层和决策管理层，其在不同生产领域的应用，有效地提高了资源的利用率、降低了能耗、增强了生产效率，使企业的竞争力得到了提升。

二、典型控制技术

在高含硫天然气净化领域，典型的自动控制技术包括吸收塔液位控制、反应炉燃烧空气控制、锅炉液位控制等复杂控制，对提高产品收率、保护设备运行安全、降低能耗、提高经济效益等方面有明显作用。

1. 脱硫单元：一级吸收塔液位三分程控制技术

1）工艺作用

一级吸收塔的富胺液在富胺液汽轮机膨胀以回收能量，所产生的能量被用来驱动贫胺液泵，再被送至富胺液闪蒸罐；通过调节经过富胺液汽轮机和／或其两条跨线的胺液流量，达到平稳控制一级吸收塔的液位和回收富胺液能量的目的。

2）控制方案

一级吸收塔底部出来的富胺液流量中的85%经过富胺液汽轮机。液位控制器输出信号进行三分程，每个分程都对应不同的控制输出以实现下面的控制：

（1）液位控制器输出范围0～33%，汽轮机入口管线调节阀A阀打开0～100%。

（2）液位控制器输出范围33%～66%，汽轮机15%跨线调节阀B阀打开0～100%。

（3）液位控制器输出范围66%～100%，汽轮机100%跨线调节阀C阀打开0～100%。

3）控制原理

在富胺液汽轮机处设置了一个现场手动操作器，以满足装置开工时的需要：当选择开关手动操作设置到现场模式时，手动操作器就可以用来调节供给A阀的仪表风压力，进而打开调节阀A阀，使富胺液流入富胺液汽轮机。

为保证富胺液汽轮机的平稳操作，有时对液位控制器的输出信号与手动操作器进行低值选择，使输出至A阀的控制信号不会因液位的波动而频繁变化。

4）控制逻辑示意图

一级吸收塔液位三分程控制逻辑如图6-1-1所示。

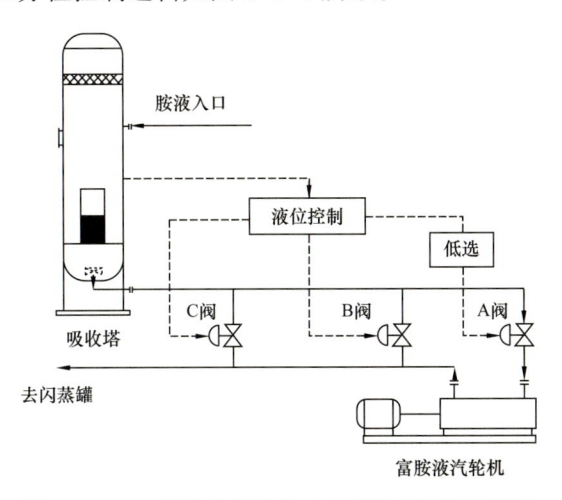

图6-1-1 一级吸收塔液位三分程控制逻辑示意图

2. 硫黄回收单元：克劳斯反应炉燃烧器燃烧空气前馈 + 反馈控制技术

1）工艺作用

反应炉燃烧器和反应炉的主要作用是将酸气中 1/3 的 H_2S 转换为 SO_2、所有烃类物质进行燃烧；在硫黄单元开停工时，采用燃料气燃烧模式。空气流量控制方案依据酸气流量和组成的变化，自动调节主燃烧空气流量和微调燃烧空气流量，确保空气流量与酸气流量处于合适的比率，保证克劳斯反应所需的最佳 H_2S/SO_2 值，提升硫黄回收率。

2）控制方案

主燃烧空气流量控制、微调燃烧空气流量控制、酸气流量控制、燃料气流量控制、克劳斯尾气 H_2S/SO_2 值在线分析仪等各个单独控制回路构成反应炉燃烧器燃烧空气复杂控制回路，用以控制进入反应炉燃烧器的燃烧空气。

3）控制原理

所需燃烧空气总量为每股进料气所需的燃烧空气量的总和。对于酸气所需空气耗量，通过计算模块将酸气流量信号转化为其所需空气耗量；对于燃料气所需空气耗量，通过计算模块将燃料气流量信号转化为其所需空气耗量。

每股进料气的空气消耗量通过计算每股进料气中 1mol 可燃烧物质燃烧所需耗氧量乘以进料气中相应物质的量流量计算而得。

微调空气调节阀与主燃烧空气调节阀为并联操作，微调空气流量由流量计测量，微调空气调节阀的设定值由设置在尾气出单元管线上的在线分析仪给定，在线分析仪测定尾气中 H_2S/SO_2 值为 2∶1，作为至调节阀的给定值，对微调空气流量进行调节，维持单元过程气中 H_2S/SO_2 值接近 2∶1。在线分析仪的给定设定值使微调空气调节阀开度一般控制在 30%～70% 的范围内，若超出该范围，调节阀的阀位指示报警，表示微调空气调节阀已经接近流量调节下限或上限。此时，操作人员应可通过调整比例设定系数，使主燃烧空气的调节阀增加开度，从而使微调空气调节阀在合适调节范围内。

4）控制逻辑示意图

克劳斯反应炉燃烧器燃烧空气前馈 + 反馈控制逻辑如图 6-1-2 所示。

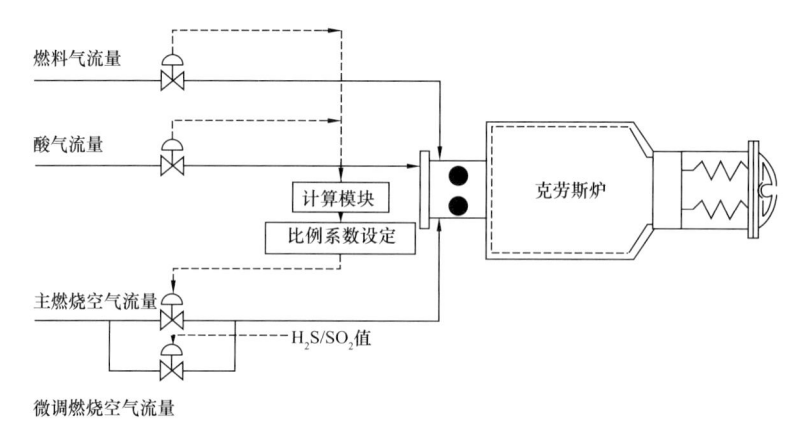

图 6-1-2 克劳斯反应炉燃烧器燃烧空气前馈 + 反馈控制逻辑示意图

3. 硫黄回收单元：克劳斯反应炉余热锅炉液位三冲量控制技术

1）工艺作用

当余热锅炉热负荷突然发生变化时，液位控制器检测到的液位变化可能会引起流量控制的误操作。如果热负荷突然增加，会导致余热锅炉水中出现大量气泡，气泡的出现会降低锅炉水液相密度，造成即使汽包内的水位减少，但液位计却显示液位上升，液位控制器会错误地降低锅炉给水量。为防止上述情况的发生，将蒸汽流量信号引入控制系统，当液位和蒸汽量同时上升时，液位控制器将增加给水量，避免出现锅炉"烧干锅"现象。

2）控制方案

余热锅炉液位计、余热锅炉液位控制、锅炉给水流量控制、高压蒸汽流量等各个单独控制回路构成余热锅炉三冲量液位控制复杂控制回路，用以控制余热锅炉汽包的液位。

3）控制原理

从结构上来说，三冲量液位控制系统是一个带有前馈信号的串级控制系统。余热锅炉液位控制器（LC）与锅炉给水流量控制器（FC）构成串级控制系统。余热锅炉液位计是主变量，锅炉给水流量是副变量。副变量的引入使系统对给水压力的波动有较强的克服能力。高压蒸汽流量的波动是引起余热锅炉液位计变化的因素之一，为干扰作用。高压蒸汽流量波动时，将其作为前馈信号引入控制系统，促使锅炉给水流量做出相应的变化。

三冲量控制公式如下：

$$I = C_1 \cdot IC + C_2 \cdot IF + I_0 \tag{6-1-1}$$

式中 C_1，C_2——常数；

I——锅炉液位，m；

IC——第一个控制冲量的输入；

IF——第二个控制冲量的输入；

I_0——锅炉初始液位，m。

根据串级控制系统选择主、副控制器的正、反作用的原则，余热锅炉液位控制器选反作用，锅炉给水流量控制器为正作用，调节器为气关阀。当水位由于扰动而升高时，因余热锅炉液位控制器的反作用而输出下降，进入加法器后，使锅炉给水流量控制器的给定值减小而输出增加，调节阀的开度减小，给水流量减小，水位下降（水位保持在设定值附近）；当高压蒸汽流量增加时，锅炉给水流量控制器的给定值增加而输出减小，调节阀的开度增加，给水流量增加，保持锅炉给水和蒸汽平衡，避免锅炉液位大幅度下降现象。副回路可克服给水时产生的扰动，给水流量增加，锅炉给水流量控制器的输出增加，调节阀的开度减小，给水量减小，进一步稳定余热锅炉液位的自动控制。

4）控制逻辑示意图

克劳斯反应炉余热锅炉液位三冲量控制逻辑如图6-1-3所示。

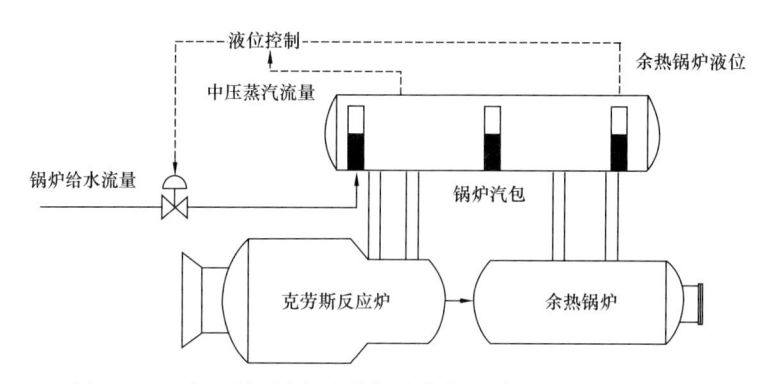

图 6-1-3 克劳斯反应炉余热锅炉液位三冲量控制逻辑示意图

4. 尾气处理单元：加氢进料燃烧炉燃烧空气及温度限幅交叉限位控制

1）工艺作用

加氢进料燃烧炉运行时，燃料气与空气发生次当量燃烧生成 CO 和 H_2，当炉内生成的 H_2 含量低时，造成急冷水塔中的 SO_2 含量超标，腐蚀管线和设备；当炉内生成的 H_2 含量高时，造成燃料气消耗量大。采用限幅交叉限位控制，使燃烧空气和燃料气的比例调节范围始终控制在理论完全燃烧值 65%～85% 的范围内。

2）控制方案

燃烧空气流量控制、燃料气流量控制、加氢进料燃烧炉出口温度控制、低压蒸汽流量控制、在线氢分析仪等各个单独控制回路构成加氢进料燃烧炉燃烧空气及温度复杂控制回路。

3）控制原理

对于加氢进料燃烧炉出口气体的温度控制，当燃烧炉出口气体温度高于控制器的设定温度时，温度控制阀门的 MV（温度控制调节输出）值增大，MV 值代表输出的范围（0～100%）；如果控制阀的 MV 值要作为燃料气的设定值，则必须进行范围调整，因此增设计算模块，计算模块输出信号分两路输出，即 CPV_1 和 CPV_2。计算公式如下：

$$CPV_1 = RV \cdot RV_1/100$$
$$CPV_2 = CPV_1 \quad\quad\quad (6-1-2)$$
$$MV = RV$$

式中 CPV_1，CPV_2——增设计算模块的计算输出值；

RV——尾气出口管温度控制调节输出值；

RV_1——主燃料气流量控制模块设定值；

MV——尾气出口管温度控制调节输出值，MV 赋值给运算模块的 RV，因此该程序中 MV=RV。

CPV_1 值通过低选模块直接成为燃料气控制器的设定值，CPV_2 值和燃料气控制器的现场过程值 PV 值通过高选模块后，再和手抄器的设定比例值通过乘法器后转换成空气的设定值。空气控制器的现场过程值 PV 值,再通过除法器后转换成燃料气的范围值后与 CPV_1 值进行低选,进一步转化为燃料气的调整范围。

4) 控制逻辑示意图

加氢进料燃烧炉燃烧空气及温度限幅交叉限位控制逻辑示意如图 6-1-4 所示。

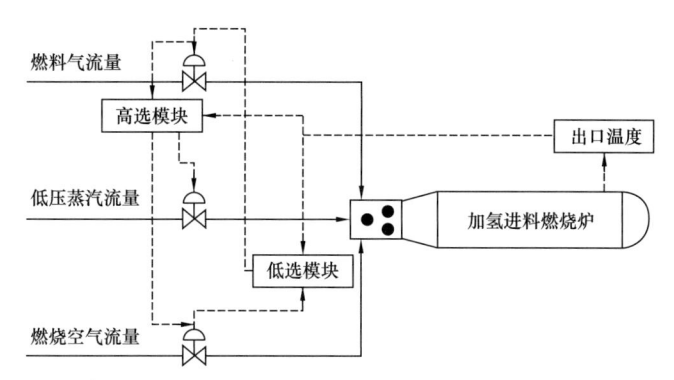

图 6-1-4　加氢进料燃烧炉燃烧空气及温度限幅交叉限位控制逻辑示意图

5. 尾气处理单元：尾气焚烧炉燃烧空气及温度反馈控制技术

1) 工艺作用

尾气焚烧炉将净化装置内所有废气中完全燃烧达到合格排放标准后排入大气。烟囱内 O_2 含量过低导致无法达到排放合格标准；烟囱内 O_2 含量过高导致炉内温度升高。采用燃烧空气及温度控制系统,确保 O_2 含量控制在 3% 左右,炉内温度控制在 600~700℃之间。

2) 控制方案

尾气焚烧炉风机 A 进口导向叶片控制、尾气焚烧炉风机 B 进口导向叶片控制、燃烧空气流量控制、焚烧炉风机选择器开关、燃料气流量控制、尾气焚烧炉温度控制、尾气焚烧炉烟囱含氧量检测等各个单独控制回路构成尾气焚烧炉燃烧空气及温度复杂控制回路。

3) 控制原理

当尾气焚烧炉烟囱含氧量检测高于期望值时,操作人员必须手动减少燃烧空气流量控制的设定值,保证含氧量保持在 3% 左右。

正常操作情况下,只有一台尾气焚烧炉风机处于工作状态；焚烧炉风机选择器开关用于确定两台风机的操作/备用关系,并通过燃烧空气流量控制尾气焚烧炉风机 A 或 B 的导向叶片开度。

对于尾气焚烧炉温度控制,当尾气焚烧炉的操作温度高于设定温度时,控制系统通过计算模块将减少燃料气流量的设定；当尾气焚烧炉操作温度低于设定温度时,调节步骤与上述过程相反。

4) 控制逻辑示意图

尾气焚烧炉燃烧空气及温度反馈控制逻辑如图 6-1-5 所示。

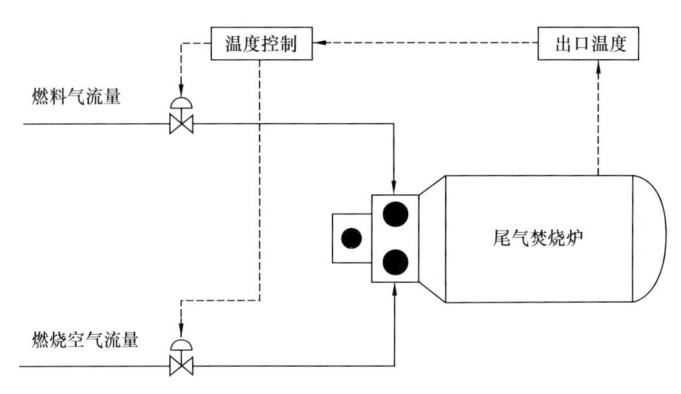

图 6-1-5　尾气焚烧炉燃烧空气及温度反馈控制逻辑示意图

第二节　安全仪表系统

安全仪表系统（Safety Instrumentation System，SIS）主要为自动控制系统中的报警和联锁关断部分。SIS 系统在生产装置的开车、停车阶段，运行以及维护操作期间，对人员健康、装置设备提供安全保护。无论是生产装置本身出现的故障危险，还是人为因素导致的危险，以及一些不可抗拒因素引发的危险，SIS 系统都应立即做出正确反应并给出相应的逻辑信号，使生产装置安全联锁或停车，阻止危险的发生和事故的扩散，使危害减少到最小。

一、高含硫天然气净化装置 SIS 系统特点

高含硫天然气净化装置通常具有原料气压力高、H_2S 含量高、腐蚀性强等特点，生产装置无缓冲设施，生产过程存在窜气、超压、泄漏等风险隐患，对安全仪表系统提出了更高的要求。为确保装置安全、稳定、长周期运行，将事故发生的可能性降到最低，高含硫天然气净化厂通常会设置一套安全可靠的、独立于过程控制系统之外的 SIS 系统，对影响安全生产的过程控制、气体泄漏、火灾监测等关键数据进行采集，并通过联锁逻辑完成装置的紧急切断，从而实现对生产装置、辅助生产设施及公用设施重要部位的安全联锁保护。

高含硫天然气净化装置 SIS 系统通常采用三重化容错技术，具有高可靠性，系统的可利用率不低于 99.99%，与 DCS 系统进行标准通信。SIS 系统原则上按故障安全型设计，安全等级为 SIL3 级，具有顺序事件（SOE）记录功能，事件记录的扫描周期为毫秒级。对关键的联锁系统，要求检测仪表和执行机构单独设置。中控室和工程师站采用正压、抗爆结构。

根据工艺条件，选用先进可靠、性价比高且安装维护方便的仪表。高含硫天然气净化装置介质腐蚀性强，现场安装仪器仪表和控制设备应具有良好的抗 H_2S 腐蚀性能。因此，所有与原料天然气接触的自控仪表及设备均选用抗硫、抗腐蚀材质，电缆采用抗 H_2S 腐蚀型。处于爆炸危险区域内的电动仪表，根据防爆危险区域划分确定相应的防爆等级，

优先选用本安型仪表；对于接点信号类仪表，一般采用隔爆型，防护等级不低于 IP65。

二、高含硫天然气净化装置 SIS 系统架构

1. 系统构成

高含硫天然气净化装置 SIS 系统采集数据来源点多面广，联锁逻辑复杂。为确保数据采集的准确及时，装置中参与联锁的温度、压力、液位、流量、振动等生产数据通过硬线连接方式直接采集进入 SIS 系统；同时，可燃气体泄漏、有毒气体泄漏、火灾报警等与安全相关数据也接入 SIS 系统，通过预设的联锁逻辑或手动触发模式实现装置的安全保护。此外，净化装置与上、下游装置之间的联锁信号也通过硬线连接方式进行传输。

2. 普光天然气净化厂 SIS 系统

图 6-2-1 显示了普光天然气净化厂 SIS 系统架构。

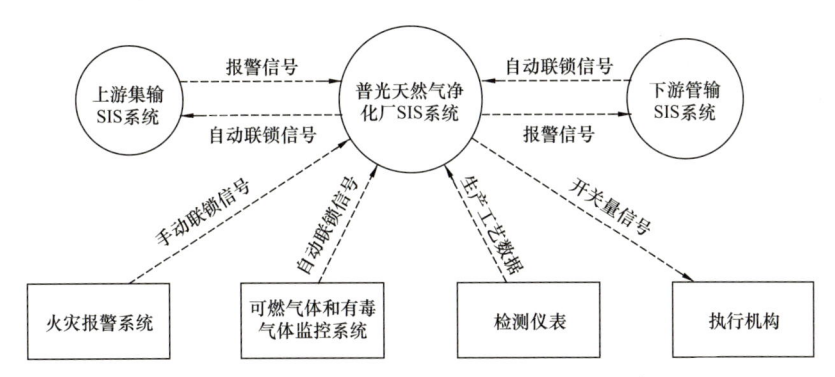

图 6-2-1 普光天然气净化厂 SIS 系统架构示意图

普光天然气净化厂 SIS 系统采用 H41/51q-HRS 系统，该系统 CPU 采用 2oo4D 结构，其容错功能使系统的任一部件发生故障时，均不影响系统整体正常运行。H51q 系统的全部板卡取得 SIL3 级安全认证。所有 SIS 卡件满足 G3 的工作环境要求，可以抗 H_2S、硫化物腐蚀，满足现场环境要求。全厂总计 28 套 SIS 系统，具体包括中控室 2 套、6 套联合装置 24 套、国家石油天然气管网集团有限公司西气东输管道分公司川气东送天然气管道公司普光首站（简称天分首站）压缩机放空设置 2 套，配置有操作站、工程师站、辅助操作台等设备。

中控室设置东区、西区 2 套 SIS 系统，用于协调天然气净化厂、采气厂及天分首站硬线联锁信号连接和联锁关断。

每套联合装置设 4 套 SIS 系统，其中装置现场机柜室配置 3 套、中控室配置 1 套。6 套联合装置共 24 套，用于联合装置的联锁关断。

天分首站压缩机停机放空设两套系统，用于天分首站运行的压缩机单台异常停机时，触发天然气净化厂产品气管线紧急放空。

每套联合装置设两台操作站，通过冗余以太网的方式，与系统通信，同时通过网络与打印机相连，供操作人员打印数据和报警信息使用。

工程师（SOE站）SOE事件数据可提供查询、追溯等功能，可记录数据65000条，系统SOE事故记录分辨率为1ms级，可对系统本身的故障或导致联锁停车的各种事件进行记录。

辅助操作台用于按压触发的按钮以及报警的信号灯。一级、二级关断辅助操作台位于中心控制室公用工程车间操作区域；各联合装置三级、四级关断辅助操作台位于中心控制室净化车间操作区域。

三、联锁关断技术

1. 关键工序风险评估与联锁关断策略

高含硫天然气净化装置处理的主要介质是原料天然气，产品为净化天然气和硫黄，主要辅助原料为MDEA溶液，均为可燃性气体或液体。在意外事故、违章操作、设备故障、雷电、静电等因素作用下，存在火灾、爆炸的风险。通过分析，其主要生产安全风险包括"窜气"、设备超压、高压气体泄漏、公用介质（水、电、仪表风和N_2）中断等，针对上述风险采用以下联锁控制策略。

"窜气"联锁控制：窜气的危害主要存在联合装置的高压区域（脱硫单元和脱水单元），包括一级吸收塔、天然气进料过滤分离器、净化气分液罐、水解反应器入口分离器、富胺液闪蒸罐等设备，为防止上述设备因液位过低造成高压气体窜入低压设备的安全风险，一般需要设置液位"三选二"的联锁控制方案，即同一位置的三个液位信号中出现两个低低液位信号，触发容器底部切断阀关闭，防止危险发生。

设备超压联锁控制：高含硫天然气净化装置主吸收塔区域，由于操作压力高、H_2S浓度大，属于重点安全防护区域，通常在主吸收塔顶部设置设备超压安全联锁。当主吸收塔超过其设计压力时，联锁信号触发塔顶放空阀紧急放空，及时释放超高压力，保护设备安全。

高压气体泄漏联锁控制：为防止高含硫天然气净化装置高压区域发生大面积H_2S泄漏的风险，将泄漏报警信号引入安全仪表系统，设置七选三联锁控制逻辑，当现场有毒气体检测探头同时出现3个（总计7个）报警时，安全仪表系统判断高压区域出现大面积泄漏，触发装置联锁放空，防止现场发生H_2S中毒等事故。

公用介质（水、电、仪表风和N_2）中断联锁控制：当公用介质突然中断时，整套净化装置处于非正常运行工况，可能引发较大的安全风险，通常将该状况设置为一级联锁关断，通过保压或放空模式，保证整套净化装置的安全运行。

2. 普光天然气净化厂四级逻辑关断技术

普光天然气净化厂的高含硫天然气净化装置SIS系统采用四级关断模式。通过对危险源、风险评估、应急预案等多种因素的综合评估，结合装置在正常生产过程中工艺控制的关联关系，按照全冗余的配置原则，合理设置四级联锁关断逻辑，构建安全可靠性高、性能稳定的安全仪表关断体系。

联锁逻辑关系为上游不联锁下游，下游联锁上游。集输系统触发一级、二级联锁后，普光天然气净化厂与天分首站只接收报警信息；天然气净化厂触发一级、二级联锁后，集输系统触发联锁动作，天分首站只接收报警信息；天分首站触发一级、二级联锁后，集输系统与天然气净化厂触发联锁动作。

1) 一级关断（SIS-1）

一级关断为最高级别的关断，是全厂范围内的紧急关断。

一级关断条件发生后，触发普光天然气净化厂6套联合装置紧急切断并保压，自动关闭12个系列脱硫、脱水单元进出口切断阀，触发6套联合装置第二系列原料气调压放空联锁，各装置由此引发的相关联锁动作自动发生。

普光天然气净化厂触发的一级联锁关断信号自动触发集输系统进行关断，并发送一级关断报警信号至天分首站。集输系统、普光天然气净化厂及天分首站间的一级关断（自动产生的动作部分）信号采用硬线连接，一旦触发这些关断动作，各部分的相关联锁动作自动发生。

（1）触发内部条件。

触发内部条件如下：

① 出厂总管发生爆裂。

② 全厂停电、停水、停净化风、停N_2。

③ 东、西区原料气管线任意一条爆裂。

内部条件发生后，同时手动旋出中控室公用工程操作区辅助操作台两个"全厂保压"按钮，触发一级联锁关断，位于中控室公用工程操作区辅助操作台上东区保压指示灯和西区保压指示灯亮，中控室公用工程操作区辅助操作台声音报警器响。

（2）触发外部条件。

触发外部条件如下：

① 集气总站区域内发生爆炸火灾。

② 集输系统总站来气管线同时爆裂。

③ 集气总站发生设备、管道等爆裂，集气总站需关闭。

④ 天分首站发生爆炸、火灾，天分首站需关闭。

⑤ 天然气净化厂至天分首站天然气管道爆裂。

⑥ 天分首站运行压缩机两台同时停机（首发自动触发）。

条件①至条件③产生时，天然气净化厂接收到来自上游集输系统手动触发的一级关断报警信号，根据情况进行处置。

条件④和条件⑤产生时，天分首站手动触发的一级关断信号触发天然气净化厂一级联锁。

条件⑥产生时，自动触发天然气净化厂一级联锁，天然气净化厂声光报警，中控室公用工程操作区辅助操作台声音报警器响。

2) 二级关断（SIS-2）

二级关断为普光天然气净化厂区域或联合装置级关断。

区域级关断时处理方式为紧急切断并保压。区域关断发生后，触发东区一联合、二联合、三联合或西区四联合、五联合、六联合紧急切断并保压，触发东区或西区装置第二系列原料气放空联锁。联锁信号触发集输系统和天分首站进行报警。

　　联合装置级关断时处理包含紧急切断并保压（中控室联合装置操作区辅助操作台旋出按钮触发）、0.5MPa紧急切断放空（中控室联合装置操作区辅助操作台旋出按钮触发）、1.0MPa紧急切断放空（中控室联合装置操作区辅助操作台旋出按钮触发）三种手动触发方式。

　　（1）触发内部条件。

　　触发内部条件如下：

　　① 东区六系列区域内发生爆炸、火灾，进料管线发生爆裂。

　　条件产生后，同时手动旋出中控室公用工程操作区辅助操作台两个"东区保压"按钮，触发东区一联合、二联合、三联合紧急切断并保压，触发东区装置第二系列原料气放空，全厂声光报警，保压指示灯亮，中控室公用工程操作区辅助操作台声音报警器响。联锁信号触发集输系统和天分首站进行报警。西区六系列正常生产。

　　② 西区六系列区域内发生爆炸、火灾，进料管线发生爆裂。

　　条件产生后，同时手动旋出中控室公用工程操作区辅助操作台两个"西区保压"按钮，触发西区四联合、五联合、六联合紧急切断并保压，触发西区装置第二系列原料气放空联锁，全厂声光报警，保压指示灯亮，中控室公用工程操作区辅助操作台声音报警器响。联锁信号触发集输系统和天分首站报警。东区装置正常生产。

　　（2）触发外部条件。

　　触发外部条件如下：

　　① 集气总站进天然气净化厂东区总管阀关闭。

　　条件产生后，普光天然气净化厂收到报警信号，指示灯亮，中控室公用工程操作区辅助操作台声音报警器响。

　　② 集气总站进天然气净化厂西区总管阀关闭。

　　条件产生后，天然气净化厂收到报警信号，指示灯亮，中控室公用工程操作区辅助操作台声音报警器响。

　　3）三级关断（SIS-3）

　　三级关断为联合装置单元级关断。

　　该关断由气体严重泄漏或关键工艺参数异常引起。它可由操作人员手动启动，也可由火灾和气体控制逻辑自动启动。除能执行本级关断功能以外，三级关断将能触发四级关断。

　　（1）天然气脱硫单元联锁关断。

　　① 脱硫单元保压触发条件：由一级或二级关断引起联合装置紧急停车；辅助操作台联合装置手动紧急停车开关；辅助操作台脱硫装置紧急停车开关；高压贫胺液泵停；尾气处理半富胺液泵停；中间胺液泵停；天然气脱水装置紧急停车；天然气脱水装置紧急停车（0.5MPa）；天然气脱水装置紧急停车（1.0MPa）；硫黄回收装置紧急停车；尾气焚烧炉紧急停车。

② 脱硫单元0.5MPa放空触发条件：辅助操作台联合装置手动紧急停车开关（0.5MPa）；辅助操作台脱硫装置紧急停车开关（0.5MPa）。

③ 脱硫单元1.0MPa放空条件：辅助操作台联合装置手动紧急停车开关（1.0MPa）；辅助操作台脱硫装置紧急停车开关（1.0MPa）；水解反应器预热器壳程压力高高；高压区域3个及以上H_2S检测器发生报警。

（2）天然气脱水单元联锁关断。

① 脱水单元保压条件：由一级或二级关断引起联合装置紧急停车；辅助操作台联合装置手动紧急停车开关；辅助操作台天然气脱水装置紧急停车开关。

② 脱水单元0.5MPa放空条件：辅助操作台联合装置手动紧急停车开关（0.5MPa）；辅助操作台天然气脱水装置紧急停车开关（0.5MPa）。

③ 脱水单元1.0MPa放空条件：辅助操作台联合装置手动紧急停车开关（1.0MPa）；辅助操作台天然气脱水装置紧急停车开关（1.0MPa）。

（3）硫黄回收单元联锁关断：辅助操作台联合装置手动紧急停车开关（0.5MPa）；辅助操作台联合装置手动紧急停车开关（1.0MPa）；空气流量（主燃烧风＋微调）低低；酸气流量低低（三选二）；反应炉压力高高（三选二）；主火焰同时熄灭并且反应炉温度低低（三选二）；反应炉温度高高（三选二）；废热锅炉液位低低（三选二）；反应炉就地紧急停车按钮；辅助操作台反应炉紧急停车按钮；酸气分液罐高高液位（三选二）；尾气处理装置（尾气焚烧炉）紧急停车（连续存在30min后延迟触发）。

（4）尾气处理单元联锁关断。

① 加氢进料加热炉触发条件：辅助操作台联合装置手动紧急停车开关（0.5MPa）；辅助操作台联合装置手动紧急停车开关（1.0MPa）；燃烧空气流量低低；燃料气流量低低；燃料气压力高高；主火焰同时熄灭；加氢进料加热炉出口温度高高；加氢反应器出口温度高高；加氢进料加热炉压力高高（三选二）；加氢进料加热炉就地紧急停车按钮；加氢进料加热炉控制室紧急停车按钮；主燃料气放空阀打开；尾气处理装置（尾气焚烧炉）紧急停车（连续存在30min后延迟触发）。

② 尾气焚烧炉触发条件：辅助操作台联合装置手动紧急停车开关（0.5MPa）；辅助操作台联合装置手动紧急停车开关（1.0MPa）；空气流量低低；燃料气流量低低；主火焰同时熄灭；主燃料气放空阀打开；蒸汽过热器出口温度高高；蒸汽过热器入口温度高高（三选二）；过热器出口温度高高；排放烟气温度高高；废热锅炉汽包液位低低（三选二）；蒸汽过热段出口温度高高；尾气焚烧炉就地紧急停车按钮；辅助操作台尾气焚烧炉紧急停车按钮；主燃料气高高压力。

4）四级关断（SIS-4）

四级关断为设备级关断，主要为保障设备的正常运行，所有运行参数都在工艺要求的安全范围以内，防止出现超压、高温等异常故障情况。此级别关断仅关断该故障设备，而不影响单元内其他设备的正常操作。四级关断自动启动，某一级别的关断指令均不引起较高级别的关断，只能引起本级别及所有相关的较低级别的关断。涉及的设备主要有贫胺液泵、半富胺液泵、克劳斯风机大型机组，加氢炉、尾气焚烧炉、克劳斯炉关键静设备，一般机泵、塔器、罐等。

典型的四级关断逻辑如下：

（1）联锁停半富胺液泵条件：润滑油总管压力低低联锁（三选二）；汽轮机非驱动端轴承温度高高联锁；汽轮机驱动端轴承温度高高联锁；径向轴承驱动端温度高高联锁；径向轴承非驱动端温度高高联锁；止推轴承温度高高联锁；径向轴承驱动端振动高高联锁；径向轴承非驱动端振动高高联锁；止推轴承位移高高联锁（二选二）；辅助操作台紧急停车按钮拔出。

（2）联锁停高压贫胺液泵条件：辅助操作台紧急停车按钮拔出；润滑油总管压力低低联锁（三选二）；泵驱动端径向振动高高联锁（二选二）；泵非驱动端径向振动高高联锁（二选二）；泵轴向位移高高联锁（二选二）。

（3）克劳斯反应炉联锁紧急停车条件：空气流量低低（二选二）；反应炉温度高高（三选二）；废热锅炉液位低低（三选二）；辅助操作台硫黄回收单元紧急停车按钮；硫黄回收单元就地紧急停车按钮；反应炉压力高高（三选二）；反应炉就地停主燃料气按钮；由上一级联锁引发的紧急停车。

第七章 化验分析

在高含硫天然气净化生产过程中,需要对涉及的气体、MDEA 溶液、TEG 溶液、硫黄进行组分分析。天然气组分及含量是衡量天然气品质的关键指标;测定 MDEA、TEG 的质量,对于规范入厂检验、生产过程调整等具有不可或缺的指导意义;硫黄产品的技术指标和指标分析结果,为硫黄贸易交接提供产品质量依据,规范了中国硫黄生产销售市场。应用在线分析仪表可以对生产过程实时分析,连续监测环境质量及污染排放。通过实验室和在线分析仪表提供准确、及时、有效的分析数据,可以把握装置的运行情况,掌握客观规律,达到优质高产、降低能源消耗和成本、确保安全生产和环境保护的目的。

第一节 原料气/产品气分析

一、原料气/产品气密闭采样

传统的直接采样法由于需要置换和清洗采样容器、管线的物料滞留区域,造成有毒有害物料泄漏,严重威胁人员安全健康,对环境造成污染。密闭采样器通过将物料循环回工艺管路、排入回收装置或者送入火炬等方式,有效避免采样介质对人员和环境的伤害。

由于高含硫天然气净化厂原料气中 H_2S 含量较高,用于原料气、产品气取样的设备和管线应具有抗硫能力。普光天然气净化厂原料气、产品气的采集器采用高压密闭采样器,由采样钢瓶、针型阀、压力表、金属软管、快速接头组成。在采样瓶前后有 N_2 置换管线及阀门,在采样前可进行 N_2 置换。采样过程中置换的样品气体、吹扫气体排放至低压火炬管线。

二、原料气/产品气全组分分析

1. 原料气/产品气组分的测定

普光天然气净化厂原料气、产品气组分的测定采用气相色谱法。气相色谱法是采用气体作为流动相的一种色谱法,具有选择性高、灵敏度高、分析速度快的特点。气相色谱法主要用于气样的定性和定量分析。定性分析是指根据色谱图中色谱峰位置确定样品组分;定量分析是指根据色谱图中峰高或峰面积,计算得到样品中各组分的含量。气相色谱常用的定量分析方法主要有内标法、外标法、归一化法三种。气相色谱仪是结构复杂的精密仪器,在化工企业应用广泛。

气相色谱仪 TCD 检测器主要用于天然气中 He、H_2、CO_2、C_2H_6、N_2 的测定。气相色谱仪 FPD 检测器主要用于天然气中羰基硫、甲硫醇、乙硫醇的测定。原料气中 H_2S 含量的测定采用 TCD 检测器，产品气中 H_2S 含量的测定采用 FPD 检测器。根据气样中其他组分含量，差减法计算得到甲烷含量。由于普光天然气净化厂原料气和产品气组成相对稳定，因此采用外标法测定原料气和产品气组成。标准气外标法测定天然气组分是指在相同的色谱分析条件下，将待测样品和等体积的浓度相近的标准气的峰面积进行比较，由式（7-1-1）计算得到待测样品的组成。该方法具有准确度高且操作简单的特点。

$$y_i = y_{si} \frac{A_i}{A_{si}} \tag{7-1-1}$$

式中　y_i——样品中 i 组分的浓度，%；

　　　y_{si}——标准气体中 i 组分的浓度，%；

　　　A_i——样品中 i 组分的峰面积；

　　　A_{si}——标准气体中 i 组分的峰面积。

在使用气相色谱仪分析原料气、产品气组成时，通过在气相色谱仪进样管线上安装快速内螺纹接头，以便于同采样钢瓶上使用的外螺纹接头进行完全密封衔接，避免进样时 H_2S 的泄漏。

2. 天然气中总硫含量的测定

国内常用的天然气总硫含量的测定方法主要有氢解 – 速率计比色法、氧化微库伦法、紫外荧光光度法、气相色谱法等。氧化微库伦法、紫外荧光光度法两种方法的精密度数据相差不大。氧化微库伦法仪器调试过程比较复杂，且对实验人员的经验、操作水平要求较高（沈琳等，2019）。紫外荧光光度法相比氧化微库伦法，具有仪器分析效率更高、调试过程更快速简捷、稳定性更优越、在国内的使用越来越普及等优势。采用气相色谱法测定天然气总硫含量在国际上认可度很高，特别是在天然气国际贸易中，大多采用该方法作为判定依据。

1）氢解 – 速率计比色法

氢解 – 速率计比色法测定天然气中总硫含量，将样品以恒定的速率进入氢解仪内的 H_2 流中，利用热解炉将气样和 H_2 在温度不低于 1000℃ 的条件下热解，含硫化合物与 H_2 反应转化为 H_2S。恒定流量的含有 H_2S 的气样经润湿后从浸有乙酸铅的纸带上流过时，H_2S 与乙酸铅发生化学反应生成硫化铅棕色色斑。棕色色斑的变化速率与样品中的 H_2S 浓度成正比，H_2S 浓度与气样中的总硫含量成正比，根据棕色色斑的变化速率得到样品中的总硫含量。使用氢解 – 速率计比色法测定天然气中总硫含量，最重要的影响因素是流速。在测定过程中，样品气的流速应与标定仪器的标准气体流速一致并保持恒定。

2）氧化微库伦法

氧化微库伦法测定天然气中总硫含量是利用电化学原理，样品被载气带入裂解管中和 O_2 充分燃烧，其中的硫定量地转化为 SO_2，SO_2 被电解液吸收并发生反应，反应消耗电解溶液中的 I_2，引起电解池测量电极电位的变化，仪器检测出这一变化并给电解池电解电极一个相应的电解电压,在电极上电解出 I_2,直至电解池中 I_2 恢复到原先的浓度。根据法拉第定律,电解消耗的电量与天然气中总硫含量成正比。仪器检测出电解过程所消耗电量,推算出反应消耗的 I_2 的量,从而得到样品中总硫含量。

氧化微库伦法分析样品中总硫含量时,应注意检查仪器参数。滴定池对温度很敏感,池体周围的温度骤变会影响基线的稳定性,特别是过热的燃气或加热带温度太高,会加速电解液的挥发,导致基线漂移,影响测定结果,因此注意保持滴定池体温度在 25℃ 左右(赵日峰,2019)。氧化微库伦法分析样品时,天然气中总硫的转化率无法达到 100%,需要利用硫标准样品进行校准,测定硫转化率。标准样品中总硫含量应与待测样品的总硫含量接近。分析样品时,应与标准样品分析条件相同,气体中总硫含量测定公式如下:

$$x = \frac{W}{V_n F} \tag{7-1-2}$$

式中　x ——气样中总硫含量,mg/m³;

　　　W ——仪器测定值,ng;

　　　V_n ——气样计算体积,mL;

　　　F ——硫的转化率,%。

3)紫外荧光光度法

紫外荧光光度法测定总硫含量利用光电学原理,具有稳定性好、抗干扰能力强、操作简单的优点,适用于实验室之间的比对,也可用于实验室的日常检测和质量控制(周理等,2017)。根据 GB 17820—2018《天然气》,天然气中总硫检测的仲裁方法由原来的氧化微库伦法修改为紫外荧光光度法。

紫外荧光光度法测定天然气中的总硫含量是将天然气样品引入一个高温燃烧管,在含氧充分的条件下,样品中的硫化物与 O_2 反应生成 SO_2。将生成的气体通过干燥器,除去水分,然后将样品燃烧产生的气体暴露于特定波长的紫外线中,基态 SO_2 被激活成为激发态 SO_2,当激发态 SO_2 回到基态时释放能量,利用光电倍增管进行检测,再经放大器放大,计算机数据处理,即可以转换为与光强度成正比的电信号,反应中产生的荧光强度与 SO_2 的生成量成正比,SO_2 的生成量又与样品中的总硫含量成正比,因此可以通过测定产生的荧光强度测定样品中的总硫含量。

分析仪器读数引起的不确定度可以忽略不计,硫标准样品引入的不确定度对测定值不确定度的影响最大。因此,采用不确定度小的标准样品,可以有效提高检测数据的准确性(沈琳等,2016)。在与气体标准物质相同的检测条件下对样品气进行分析,检测器的响应值为 y,对应的总硫含量可通过式(7-1-3)计算得到:

$$x = \frac{y - b}{a} \tag{7-1-3}$$

式中　x ——气样中总硫含量,mg/m³;

　　　a ——校准曲线斜率;

b——校准曲线截距；
y——检测器响应值。

4）气相色谱法

天然气中硫化物主要有羰基硫、H_2S、CO_2、甲硫醇和乙硫醇。用气相色谱法将天然气样品中所有待测组分通过色谱柱进行物理分离，分离后进入检测器对硫化物含量进行测定，并通过与标准气体或参比气体比较而定量。标准气体和天然气样品在同一测试系统中采用相同的操作条件进行测定。通过测定得到的天然气样品所有硫化物含量加和后计算得出天然气中总硫含量。

第二节 脱硫/脱水溶液分析

一、脱硫溶液分析

MDEA 溶液需要开展 MDEA 浓度、H_2S 含量、CO_2 含量、全部热稳定盐含量、氯含量的测定。为防止胺液泄漏造成环境污染，采用低压密闭采样器采集贫/富胺液。采样器由采样钢瓶、针型阀、压力表、金属软管、快速接头、温度表组成。由于 MDEA 溶液会沉积在采样管线内，为采集具有代表性的胺液样品，需充分建立胺液循环和置换，直至样品温度与工况温度一致。

1.MDEA 浓度的测定

由于 MDEA 是一种弱碱性有机化合物，与酸反应生成 $N-$ 甲基二乙醇胺盐类物质，因此可采用酸碱中和法进行胺液浓度测定。反应式如下：

$$R_3N + HCl \longrightarrow R_3NH^+ + Cl^-$$

1）盐酸 – 乙二醇异丙醇溶液滴定法

采用酸碱滴定法测定 MDEA 溶液浓度。为掩蔽样品中少量的伯胺和仲胺，在试样中加入乙酸酐，反应生产酰胺。采用甲基黄 – 次甲基蓝指示液，用盐酸 – 乙二醇异丙醇标准滴定溶液在非水溶液中进行滴定，至溶液由绿色变为红棕色为终点，同时做空白试验。该方法仅适用于 MDEA 的入厂检验。

2）化学滴定法

采用盐酸标准溶液滴定 MDEA 溶液，选用溴百里酚蓝指示剂，滴定待测溶液由蓝色变为黄色，煮沸 1～2min，冷却后再用盐酸标准溶液滴定至黄色，即为滴定终点。盐酸和 MDEA 按照物质的比为 1∶1 反应，根据消耗的盐酸标准溶液计算得到 MDEA 溶液浓度。化学滴定法操作烦琐，且不适用于有色和浑浊胺液。

3）自动电位滴定法

为克服手动滴定法的缺点，采用自动电位滴定法。利用指示电极的变化代替指示剂颜色变化指示滴定终点的到达。采用自动电位滴定法可以有效避免在手动滴定过程中由

于 H_2S 气体溢出造成的安全隐患，具有操作简单、分析速度快、准确度高的优点。由于测定方法为酸碱中和法，因此选用 pH 电极为指示电极，用盐酸标准溶液进行滴定，选用终点设定滴定（SET）模式，终点设定 pH 值为 4.5。MDEA 溶液的浓度按式（7-2-1）计算。

$$x_1 = \frac{C \times V \times 10^{-3} \times 119.16}{m} \times 100\% \qquad (7-2-1)$$

式中　x_1——MDEA 溶液的浓度，%；
　　　C——盐酸标准溶液的浓度，mol/L；
　　　V——样品滴定时耗用盐酸标准溶液的体积，mL；
　　　119.16——MDEA 的摩尔质量，g/mol；
　　　m——待测样品的质量，g。

2. H_2S 含量的测定

1）气相色谱法

利用气相色谱法测定 MDEA 溶液，直接进样会造成仪器进样口和色谱柱的污染，且 MDEA 和其他杂质对测定造成较大干扰。可选用顶空色谱法测定胺液中的 H_2S 含量，该方法的原理是亨利定律。胺液中加入过量的浓硫酸，使 H_2S 从胺液中充分解析出来，用顶空气相色谱法测定顶空气相中 H_2S 的峰面积，可以测定样品中 H_2S 的浓度（单石文等，2012）。该方法具有操作简单、分析速度快、灵敏度高的特点，但仅适用于贫胺液中 H_2S 含量的测定，且对操作人员的要求较高。

2）解析吸收法

解析吸收法测定胺液中 H_2S 含量的原理是在 MDEA 溶液中加入计算量硫酸溶液，用 N_2 将解析出来的 H_2S 气体吹出，采用乙酸锌溶液吸收气相中的 H_2S 气体，利用碘量法测定吸收液中的硫化锌含量。用硫代硫酸钠标准溶液滴定吸收液，加入淀粉指示剂，继续滴定至溶液蓝色消失。根据消耗的硫代硫酸钠标准溶液量，计算得到 MDEA 溶液中 H_2S 含量。该方法适用于贫 / 富胺液中 H_2S 含量的测定，但方法烦琐复杂、耗时长。H_2S 解析和吸收装置如图 7-2-1 所示。

3）自动电位滴定法

为减少分析误差，优化实验方法，利用指示电极的变化代替指示剂颜色变化指示滴定终点的到达。采用自动电位滴定法测定 MDEA 溶液中 H_2S 含量，方法选用动态滴定（DET）模式。测定方法为氧化还原法，选用铂电极为指示电极。在滴定过程中，过量的碘溶液与 H_2S 反应，剩余的碘用硫代硫酸钠标准溶液滴定。该方法操作简单、灵敏度高、分析速度快，适用于贫 / 富胺液中 H_2S 含量的测定。测定 MDEA 溶液中 H_2S 的含量按式（7-2-2）计算。

$$x_2 = \frac{(V_0 - V) \times C \times 17.04}{V_1} \qquad (7-2-2)$$

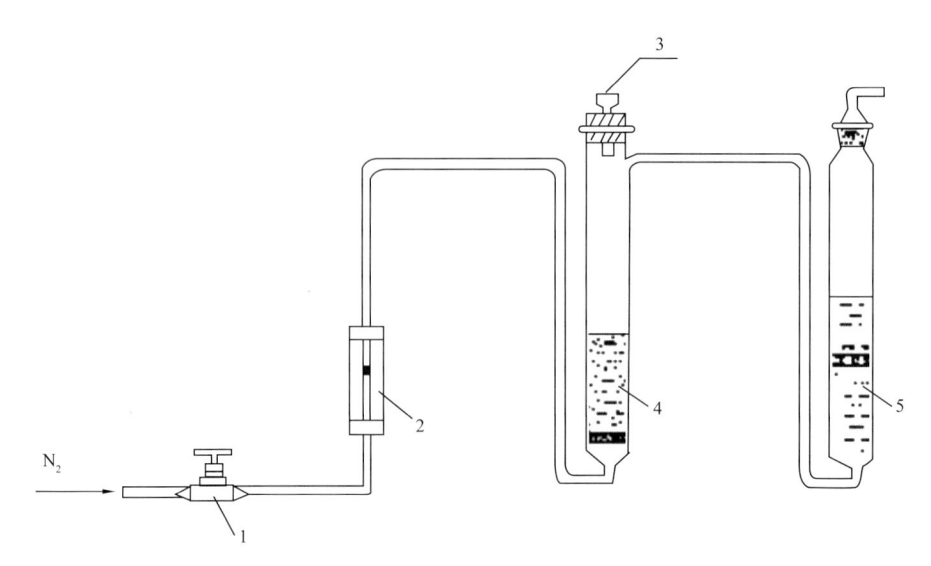

图 7-2-1 H₂S 解析和吸收装置
1—针型阀；2—转子流量计；3—进样头；4—解析器；5—吸收器

式中　x_2——MDEA 溶液中 H_2S 的含量，g/L；

　　　V_0——空白滴定时耗用硫代硫酸钠标准溶液的体积，mL；

　　　V——样品滴定时耗用硫代硫酸钠标准溶液的体积，mL；

　　　C——硫代硫酸钠标准溶液的浓度，mol/L；

　　　17.04——计算常数；

　　　V_1——分析样品的体积，mL。

3. CO_2 含量的测定

1）解析吸收法

在 MDEA 溶液中加入计算量硫酸溶液，用 N_2 将解析出来的 H_2S 和 CO_2 气体吹出，采用酸性硫酸铜溶液吸收气相中的 H_2S，用准确、过量的氢氧化钡溶液完全吸收气相中 CO_2，生成碳酸钡沉淀，以酚酞作指示剂，邻苯二甲酸氢钾标准溶液滴定剩余的氢氧化钡，计算得到胺液中 CO_2 含量。由于邻苯二甲酸氢钾溶液呈酸性，与氢氧化钡反应的滴定终点为弱碱性。酚酞的变色范围是 pH 值为 8.2～10.0，选用酚酞作为指示剂。该方法操作烦琐、耗时长。H_2S、CO_2 解析和吸收装置如图 7-2-2 所示。

2）量气法

为克服解析吸收法操作烦琐且耗时长的缺点，优化采用量气法测定 MDEA 溶液中的 CO_2 含量。量气法利用的是封闭体系中化学反应产生的气体，通过测量反应前后的气体体积变化，得到反应所产生的气体体积，再利用分压定律、连通器原理和理想气体状态方程以及相应定量关系计算得到待测值（董志强等，2016）。MDEA 溶液吸收 H_2S 和 CO_2 后，生成乙醇胺的相应盐类。在 MDEA 溶液中，加入硫酸铜-硫酸溶液，使硫离子反应生成硫化铜沉淀，碳酸根被硫酸分解，析出 CO_2 气体。析出的 CO_2 气体导入气体量管测出体积，可求出 CO_2 含量。该方法具有操作简单、快速的特点。胺液 CO_2 测定器如图 7-2-3 所示。

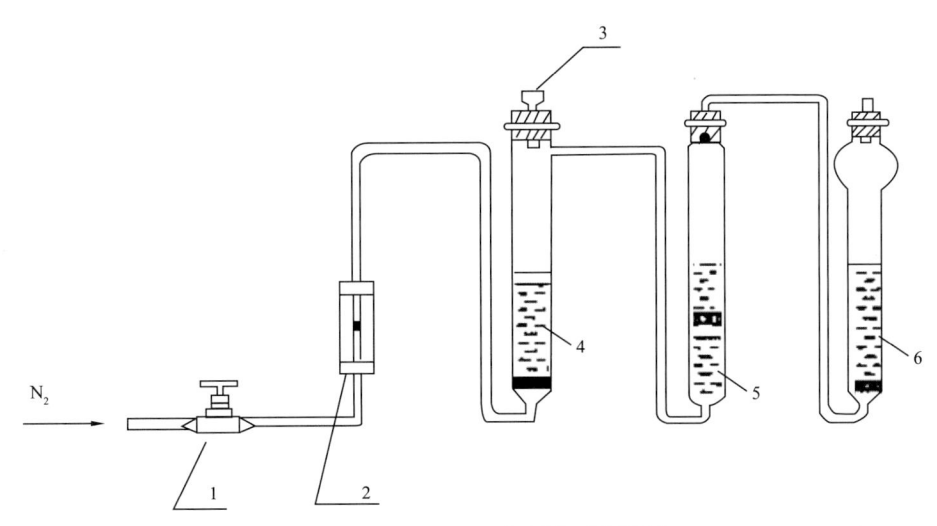

图 7-2-2　H₂S、CO₂ 解析和吸收装置
1—针型阀；2—转子流量计；3—进样头；4—解析器；5—H₂S 吸收器；6—CO₂ 吸收器

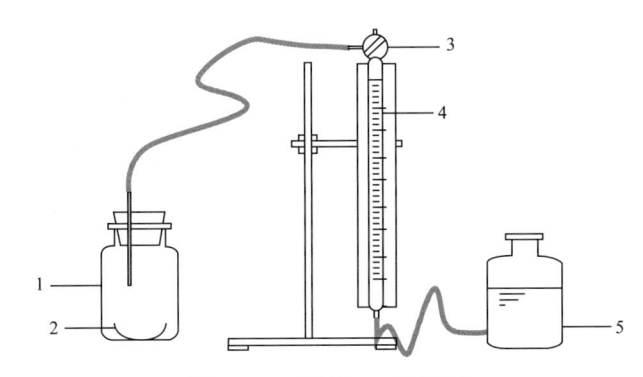

图 7-2-3　胺液 CO₂ 测定器
1—反应瓶；2—塑料样品杯；3—三通旋塞阀；4—气体量管；5—水准瓶

MDEA 溶液中 CO_2 的含量按式（7-2-3）计算。

$$x_3 = \frac{(V_2 - V_1) \times K_{pt} \times 1.9768}{V} \quad (7\text{-}2\text{-}3)$$

式中　x_3——MDEA 溶液中 CO_2 的含量，g/L；
　　　1.9768——标准状况下 CO_2 的密度，g/L；
　　　K_{pt}——气体体积的温度压力校正系数；
　　　V_2——样品反应后饱和食盐水液面处读数，mL；
　　　V_1——样品反应前饱和食盐水液面处读数，mL；
　　　V——试样量，mL。

4. 全部热稳定盐含量的测定

热稳定盐是胺液中无机、有机阴离子和氨基酸离子（含氮化合物降解的产物）与烷醇胺结合而形成的醇胺盐（罗芳，2005）。采用离子交换树脂法–容量法测定胺液中热稳定盐含量，原理是过量的阳离子交换树脂与 MDEA 溶液混合，树脂吸附溶液中的阳离子释放出 H^+，经过树脂的溶液呈酸性，用强碱溶液滴定，计算得到胺液中全部热稳定盐含量。

用量筒量取树脂并倒入称有 MDEA 溶液样品的烧杯中，将烧杯置于磁力搅拌器上搅拌。取出转子，把样品溶液和树脂转移到树脂交换柱中，慢慢旋开旋塞阀使胺液样品通过交换装置滴下，收集滴下的交换液。当离子交换柱中的液体流尽时，停止接收交换液。为提高测量结果的准确度，调整交换液的 pH 值。如果 pH 值不小于 3，加入盐酸标准溶液，直到 pH 值小于 3，记录加入盐酸标准溶液的体积。

为提高分析结果的准确度，采用自动电位滴定法并选用复合 pH 电极。将装有处理好样品的烧杯放在滴定仪上，用 NaOH 标准溶液滴定，检测滴定溶液的电位变化，出现拐点后再多滴加适量 NaOH 标准溶液，停止滴定。出现的多个拐点均是 NaOH 标准溶液滴定不同热稳定盐的终点，最后一个拐点代表滴定热稳定盐的总体积。MDEA 溶液中全部热稳定盐的含量按式（7-2-4）计算。

$$x_4 = \frac{(C_1 V_1 - C_2 V_2) \times 119.16 \times 10^{-3}}{m} \times 100\% \tag{7-2-4}$$

式中 x_4——MDEA 溶液中全部热稳定盐的含量，%；
C_1——NaOH 标准溶液的浓度，mol/L；
V_1——耗用 NaOH 标准溶液的体积，mL；
C_2——盐酸标准溶液的浓度，mol/L；
V_2——外加的盐酸标准溶液的体积，mL；
119.16——MDEA 的摩尔质量，g/mol；
m——称取的 MDEA 的质量，g。

5. 氯含量的测定

1）目视比色法

目视比色法是指用眼睛比较溶液颜色的深浅以确定物质含量的方法。根据朗伯比尔定律，标准溶液和被测溶液在同样条件下比较，当溶液液层厚度相同、颜色深度一样时，标准溶液和被测溶液的浓度相等。常用的目视比色法是标准系列法。MDEA 溶液中氯含量可以采用目视比色法。方法原理是在硝酸介质中，Cl^- 与 Ag^+ 生成难溶的 AgCl。当 Cl^- 含量较低时，在一定时间内 AgCl 呈悬浮物，使溶液浑浊，可用于氯化物的测定。目视比色法的优点是操作简单，但方法准确度不高，易受干扰。

2）X 荧光测氯法

为提高测定结果的准确度和抗干扰能力，采用全自动单波长 X 荧光氯分析仪测定 MDEA 溶液中氯含量。测定原理是样品经球面分光的单波长 X 荧光照射发生电子跃迁，在跃迁的同时发出氯元素的特征 X 荧光，经球面晶体分光后，通过一个特定的角度照射至正比例计数器中进行计数。正比例计数器中的积分读数经过光电转换得到样品中氯含量的数值。

利用 X 荧光分析仪测定含氯系列标准样品的荧光强度，建立含氯系列标准样品中的总氯含量与荧光强度的对应关系，绘制含氯系列标准样品的工作曲线，并由此计算脱硫液中总氯含量。测定样品前需对样品进行预处理，处理措施主要是利用过滤法去除样品中大颗粒悬浮物；利用离心法去除样品中小颗粒悬浮物；利用加热法去除样品中的微量 H_2S；利用超声波水浴加热对样品进行均质化处理。测定过程中需保持样品薄膜的洁净，样品杯上的样品薄膜应没有褶皱和肿胀。利用 X 荧光测氯法测定 MDEA 溶液样品中氯的含量，消除了色度、浊度、悬浮物、复杂离子对测定结果的干扰，具有重复性好、准确性高、可操作性强、测定快速等优点。

二、脱水溶液分析

对于三甘醇脱水溶液中三甘醇和水含量的测定，常用的分析方法是气相色谱法。采用低压密闭采样器采集三甘醇样品，操作方法同胺液采样方法。

1. 测定原理

三甘醇溶液汽化后通过色谱柱使各组分得到分离，用热导检测器检测并记录色谱图，用外标法计算各组分的含量。热导检测器是利用不同气体的热导率不同而响应的非破坏性浓度型检测器，是应用最广泛的检测器之一。热导检测器具有结构和操作简单、稳定性好、线性范围宽、对有机物和无机气体都能进行分析的优点，但是灵敏度低。载气流量和热丝温度对热导检测器灵敏度有较大的影响。

2. 仪器

三甘醇溶液样品汽化后，由载气带入色谱柱，利用被测各组分在色谱柱中气相和固定相的溶解、解析、吸附、脱附或其他亲和作用性能的差别，在柱内形成组分迁移速度的差别而相互分离，经过检测器检出，得到色谱图。根据各组分的保留时间和响应值进行定性、定量分析。

3. 结果计算

采用气相色谱法测定三甘醇溶液浓度，标准样品的配制方法是利用优级纯三甘醇，配制浓度接近待测样品的溶液。采用外标法，测量水组分的峰面积，将样品和标准样品中水组分比较。按照式（7-2-5）计算得到样品中水浓度。

$$y_1 = y_{s1} \frac{A_1}{A_{s1}} \quad (7\text{-}2\text{-}5)$$

式中　y_1——样品中水的浓度，%；

　　　y_{s1}——标准溶液中水的浓度，%；

　　　A_1——样品中水的峰面积；

A_{s1}——标准溶液中水的峰面积。

三甘醇脱水溶液中三甘醇含量的测定采用差减法，通过减去脱水溶液中水的浓度而得到三甘醇含量。三甘醇脱水溶液中三甘醇含量按式（7-2-6）计算。

$$y_2=(1-y_1)\times100\% \qquad (7\text{-}2\text{-}6)$$

式中　y_2——样品中三甘醇含量，%；
　　　y_1——样品中水的浓度，%。

第三节　硫 黄 分 析

一、工业硫黄固体产品分析

工业固体硫黄按产品质量分为 A 级、B 级和 C 级。

1. 硫含量的测定

工业硫黄中硫含量的测定方法主要有重量法和差减法两种。利用重量法测定工业硫黄中硫含量具有快速、简单、高效的特点，但是该方法只适用于 A 级硫黄。重量法分析中使用的 CS_2 试剂是损害神经和血管的毒物，且具有易燃易爆的特点，必须在通风橱中操作并做好个人防护。采用差减法（仲裁法）测定工业硫黄中硫含量，通过减去工业硫黄中灰分、酸度、有机物和砷的质量分数总和而得到硫的质量分数，工业硫黄硫含量按式（7-3-1）计算。

$$w_1=\left[1-(w_3+w_4+w_5+w_6)\right]\times100\% \qquad (7\text{-}3\text{-}1)$$

式中　w_1——硫的质量分数，%；
　　　w_3——灰分的质量分数，%；
　　　w_4——酸度的质量分数，%；
　　　w_5——有机物的质量分数，%；
　　　w_6——砷的质量分数，%。

2. 水分含量的测定

1）恒温干燥法

恒温干燥法为工业硫黄水分含量测定的仲裁法，测定原理是使试料在 80℃ 的恒温干燥箱中干燥后，称量其减少的质量，即为失去水的质量。工业硫黄水分含量的测定方法是预先将称量瓶放入（80±2）℃的恒温干燥箱中干燥至恒重。称取约 25g 硫黄试料，置于恒重称量瓶中。将盛有试料的称量瓶放入（80±2）℃的恒温干燥箱内干燥 3h，取出冷却至室温，称量。重复操作直至恒重。按式（7-3-2）计算硫黄水分的含量。

$$w_2 = \frac{m_1 - m_2}{m} \times 100\%\qquad(7\text{-}3\text{-}2)$$

式中 w_2——水分的质量分数，%；

m_1——干燥前称量瓶和试料的质量，g；

m_2——干燥后称量瓶和试料的质量，g；

m——试料的质量，g。

2）卤素水分测定仪法

卤素水分测定仪法测定硫黄水分含量的原理与恒温干燥法原理相同。卤素水分测定仪温度设置为（80±1）℃，稳定时间设置为3min，称取5~10g试样，记录试料量为m_3，放置于称量盘上，摇匀，使试料均匀平铺在称量盘上。开始称重，3min内称量变化不超过1mg，记录失重后试料量m_4。按式（7-3-3）计算硫黄水分的含量。

$$w_2 = \frac{m_3 - m_4}{m_3} \times 100\%\qquad(7\text{-}3\text{-}3)$$

式中 w_2——水分的质量分数，%；

m_3——干燥前试料的质量，g；

m_4——干燥后试料的质量，g。

3. 灰分含量的测定

工业硫黄灰分是指硫黄经过灼烧后残留的无机物。测定方法是称取约25g试样，置于恒重的瓷坩埚中，在通风橱内利用电加热板使硫黄缓慢燃烧。燃烧完毕后，将瓷坩埚移入马弗炉内，在800~850℃下灼烧40min。取出瓷坩埚，稍冷后置于干燥器中，冷却至室温后称量。重复操作直至恒重。灰分的含量按式（7-3-4）计算。

$$w_3 = \frac{m_6 - m_5}{m(1 - w_2)} \times 100\%\qquad(7\text{-}3\text{-}4)$$

式中 w_3——灰分的质量分数，%；

m_6——瓷坩埚和灰分的质量，g；

m_5——瓷坩埚的质量，g；

m——试料的质量，g；

w_2——水分的质量分数，%。

4. 酸度质量分数的测定

工业硫黄的酸度以硫酸（H_2SO_4）计，测定原理是用水-异丙醇混合液萃取硫黄中的酸性物质，以酚酞作为指示剂，根据消耗的NaOH标准滴定溶液得到工业硫黄酸度。该方法中，实验用水使用前应煮沸15min并冷却，以去除溶解于水中的CO_2，减少分析误差。称取硫黄试样约25g，置于250mL具磨口塞的锥形瓶中，加入25mL异丙醇，盖上瓶塞，使硫黄完全润湿，再加入50mL水，塞上瓶塞，摇振2min，放置20min，其间不断摇振。加入 3 滴酚酞指示剂，用 NaOH 标准溶液滴定至粉红色并保持 30s 不褪色。同时，做空白试验。酸度的质量分数按式（7-3-5）计算。

$$w_4 = \frac{(V-V_0)cM}{2000m(1-w_2)} \times 100\% \qquad (7\text{-}3\text{-}5)$$

式中　w_4——酸度的质量分数，%；

　　　V——测定消耗 NaOH 标准溶液的体积，mL；

　　　V_0——空白试验消耗 NaOH 标准溶液的体积，mL；

　　　c——NaOH 标准溶液浓度，mol/L；

　　　m——试料的质量，g；

　　　w_2——水分的质量分数，%；

　　　M——硫酸的摩尔质量，等于 98.08g/mol。

5. 有机物含量的测定

有机物是工业硫黄中的主要杂质之一。硫黄中有机物含量为 0.01%，就能使硫黄明显发黑；有机物含量为 0.05%，就能使熔融的硫黄完全变黑（郑京荣等，2004）。重量法测定工业硫黄中有机物含量，将硫黄试料放置于 250℃和 800℃高温烘箱中灼烧，通过测量残余物质量差得到硫黄试料中有机物质量。称取约 50g 硫黄试料，并置于预先恒重的瓷坩埚中。将瓷坩埚放置在可调温电炉上熔融并燃烧硫黄试料。为除去微量硫，将瓷坩埚与残余物放在 250℃下灼烧 2h。将瓷坩埚与由有机物和灰分组成的残余物移入干燥器，冷却至室温并称量。将瓷坩埚和残余物在马弗炉内灼烧 40min，温度为 800～850℃。在干燥器中冷却至室温并称量。重复操作直至恒重。按式（7-3-6）计算有机物的含量。

$$w_5 = \frac{m_7 - m_8}{m(1-w_2)} \times 100\% \qquad (7\text{-}3\text{-}6)$$

式中　w_5——有机物的质量分数，%；

　　　m_7——250℃灼烧后瓷坩埚和残余物的质量，g；

　　　m_8——800℃灼烧后瓷坩埚和残余物的质量，g；

　　　m——试料的质量，g；

　　　w_2——水分的质量分数，%。

6. 铁含量的测定

工业硫黄中铁含量的测定主要有邻菲啰啉分光光度法和原子吸收法，其中邻菲啰啉分光光度法为仲裁法。采用邻菲啰啉分光光度法测定工业硫黄铁含量，是将试料灼烧后的残渣溶解于硫酸中，用氯化羟胺将溶液中的 Fe^{3+} 还原生成 Fe^{2+}，在 pH 值为 2～9 的条件下，Fe^{2+} 与 1,10-菲啰啉反应生成橙色络合物，溶液颜色强度与 Fe^{2+} 浓度成正比。按式（7-3-7）计算铁的含量。

$$w_7 = \frac{m_9 \times 10^{-6}}{m(1-w_2)} \times 100\% \qquad (7\text{-}3\text{-}7)$$

式中　w_7——铁的质量分数，%；

　　　m_9——从工作曲线上查得的铁的质量，μg；

　　　m——试料的质量，g；

　　　w_2——水分的质量分数，%。

二、工业硫黄液体产品分析

1. 液硫的采样和制备

液硫的采样装置如图 7-3-1 所示，采样前称取采样装置质量 m_{10}。采取约 300g 液硫样品，采样点为槽车（船）或储罐的采样口（或排料口）。液硫冷却凝固后，称量样品和采样装置的质量 m_{11}，精确到 1.0g。液硫试料的质量 $m = m_{11} - m_{10}$。

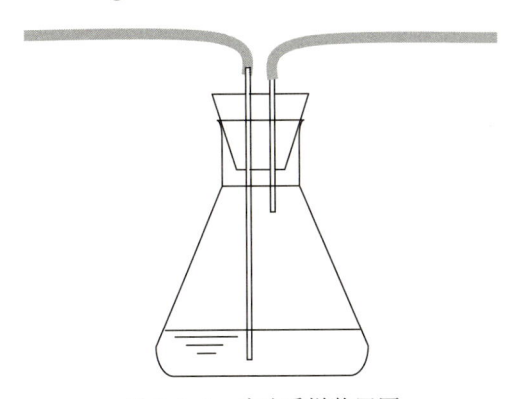

图 7-3-1　液硫采样装置图

2. 液硫、水分、灰分、酸度、有机物、砷和铁质量分数测定

将采得的液硫样品在常温下冷却成为固体，凝固后的硫黄按 GB/T 2449.1—2021《工业硫黄　第 1 部分：固体产品》中规定的试验方法对硫、水分、灰分、酸度、有机物、砷和铁质量分数进行测定。

3. 液硫 H_2S 和 H_2S_x 质量分数的测定

通过硫黄回收装置得到中间产品液硫，液硫中含有可溶性的 H_2S 和 H_2S_x。液硫中 H_2S 和 H_2S_x 含量是评价硫黄质量的重要因素之一，测定方法主要有解析吸收法和傅里叶变换红外光谱法。

1）解析吸收法

解析吸收法测定液硫中 H_2S 和 H_2S_x 含量，使试料在高温条件下处于熔融状态，用 N_2 将试料中的 H_2S 气体吹出，用乙酸锌溶液吸收 H_2S 气体，生成硫化锌沉淀。利用碘量法测定吸收液中的硫化锌含量。该方法中反应温度和 N_2 吹扫时间是影响测定结果的重要因素。在温度为140～150℃的条件下，液硫黏度最小，H_2S能够完全逸出。吹扫时间过短，由于液硫中的H_2S不能完全转移至洗气瓶中，会造成较大的误差；吹扫时间过长，会造成分析时间过长，影响化验分析的时效性。H_2S吹扫和吸收装置如图7-3-2所示。

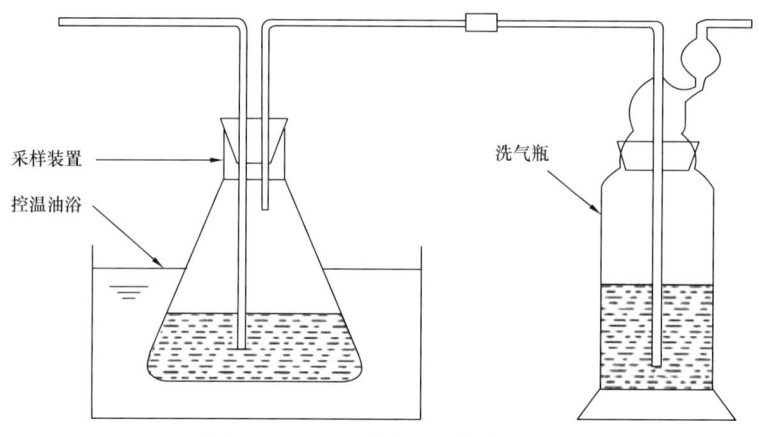

图7-3-2 H_2S吹扫和吸收装置图

在通风良好的通风橱内，将盛有试料的锥形瓶置于室温的控温油浴中，并按图7-3-2连接好H_2S吹扫和吸收装置，将油浴缓慢升至（145±2）℃。待试料完全熔融后，通入高纯N_2（纯度99.9%以上）进行吹扫。吹扫完毕后，取下盛有乙酸锌溶液（30g/L）的洗气瓶，将溶液转移至碘量瓶中。为减少测量误差，用水冲洗玻璃管及洗气瓶壁数次，并将洗液全部转入碘量瓶中。在酸性溶液中，ZnS与过量的碘反应，剩余的碘用硫代硫酸钠标准溶液滴定，根据消耗的碘量间接求出H_2S和H_2S_x的质量分数。H_2S和H_2S_x（以H_2S计）的质量分数w_8按式（7-3-8）计算。

$$w_8 = \frac{(V_0 - V)c \times 17.04}{1000m} \times 100\% \qquad (7\text{-}3\text{-}8)$$

式中 w_8——液硫中H_2S和H_2S_x的质量分数，%；
V_0——空白试验消耗硫代硫酸钠标准溶液的体积，mL；
V——测定所消耗硫代硫酸钠标准溶液的体积，mL；
c——硫代硫酸钠标准溶液的浓度，mol/L；
17.04——计算常数，H_2S摩尔质量的1/2，g/mol；
m——试料的质量，g。

2）傅里叶变换红外光谱法

傅里叶变换红外光谱法测定液硫中H_2S和H_2S_x含量，是基于迈克尔逊光干涉原理。干涉光在分束器后通过样品池，通过样品后含有样品信息的干涉光到达检测器，通过傅里叶变换对信号进行处理，得到透过率或吸光度随波数或波长的红外吸收光谱图，光强度与H_2S和H_2S_x的浓度成正比，进而通过分光仪的标定数据和图谱确定样品中的H_2S和H_2S_x的浓度。H_2S和H_2S_x的傅里叶变换红外光谱如图7-3-3所示。

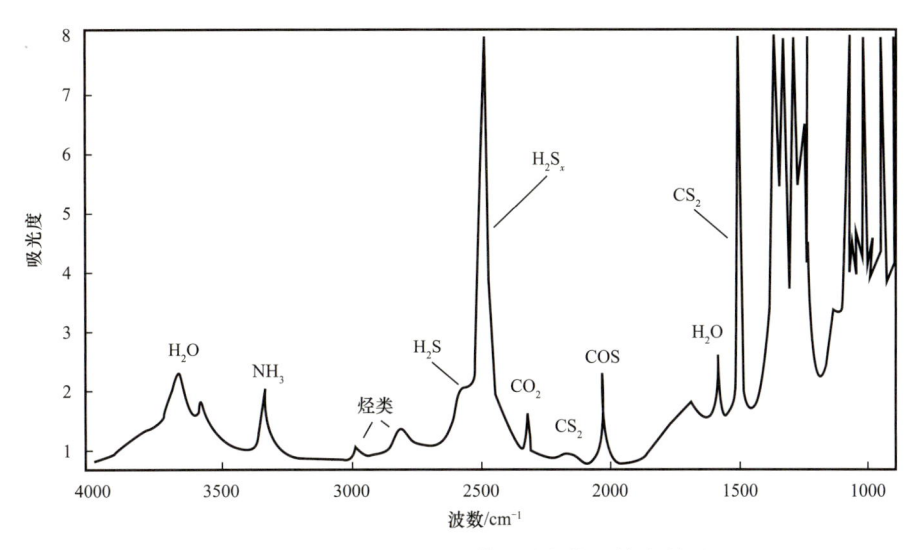

图 7-3-3　H_2S 和 H_2S_x 的傅里叶变换红外光谱图

第四节　在线分析仪表

在石油化工装置生产中，在线分析仪表又称过程分析仪器，是指直接安装在工业生产流程或其他源液体现场，对被测介质的组成或物性参数进行自动连续测量的仪器，被广泛应用于工业生产的实时分析和环境质量及污染排放的连续检测。在线分析仪表可以对生产过程更好地进行监视和控制，避免了实验室分析仪表因采样而带来的时间滞后现象。使用在线分析仪表，可以提高产量、降低成本，控制危险物质或腐蚀物质浓度等。

在高含硫天然气净化生产过程中，需要对生产过程中涉及天然气全组分、过程气中微量硫、克劳斯尾气中 H_2S/SO_2 值、加氢过程气中 H_2 和尾气排放气体等进行自动检测并参与控制，以达到优质高产、降低能耗、保障安全和保护环境的目的。

普光天然气净化厂高含硫天然气净化装置因生产工艺、安全环保等方面的要求较高，在 2008 年建厂时所使用的在线分析仪表都为进口设备，生产商有美国阿美特克有限公司、艾默生电气集团、瑞士 ABB 公司等。2015 年后，随着国内企业在在线分析仪表领域的技术突破，特别是紫外、激光检测技术在分析仪表中的应用，使国产分析仪表在满足工业化应用的同时，在维护成本、使用周期等方面甚至达到国际领先水平。以下以普光天然气净化厂为例，介绍 5 种关键在线分析仪表。

一、在线色谱分析仪

普光天然气净化厂使用瑞士 ABB 公司生产的在线色谱分析仪，安装于天然气脱硫和脱水分液罐出口管线，采用先色谱柱分离、后检测的方法进行检测；其主要功能是测量天然气中的 CO_2、H_2S、COS、N_2、CH_4、H_2、C_2H_6、C_3H_8 等的含量，监测天然气的产品质量。

1. 样品取样和处理系统

取样装置：快速从工艺流程中取出具有代表性的样品，且不使样品失真。

样品预处理系统：采用降压、稳压、稳流、保温、除尘等方法，将合格样品气送入检测部件。

样品后处理系统：采用回收、排放大气和火炬等方式，对旁路回路和分析回路排出的样品气进行处理。

2. 分析原理

检测组分经过色谱柱分离后，各自流入相关的检测器内进行检测；检测信号经放大器放大，以色谱峰的形式呈现，根据色谱峰的面积，计算出各组分的含量。检测器有热导检测器、氢火焰离子化检测器、火焰光度检测器等。

（1）热导检测器用于含氢组分的检测，包括参比热导丝和测量热导丝。当用于参比的载气流过两者，两个热导丝具有相同的热导丝温度，电桥为零点输出；在样品气测量时，样品气流过测量热导丝，改变了热传导和热导丝温度，从而引起电阻相应的变化，导致流经电桥的电流发生变化，电桥的电流变化值与被测样品的组分浓度成比例关系。

（2）氢火焰离子化检测器用于含碳有机物组分的检测。含碳有机物在 H_2- 空气火焰中燃烧产生碎片离子，在电场作用下形成离子流，根据离子流产生的电信号强度，检测出含碳有机物的浓度。

（3）火焰光度检测器用于含硫和含磷组分的检测。含硫和含磷组分在富氢 - 空气火焰中燃烧，发出特征光谱，光谱的强度与含硫和含磷组分的浓度成正比；特征光谱经滤波后由光电倍增管接收，转换为电信号，经过电流放大器处理，得到含硫和含磷组分的浓度。

二、在线微量硫分析仪

普光天然气净化厂使用美国阿美特克有限公司生产的在线微量硫分析仪，安装于天然气脱硫分液罐、脱水分液罐出口管线，采用紫外分光光谱吸收检测原理；其主要功能是测量脱硫后和脱水后天然气中的 H_2S、COS 和 MeSH 含量，监测脱硫单元和脱水单元的脱硫效果，控制出厂天然气产品质量。

1. 样品取样和处理系统

样品由取样探头取出后，经降压、除尘、除水后，采用连续的色谱分离原理，将 H_2S、COS、MeSH 从干扰组分气体中分离出来。分离过程中使用两个独立的色谱柱，一个色谱柱分离 H_2S、COS、MeSH 时，另一个色谱柱在返回样品气较低压力吹扫下除去残余干扰成分。

2. 分析原理

预处理后样品气中硫化物经色谱柱分离为 H_2S、COS、MeSH，各种硫化物按顺序进入光室，经特定波长的紫外光吸收，吸收后经各自单色滤光片滤波，然后通过光电倍增管检测器检测，该检测信号通过对数放大器转换为吸光率，吸光率与样品气中被测硫化物浓度成正比。

三、在线硫比值分析仪

普光天然气净化厂使用美国阿美特克有限公司生产的在线硫比值分析仪。2018年，由于中美贸易冲突，出现备件价格高、供货周期长等问题，因此逐步开展国产化替换工作，引进聚光科技（杭州）股份有限公司在线硫比值分析仪，运行情况良好，有效解决了受制于进口产品的技术难题。

在线硫比值分析仪安装于硫黄回收单元末级硫冷凝器后路管线，采用紫外分光光谱吸收检测原理；其主要功能是测量克劳斯尾气中的H_2S和SO_2含量，通过对克劳斯尾气中的H_2S和SO_2含量进行分析，为精确控制克劳斯炉的酸气与空气的配比提供反馈参数，使H_2S/SO_2值始终维持在2∶1，从而提高硫回收率，降低加氢单元的负荷，减少尾气SO_2排放。

1. 样品取样和处理系统

样品气经取样探针取出，取样探针通过带有蒸汽夹套的球阀，蒸汽夹套球阀通入压力0.7MPa以上的饱和蒸汽，以达到对样品气的保温；取样后的样品气，依次通过进样阀、除雾器、测量池、抽射器、回样阀，流回工艺管道；测量箱采用电加热方式，其内部稳定在150℃左右。

2. 分析原理

当原始光I_0通过测量池时，样品气中的被测组分H_2S和SO_2按时间程序分别吸收各自特征波长的紫外光（H_2S吸收波长为232nm，SO_2吸收波长为280nm），吸收后经各自单色滤光片滤波，然后通过光电二极管检测器检测，该检测信号通过对数放大器转换为吸光率，吸光率与样气中被测H_2S和SO_2的含量成正比。

3. 国产在线硫比值分析仪的特点

应用于高含硫天然气净化装置的国产在线硫比值分析仪，由于生产工艺的特殊性，对样品气预处理系统的配置与常规预处理系统有所区别，主要体现在以下几个方面：

（1）除硫器。

除硫器采用两层结构罐体，通过仪表风实现罐体局部降温；样品气走中心层，仪表风走夹层（通过输送管与夹层连接，采用高进低出方式）；样品气和仪表风进行热交换，样品气温度冷却并维持在125℃左右，从而使样品气中硫杂质冷却析出。

（2）自动加热系统。

预处理系统需增加自动加热设备，对取样箱内部的输送管、抽射器、检测部件等进行加热，确保样品气输送管路的温度控制在150～152℃。

（3）吹扫系统。

需增加样品气吹扫系统，采用中压饱和蒸汽作为气源，通过自动吹扫和手动吹扫方式，消除管线内部的硫黄，防止硫黄固化后堵塞，造成仪表故障。

四、在线氢分析仪

普光天然气净化厂使用美国艾默生电气集团生产的在线氢分析仪。2018年，由于中美贸易冲突，出现备件价格高、供货周期长等问题，因此逐步开展国产化替换工作，引进重庆川仪分析仪器有限公司在线微量氢分析仪，运行情况良好，有效解决了受制于进口产品的技术难题。

在线氢分析仪安装于加氢单元急冷塔后路管线，采用热导检测原理；其主要功能是测量加氢尾气中的 H_2 和 CO_2 含量（CO_2 含量经过补偿后，叠加至 H_2 含量中），为加氢单元精确操作提供参考值，防止出现由于 SO_2 含量过高造成急冷塔腐蚀击穿，同时有助于提高硫回收率。

1. 样品取样和处理系统

样品气由取样探头取出，依次通过动态回流装置、样品气过滤、一级除水装置、二级除水装置、样品气分流装置等部件后，进入检测系统，最终流回工艺管道。

2. 分析原理

热导检测器由热导池和测量电桥组成，热导池作为测量电桥的桥臂连接在桥路中。热导池采用间接的方法，把混合气体热导率的变化转化为热敏电阻值的变化，而电阻值的变化是比较容易精确测量出来的。

3. 国产在线氢分析仪的特点

应用于高含硫天然气净化装置的国产在线氢分析仪，因硫黄回收装置尾气中含水量较大，对除水要求较高，与常规分析仪表在预处理部分有以下区别：

（1）冷凝换热器。

在预处理单元增加冷凝换热器，该部件安装于工艺管线正上方，为圆柱形密闭式容器，通过仪表风给样品气降温，使样品气中的水蒸气以液态形式回收至工艺管线内，达到除水的目的。

（2）自动调温系统。

预处理单元需增加自动调温设备，对取样管线进行温度调节，通过实时控制冷凝器换热效果，提高除水效率。

五、在线烟气分析仪

普光天然气净化厂使用美国艾默生电气集团生产的在线烟气分析仪。在线烟气分析仪安装于尾气处理单元烟囱后路管线，采用紫外吸收光谱法和燃料电池式电化学法等原理。其主要功能是监测排放烟气中 SO_2、O_2 含量，使其符合排放标准；工艺人员根据临测数据，优化工艺和设备操作参数。

1. 样品取样和处理系统

样品气由取样探头取出，依次通过过滤、伴热、除水、除尘、抽吸等部件后，进入检测系统，最终流回工艺管线。

2. 分析原理

1）SO_2 检测原理：紫外吸收光谱法

SO_2 紫外吸收光谱法基于 SO_2 对紫外光谱有选择性吸收，其特征吸收波长是 280nm。当原始紫外光 I_0 通过测量池时，样品气中的被测组分 SO_2 吸收 280nm 波长处的紫外光谱，吸收后经单色滤光片滤波，然后通过光电二极管检测器检测，该检测信号通过对数放大器转换为吸光率，吸光率与样品气中被测 SO_2 的含量成正比。

2）O_2 检测原理：燃料电池式电化学法

被测气体经过聚四氟乙烯（PTFE）渗透膜进入燃料电池，气样中的 O_2 在电池中进行氧化还原反应，外接电路形成电流，输出的电流与 O_2 的含量成正比。此电流信号通过测量电阻和热敏电阻转化为电压信号，经前置放大器放大后送入微处理器进行处理，然后以 4~20mA 电流信号输出。

第八章 清洁生产技术

天然气作为优质清洁能源，在中国能源消费结构中的比重逐年稳步增加。然而，天然气净化过程需消耗大量能源，尤其是高含硫天然气的净化过程，具有较大节能潜力。随着主要耗能单元及设备运行时间的延长，生产运行较原设计产生偏离，管理人员无法精准控制并实现能源利用最大化，存在能源浪费的问题。要实现节能，就需要根据历史运行数据，分析挖掘在不同原料天然气流量下，如何调整关键运行参数使净化系列的能耗最低。根据准确的历史数据分析，确定最能够评价装置能效水平的评价方法，通过评价输出节能改进方向，实施一些典型的能效提升技术，同时开展废水综合处理剂回用技术措施，实现节能降耗、清洁生产。

第一节 能源消耗规律与评价指标

一、天然气净化生产系统能耗构成

天然气净化生产系统使用的能源有天然气、电力、蒸汽、压缩空气、N_2、汽柴油等。其中，天然气主要是供应酸性混合气净化过程管式反应炉、汽提塔、锅炉、放空火炬系统使用及装置开停工损耗；电力主要供应机泵、压缩机、风机等用电设备使用；蒸汽主要用于汽轮机驱动泵、工艺加热、换热和保温；压缩空气、N_2 主要供工艺操作和仪表控制使用；汽柴油主要为车辆用油。

天然气净化生产系统产出的能源为天然气、蒸汽、压缩空气、N_2。自产天然气除一部分自用以外，其余外输为商品气；蒸汽为净化装置自产和动力锅炉产生；压缩空气、N_2 由空气分离装置产出供各装置使用。

天然气净化生产系统消耗的电力、柴油全部为外购，消耗的天然气大多数为自产净化天然气。净化厂消耗的主要能源为天然气，约占综合能耗的 94%；消耗的电力约占综合能耗的 5%；其他辅助能源消耗一般在 1% 以内。天然气净化生产系统能源消耗分布如图 8-1-1 所示。

二、主要生产工序能耗分布

典型高含硫天然气净化生产系统主要用能单元通常由脱硫单元、脱水单元、硫黄回收单元、尾气处理单元等部分组成。脱硫单元主要生产过程包括脱除原料天然气 H_2S、CO_2 等酸性气体，可采用溶剂循环再生等方式，溶剂再生过程中需要消耗大量能源；脱水单元的作用是脱除湿净化气中的水分，产出合格天然气；硫黄回收单元和尾气处理单元的主要作用是回收处理再生酸气中的硫组分。

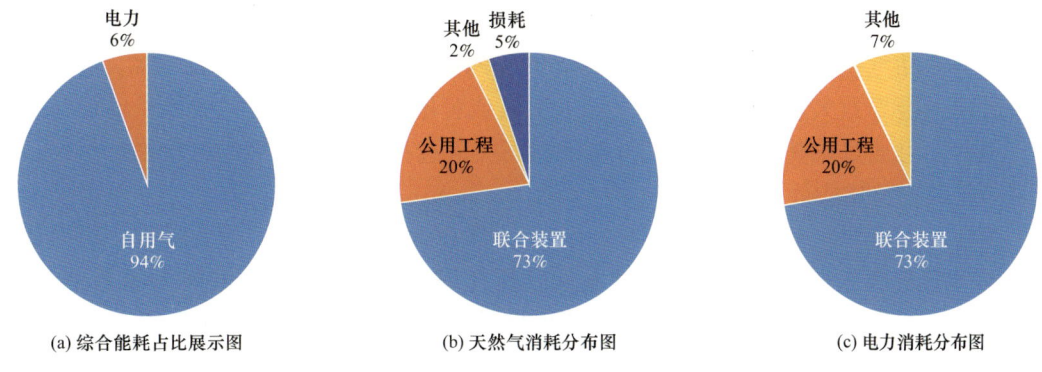

(a) 综合能耗占比展示图　(b) 天然气消耗分布图　(c) 电力消耗分布图

图 8-1-1　天然气净化生产系统能源消耗分布图

净化装置主要用能种类有电、循环水、中低压锅炉水、除盐水、凝结水、中压蒸汽、低压蒸汽、天然气等。按照能源消耗途径划分，脱硫单元和尾气处理单元是主要耗能单元；硫黄回收单元为产能单元。酸性水汽提单元和脱水单元的单位综合能耗相对较低。脱硫单元主要消耗的能源是蒸汽；尾气处理单元主要消耗燃料气，同时产出一定量的蒸汽能源。

高含硫天然气净化装置载能工质消耗过程主要有以下几个方面：

（1）中压饱和蒸汽主要用户为硫黄回收单元转换器进料加热器、脱硫单元水解反应器预热器、脱水单元三甘醇重沸器及装置中压伴热管网。

（2）低压蒸汽用户主要有脱硫单元再生塔底重沸器、中压锅炉给水加热器、液硫池抽空器、酸性水汽提塔底重沸器及装置低压伴热管网。

（3）中压锅炉水用户主要为硫黄回收单元克劳斯炉汽包、尾气焚烧炉汽包及中压过热蒸汽变饱和减温器。

（4）低压锅炉水主要用户为硫黄回收单元硫冷凝器、尾气单元加氢反应器出口冷却器及低压过热蒸汽减温器。

（5）循环水主要用户为中间胺液冷却器、贫胺液后冷器、急冷水后冷器、三甘醇后冷器、净化水冷却器及机泵油冷器等。

（6）装置除盐水为间歇使用，主要用于机泵清洗置换、塔器建立液位、过滤器清洗置换等。

（7）燃料气主要用户为加氢进料燃烧炉、尾气焚烧炉、脱水三甘醇汽提塔；克劳斯炉在开停工期间使用燃料气，正常运行期间不使用燃料气。

（8）电力。为保证装置用电稳定，装置电力总线路应设置为双路供电。

三、主要生产工序耗能规律分析

以高含硫天然气净化装置脱硫溶剂为 MDEA 作为示例进行优化分析。高含硫天然气净化装置（以单套联合装置 $2 \times 300 \times 10^4 m^3/d$ 满负荷处理量为例）处理的原料气中 H_2S 含量为 14%～17%，二氧化碳含量为 8%～10%，属于高含 H_2S、高含 CO_2 气体组分。根据其用能数据统计分析，耗能单元有脱硫单元和尾气处理单元，主要消耗能源分别为蒸汽和燃料气，其中尾气处理单元也产出一定量的蒸汽；产物单元有硫黄回收单元。

根据产品气质量要求，H_2S 净脱除率为 99.99%，CO_2 净脱除率为 81.74%。如果 CO_2 过多脱除，会导致大量 CO_2 通过酸气再生引入硫黄尾气单元，影响硫收率，增加装置热损。因此，可通过调整脱硫单元运行参数提高胺液选择性吸收效果，降低 CO_2 热损，以提高净化装置整体能效。

脱硫单元可调整工艺参数主要有 MDEA 循环量、吸收塔压力、吸收温度、再生塔压力、再生塔底温度、MDEA 质量分数及酸气负荷等。各运行参数影响能力如下：MDEA 质量分数＞MDEA 溶液循环量＞再生塔顶回流比＞再生塔顶回流液温度＞吸收塔贫 MDEA 溶液温度。其中，MDEA 质量分数、MDEA 溶液循环量和再生塔顶回流比为主要影响因素。

1. 溶剂系统关键参数及敏感度对能耗的影响

影响吸收效果的因素有吸收温度、压力、塔板数、循环量、处理量、再沸器负荷等，其中主要降低能耗的参数对吸收效果的分析总结如下：（1）MDEA 溶液入塔温度降低，再沸器热负荷降低；（2）MDEA 溶液循环量降低，即提高酸气吸收的气液比，可降低循环泵负荷，同时再沸器热负荷也会降低；（3）MDEA 浓度升高，降低 MDEA 循环量，但吸收效果并未提升；（4）提高原料气处理量，和降低循环量类似，即提高酸气吸收的气液比，同样能耗下处理原料气增多，单位综合能耗下降。

经数据分析得出，各操作条件对脱硫能耗影响规律如下：重沸器热负荷＞吸收塔温度＞溶液循环量＞吸收塔压力＞吸收塔板数。各操作条件对脱硫能耗影响规律如图 8-1-2 所示。

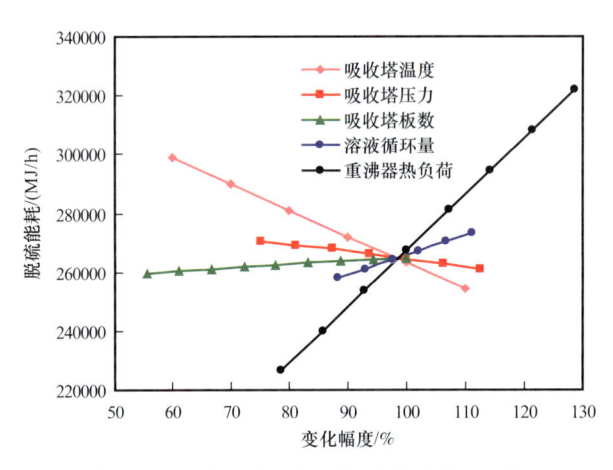

图 8-1-2 各操作条件对脱硫能耗影响规律

1）MDEA 溶液循环量对脱硫单元能耗的影响

MDEA 循环量增加会使中间胺液泵、胺液循环泵和再生塔能耗线性递增，从而使脱硫单元的总生产能耗随着 MDEA 循环量呈线性递增，因此 MDEA 循环量必须与原料气处理量相匹配以降低脱硫单元的能耗。MDEA 循环量与原料气处理量、酸气负荷成正比。

2）MDEA 浓度对脱硫单元能耗的影响

随着贫胺液 MDEA 浓度增加，脱硫单元能耗增加。这主要是因为原料气中酸气的量不变时，增大贫胺液中 MDEA 浓度，会造成富液中酸气负荷减小，即相对于 H_2S 和 CO_2 分子的数量，MDEA 分子的数量会增大，从而会使 H_2S 和 CO_2 分子从 MDEA 溶液中解析出来困难，解析时需要更高的温度来提供推动力，再生塔重沸器能耗增大，脱硫单元能耗也随之增大。

3）再生塔顶回流比对脱硫单元能耗的影响

再生塔顶回流比是 MDEA 溶液再生难易的标志，回流比越大，说明再生塔底的温度越高，产生的蒸汽量越多，塔顶的再生气量也越大，经再生塔顶空冷器散失的热量越多，从而再生塔重沸器能耗越大，进而增大了脱硫单元能耗。

4）再生塔顶回流液温度对脱硫单元能耗的影响

再生塔顶回流液温度越低，经再生塔顶空冷器散失的热量越多，从而再生塔能耗越大，进而增大了脱酸气单元能耗。

5）吸收塔顶贫液温度对脱硫单元能耗的影响

吸收塔顶贫 MDEA 溶液温度越高，其吸收 H_2S 的效果越差，富液中 H_2S 的含量减少，但是此时相对 MDEA 的量，其富液中 H_2S 的减少量非常小，因此富液中 H_2S 的酸气负荷几乎不发生变化，基本上维持在 0.388 左右；而富液中 H_2S 含量减少，H_2S 解析时吸收的热量减少，再生塔重沸器能耗降低，脱酸气单元能耗也随之降低。

2. 尾气系统能耗影响参数分析

1）尾气的流量

尾气的流量越大，为了维持尾气焚烧炉内的温度足够高，确保燃烧后尾气中的硫化物完全转化为 SO_2，需要的燃料气越多。其他条件不变，炉内温度控制在 650℃ 左右，尾气流量对燃烧所需燃料气流量的影响如图 8-1-3 所示。

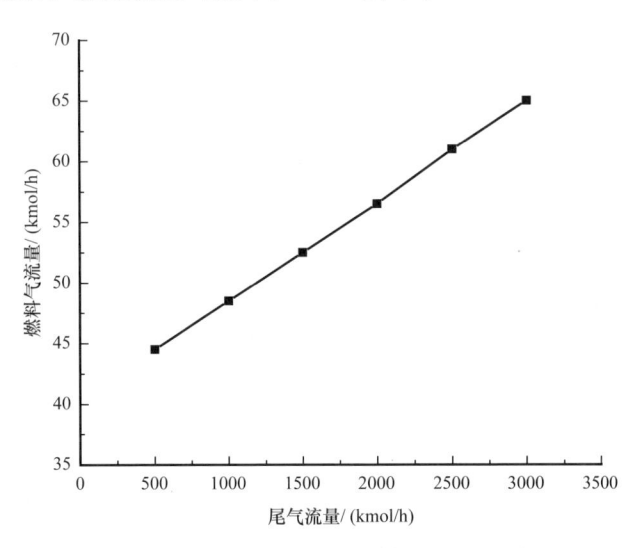

图 8-1-3 尾气流量对燃料气流量的影响

从图 8-1-3 中可以看出，当尾气流量增大（即尾气焚烧炉的处理量增大）时，为了维持一定的炉膛温度，需要更多的燃料燃烧放出热量。因此，为了减少尾气焚烧炉的燃料气消耗，需要对进入炉内的尾气量进行优化控制，尽量减少尾气处理量。

2）炉膛温度

为了保证燃烧后尾气的质量符合国家标准，需要达到一定的炉膛温度。其他条件不变，在燃烧尾气达标的前提下，炉膛温度与燃料气流量之间的关系如图 8-1-4 所示。

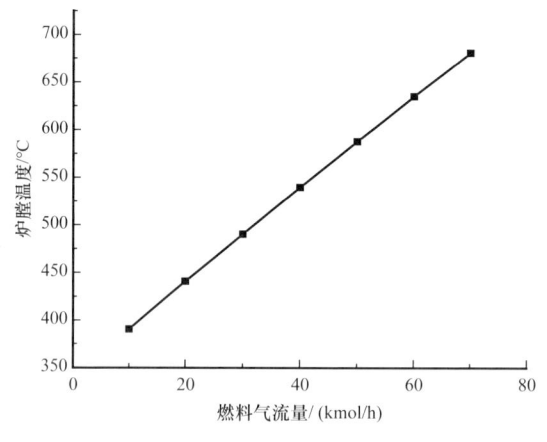

图 8-1-4　燃料气流量对炉膛温度的影响

从图 8-1-4 中可以看出，炉膛温度随燃料气流量的增大而升高，因此炉膛温度需要合理控制，既要保证燃烧后尾气的质量，又要防止炉膛温度过高而造成燃料气消耗增大。

3）配风

进入尾气焚烧炉的燃烧空气与尾气及燃料气中可燃组分体积比即风气比，简称配风。对于已知的尾气及燃料气，可以按所需的 O_2 量计算出风气比。其他条件不变，风气比与炉膛温度之间的关系如图 8-1-5 所示。

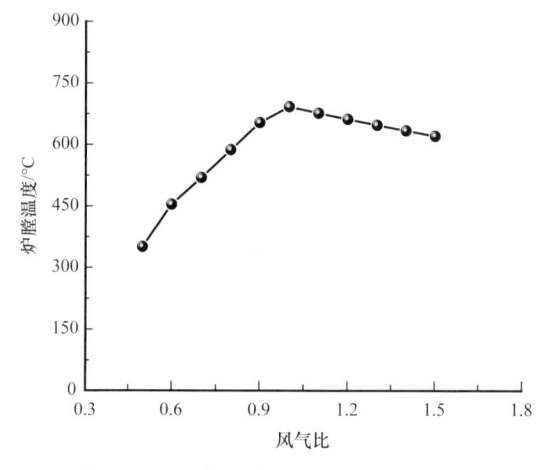

图 8-1-5　风气比与炉膛温度之间的关系

从图 8-1-5 中可以看出，随着风气比增大，炉膛温度迅速升高，当风气比为 1 时，炉膛温度达到最大值（大约 680℃），之后随着风气比的增大，炉膛温度逐渐降低。当风气比不足时，燃料气燃烧不充分，放热少，使炉膛温度偏低；当风气比过高时，过剩的空气温度升高会吸收热量，使炉膛温度降低，但是为了保证焚烧完全，一般要求风气比大于 1.25。因此，在尾气焚烧炉实际运行过程中，需要严格控制风气比，以提高燃料的有效利用率，降低尾气焚烧炉的能耗。

四、能耗分析与评价

天然气净化过程是一个能量消耗的过程，应注意按质用能、合理用能，提高能量使用效率，减少能量损失；同时加强能量回收，根据用能最优化原则确定节能指标，方便分析，通常将工艺划分为单元或系统进行经济技术指标评价，对于设备则从功率和效率方面进行评价。

1. 单位处理量综合能耗

每处理 10000m³ 原料天然气所消耗的标准煤量。单位处理量综合能耗是衡量天然气净化生产系统能量使用水平高低的重要指标，与天然气生产负荷、燃料气消耗量、电力消耗量、节能设备运行、气体性质、操作水平、生产指挥水平等因素有关。

2. 万元产值综合能耗

每产生 10000 元产值所消耗的标准煤量。高含硫天然气净化系统生产的产品主要为天然气和硫黄。按照不变价计算产品气和硫黄综合产值。万元产值综合能耗是衡量天然气净化厂能量使用经济性水平的重要指标，与综合能耗、生产损失等因素有关。

3. 单位处理量耗天然气

每处理 10000m³ 原料混合气所消耗的天然气量。单位处理量耗天然气是衡量天然气净化生产系统天然气使用水平高低的重要指标，与天然气生产负荷、燃料气消耗量、蒸汽平衡情况、气体性质、操作水平、设备效率等因素有关。

4. 单位处理量耗电

每处理 10000m³ 原料混合气所消耗的电量。单位处理量耗电是衡量天然气净化生产系统电力使用水平高低的重要指标，与天然气生产负荷、电力消耗量、蒸汽平衡情况、维护维修水平、设备效率等因素有关。

5. 脱硫剂再生塔蒸汽单耗

1t 富液脱硫剂再生所用的蒸汽量。高含硫天然气脱除过程需要大量脱硫剂，吸收了酸性气体的脱硫剂需要重复再生后再次进行脱硫操作，净化装置 60% 以上蒸汽用量集中在溶剂再生工段，因此对溶剂再生过程中的用能水平进行评价、分析、管理、提升是净化过程非常重要的管理要素。

6. 主要耗能设备效率

设备实际生产能力相对于理论产能的比率。设备效率与设备操作时间、维修状况、材料是否合格、操作人员素质、产品合格率均有关，可以分为单台设备效率和全局设备效率两种。提高天然气净化过程中单台设备效率的同时要兼顾全局设备效率的提高。

1）锅炉效率

锅炉是一种能量转换设备，向锅炉输入的能量有燃料中的化学能、电能，锅炉输出具有一定热能的蒸汽、高温水或有机热载体。锅炉中产生的热水或蒸汽可直接为工业生产和人民生活提供所需热能，也可通过蒸汽动力装置转换为机械能，或再通过发电机将机械能转换为电能。锅炉主要检测项目包括热效率、空气系数、排烟温度、炉体外表面温度与环境温度差值等。

2）尾气焚烧炉及废热锅炉

尾气焚烧炉是利用天然气燃烧所发生热量，把可燃的有害气体的温度提高到反应温度，从而发生氧化分解的设备，所产生的热量利用废热锅炉转换产生蒸汽。设备效率的评价指标包括联合装置净化 10000m^3 原料天然气时尾气焚烧炉耗气量（一般控制在 210m^3/10$^4m^3$ 以下）、空气系数（一般控制在 12 以下）、排烟温度（一般控制在 260℃以下）、废热锅炉炉体外表面温度与环境温度差值（一般控制在 15℃以下）。

第二节　能效提升技术

一、天然气净化生产系统节能主要策略

天然气净化生产系统能量消耗实质上取决于原料天然气中的 H_2S 含量和 H_2S/CO_2 值，是由天然气净化吸收—再生过程中所需的能耗，以及后继的酸气在克劳斯法硫回收过程中被转化成单质硫所释放的化学能所构成的。此外，因环保要求，现有的改良克劳斯法制硫装置排出的尾气，大都需处理后才能排入大气。典型的天然气净化装置中，对于克劳斯法硫回收过程产生的低压蒸汽，约 60% 用于净化天然气，约 36% 用于常压下处理 H_2S 含量约为 1% 的尾气。

天然气净化生产系统节能主要策略如下：

（1）根据原料天然气组分选择合理脱硫溶剂，降低溶液循环量，采用串级再生工艺减少溶剂再生的处理规模，节省设备投资和降低公用工程消耗。

（2）脱硫装置贫液和酸气采用空冷 + 水冷的冷却方案，在满足工艺要求的前提下尽可能地节约用水，降低能耗。

（3）合理利用脱硫装置的闪蒸气，如用作燃料气，降低燃料气消耗量。

（4）选用技术先进的节能型电气设备，提高供电网络的功率因数，降低电网和电气设备的自身能耗。

（5）采用高效绝热材料，完善保温结构，减少设备、管道的散热损失。

（6）尽可能回收蒸汽凝结水，提高回收率。

（7）充分利用脱硫单元高压势能，脱硫装置的溶剂循环泵采用能量回收汽轮机（MDEA富液汽轮机）驱动，可降低能耗。

（8）利用硫黄回收余热锅炉产生的3.5MPa中压饱和蒸汽，中压饱和蒸汽再进入尾气焚烧炉余热锅炉产生3.5MPa中压蒸汽。

（9）适量机泵采用汽轮机，如克劳斯主风机、锅炉给水泵、空压机、循环水泵和半贫液泵汽轮机，乏气用于工艺装置加热，合理地利用蒸汽相变热能，剩余中压蒸汽进汽轮机发电。

（10）尽可能回收蒸汽凝结水，提高回收率。

二、高含硫净化系统创新节能技术

1. 闪蒸气控制及高效回收技术

以单列净化装置处理能力为 $300 \times 10^4 m^3/d$ 为例，脱硫单元采用MDEA溶剂脱硫，吸收H_2S、CO_2后的高压富胺液进入闪蒸罐，降压闪蒸出溶剂吸收的烃类。闪蒸气经吸收塔脱除其中的H_2S、硫醇等组分后，分两路分别进入尾气焚烧炉和火炬系统。正常情况下，闪蒸气全部进入尾气焚烧炉，当气量较大时，去火炬系统阀门打开，保持闪蒸罐内压力稳定。闪蒸气流程示意如图8-2-1所示。

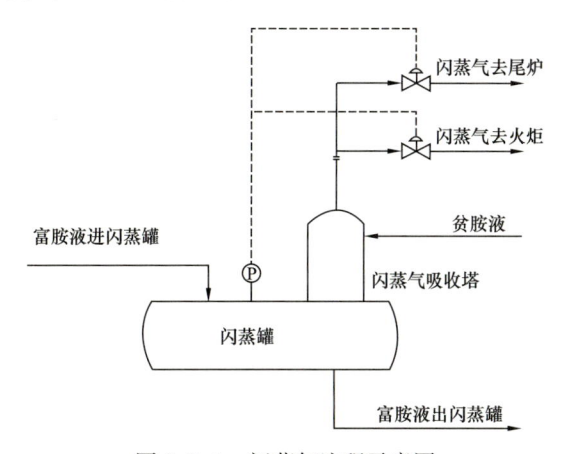

图 8-2-1 闪蒸气流程示意图

闪蒸气量过大，对装置的高效平稳运行造成了较大影响，主要表现在以下几个方面：（1）闪蒸气放火炬量大，装置加工损耗高；（2）闪蒸气吸收塔易发泡，影响平稳运行。

影响闪蒸气量的因素主要有胺液组分、富胺液闪蒸温度、闪蒸罐压力、贫胺液进闪蒸气吸收塔流量和温度等。通过优化参数降低闪蒸温度、提高闪蒸气吸收塔贫胺液流量和降低贫胺液温度等措施，闪蒸气量变化不明显，主要表现如下：

（1）闪蒸气水露点高。

富胺液在60℃左右进入闪蒸罐闪蒸，闪蒸气以饱和态直接从闪蒸气吸收塔顶采出，露点为50～60℃，输送过程中易有水凝结。

（2）闪蒸气压力低。

富胺液闪蒸罐的工作压力为 0.6MPa，考虑到吸收塔的压降和管路压力损失，闪蒸气在不增压的情况下只能进入 0.5MPa 以下的管网。若增压回收，则增加的设备较多，工艺流程复杂，占地较多，现装置区空间有限，很难布置。

（3）闪蒸气组分不稳定。

闪蒸气组分复杂，影响因素较多。特别是闪蒸罐温度、吸收塔贫胺液流量、温度波动以及胺液的性能等，都对闪蒸气组分影响较大，易导致闪蒸气中 CO_2 含量高、H_2S 含量高等异常现象，影响闪蒸气热值和使用安全性。

闪蒸气回收技术改造方案采取直接进行气液分离后进入本装置的燃料气管线回收利用。改造方案的优点是流程简单、投资较低就可实现闪蒸气回收利用；缺点是回收利用的闪蒸气水露点较高，全部燃料气管线需增加蒸汽伴热，此外，闪蒸气组分若波动较大，将直接影响各燃烧炉的平稳运行。闪蒸气回收流程如图 8-2-2 所示。

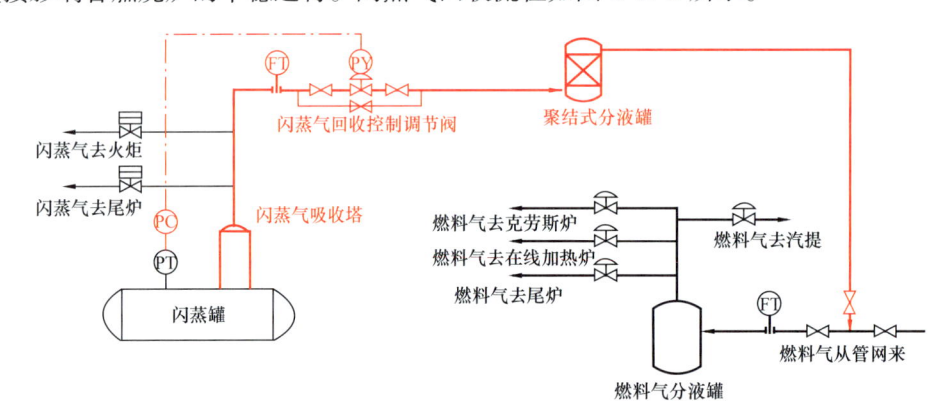

图 8-2-2 闪蒸气回收流程示意图

闪蒸气经闪蒸气分液罐聚结分离去除可能夹带的液滴后，并入本系列燃料气总管，供给装置内用气点使用，多余部分外输至全厂燃料气管网，供动力站锅炉和其他燃料气用户使用。闪蒸气分液罐分离出的胺液经液位控制排入胺液回收罐。

为了降低闪蒸气吸收塔发泡频率、提高闪蒸气脱硫效果，将闪蒸气吸收塔扩径降低塔内气速，增大胺液与闪蒸气的传质、传热效率，确保脱硫后闪蒸气总硫含量低于 $60mg/m^3$，闪蒸气质量达到 GB 17820—2018《天然气》二类气气质标准。

由于闪蒸气为饱和湿气，为避免燃料气管线有凝液析出，装置内燃料气管线可采用低压蒸汽伴热。

2. 净化装置高效开停工能耗控制技术

天然气净化装置开停工操作过程主要包括脱硫单元的冷/热运过程、硫黄及尾气单元的冷/热备过程。前者是首先建立胺液的冷循环；然后引入低压蒸汽对胺液进行加热升温建立热循环，通过冷热循环的方式将系统内部杂质剥离吹扫至泵的入口过滤器后，从系统清除；然后引入原料气完成脱硫单元的开停工。后者则是硫黄及尾气单元经历冷态保护，然后引入燃料气燃烧升温达到热备状态，最后引入酸气及尾气，完成硫黄及尾气单元的开工。

1）常规开停工过程的不足

常规开停工过程精细化程度不够，对短期及超短期停工的操作要求不太适应，主要体现在以下两个方面：

（1）脱硫单元冷/热运时间太长。

脱硫单元长时间的冷运及热运是为了将胺液系统内固体杂质、H_2S 等清除，这对装置检修有利，但对于只是将原料气短期切断并对装置进行停工冷态保护时，较长时间冷/热运产生的能效比并不高。脱硫单元短期开停工的冷/热运过程待优化。

（2）火炬燃料气耗量大。

由于常规胺液系统停机过程中需要通过补充高压 N_2 维持再生操作，大量 N_2 通过再生塔和闪蒸系统带入火炬，为了保证火炬燃烧温度、O_2 含量稳定，需要增加火炬燃料气补充量，再生时间越长，燃料气消耗越大。

2）脱硫单元停工过程快速再生节能优化

在停工阶段，通过热循环对富胺液进行再生，将溶解的 H_2S、CO_2 降至较低浓度水平，减小设备腐蚀及泄漏风险。通过提高再生速率缩短停工过程装置热循环耗时，实现停工过程节能降耗，包括两个方面：一是在再生塔设置 N_2 气提流程，提高再生效率，对液相系统再生工艺进行技术优化，提高再生性能（图 8-2-3）。二是气相系统增设产品燃料气反向置换流程。采用燃料气进行反向置换，降低气相空间中 H_2S 含量，抑制 H_2S 向液相的溶解转移，加快装置气相系统的置换更新速率。采用液相再生优化工艺和气相产品气反向置换工艺，减少了胺液停工再生耗时，节省电耗及蒸汽消耗约 85%。

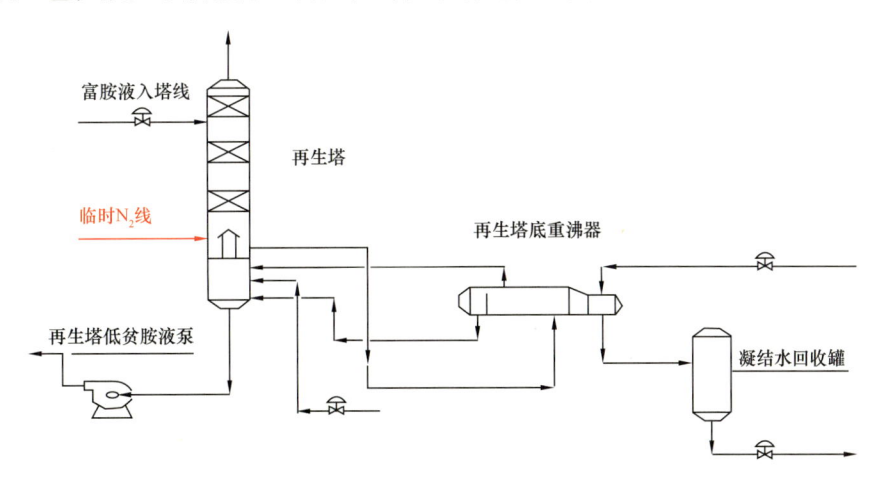

图 8-2-3 液相再生系统增加 N_2 气提流程图

3. 净化装置与公用系统一体化节能技术

传统的相同的多系列天然气净化装置采取所有运行装置平均分配原料气处理量，建立能量平衡、物料平衡等理想状态下的数学模型计算能耗与实际运行情况存在较大偏差，存在高效装置没有充分发挥作用、能源利用率低的问题。随着天然气净化装置及公用工程系统锅炉、机泵等耗能设备运行时间的延长，生产过程中可实施的节能措施主要依据调度人员经验调控，调度人员通过经验判断天然气净化装置载能工质需求量，指挥公用工程调整载能工质产量。该措施无法精准控制并实现能源利用最大化，为了防止能量供给不足造成产品气不达标，采用过量供给方式进行生产，存在能源浪费问题。

天然气净化生产系统深挖节能潜力需要解决两个问题：一是系列净化单元的排产优化问题；二是公用工程的精准配给问题。无论天然气净化厂规模是只有一个净化系列还是具有多个并联的净化装置，要实现节能，就需要根据历史运行数据，分析挖掘在不同原料天然气流量下，如何调整关键运行参数使净化系列的能耗最低。尤其是对于具有多个联合的净化装置，在原料天然气流量低于满负荷设计工况时，更有必要精准掌握下属各联合净化单元的运行特性，优化排产，做好调峰工作。

公用工程需要为净化过程提供必需的能量和物质，如低压水蒸气、净化循环水以及必要的 N_2 等，是载能工质消耗量的主要单元，也是节能降耗的重点与难点。原因在于，现场既要根据历史运行数据获得公用工程中关键设备如锅炉、汽轮机、降温减压器等的运行特性，又要根据系列净化单元或联合装置对能耗和物耗的动态需要，建立公用工程的优化运行策略，调度设备的启停，做到与净化过程协同优化、精准配给。优化运行的难点是运行设备众多，要将设备的运行性能与开启同时纳入优化策略，难以用经典数学分析法实现，需要探索新方法。净化系统能耗一体化优化技术路线如图 8-2-4 所示。

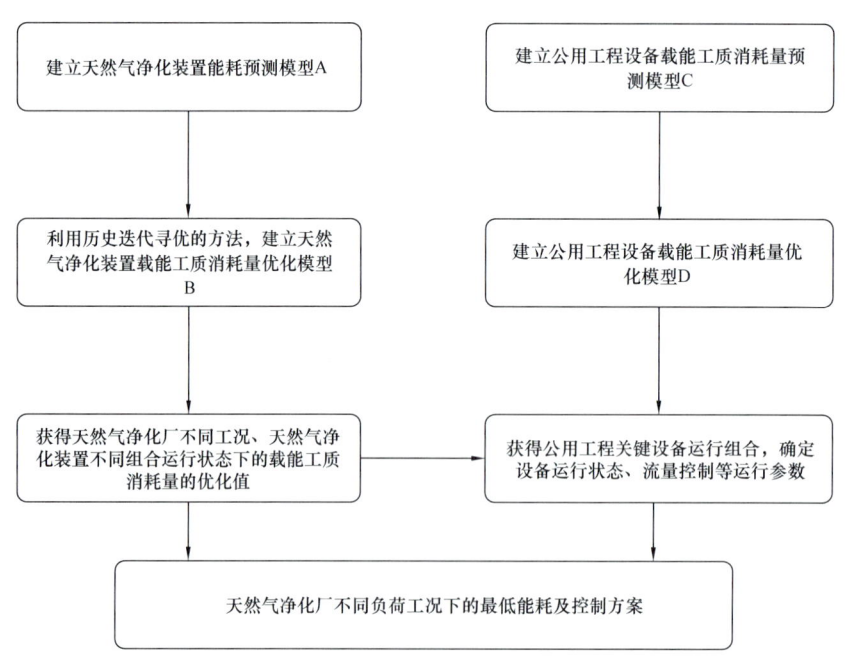

图 8-2-4 净化系统能耗一体化优化技术路线图

净化系统能耗一体化优化技术包括如下步骤：

（1）依据天然气净化装置的运行参数与其对应的载能工质消耗量之间的历史大数据，建立天然气净化装置载能工质消耗量预测模型 A，预测不同工况下载能工质消耗量。

① 天然气净化装置的运行参数的历史大数据，包括但不限于脱硫脱碳单元贫胺液流量、脱硫脱碳单元单位贫胺液消耗蒸汽量、脱硫脱碳单元胺液再生塔空冷器出口温度、硫黄回收单元克劳斯余热锅炉汽包压力、硫黄回收单元尾气 H_2S/SO_2 值、尾气处理单元加氢炉配风比、尾气处理单元尾炉炉膛温度、尾气处理单元尾炉出口 O_2 含量和尾气处理单元废热锅炉出口蒸气温度等参数。

② 天然气净化装置载能工质消耗量的历史大数据，包括中低压蒸汽产耗量、中低压锅炉水消耗量、N_2 消耗量等参数。

③ 历史大数据选取原则为各装置和设备运行周期内原料天然气的组成稳定；历史大数据选取周期为装置、设备检修周期内稳定运行期间内；对选取的样本数据来说，各运行参数需要同时满足现场运行调控上、下限，这样才能作为有效样本数据。

（2）依据天然气净化装置载能工质消耗量预测模型 A，利用历史迭代寻优的方法，建立天然气净化装置载能工质消耗量优化模型 B，利用历史运行数据训练方法，构建天然气净化装置运行参数及其能耗值的对应关系。

（3）将天然气净化厂实际运行原料天然气处理量等运行参数条件代入天然气净化装置载能工质消耗量优化模型 B，获得天然气净化装置不同组合运行状态下的载能工质消耗量的优化值，由此确定天然气净化装置所需的载能工质能量与流量，包括但不限于中低压蒸汽、中低压锅炉水、凝结水、N_2、燃料气、电等。

（4）利用公用工程设备运行参数和供出的载能工质能量与流量的历史大数据，建立公用工程设备载能工质消耗量预测模型 C。

① 公用工程设备运行参数的历史大数据，包括但不限于动力站锅炉燃料气用量、机泵运行状态、机泵效率、减温减压器蒸汽流量、汽轮机蒸汽用量、耗电设备用电量等。

② 公用工程需提供载能工质能量与物质的量的历史大数据，包括但不限于中压蒸汽、低压蒸汽、中压锅炉水、低压锅炉水、N_2、循环水等。

③ 历史大数据选取周期为装置、设备检修周期内稳定运行数据；对选取的样本数据来说，各运行参数需要同时满足现场运行调控上、下限，这样才能作为有效样本数据。

（5）基于公用工程设备载能工质消耗量预测模型 C，利用人工智能等优化方法，建立公用工程设备载能工质消耗量优化模型 D。

（6）依据天然气净化装置不同组合运行状态下的载能工质消耗量的优化值，将确定对应工况下公用工程需提供载能工质能量与流量代入公用工程设备载能工质消耗量优化模型 D，获得公用工程关键设备运行组合，确定设备运行状态、流量控制等运行参数。

（7）将天然气净化装置总能耗与公用工程设备总能耗累加，得到天然气净化厂不同负荷工况下的最低能耗及控制方案。

第三节 节 水 技 术

普光天然气净化厂水处理及凝结水站主要为克劳斯炉余热锅炉、尾气焚烧炉余热锅炉、动力站锅炉提供锅炉水。为提高水资源利用效率，利用凝结水回收技术和汽提净化水回用技术对蒸汽凝结水、净化装置酸性水进行循环利用。

一、凝结水回收技术

普光天然气净化厂中、低压蒸汽系统产生的凝结水经过管网回收至水处理及凝结水站，在凝结水站采用"二级过滤、一级除盐"处理后达到锅炉给水水质要求，再次作为锅炉水外供。二级过滤是指用精密过滤器和活性炭过滤器串联处理；一级除盐是指用离子交换树脂混床处理。水处理及凝结水站除凝结水站外，还包括一套对新鲜水除盐的水处理站，两个水站生产的除盐水混合后外供。完整的凝结水处理由换热和冷却、除油除铁、混床精处理系统三部分组成，其配套的酸碱再生系统、废水中和系统与水处理站共用。

1. 凝结水回收换热技术

由净化装置凝结水管网来的100℃以上的凝结水首先进入凝结水/除盐水换热器进行换热，冷却至85℃以下后进入凝结水/新鲜水换热器进一步回收凝结水的余热，为保护凝结水混床衬胶和离子交换树脂，凝结水在空冷器和凝结水/循环水换热器进一步冷却至30～50℃后进入凝结水储罐。

为减轻后续凝结水过滤器和混床的负荷，凝结水进入凝结水罐后，定期将顶部有机物含量较高部分溢流排至含油污水系统。凝结水从罐底部流出，经凝结水泵升压后进入凝结水过滤除盐部分。在循环水换热器后的凝结水管线上设有在线仪表和采样口监测凝结水中有机物的含量。

2. 凝结水过滤除盐技术

凝结水处理系统主要由精密过滤器、活性炭过滤器和凝液混床组成。

精密过滤器内部装有一定数量的滤芯，滤芯以不锈钢绕丝滤元为骨架，外面再均匀致密地覆盖纤维滤层，通过滤层的作用可以去除凝结水中的悬浮物和铁杂质。精密过滤器正常运行中，当设备达到设定的压差、周期制水量及运行时间中的任一个条件时，设备进行反冲洗。精密过滤器的运行、反洗过程由可编过程控制系统（PLC）实现全自动操作。

精密过滤器出水进入凝液活性炭过滤器，凝液活性炭过滤器内部装有椰壳活性炭，可去除水中有机物。过滤水由设备上部进入穿过滤料层，再由设备下部送出。当设备达到设定的压差、周期制水量及运行时间中的任一条件时，过滤器进行反冲洗。系统中所有凝液活性炭过滤器的运行、反洗等过程由可编过程控制系统实现全自动操作。

活性炭过滤器出水直接进入凝液混床，进一步除去水中残留的阴、阳离子，出水即为精制水，其电导率小于 0.2μS/cm。合格的除盐水送入除盐水罐。

二、汽提净化水回用技术

1. 汽提净化水处理装置

普光天然气净化厂酸性水汽提装置主要处理急冷塔连续排放的酸性水、胺液再生塔顶回流罐及酸气分液罐间断排放的酸性水，装置采用单塔低压汽提技术，主要将酸性水中的 H_2S、CO_2 解吸出来，解吸出来的酸气至尾气处理单元的急冷塔，合格的汽提净化水经换热、冷却后出装置回用至循环水系统。

2. 汽提净化水处理工艺原理

在相同的温度下，H_2S 在水中的溶解度随压力的增大而增大，因此低压操作对 H_2S 的汽提更为有利。H_2S、CO_2 在水中的溶解度很小，相对挥发度大，与其他分子或离子的反应平衡常数很小，容易从液相转入气相，单塔低压汽提技术就是利用了低压高温有利于气相分离的原理。在汽提塔底通入的低压蒸汽起到了加热，以及降低 H_2S 和 CO_2 分压的双重作用，当温度升高、压力降低时，溶解度降低，促使它们从液相转入气相，从而达到净化酸性水的目的。

3. 汽提净化水处理工艺流程

酸性水自急冷塔、胺液再生塔回流罐、酸气分液罐等装置管输至酸性水缓冲罐中，对罐设置氮封维持罐内压力，罐内累积的酸气与 N_2 在该压力作用下输送至焚烧炉。酸性水缓冲罐内的酸性水在液位控制阀作用下，经酸性水汽提塔进料/产品换热器与来自酸性水汽提塔底部的净化水换热升温后进入酸性水汽提塔。在塔内，酸性水与酸性水汽提塔底通入的低压蒸汽在规整填料中逆流接触，汽提出所含的酸气。酸性水汽提塔顶气直接送往尾气处理单元急冷塔中冷却并回收所含的 H_2S。汽提后的净化水从集液箱返回酸性水汽提塔底部，在液位控制下经净化水泵升压后进入酸性水汽提塔进料/产品换热器与进入酸性水汽提塔之前的酸性水换热降温，然后在净化水冷却器中被循环冷却水进一步冷却至 43℃以下送出装置，压力为 0.46MPa。经过处理后的汽提净化水水质指标达到循环水场补水要求后进行回用。

第九章 安全管控技术

高含硫天然气净化系统存在火灾、爆炸、中毒等安全风险，普光天然气净化厂采用风险矩阵对装置生产运行中的 H_2S 泄漏、FeS 自燃等安全风险进行分级，采取工程技术与管理措施确保风险受控，将火灾报警、应急疏散、泄漏监测等 9 个系统集成至安全管理预警指挥系统，实现多系统信息共享，提前预判与有效防控安全风险，保障装置安全高效运行。

第一节 安全风险评估

高含硫天然气净化系统主要危险及有害物质包括 CH_4、H_2S、SO_2、CO_2、有机硫、硫黄及硫黄粉尘、MDEA、三甘醇、液氨等。涉及的原料、中间产品、产品大部分是易燃、易爆、有毒的。主要危险物料的性质见表 9-1-1。

表 9-1-1 主要危险物料性质表

物料名称	爆炸危险类别 组别	爆炸危险类别 级别	爆炸极限	闪点 /℃	自燃点 /℃	火灾危险类别	灭火方法
H_2S	T3	ⅡB	4.3%～46%（体积分数）	气体	246	甲	—
CH_4	T1	ⅡA	5%～15%（体积分数）	气体	484	甲	—
MDEA	—	—	0.9%～8.4%（体积分数）	135	265	丙B	泡沫、雾状水
液硫	—	—	35～1400g/m³	188	255	乙B	蒸汽
固体硫黄	—	—	35～1400g/m³	188	255	丙	水雾、砂土
三甘醇	—	—	0.9%～9.2%（体积分数）	165	371	丙B	雾状水、抗溶性泡沫、干粉

普光天然气净化厂处理的原料天然气为高含硫天然气，H_2S 体积分数为 13.0%～18.0%，CO_2 体积分数为 8.0%～10.0%，主要单元包括脱硫、脱水、硫黄回收、尾气处理、酸性水汽提、硫黄储运、公用工程及配套火炬放空等，以下按单元开展风险分析。

1. 脱硫单元

脱硫单元处理过程包含原料天然气过滤器，一、二级吸收塔，富胺液闪蒸罐，胺液再生塔，水解反应器等装置，密封点较多。正常生产压力为 8.1MPa，H_2S 含量高、运行压力大，管道或设备容器发生泄漏后介质扩散速度快，影响区域大，易造成大范围内人员中毒，或火灾爆炸事故，装置内同时存在高、低压窜气的风险。

2. 脱水单元

脱水单元的湿净化气脱水过程用原料及形成的产品均属易燃、易爆、有毒物品（如干气、三甘醇等），如果设备发生跑、冒、滴、漏，可能泄漏出可燃气体、H_2S 或其蒸气，它们沉积在地面、下水道、管沟等处，与空气混合达到一定的比例，遇到火源或达到一定的温度，会发生爆炸，造成人身伤害和环境污染等事故。装置生产运行压力为 8.1MPa，存在高、低压窜气风险。三甘醇再生系统设备为高温设备，设备及管道发生泄漏会造成灼伤及污染事故。

3. 硫黄回收单元

该单元包含主燃烧炉、废热锅炉、酸气分液罐、燃料气分液罐、液硫储罐等装置，主要危险性有火灾、爆炸、中毒、灼烫。关键设备主燃烧炉的主要危险因素是因操作不当引起的主燃烧炉炉膛爆炸；废热锅炉为高温、易爆设备；酸气分液罐、燃料气分液罐包含 H_2S、CH_4 气体，若泄漏将造成中毒、火灾爆炸等事故。

生产出来的液硫储存在装置区液硫池中，主要风险为 FeS 着火。若液硫脱气未按程序操作，吹扫空气量未达到设计要求，H_2S 达到爆炸极限会发生爆炸事故。液硫系统中含有较多的高温设备和高温蒸汽管道，容易发生灼烫事故。

4. 尾气处理单元

该单元处理过程的关键设备是加氢进料燃烧炉和尾气焚烧炉，存在的主要危险因素是腐蚀和因操作不当引起的炉膛爆炸。酸气放入火炬之前，若火炬燃烧不正常，放入火炬后会造成 H_2S 燃烧不完全，造成恶臭和中毒事故的发生。

5. 酸性水汽提单元

该单元处理过程主要设备包括汽提塔、酸性水缓冲罐和酸性水回收罐，存在的主要危险因素是泄漏的 H_2S 气体易燃、易爆、剧毒。

6. 硫黄储运单元

该单元主要包括液硫罐区、液硫成型机、料仓、散料装车等装置，存在的主要危险因素包括液硫储罐、液硫成型机发生 FeS 着火，硫黄存储料仓与地下廊道粉尘燃爆，硫黄强力输送带横向断裂机械伤害等。

7. 公用工程单元

公用工程单元向全厂净化装置提供生产所需要的高、低压 N_2，工厂风、仪表风，生产生活用水、循环冷却水、锅炉除氧水和除盐水等公用介质，主要危险有中毒、火灾、爆炸、窒息、腐蚀、灼烫、噪声、机械伤害、物体打击等。

第二节 安全风险管控

高含硫天然气净化系统各单元存在火灾、爆炸、中毒等安全风险，可按照风险矩阵法进行风险定级，并有针对性地采取工程技术和管理措施防控。

一、风险评估定级

1. 风险定级方法

高含硫天然气净化厂采用安全风险矩阵评估各安全风险指数值，该值由风险的后果严重性等级与发生的可能性等级确定，最小为1，最大为200。根据风险指数值位于风险矩阵中的位置，确定风险等级，风险等级分为重大风险（红色）、较大风险（橙色）、一般风险（黄色）和低风险（蓝色）4个等级。对于某风险的具体风险等级，取多种后果中最高的风险等级，采用后果严重性等级的代表字母和可能性等级数字组合表示。后果严重性分级见表9-2-1，安全风险矩阵见表9-2-2。

表9-2-1　后果严重性分级表

后果等级	健康和安全影响（人员损害）	财产损失影响	非财务性影响与社会影响
A	轻微影响的健康/安全事故： 1.急救处理或医疗处理，但不需住院，不会因事故伤害损失工作日。 2.短时间暴露超标，引起身体不适，但不会造成长期健康影响	事故直接经济损失在10万元以下	能够引起周围社区少数居民短期内不满、抱怨或投诉（如抱怨设施噪声超标）
B	中等影响的健康/安全事故： 1.因事故伤害损失工作日。 2.1～2人轻伤	直接经济损失10万元以上、50万元以下；局部停车	1.当地媒体的短期报道。 2.对当地公共设施的日常运行造成干扰
C	较大影响的健康/安全事故： 1.3人以上轻伤、1～2人重伤（包括急性工业中毒，下同）。 2.暴露超标，带来长期健康影响或造成职业相关的严重疾病	直接经济损失50万元及以上、200万元以下；1～2套装置停车	1.存在合规性问题，不会造成严重的安全后果或不会导致地方政府相关监管部门采取强制性措施。 2.当地媒体的长期报道。 3.在当地造成不利的社会影响。对当地公共设施的日常运行造成严重干扰
D	较大的安全事故，导致人员死亡或重伤： 1.界区内1～2人死亡；3～9人重伤。 2.界区外1～2人重伤	直接经济损失200万元以上、1000万元以下；3套及以上装置停车；发生局部区域的火灾爆炸	1.引起地方政府相关监管部门采取强制性措施。 2.引起国内或国际媒体的短期负面报道

续表

后果等级	健康和安全影响（人员损害）	财产损失影响	非财务性影响与社会影响
E	严重的安全事故： 1. 界区内 3~9 人死亡；10 人及以上、50 人以下重伤。 2. 界区外 1~2 人死亡，3~9 人重伤。	事故直接经济损失 1000 万元以上、5000 万元以下；发生失控的火灾或爆炸	1. 引起国内或国际媒体长期负面关注。 2. 造成省级范围内的不利社会影响；对省级公共设施的日常运行造成严重干扰。 3. 引起省级政府相关部门采取强制性措施。 4. 导致失去当地市场的生产、经营和销售许可证
F	非常重大的安全事故，将导致工厂界区内或界区外多人伤亡： 1. 界区内 10 人及以上、30 人以下死亡；50 人及以上、100 人以下重伤。 2. 界区外 3~9 人死亡；10 人及以上、50 人以下重伤	事故直接经济损失 5000 万元以上、1 亿元以下	1. 引起国家相关部门采取强制性措施。 2. 在全国范围内造成严重的社会影响。 3. 引起国内国际媒体重点跟踪报道或系列报道
G	特别重大的灾难性安全事故，将导致工厂界区内或界区外大量人员伤亡： 1. 界区内 30 人及以上死亡；100 人及以上重伤； 2. 界区外 10 人及以上死亡，50 人及以上重伤	事故直接经济损失 1 亿元以上	1. 引起国家领导人关注，或国务院、相关部委领导做出批示。 2. 导致吊销国际国内主要市场的生产、销售或经营许可证。 3. 引起国际国内主要市场上公众或投资人的强烈愤慨或谴责

按照风险矩阵的评估方法，每一重大危害事件均存在发生的可能性与后果严重程度，由二者构成某一级别的安全风险。对不同级别的安全风险管控遵循 ALARP（最低合理可行）原则。在当前技术条件和合理费用下，对风险的控制要做到在合理可行原则下实现"尽可能地低"。重大风险和较大风险应当采取措施降低风险等级，一般风险按照 ALARP 原则可进一步降低风险等级，低风险应当执行现有管理程序和保持现有安全措施完好有效，防止风险进一步升级。

2. 安全风险定级

高含硫天然气净化系统各单元主要危险物质和重大危害事件分析见表 9-2-3。

普光天然气净化厂天然气净化系统工艺可靠，选材可行，主要生产装置及配套设施运行稳定，安全控保设施齐全。先后开展了原料天然气管线升级为镍基材质、克劳斯炉扩径改造、急冷水管线材质升级为 316L 不锈钢、液硫储罐废气治理、换热器改型等安全隐患治理改造项目，各单元风险均处于可靠受控。以下列出高含硫天然气净化系统各单元部分典型的、主要的安全风险，多数风险同时存在于其他单元，风险定级示例见表 9-2-4，各单元风险统计见表 9-2-5。

表 9-2-2 天然气净化厂安全风险矩阵表

安全风险矩阵		发生的可能性等级（从不可能到频繁发生）							
		1	2	3	4	5	6	7	8
		类似的事件没有在石油石化行业发生过，且发生的可能性极低	类似的事件在石油石化行业发生过	类似的事件在石油化行业发生过	类似的事件在我国石化行业曾经发生过	类似的事件发生过或者在多个相似设备设施的使用寿命中发生	在设备设施的使用寿命内可能发生 1 次或 2 次	在设备设施的使用寿命内可能发生多次	在设备设施中经常发生（至少每年发生）
		$<10^{-6} a^{-1}$	$10^{-6} \sim 10^{-5} a^{-1}$	$10^{-5} \sim 10^{-4} a^{-1}$	$10^{-4} \sim 10^{-3} a^{-1}$	$10^{-3} \sim 10^{-2} a^{-1}$	$10^{-2} \sim 10^{-1} a^{-1}$	$10^{-1} \sim 1 a^{-1}$	$\geqslant 1 a^{-1}$
后果等级	A	1	1	2	3	5	7	10	15
	B	2	2	3	5	7	10	15	23
	C	2	3	5	7	11	16	23	35
	D	5	8	12	17	25	37	55	81
	E	7	10	15	22	32	46	68	100
	F	10	15	20	30	43	64	94	138
	G	15	20	29	43	63	93	136	100
事故严重性等级（从轻到重）									

表 9-2-3 高含硫天然气净化系统各单元主要危险物质和重大危害事件分析表

序号	危险部位	危险物质	重大危害事件
1	脱硫单元	H_2S、SO_2、CH_4、MDEA	中毒、火灾、爆炸、灼烫
2	脱水单元	CH_4、三甘醇	火灾、爆炸、灼烫
3	硫黄回收单元	CH_4、H_2S、SO_2、液硫	火灾、中毒、灼烫
4	尾气处理单元	H_2S、SO_2、CH_4	中毒、火灾、爆炸、灼烫
5	酸性水汽提单元	H_2S、SO_2	中毒、火灾、爆炸
6	硫黄储运单元	液硫、CH_4、H_2S、硫黄	中毒、火灾、爆炸、腐蚀、灼烫、车辆伤害、机械伤害、物体打击
7	公用工程单元	氨、氢氧化钠、盐酸	中毒、火灾、爆炸、窒息、腐蚀、灼烫、噪声、机械伤害、物体打击

表 9-2-4 普光天然气净化厂天然气净化系统各单元典型安全风险定级示例表

序号	系统名称	风险名称	风险等级	类似风险存在的其他单元
1	脱硫单元	H_2S 泄漏中毒风险	C6（16）低风险	硫黄回收单元、尾气处理单元
2		频繁开停工加剧净化装置腐蚀泄漏风险	D3（12）一般风险	脱水单元、硫黄回收单元、尾气处理单元
3		高压窜低压风险	C4（7）低风险	脱水单元、硫黄回收单元
4		胺液品质下降引发尾气超标风险	D2（8）低风险	—
5	脱水单元	压力容器内部点蚀穿孔介质泄漏风险	D2（8）低风险	脱硫单元、硫黄回收单元、尾气处理单元、酸性水汽提单元、硫黄储运单元、公用工程单元
6	硫黄回收单元	换热器泄漏失效风险	D4（17）一般风险	脱硫单元、脱水单元
7		反应炉酸气介质泄漏风险	D2（8）低风险	—
8		FeS 自燃风险	C4（7）低风险	硫黄储运单元
9	尾气处理单元	可燃气体泄漏火灾爆炸风险	D4（17）一般风险	脱硫单元、脱水单元、硫黄回收单元、酸性水汽提单元
10		余热锅炉泄漏风险	D2（8）低风险	—
11		锅炉炉膛爆炸	C4（4）低风险	公用工程单元
12		关键机泵机械密封风险	B5（7）低风险	脱硫单元、脱水单元、硫黄回收单元、硫黄储运单元、公用工程单元

续表

序号	系统名称	风险名称	风险等级	类似风险存在的其他单元
13	酸性水汽提单元	胺液管道泄漏风险	D2（8）低风险	脱硫单元、硫黄回收单元
14	硫黄储运单元	固硫输送系统粉尘闪爆风险	A6（7）低风险	—
15		硫黄料仓着火风险	C4（7）低风险	—
16	公用工程单元	氨泄漏中毒的风险	D1（5）低风险	—
17		涉酸碱设备、管线老化穿孔泄漏风险	D3（3）低风险	—

表 9-2-5 普光天然气净化厂天然气净化系统各单元典型与主要风险统计表

系统名称	低风险	一般风险	较大风险	重大风险	总计
脱硫单元风险	6	3	0	0	9
脱水单元风险	3	3	0	0	6
硫黄回收风险	7	3	0	0	10
尾气处理单元	5	2	0	0	7
酸性水汽提单元风险	2	1	0	0	3
硫黄储运单元风险	5	0	0	0	5
公用工程单元风险	5	0	0	0	5
共计	33	12	0	0	45

二、主要风险防控措施

以下介绍普光天然气净化厂涉及的部分风险定级及其管控措施实例。

1. H_2S 泄漏风险

H_2S 泄漏中毒风险主要源自设备与管线中原料天然气与胺液介质泄漏，原料天然气泄漏主要来自仪表及配件连接、安全阀（包括附件）、过滤器大盖等设备密封，胺液泄漏主要发生在取样、焊缝或砂眼、法兰、阀门等设备密封。

1）H_2S 泄漏扩散模拟分析

普光天然气净化厂脱硫单元单列脱硫装置内含天然气 12.1t、H_2S 8.0t，容器与管道内介质发生泄漏，会导致 H_2S 中毒风险，可采用流程工业事故后果分析软件 PHAST（Process Hazard Analysis Software Tool）数值模拟计算中毒影响范围，结果表明，即使装置发生较小的泄漏，立即致死浓度（IDLH）扩散距离可达 78m，扩散高度达 6m。图 9-2-1 为 1mm 孔径泄漏 H_2S 浓度侧视图。

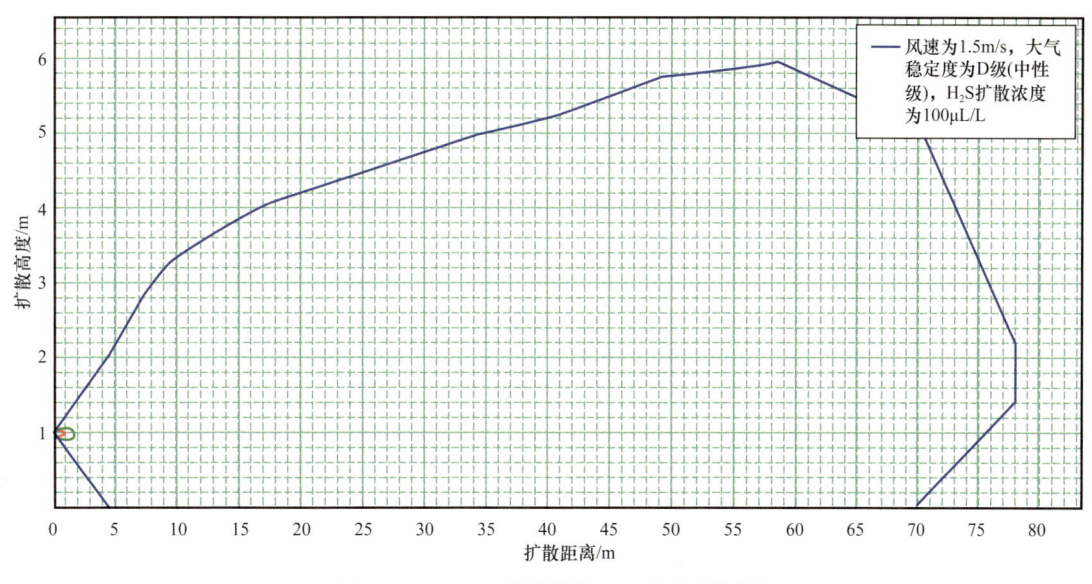

图 9-2-1　1mm 孔径泄漏 H₂S 浓度侧视图

2）H₂S 泄漏风险评估与防控

（1）H₂S 泄漏后果。

高含硫天然气净化装置一旦泄漏，不但可能引发火灾爆炸事故，而且可以造成人员伤亡。考虑到装置内人员较少，风险后果按较大影响的健康 / 安全事故计算，其中过滤器泄漏按较大安全事故计算；酸气主要成分为 H₂S，泄漏后果按较大影响的健康 / 安全事故计算；富胺液、半富胺液中含有一定浓度的 H₂S，胺液泄漏后释放出 H₂S 需要一定的时间，其伤害后果按中等影响的健康 / 安全事故评估。

（2）H₂S 泄漏可能性。

基于普光天然气净化厂 2017—2018 年隐患排查的相关数据，结合各单元设计文件，设备密封泄漏可能性计算结果见表 9-2-6。

表 9-2-6　设备密封泄漏可能性结果

介质	设备类别	泄漏可能性	介质	设备类别	泄漏可能性
原料气	过滤器	0.01~0.1a⁻¹	胺液	泵	0.01~0.1a⁻¹
原料气	安全阀	0.01~0.1a⁻¹	胺液	阀门	0.001~0.01a⁻¹
原料气	仪表及配件	0.001~0.01a⁻¹	胺液	焊缝	0.001~0.01a⁻¹
原料气	法兰	0.001~0.01a⁻¹	胺液	连接件	0.0001~0.001a⁻¹
原料气	阀门	0.01~0.1a⁻¹	胺液	取样	0.1~1.0a⁻¹
原料气	引压管	0.01~0.1a⁻¹	胺液	仪表及配件	0.001~0.01a⁻¹
酸气	克劳斯炉点火及进气管路	0.01~0.1a⁻¹	胺液	法兰	0.001~0.01a⁻¹

（3）H_2S 泄漏风险分级与防护措施。

采用风险矩阵评估，设备密封 H_2S 泄漏风险的风险等级为 C6（16）一般风险，胺液压力管道泄漏风险等级为 D2（8）低风险。主要风险防控措施如下：

① 有毒气体检测联锁关断与紧急放空。

普光天然气净化厂全厂范围内设置有完整的固定式可燃（有毒）气体检测系统，在可能泄漏高浓度 H_2S 的装置区，以及阀组、采样口、过滤器、法兰、泵等容易泄漏的位置，结合操作巡检路、采样检测、仪表维护等因素，设置固定式在线 H_2S 气体检测报警仪和可燃气体监测仪。可燃气体探测器距离其所覆盖范围内的任一释放源的水平距离不大于 10m，有毒气体探测距离其所覆盖范围内的任一释放源的水平距离不大于 4m，其报警信号通过光缆直接送到相关区域控制室，并同时送至中心控制室。

截至 2021 年，普光天然气净化厂安装有 1029 台就地式 H_2S 气体检测仪，91 台就地式可燃气体检测仪，现场信号进入 DCS、SIS 控制系统进行显示、报警及联锁。在装置周界安装 H_2S 检测仪监测有毒气体泄漏情况，在每套联合装置周边安装警示灯 8 台，硫黄储运料仓地下廊道入口安装 2 台（图 9-2-2）。当就地 H_2S 检测仪报警时，与其相连的警示灯同时闪烁报警。

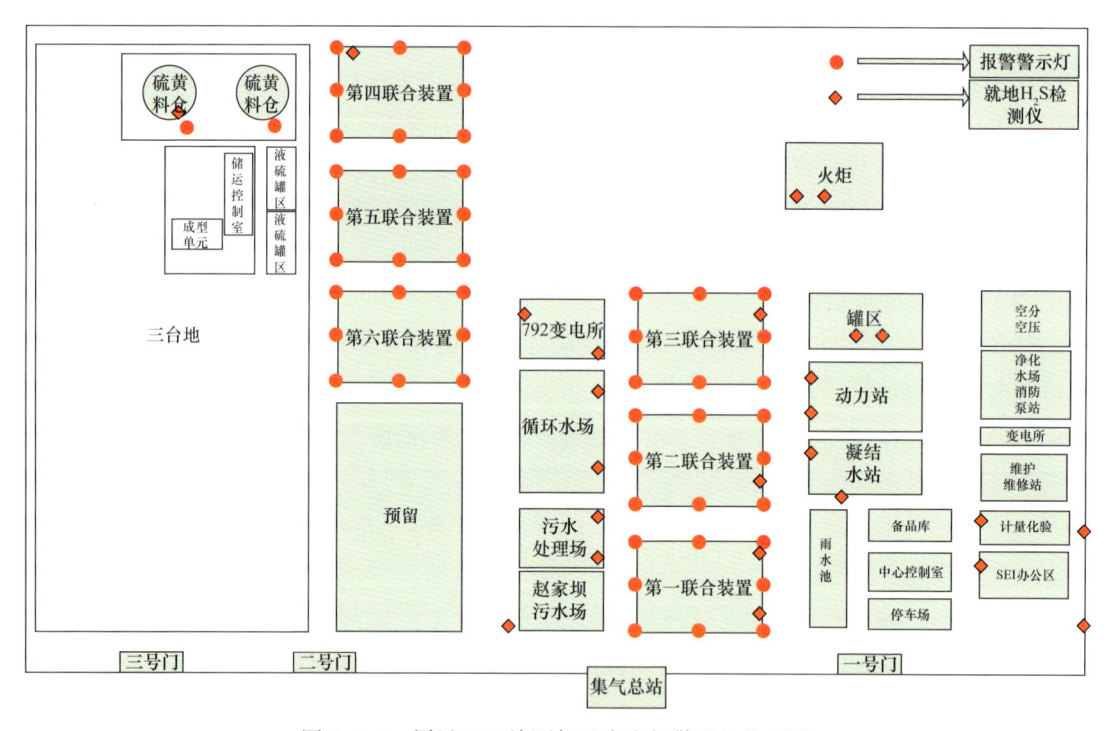

图 9-2-2　周界 H_2S 检测仪及声光报警器的位置图

除设置常规可燃气体及有毒有害气体泄漏检测仪外，还引入了 LDAR（Leak Detection And Repair）微泄漏控制技术、激光光谱在线分析技术等检测手段。普光天然气净化厂在第一、第二、第三联合装置的东侧和第四、第五、第六联合装置的东侧分别安装了两套激光对射 H_2S 检测仪，监测跨度达 600m，可以同时监测两条 DN600mm 的原料天然气管线和附近装置的泄漏事故。

LDAR微泄漏控制技术用于定量或定性地对生产装置中可燃气体和有毒气体潜在的泄漏点检测，利用大数据分析建立装置泄漏模型，对装置泄漏趋势进行预判和评估，通过预防性处置措施，消除净化装置泄漏隐患。激光光谱在线分析技术通过测量激光强度衰减信息，实现在复杂环境背景下泄漏气体的精确测量，通常用于天然气输送管线的泄漏检测。LDAR微泄漏控制技术、激光光谱在线分析技术等新型泄漏检测技术在高含硫净化装置中的应用，与传统泄漏检测探测器形成有效互补，提高了高含硫天然气净化装置运行的安全可靠性。

普光天然气净化厂脱硫单元设有联锁关断和紧急放空系统，发生异常时联锁关断和紧急放空系统泄压。单系列设置了75台固定式H_2S检测仪和4台可燃气体检测仪，设置了固定式H_2S检测仪"7选3"联锁，即当3台同时报警时触发联锁，装置自动切断原料气进料并进行泄压放空，确保装置安全。

② H_2S三级区域管控。

普光天然气净化厂根据不同区域的危险性、泄漏风险大小实施三级区域管控。

a. 一级管控区域。

经风险辨识确定为涉H_2S的特殊设施、特殊作业、特殊时段的高风险区域和作业，所有人员须正确佩戴检定合格的便携式H_2S检测仪、正压式空气呼吸器和防爆通信设备，建立呼吸后方可进入一级管控区域进行作业。一级管控区域主要包括：

（a）引入原料气及生产运行联合装置的脱硫单元高压矩形区域，具体如下：东至原料气过滤器所在钢构平台外沿以东5m，西至一级吸收塔外沿以西5m；南至一级吸收塔所在钢构平台外沿以南5m，北至原料气过滤器所在钢构平台外沿以北5m，上至一级吸收塔第三层钢格栅平台高度。

（b）装置引入原料气2h内的脱硫单元框架外延5m的矩形区域。

（c）固定式/便携式H_2S检测仪出现报警位置的所在单元，疑似存在H_2S泄漏但暂无法确定具体泄漏点位的所属单元。

（d）未经置换或处于生产运行状态下液硫储罐的顶部。

（e）处于分析作业状态下的计量化验站原料气分析。

（f）经风险辨识分析后，确定为H_2S中毒风险较大及以上的其他区域。

b. 二级管控区域。

除一级管控区域之外的涉H_2S风险区域进行用火、用电等直接作业环节作业，所有人员须按规定佩戴便携式H_2S检测仪、正压式空气呼吸器方可进入。二级管控区域主要包括：

（a）引入原料气开工2h后，正常生产运行状态下的联合装置其他区域（除联合装置一级管控区域以外）。

（b）生产运行状态联合装置之间的通道。

（c）未经置换、吹扫的停工联合装置。

（d）全厂图幅管网（动力站、空分空压站区域除外）。

（e）液硫罐区（除罐顶以外）、硫黄料仓及地下廊道、硫黄成型装置成型盘。

（f）污水处理场、循环水场、胺液湿式氧化单元，火炬分液罐区、火炬区、含H_2S标准气的存放间。

（g）一级管控区域以外的其他涉硫生产区域。

c. 三级管控区域。

除一级、二级管控区域以外的可能有H_2S泄漏或全面停工交付检维修的区域，进入人员须按规定佩戴便携式硫化氢检测仪。三级管控区域主要包括：

（a）经置换、吹扫后交付检修的联合装置。

（b）计量化验站内气体分析间、溶液分析间及未处于涉硫作业状态下的原料气分析间。

（c）润滑油站、动力站、MDEA/TEG罐区、空分空压站净化水场、凝结水站、雨水监控池、应急池等可能受到H_2S泄漏影响的生产区域。

（d）除涉硫区域以外的可能接触H_2S泄漏的生产区域。

③ 使用更高耐腐蚀等级材质。

将脱硫装置原料气进装置紧急切断阀前的管线升级为镍基825材质，切断阀后的高压原料气管线选用316L材质，两级脱硫塔及分离器等设备选用20#+316L的复合材料。

2. 火灾爆炸风险

1）火灾爆炸模拟分析

对普光天然气净化厂脱硫单元单列脱硫装置采用PHAST软件进行火灾爆炸数值模拟计算，泄漏孔径选取代表性孔径25mm、100mm。结果表明，发生较大的气体泄漏时，遇早期火源就会形成喷射火，喷射火的影响范围随着泄漏孔径的增大而变大。25mm孔径泄漏时喷射火的热影响区一般局限在装置内，直接影响范围达侧风向28m、顺风向44m（图9-2-3）。100mm孔径泄漏时的喷射火一旦形成，直接影响范围达侧风向115m、顺风向165m（图9-2-4），影响范围扩大至相邻装置。

泄漏出的天然气，若在泄漏口未遇火源，将在其自身动量和气象条件下，与空气混合、扩散形成可爆云团，当天然气发生云团爆炸时，其爆炸影响半径可达548m。经模拟计算，可爆云团爆炸冲击波致人死亡（冲击波超压0.1MPa）、重伤（冲击波超压0.044MPa）或轻伤（冲击波超压0.017MPa）对应的半径见表9-2-7。

2）火灾爆炸风险评估与防控

采用风险矩阵评估，火灾爆炸风险的风险等级为A6（7）低风险。主要的风险管控措施如下：

（1）火灾报警自动控制。

在全厂火灾危险性较大及较重要的建筑内均设极早期火灾报警探测器和消防手动报警按钮；在各变配电间电缆夹层的电缆桥架内设线型感温探测器；在装置区、罐区设防爆手动报警按钮，在硫黄成型装置区设置防爆火焰探测器；在硫黄转运站落料口和栈桥上用钢丝绳悬挂敷设感温线缆；硫黄圆形料仓在堆场顶部设置两个感烟探测器；所有监测报警信号通过总线接入火灾自动报警控制系统。及时联动水幕雨淋阀组和自动喷水湿式报警阀组动作进行喷水灭火，对应联动火灾警情视频监视，火灾爆炸报警控制器、区域显示器设在有人值班的控制室或值班室内。

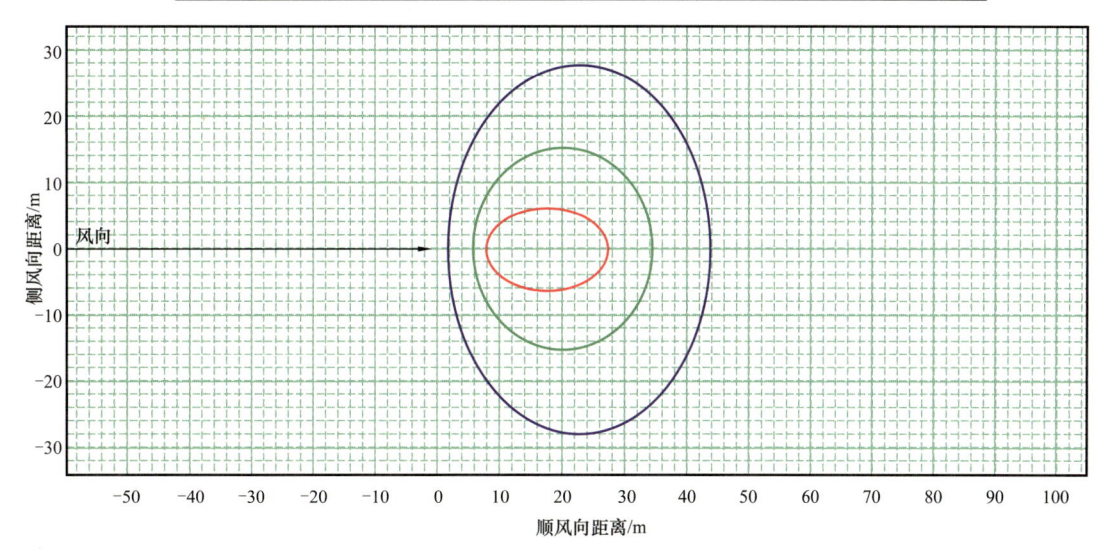

图 9-2-3　25mm 孔径泄漏时喷射火影响

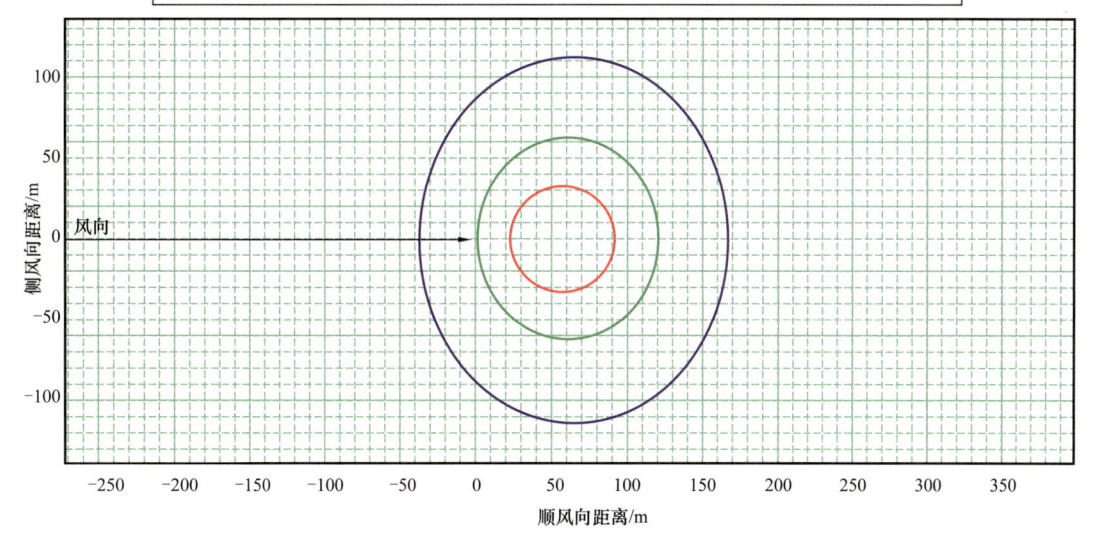

图 9-2-4　100mm 孔径泄漏时喷射火影响

- 247 -

表 9-2-7　可爆云团爆炸影响半径表

单元名称	形成云团时间 /s	形成最大云团质量 /kg	爆炸点泄漏距离 /m	爆炸影响半径 /m 死亡	爆炸影响半径 /m 重伤	爆炸影响半径 /m 轻伤
脱硫单元	20	1285	280	516	525	548
脱硫塔	20	1280	280	450	465	489
脱水单元	22	1207	290	440	445	450
脱水塔	16	1195	240	330	342	360

（2）消防设置。

厂区配置稳高压消防系统，可根据消防给水管网压力变化控制稳压泵及消防增压水泵启停保障消防水系统压力持续稳定，对主要工艺单元区的消防管网设置消防水炮、室外消火栓、箱式消火栓等，对硫黄圆形料仓设置固定炮灭火系统及水喷淋辅助灭火系统，对辅助生产设施的消防管网设置箱式消火栓。装置内设置手提式及推车式小型灭火器，以扑灭装置初期火灾。装置内设有蒸汽灭火接头，高于 15m 的框架平台设置半固定式消防竖管。

（3）泄压放空。

对可能异常超压的设备均设安全阀，关键设备和连续操作的带压设备的安全阀设有备阀，阀前后均设切断阀，便于检修更换；火灾爆炸事故状态下联锁设备及时泄压放空。

3. 粉尘燃爆风险

固体硫黄为易燃性淡黄色结晶体，硫黄粉尘易燃，可形成爆炸性环境。粉尘存在过程与区域主要包括：湿法硫黄成型生产过程中生成一部分细粉硫黄；产品硫黄在输送、转运、储存及装车各环节中部分颗粒破碎，易在下落过程中产生扬尘；在地下廊道、各转运站皮带输送机头尾部及装车缓冲仓称重仓等密闭空间扬尘严重。一旦硫黄粉尘浓度超过爆炸下限浓度 $35g/m^3$，在点火源存在条件下会发生粉尘燃爆风险。

采用风险矩阵评估，粉尘燃爆风险的风险等级为 A6（7）低风险。主要的风险管控措施如下：

（1）对料仓和地下廊道采用微米级干雾抑尘设备，除尘器箱体材质、风机材质、除尘管道材质均为不锈钢（316L）材质，提高除尘效果。对硫黄料仓增加远程射雾器，抑制硫黄料仓内硫黄粉尘浓度。

（2）优化地下廊道结构，取消原有的带式给料机，料斗下方安装两台气动对开双插板阀，采用低尘落料管和全封闭导料槽向皮带输送机给料，并增加水浴除尘器和干雾抑尘装置。

（3）在料仓、地下廊道等区域设防爆热成像探测器和 SO_2 气体检测设备。料仓和地下廊道进出料皮带输送系统采用线型光纤感温电缆，保护半径 3m，及时发现摩擦产生局部高温的现象，确保设备安全运行，消除硫黄着火隐患。

（4）严格落实粉尘防爆检查制度，对料仓、地下廊道硫黄粉尘定期全面检查，对储运设备本体、钢结构附着硫黄粉尘、地下廊道风管受限部位硫黄粉尘定期彻底清理。

4. FeS 自燃风险

天然气净化各单元均涉及 H_2S，正常生产时碳钢管线、设备内壁均有一层 FeS。由于尾气处理单元和硫黄回收单元直接通过烟囱和大气相连，装置停工时有可能发生 FeS 自燃。设备、管线在维修时开口或开人孔，空气进入易发生 FeS 自燃风险。

采用风险矩阵评估，FeS 自燃风险的风险等级为 C4（7）低风险。主要的风险管控措施如下：

（1）硫黄回收单元液硫池的正常生产温度为 130～165℃，若液硫池气相温度达到170℃并继续上升，同时液硫池烟囱处冒白烟，则说明池内 FeS 着火，发生该情况应立即停止液硫池进、出料，迅速打开成型界区消防蒸汽阀门，停运液硫池上液硫进料泵，成型机作停机处理，利用消防水对液硫池烟囱进行降温处理，待液硫池及烟囱温度降至正常值，处理完成后关闭消防蒸汽，对破裂的爆破片进行更换。

为明确液硫池空间内 H_2S 聚集与特定条件下 H_2S 燃爆特性，普光天然气净化厂在行业内首次开展了液硫池燃爆风险安全防控技术研究，表明 15℃时 H_2S 在空气中的爆炸极限为 5.23%～52.36%，160℃时 H_2S 的爆炸极限为 4.09%～58.15%。温度对 H_2S 的爆炸极限有一定的影响，随着温度升高，H_2S 的爆炸极限范围变宽，爆炸下限降低，爆炸上限升高。在温度超过 100℃以后，其对爆炸极限的影响很小。液硫池正常运行时气相空间中存在硫蒸气，H_2S 在 140℃时的爆炸下限为 4.17%，160℃时的爆炸下限为 4.23%。对比无硫蒸气时，140℃时的爆炸下限为 4.11%，160℃时的爆炸下限为 4.09%，表明硫蒸气对 H_2S 爆炸极限的影响不显著。通过液硫池气相空间流场特征模拟分析及液硫池缩比实验装置实验验证，采用在液硫池Ⅲ区顶部开孔，从原鼓泡空气总管引入空气，在液硫池Ⅲ区底部新增管线进行鼓泡的防控措施，将液硫池中气相 H_2S 浓度降至 0.6% 以下，远低于 H_2S 爆炸下限 4%，降低液硫池的燃爆风险。

（2）停工前对硫黄回收单元进行吹硫和钝化作业，防止 FeS 自燃。对尾气加氢单元和尾气加氢催化剂，停工时将系统隔离，并通入 N_2 微正压保护，防止空气进入引发 FeS 自燃。

（3）装置检修前对涉硫区域的管线、设备进行除臭钝化化学清洗和蒸汽蒸塔，消除系统内的 H_2S 和 FeS。

5. 换热器内部泄漏风险

高含硫天然气净化系统硫黄换热器主要包括硫冷凝器和反应进料加热器，其中的介质主要是过程气和液硫，过程气中含有 H_2S、SO_2、SO_3、水蒸气等。正常运行过程中，水蒸气以气态存在，H_2S、SO_2、SO_3 都不产生腐蚀。而在操作不稳定时，如非正常停工时，系统操作不平稳，温度、压力和过程气成分都有较大范围的波动，容易形成水的露点，造成湿 H_2S 腐蚀，甚至严重的硫酸和亚硫酸露点腐蚀。此外，还存在高温硫蒸气腐蚀和开盖后的吸氧腐蚀。从制造角度来看，当换热管的角焊缝存在质量缺陷时，如存在未焊透、气孔、裂纹等缺陷时，或者焊脚高度不满足要求时，在运行尤其是非正常运行过程中，壳程侧的蒸汽更易进入管程侧，使硫酸或亚硫酸冷凝，从而导致碳钢管板和碳钢管子出现严重的腐蚀。按照安全风险矩阵进行安全风险分级，硫黄换热器风险等级见表9-2-8。

表 9-2-8　硫黄换热器风险等级表

名称及位号	风险等级	风险水平
一级硫冷凝器	C4（7）	低风险
一级进料加热器	D3（12）	一般风险
二级硫冷凝器	C5（11）	一般风险
二级进料加热器	D3（12）	一般风险
末级硫冷凝器	D4（17）	一般风险
硫黄冷却器	C5（16）	一般风险

主要的风险防控措施如下：

（1）加强工艺平稳控制。

严格执行克劳斯炉配风工艺控制，防止产生过多的 SO_2，降低过程气中的氧含量。生产中严密监测管程侧进出口压力、温度等参数，避免温度和压力出现大的波动，确保不会出现露点腐蚀。

（2）减少开停工次数，保证硫冷凝器平稳运行。

停工时，严格执行停工程序，先用烟气热态运行，最终再用 N_2 吹扫，确保硫冷凝器内没有工艺气，避免水蒸气冷凝和露点腐蚀。停工期间，用 N_2 密封。

（3）加强制造质量控制。

严格按照设计要求、制造标准控制容器制造质量，尤其是管接头角焊缝的焊接质量。使用最新的无损检测方法（如棒阳极 X 射线检测技术）对所有管接头进行检测，确保管接头角焊缝不存在未焊透、裂纹、气孔等缺陷。

6. 高压窜低压风险

脱硫单元工作压力为 8MPa，系统内介质含有 CH_4 和 H_2S，高压窜低压风险主要表现在于介质通过正常工艺流程窜入胺液闪蒸罐（工作压力为 0.6MPa）导致设备超压爆炸、人员中毒等事故；通过工艺排液线窜入酸性水管线将导致管线破裂，酸性水和 H_2S 外溢；通过密闭排放管线窜入胺液回收罐导致设备超压爆炸、人员中毒等事故。

脱水单元工作压力为 8MPa，介质主要为 CH_4，高压窜低压风险主要表现在介质通过正常流程窜入三甘醇闪蒸罐（工作压力为 0.6MPa）导致设备超压爆炸着火、通过密闭排放管线窜入三甘醇回收罐导致设备超压爆炸着火。

经采用风险矩阵评估，高压窜低压风险的风险等级为 C4（7）一般风险。主要的风险防控措施如下：

（1）原料气过滤器、脱硫塔、净化气分液罐等容器均设有低液位报警和低低液位报警，一旦异常自动报警，并触发联锁自动关断，防止排空后高压气体窜入下游引发危险。

（2）高、低压容器均设有安全阀，每年校验一次。低压设备设有远传压力表和就地压力表，当压力超过限制时自动报警。

（3）对密排管线设有盲板，正常生产时为关位，严禁在生产期间倒开盲板，密排管线仅在开工前和停工后的吹扫置换使用。

第三节 安全管理预警指挥集成技术

普光天然气净化厂将火灾自动报警、视频监控、周界防范等子系统集成为安全管理预警指挥系统，实现多系统信息共享，为应急处置工作提供全面技术支撑。

一、系统联动控制

在以往的化工企业中，安全技术防范措施采取火灾自动报警系统、有毒有害气体报警系统等，但大多是孤立的，即使把控制主机设置在同一个中心控制室进行相互监看，也无法做到信息和资源的有机共享、各系统联动控制、应急预案自动反馈等。普光天然气净化厂安全管理预警指挥系统集成了厂区内安全联锁系统、H_2S泄漏预警系统、视频监控系统、火灾报警系统、应急广播系统、门禁与定位系统、安全逃生系统、周界防范系统、消防系统9个系统（表9-3-1），实现了安全管理预警指挥系统联动。

表9-3-1 安全管理预警指挥系统表

序号	系统名称	系统概要
1	安全联锁系统	分全厂、区域、单元、设备四级联锁关断
2	H_2S泄漏预警系统	H_2S探头1029个；周边就地式声光报警仪79台、激光对射系统2套；中控室声光警示灯6台
3	视频监控系统	设324台固定监控视频
4	火灾报警系统	设可燃气体报警器91个、感烟探头1391个、红外热成像仪21个、感温电缆25150m
5	应急广播系统	厂内设236个报警扬声器，118部扩音对讲电话；厂外2km范围内，设45个报警扬声器
6	门禁与定位系统	设92个定位器，实现厂区人、车实时管控
7	安全逃生系统	设6个周界大门、9个逃生门及逃生道路
8	周界防范系统	设振动光缆，与视频系统联动，随时感知并处置异常情况
9	消防系统	消防水、蒸汽灭火系统覆盖全厂。消防水稳高压供给，设远程一键启动

安全管理预警指挥系统的联动控制方案如下：

（1）中心系统接收来自报警子系统的报警信息，对报警信息解析、存储和判断之后，经过解析、存储，然后转发至应急预案编程系统。

（2）应急预案编程系统向中心系统发送控制命令，中心系统接收信息之后，经过解析、存储，然后将控制命令通过中心系统发送至执行子系统。

① 应急预案编程系统包括接收与发送模块、资源库、预案库、预案生成模块。

② 信息接收与发送模块用于接收来自中心系统的报警信息以及向中心系统发送控制命令。

③ 资源库包含资源的基本属性，包括资源类型、资源名称、资源用途和资源数量；所述的资源与报警子系统的报警点位进行关联，在报警点发生报警时，调用最近的资源使用。

④ 预案库包含预案的基本属性，包括子系统类型、预案触发条件和原执行动作。

⑤ 预案生成模块接收来自接收与发送模块的信号，并进行分析判断，根据条件生成相关预案；所述的生成相关预案包括手动生成相关预案和自动生成相关预案。

（3）执行子系统根据接收到的控制命令执行预案。

① 报警子系统包括火灾报警系统、周界报警系统、门禁管理系统、工业生产控制系统。

② 报警信息包括手动报警信息和自动报警信息。

③ 报警信息包括报警信息点的位置信息和报警信息点的异常信息。

④ 异常信息包括故障报警信息、生产数据超标报警信息和普通报警信息。

⑤ 执行子系统包括门禁管理系统、信息发送系统、应急广播系统、视频管理系统和模拟屏显示系统。

图 9-3-1 为安全管理预警指挥系统控制流程图。

安全管理预警指挥系统联动控制具有以下优势：

（1）报警数据信息集中集成，高效实时集中显示。将生产现场的有毒及可燃气体泄漏、火灾、电缆超温、非法翻越周界进入厂区等不安全因素通过系统集成的方式，实现在调度指挥中心的多方式（电子地图、模拟屏、壁挂式报警主机、手机短信）集中报警监管手段，提高应急处置效率。

（2）一键化应急处置设计，高效联动各系统。集中管理生产过程控制系统、电气管理系统、火灾报警系统、电视监视系统、安防系统的警报信息，实现应急状态下的一键开启逃生通道，一键开启疏散广播，一键开启消防水稳压系统。

（3）各系统监测、监视、监控及应急处置整体集成联动。集中处理不同系统的警报信息，迅速联动多台摄像机，多视角展示现场的情景，让调度指挥人员迅速做出正确决策。

（4）集成系统具备自检功能。一旦系统运行出现故障，会进行故障自动报警，平台具有很好的安全可靠性。

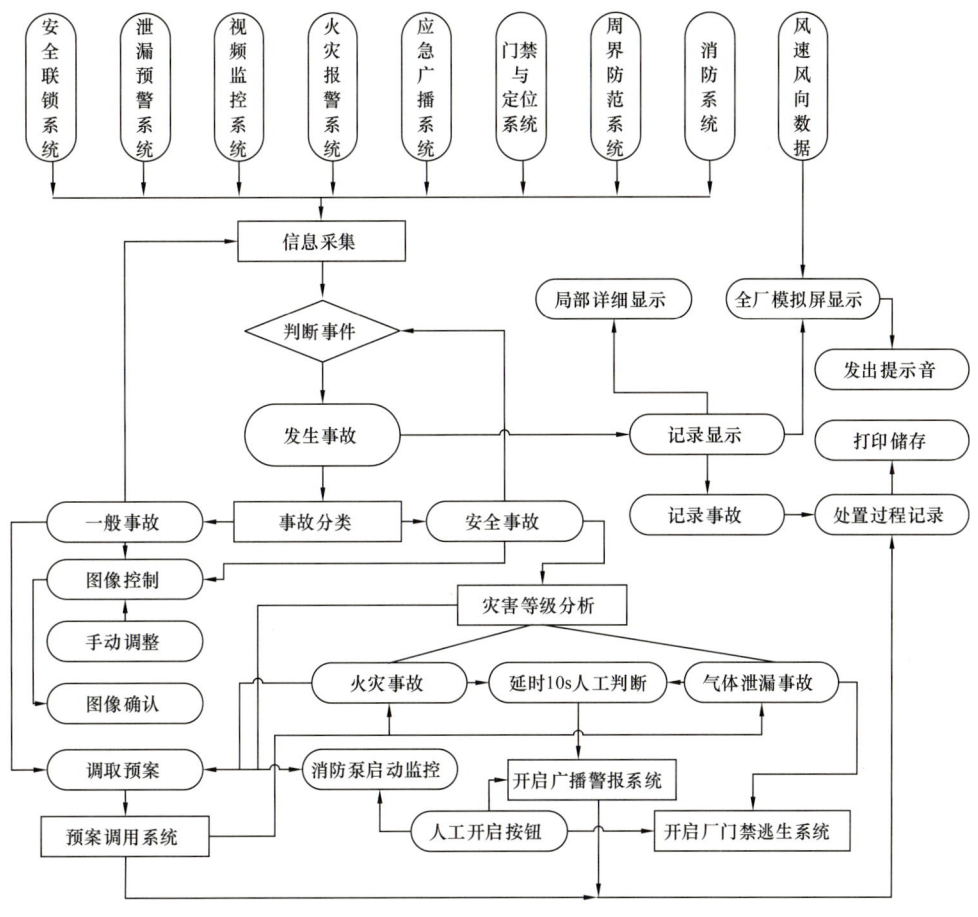

图 9-3-1 安全管理预警指挥系统控制流程图

二、系统集成技术

传统系统集成方式采取继电器集成联动的"硬"集成方式，新型"软"集成方式采用串口指令集成，子系统之间都采用指令文件的形式进行互控。普光天然气净化厂对上述两种集成方式均有采用，其中电视监控系统、门禁系统、周界报警系统均采用美国UOP公司的产品，其余火灾报警系统、扩音对讲系统、DCS系统通过二次开发实现与UOP工业行业安防管理集成平台HIIS集成。

1. 火灾自动报警系统

火灾自动报警系统由前端设备、火灾报警装置和消防控制设备以及具有其他辅助功能的装置共同组成，可以手动或自动发出指令，启动相应的装置。普光天然气净化厂全厂设烟感探头1391个、火灾手动报警按钮316个，火灾报警信号进入安全管理预警指挥系统平台，在调度模拟大屏上显示报警位置，火灾报警工作站上显示发生火灾的准确位置及地图，同时联动监控摄像机获取现场实时警情。

火灾自动报警系统与安全管理预警指挥系统采取软件和硬件联动。软件上通过火灾

OPC 服务器获取报警和状态信息，并对火灾报警信息进行显示；硬件上通过继电器联动模拟矩阵主机。火灾报警系统共计 500 路继电器报警输出源，直接连接至两台报警主机 Vista-250，通过 Vista-250 与视频监控系统联动。

2. 应急疏散系统

应急疏散系统包含全厂应急疏散、生产装置区域通信广播两个部分。与安全管理预警指挥系统采取硬件及软件联动，火灾报警、气体探测报警通过 HIIS 编码器输出干接点触发全厂或者分区广播。集成平台设置手动、自动转换开关，手动模式下由人工操作启动按钮触发全厂广播，自动模式下火灾报警系统报警、有毒气体有害气体泄漏和高温报警时由系统触发相对应区域的联动广播。

3. 有毒有害气体泄漏和高温报警

有毒有害气体泄漏和高温报警信息采集于实时数据库，通过 OPC Server 输出给安全集成系统，总报警点数为 1000 点。实时数据库按照 OPC 接口内容及格式，提供数据格式、内容解释、示例程序等内容，并对气体探测报警系统输出最终的分析结果（如该区域有报警或无报警），由系统集成平台二次开发软件接口实现联动功能。

4. 厂调度通信指挥系统

厂调度通信指挥系统包含行政用户和调度用户两个独立用户群，分别用于行政办公电话和厂内调度电话。119 火灾报警系统配置两台数字话机用于 119 接处警，当分机拨打 119 电话报警时录音仪自动启动，并将来电报警分机的电话号码通过厂内数据网络传送给 119 接处警系统，由 119 接处警系统根据来电号码确定报警分机位置以进行相关处理。通对厂调度通信指挥系统接口协议进行二次开发，将输出报警时间、报警分机号码至安全集成系统，进行联动控制。

5. 视频监控系统

视频监控系统采用两台 VideoBloX 模拟矩阵主机联网，其中中心控制室为一台 256×64 模拟矩阵，区域控制室为一台 128×64 模拟矩阵，前端共有 324 台摄像机。由中心控制室模拟矩阵提供 620 个报警输入点，采用 RS422 方式接收，用于火灾、门禁、周界系统与矩阵硬件联动，有毒有害气体、高温和其余报警输入点通过系统集成平台与中心控制室模拟矩阵以软件方式联动。

6. 周界防范系统

周界防范系统采用光纤周界入侵报警系统，整体光缆均为敏感区域，能够检测微弱振动信号，具有监测距离长、隐蔽性好、定位准确、实时性强等优点，与集成系统采取软件和硬件联动。周界防范系统设 66 个防区，提供 96 路继电器报警输出源进入 Vista-120 报警主机，软件上通过 IPM-Vista 网络接口模块，接入安全集成系统；硬件上采用 RS422 方式通过 Vista-120 报警主机直接与矩阵相连，由驱动矩阵控制摄像机按照设置好的应急预案进行动作。

7. 门禁逃生系统

门禁逃生系统同时设置手动与自动工作模式，在紧急情况下可实现自动开启，便于人员疏散。与安全管理预警指挥系统采取软件联动，通过 TCP/IP 方式获取报警信息，由集成平台联动 12 个逃生门动作。

三、系统应用实例

普光天然气净化厂安全管理预警指挥系统的成功应用，实现了各子系统的功能互补、信息共享，克服了报警事件信息孤立、设备和系统离散、人为疏漏等安全管理水平低的弊端，提高了安全生产系统完整性和可靠性。

1. 有毒有害气体泄漏处置

普光天然气净化厂区域内发生有毒有害气体泄漏，在 H_2S 含量小于 10μL/L 的小浓度和小范围可控状态时，安全管理预警指挥系统会在第一时间自动启动设置好的低级别泄漏安全预案，首先显示大屏上会迅速显示指明泄漏地点，并发出低级别报警声；同时，监控系统会根据泄漏安全预案自动将泄漏区域现场的实时图像传回调度指挥大厅，供调度人员判断现场情况，以便做出相应调度指令。当 H_2S 浓度大于 10μL/L 时，安全管理预警指挥系统除做出上述低级别动作以外，会立即自动启动泄漏区域的应急疏散系统，发出泄漏报警信号，提醒泄漏区域和周边区域人员紧急撤离，与此同时，全厂门禁逃生系统会自动打开，使现场人员通过逃生门紧急疏散撤离。

2. 火灾事故应急处置

发生火灾事故，安全管理预警指挥系统会在第一时间自动启动火灾安全预案，首先显示大屏上会迅速指出发生火灾地点。同时，视频监控系统会根据火灾安全预案自动将火灾现场的实时图像传回调度指挥大厅，供调度人员判断现场情况做出相应调度指令。如果火情不可控制，调度人员立即启动预警指挥系统火灾预案，集成平台会立即自动启动火灾应急疏散系统，发出全厂火灾报警信号，提醒全厂人员紧急撤离。同时，全厂门禁逃生系统会自动打开，供人员紧急疏散撤离。

3. 周界入侵事件处置

有人员非法进入，周界防范系统会通过安全管理预警指挥系统将非法入侵点显示在大屏上，视频监控系统根据安全平台预案，在入侵点就近至少两台摄像机会自动跟踪入侵者，给调度室传回实时现场画面，帮助调度人员和保卫人员做出安全防范判断。

参考文献

曹文全，韩晓兰，周家伟，等，2016. 常规克劳斯非常规分流法硫磺回收工艺在天然气净化厂的应用 [J]. 石油与天然气化工，45（5）：11-16.

陈昌介，陈胜永，何金龙，等，2007. SCOT 装置运行瓶颈分析及改进措施 [J]. 石油与天然气化工，36（5）：389-392.

陈昌介，李一平，李金全，等，2020. 天然气净化厂硫磺回收直流法与分流法克劳斯工艺探讨 [J]. 硫酸工业，8：23-26.

陈赓良，2003. 醇胺法脱硫脱碳工艺的回顾与展望 [J]. 石油与天然气化工，32（3）：134-138.

陈赓良，2013. 克劳斯法硫磺回收工艺技术发展评述 [J]. 天然气与石油，31（4）：23-28.

陈赓良，2016. 硫黄回收尾气处理工艺的技术发展动向 [J]. 天然气与石油，34（3）：35-39.

戴玉玲，2009. SSR 硫磺回收技术在低硫高氨工况下的应用 [J]. 石油与天然气化工，38（5）：409-411.

董志强，任艳平，2016. 量气法的改进及应用 [J]. 大学化学，31（11）：51-55.

方联殷，2009. 硫磺回收装置 HCR 工艺的应用 [J]. 广东化工，36（11）：222-224.

冯剑，刘清波，2015. 液化天然气（LNG）装置脱汞工艺单元技术的研究 [J]. 科技展望，25（32）：32-33.

付敬强，1999. CT8-5 选择性脱硫溶液在四川长寿天然气净化分厂使用效果评估 [J]. 石油与天然气化工，28（3）：184-186.

高慧，杨艳，刘雨虹，等，2020. 世界能源转型趋势与主要国家转型实践 [J]. 石油科技论坛，39（3）：75-87.

高礼芳，刘剑利，刘爱华，等，2018. LQSR 节能型硫磺回收尾气处理技术开发与应用 [J]. 硫酸工业，3：32-35.

何生厚，2008. 普光高含 H_2S、CO_2 气田开发技术难题及对策 [J]. 天然气工业，28（4）：82-85.

何生厚，曹耀峰，2010. 普光高酸性气田开发 [M]. 北京：中国石化出版社.

胡良培，张文斌，杜莉，等，2020. 国产 TiO_2 基克劳斯催化剂在高含硫天然气净化厂的工业应用 [J]. 石油炼制与化工，51（3）：38-42.

黄晓勇，王能全，王炜，2020. 世界能源发展报告（2020）[M]. 北京：社会科学文献出版社.

贾浩民，闫昭，高春华，等，2011. 酸气负荷对胺液性能影响与分析研究 [C] // 宁夏回族自治区科学技术协会，宁夏社会科学界联合会，共青团宁夏回族自治区委员会，等. 青年人才与石化产业创新发展——第七届宁夏青年科学家论坛论文集. 银川：《石油化工应用》杂志社.

李剑，韩中喜，严启团，等，2012. 中国气田天然气中汞的成因模式 [J]. 天然气地球科学，23（3）：413-419.

李法璋，胡鸿，李洋，2009. 节能降耗的低温 SCOT 工艺 [J]. 天然气工业，29（3）：98-100.

刘剑平，2000. 高效率地回收硫 [J]. 江苏化工，1：42.

刘宗社，王军，倪伟，等，2019. 液硫脱气及废气处理工艺技术探讨 [J]. 石油与天然气化工，48（3）：14-20.

陆建刚，王连军，李健生，等，2005. MDEA-TBEE 复合溶剂吸收酸性气体性能的研究 [J]. 高校化学工程学报，19（4）：450-455.

罗芳，2005. 胺法气体脱硫胺液中热稳态盐离子的组成分析［J］. 石油炼制与化工，36（3）：60-63.

罗杰·M. 斯莱特，2013. 国外油气勘探开发新进展丛书：油气储层表征［M］. 李胜利，张志杰，刘玉梅，等译. 北京：石油工业出版社.

罗伯特·格雷斯，2012. 国外油气勘探开发新进展丛书：石油——世界石油工业综述［M］. 6版. 冷彭华，刘胜英，译. 北京：石油工业出版社.

马崇彦，2018. 大型液硫脱气装置改造［J］. 石油与天然气化工，47（6）：18-21.

马永生，2007. 四川盆地普光超大型气田的形成机制［J］. 石油学报，28（2）：9-14.

彭传波，2018. 大型硫磺回收装置热氮吹硫新技术应用分析［J］. 石油与天然气化工，47（6）：27-32.

冉隆辉，陈更生，徐仁芬，2005. 四川盆地罗家寨大型气田的发现和探明［J］. 海相油气地质，10（1）：43-47.

冉小亮，杜成丽，胡超，等，2010. 浅谈Clinsulf-SDP工艺在垫江分厂的应用［J］. 石油与天然气化工，39（S1）：25-30.

单石文，曾运星，黎仕克，等，2012. 一种脱硫溶液中硫化氢含量的测定：CN102507779A［P］. 2012-06-20.

上海乐泽环境工程有限公司，2012. 一种处理氯碱行业高氯含汞废水的系统：CN201120193835.5［P］. 2012-01-04.

沈琳，李晓红，周理，等，2019. 紫外荧光法和氧化微库仑法测定天然气中总硫含量的比对研究［J］. 石油与天然气化工，48（5）：93-100.

沈琳，周理，丁思家，等，2016. 紫外荧光法测定天然气中总硫含量的不确定度的评定［C］//2016年全国天然气学术年会论文集.

石兴春，武恒志，刘言，2018. 元坝超深高含硫生物礁气田高效开发技术与实践［M］. 北京：中国石化出版社.

石兴春，曾大乾，张数球，2014. 普光高含硫气田高效开发技术与实践［M］. 北京：中国石化出版社.

孙丹凤，高炬，王成富，等，2018. 一种液硫密闭装车系统：CN207222527U［P］. 2018-04-13.

宋波，王安，2015. 工业废水中氯离子去除技术的综述［J］. 科技创新与应用，18：81-82.

汪银宏，2019. LS-DeGAS降低硫黄回收装置烟气SO_2排放成套技术应用实践［J］. 环境保护与治理，19（12）：26-29.

王开岳，2005. 天然气净化工艺：脱硫脱碳、脱水、硫磺回收及尾气处理［M］. 北京：石油工业出版社.

王开岳，2011. 天然气脱硫脱碳工艺发展进程的回顾——甲基二乙醇胺现居一支独秀地位［J］. 天然气与石油，29（1）：15-21.

王开岳，2015. 天然气净化工艺：脱硫脱碳、脱水、硫磺回收及尾气处理［M］. 2版. 北京：石油工业出版社.

王淑娟，汪忖理，2008. 天然气处理工艺技术［M］. 北京：石油工业出版社.

王遇冬，1999. 天然气处理与加工工艺［M］. 北京：石油工业出版社.

王之德，1993. 位阻胺脱硫脱碳工艺及其进展［J］. 天然气化工（C1化学与化工），1：46-52.

小若正伦，1988. 金属的腐蚀破坏与防蚀技术［M］. 袁宝林，等译. 北京：化学工业出版社.

谢华昆，2018.硫黄湿法成型过程中细粉硫生成率控制技术研究［J］.石油与天然气化工，47（4）：18-24.

徐文渊，蒋长安，2006.天然气利用手册［M］.2版.北京：中国石化出版社.

许金山，刘爱华，刘剑利，等，2017.LQSR节能型硫磺回收尾气处理技术的工业应用［J］.炼油技术与工程，47（9）：25-30.

颜廷昭，2000.还原吸收法硫磺回收尾气处理技术进展［J］.天然气与石油，18（2）：20-24.

杨敬一，2002.炼厂气选择性脱硫的研究［D］.上海：华东理工大学.

于艳秋，毛红艳，裴爱霞，2011.普光高含硫气田特大型天然气净化厂关键技术解析［J］.天然气工业，31（3）：22-25

张黎，肖鸿亮，2014.SSR硫磺回收尾气处理工艺及其应用［J］.石油与天然气化工，43（5）：478-482.

张文革，黄丽月，李军，2011.硫磺回收工艺技术进展［J］.化工科技，19（3）：76-78.

张昱威，李方俊，2015.天然气聚结滤芯气液分离性能研究［J］.当代化工，44（8）：1948-1951.

赵日峰，2019.炼油工艺技术进展与应用丛书：硫黄回收技术进展与应用［M］.北京：中国石化出版社.

赵日峰，2019.硫黄回收技术进展与应用［M］.北京：中国石化出版社.

赵日峰，2019.硫黄回收专家培训班大作业选集［M］.北京：中国石化出版社.

郑京荣，郭含英，邱爱玲，等，2004.《工业硫磺》国家标准的修订说明［J］.中国石油和化工标准与质量，24（7）：20-25.

周理，李晓红，沈琳，等，2017.天然气总硫含量测定方法国际标准进展［J］.石油与天然气化工，46（6）：91-96.

周文，2006.混合胺脱硫溶剂工业的应用［J］.天然气与石油，24（2）：39-40.

朱光有，张水昌，李剑，等，2004.中国高含硫化氢天然气的形成及其分布［J］.石油勘探与开发，31（3）：18-21.

朱元彪，陈奎，2008.ZHSR硫回收技术［J］.炼油技术与工程，38（11）：6-10.

诸林，2008.天然气加工工程［M］.2版.北京：石油工业出版社.

Atwater G I, Solomon L H, Riva J P, et al., 2020. Natural gas［M/OL］.（2020-12-03）［2021-06-30］. https：//www.britannica.com/science/natural-gas.

Borsboom J, Goar B G, Heijkoop G, et al., 1992. Superclaus: Performance world - wide［J］. Sulphur, 220（5-6）：44-47.

Kohl A L, Nielsen R, 1997. Gas purification［M］. 5th ed. Houston: Gulf Professional Publishing.

Sala L, 2009. RAR Claus尾气处理工艺——能够满足最苛刻的炼厂环境要求的技术［J］.中外能源，14（6）：70-76.

Vincent Chan A Y, Dalla Lana I G, 1978. Catalytic hydrolysis of carbonyl sulphide over gamma—alumina［J］. Can. J. Chem. Eng., 56（6）：751.